“十四五”时期国家重点出版物出版专项规划项目
新时代高质量发展绿色城乡建设技术丛书

CCTC 中国建科

GREEN ECOLOGICAL CONSTRUCTION GUIDELINES

绿色生态建设指引

生态景观与风景园林专业

（下册）

中国建设科技集团　编　著

赵文斌　贺　敏　主　编

中国建筑工业出版社

新时代高质量发展绿色城乡建设技术丛书

中国建设科技集团 编著

《绿色生态建设指引 生态景观与风景园林专业（下册）》

中国建设科技集团　编著

赵文斌　贺　敏　主编

副主编

任佰强｜褚天骄｜朱燕辉｜张景华｜李秋晨

高明清｜苏文强｜毕 茹｜何 亮｜李晓东

序一

2018年秋，我第一次去重庆广阳岛考察。走在荒草中的小径，翻过杂乱的石窝，登上山顶的土台，遥望长江东去，听王岳局长介绍打造生态岛的决心和设想，觉得这是一项很不简单的任务，需要各方协作和长久的努力。

生态是自然界各种关系相处的生动状态，良好的生态环境是经过长久的、自然的生长而达到的一种平衡，一旦被破坏，修复也不是短时间能完成的，所以习近平主席说生态文明建设是关系中华民族永续发展的根本大计，要通过一代代人去坚持和守护下去。

很荣幸，我们中国院①的团队在重庆市委市政府的信任和支持下成为广阳岛生态修复的第一批实践者，在生态景观建设研究院赵文斌院长的带领下艰苦奋战，一干就是5年多。去年夏天我再次登岛视察大河文明馆的工地，烈日下处处浓荫绿林，生机盎然，广阳岛变了样！看着赵院长晒得黢黑的脸庞，我深知他和同志们的辛苦和付出。

这套绿色生态建设指引理论与实践相结合，是赵文斌院长带领中国院生态景观建设研究院设计师们在重庆广阳岛驻岛办公开展生态修复实践的成果总结。历时近5年的岛上摸爬滚打，以岛为家，岛上的一草一木早就了然于胸，通过亲手全过程实践，总结而成的理念方法和技术路径，是可以引导绿色生态全过程建设的。从谋划到策划，从规划到设计，从建设到管理，从价值转化到养护运维，这本书给每个步骤，每个环节都指明了路径，给出了方向，讲明了道理，提供了工具，还有理论知识和广阳岛的参考案例可以学习和借鉴。按此指引，一步一步推进，即便对生态文明建设不甚了解，只要照着做，这本书总归会把你推到绿色生态的路上去。

绿色生态建设是一个系统工程，显然不是某一个专业就能胜任的。在宏观层面，基于生态学、地理学、城乡规划等学科理论的合理决策和布局是绿色生态建设的前提；在中微观层面，只有借助水文学、土壤学、植物学、环境工程等学科的方法技术，才能将绿色生态的理念落实到工程建设中；生态景观与风景园林作为重要的协调专业，对于绿色生态建设中如何追求人与自然和谐共生将起至关重要的作用。因此，指引中的方法与技术多是跨专业、跨领域的，多学科、多专业的协同合作才能成就全面的、系统的绿色生态建设方案。

① 中国院为中国建筑设计研究院有限公司的简称。

这两本绿色生态建设指引就像岛上新种的小树，也是需要生长和养育的。每一位读者的每一次学习和实践就像是对它的一次浇灌，每一条建议和补充就像是对它的一次施肥。在大家的共同培育下，这部指引将会不断完善和成熟，在推动绿色生态发展中发挥它应有的作用。想象未来所有的人都能享受绿色生活，当所有的闲散地、废弃地、伤痕地都成为绿色生态友好型的空间和场所，当人类和自然共建的生态达到了最优价值的平衡和可持续发展，也就不需要这部指引的引导了，因为人与自然和谐共生的现代化最优状态实现了。但是，当下我们还有很远的路要走……

向所有为推动绿色生态建设而辛勤付出的人们致敬！

中国工程院院士

全国工程勘察设计大师

2023年2月6日

序二

我对重庆广阳岛生态修复项目早有所闻，但一直没有机会实地学习。2022年7月下旬陈嘉庚科学奖报告会暨第五期重庆市领导干部科技讲堂在渝中区举行，我应邀作了题为《面向城市绿色发展的产业机会》的讲座。趁讲座开始前的闲暇，我有幸与中国建设科技集团几位领导和专家一同参观了广阳岛，中国建筑设计研究院有限公司副总工程师、生态景观建设研究院院长、中国院广阳岛生态修复项目总设计师赵文斌博士结合全程对广阳岛的规划、设计和实施作了系统细致的介绍，感受颇深。

广阳岛的生态修复确实是基于自然的解决方案，有效地融合了生态系统的生产、调节和文化功能。我很高兴在广阳岛上不仅闻到稻田的芬芳，沿途还看到辣椒和南瓜等一系列功能农作物。这就是我一直在思考和努力想推动的“公园农田化，农田公园化”。经过修复后，广阳岛上所呈现的生态系统多重功能，着实让人赏心悦目，这无疑是非常成功的生态修复案例。广阳岛正在做的事情，也是国际上大力推行的“城市荒野化”的策略，其目的就是把自然重新带入城市，带入我们的生活，让我们的城市生活空间有更多的绿色植被，有更多的生态产品，从而真正实现人与自然和谐共存。广阳岛通过生态修复后，生物多样性、空气质量等生态环境质量的提升带来的生态资产不可估量。生态资产不仅能传承给子孙后代，还能带动当地产业的提升，为重庆创造一个更佳的生态空间，通过生态空间的建设会引来更多的高端产业，例如休闲文化、健康产业、国际会展等，真正实现绿水青山向金山银山的转换。

广阳岛已经实现还岛于民，变身为城市功能新名片，成为重庆共抓大保护、不搞大开发的典型案例，生态优先、绿色发展的样板标杆。广阳岛生态修复案例是筑牢长江上游重要生态屏障的窗口和缩影，是习近平生态文明思想的集中体现。

赵文斌院长及其领导的团队，是习近平生态文明思想、“生命共同体”理念、“两山论”的坚定践行者，更是开拓者。近年来，他们一直致力于山水林田湖草生态保护修复相关的研究、规划、设计与工程实践。广阳岛已从一个由于大开发造成的满目疮痍的创伤之岛蝶变为一个践行“山水林田湖草是生命共同体”“绿水青山就是金山银山”理念的优秀典范。2020年11月，广阳岛被生态环境部表彰授牌为第四批“绿水青山就是金山银山”实践创新基地。2021年广阳岛生态修复实践创新项目入选自然资源部《中国生态修复典型案例集》。

赵文斌院长主编的这套绿色生态建设指引，正是他在广阳岛生态修复具体实践的基础上，综合多学科的理论与方法，创新凝练而成的优秀专著。该书的理论、方法与技术具有以下四个显著特点。

第一，统筹生态系统内的各个要素。本书的理论、方法与技术体系以生命共同体理念为纲，强调生态保护和修复工作应该首先厘清生命共同体内部要素之间、内部要素与整体系统之间的关系，进而在尊重各要素横向耦合约束关系的前提下，通过对关键要素的状态进行正向调节，并协调与配置不同要素之间的关系，实现多要素的统筹和生命共同体的系统保护与修复。这为国内同类生态环境保护修复项目的整体保护、系统修复、综合治理提供了成功的操作路径。第二，兼顾自然与人。本书敏锐洞察了国内不同专业与主管部门主导的生态修复在落地实践时面临的关键问题，提出生命共同体价值提升的最优目标是既满足自然的需求，也满足人类的需要，追求人与自然和谐共生的最佳状态，并以实际案例阐述了“生态的风景”与“风景的生态”，形象描述了最优价值生命共同体的内涵与愿景。第三，强调基于自然的解决方案。本书在理论创新的基础上，结合大量实践集成创新了一系列可操作、可复制推广的生态修复方法与技术。这些方法与技术尊重自然、顺应自然、道法自然，以自然的材料、自然的工法解决问题，呈现自然的风景。第四，重视全生命周期管理。生态系统的保护与修复绝非一日之役，须久久为功。本书在理论研究的基础上，结合实践经验总结了贯穿生态修复“规划—设计—建设—管理—运维—转化”全过程的方法体系，既强调了“一张蓝图绘到底”，全过程贯彻落实生命共同体的理念，也为每一个具体的实践环节提供了方法与技术指引。

生态兴则文明兴，生态衰则文明衰。生态文明建设是关系中华民族永续发展的根本大计。本书的出版适逢其时，填补了国内重要生态系统保护和修复重大工程领域研究、规划、设计与实施的空白，在国际上也有领先优势，为管理部门、建设单位、设计单位、施工单位、监理单位、高等院校、科研院所等部门提供了一本很好的工具书。

中国科学院院士

发展中国家科学院院士

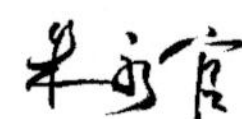

2023年1月12日

序三

人类自诞生以来就从未停止过与自然的博弈。在游牧时代，人类或以狩猎为生，或逐水草而居，对自然只有依赖和崇仰。到了农耕时代，人类有能力对自然进行调整改造，发展农业、建设定居家园并不断改善栖居环境。进入工业时代后，人类具有了越来越强大的改造自然的能力，对大自然干预的范围越来越广，强度越来越高，对自然的索取也越来越多。在物质生活日益优越、社会财富不断积累的同时，人与环境的关系也发生了根本的改变。由于对舒适与富有的追求永无止境，而技术的进步又使得人类具有了改变环境的巨大能力，于是人类的欲望就变得愈发膨胀，导致人类对自然资源的消耗超过了自然资源的再生能力，许多地区失去了新鲜的空气、清洁的水源、肥沃的土壤和诗意的栖居环境，生态系统在赤字地运转，人类面临着严峻的生存问题和环境问题。

然而，人类毕竟是自然界的产物，离开自然，人类无法健康生存。健康的本质是一种和谐与平衡的状态，融于自然、与自然和谐共生是人类健康生活的基础。

为了重新构建起人与自然本应具有的和谐关系，让人在享用高度物质文明成果的同时仍然能够亲近自然和生活在健康宜居的环境之中，不少学者和规划设计师相继提出了一些设计理论和策略，如生态设计、地理设计、低影响设计、韧性设计、低碳设计、绿色设计、可持续设计、基于自然的解决方案等。这些设计理论和策略的名称不同，提出的背景、针对的问题和实施的措施亦有差异，但核心都是以自然为依托，构建起自然生态系统与社会生态系统的整体协调关系，实现人与自然的和谐共生。

任何思想的提出都必须有理论的支撑。土地是人类栖居的载体，这在客观上要求人们将土地上的山岳、河流、湖泊、湿地、森林、草原、沙漠、冰川、农田、城镇视为一个有机的整体，而人类自身也是这个系统中的一部分。实现人与自然和谐共生的理论之根本泉源来自于人类在与自然的博弈中，受到自然启发，遵循自然规律开展的保护、规划、设计、营建与管理环境中所积累的生存的智慧。除了理论外，任何思想的实现也应该有实施的策略和技术的支撑，否则思想往往会是空中楼阁。

绿色生态建设是把人类对环境的负面影响控制在最小程度的建设，是促使自然系统向着良性循环方向发展的建设，是实现人与自然和谐共生、可持续发展的建设。中国建筑设计研究院生态景观建设研究院赵文斌院长撰写的这套绿色生态建设指引是对创造人与自然和谐环境的系统性研究和总结。著作从论述人类社会不同发展时期的人与自然关系开始，继而综述并研究了生态文明的相关学说和理论，然后提出了生命共同体价值提升的四个体系，包括理论体系、方法体系、技术体系和指标体系。每一个体系都附有针对性的实施策略，如在技术体系中，分别阐述了护山、理水、营林、疏田、清湖、丰草、润土、弹路、丰富生物多样性等方面的基本类型、方法路径、关键技术等。本书之所以既具有理论研究的高度，又有实施策略的深度，在于赵文斌院长多年来一直带领团队从事生态规划和景观设计的研究与实践，特别是在重庆广阳岛进行的系统性的景观规划设计和生态修复取得了卓有成效的丰富成果。相信这本书会为我们从事生态规划、设计、建设和管理带来深度的思考、启发和帮助。

北京林业大学园林学院教授

《中国园林》主编

2023年3月10日

序四

广阳岛绿色发展公司作为重庆广阳岛片区长江经济带绿色发展示范的牵头单位，联合了策划规划、全过程工程咨询、生态环保、设计、施工、智能化数字化、运营管理等行业领先团队和专家，组建了“我在广阳修生态”联盟，在理论、规划、实践等方面开展了探索创新。在广阳岛生态修复过程中，我们始终聚焦生态、聚焦风景，积极探索基于自然的解决方案，创新运用“护山、理水、营林、疏田、清湖、丰草”6大策略，实践“多用自然生态柔性、少用人工工程硬性的‘三多三少’”生态施工方法，系统推进自然恢复、生态修复，提升生物多样性，融合高品质生态设施和绿色建筑，建成上坝森林、高峰梯田、油菜花田、粉黛草田、胜利草场等23个生态修复示范地，岛内记录的动物、植物分别由2018年的310种、383种增加至458种、627种，成为生动表达山水林田湖草生命共同体理念的“生态大课堂”。随着广阳岛国际会议中心、大河文明馆、长江书院、长江生态文明干部学院等一批重大功能设施陆续建成，广阳岛已具备“论生态文明、讲中国故事、看长江风景、品重庆味道”的功能。广阳湾智创生态城坚持生态立城、产业兴城、科创强城、文化铸城，正加快推进规划落地。

中国建筑设计研究院生态景观建设研究院赵文斌院长作为广阳岛生态修复EPC设计与施工现场总负责人，全过程把控了广阳岛生态修复。2018年以来，他带领设计及管理团队以岛为家，对广阳岛倾注了大量心血和汗水。在岛上多年的朝夕相处中，我们一起用脚步丈量了全岛的每一寸“肌肤”，我们一起用心聆听着岛上每一种天籁之音；我们熟悉清晨菜叶上露珠的味道，我们了解夜里野猪出没田间的轨迹；我们为春天的油菜花、夏天的荷花、秋天的粉黛草、冬天的红梅花而兴奋，我们为花丛中的蜜蜂、草丛中的鸟儿、田地里的青蛙、牧场上的牛羊而激动；我们为洪水过后依然健壮的巴茅骄傲；我们为六十年过后依然甜美的广柑自豪；我们为岛上再现的巴渝原乡田园风景而欣慰……

赵文斌院长做到了以岛为家，以致回北京总院像出差，全部的身心投入到了广阳岛的实践，成长为习近平生态文明思想的学习者、研究者、实践者、创新者、宣传者。这套绿色生态建设指引是他一边做实践一边做研究的成果。从成果内容看，有三个层面的创新：

一是理论的创新。生命共同体理念为生态保护与修复工作指明了方向与原则，但在实践层面仍然需要更加体系化的指导理论。最优价值生命共同体理论的创新提出为特定区域不同尺度、不同类型的生命共同体的生态保护、修复、建设及价值提升提供了具体的实践思路与明确的工作目标，也为生命共同体理念下的生态修复奠定了理论基础。

二是方法的创新。生命共同体理念的落地需要可操作的方法，本书在生命共同体理念和最优价值生命共同体理论下，总结归纳出集“顶层规划—方案设计—建设实施—建设管理—后期运维—效益转化”为一体的六大实践方法体系，这在理论创新的基础上又进一步，实现了方法创新，为生命共同体理念下的生态修复工作提供了具体的参考路径。

三是技术的创新。生命共同体理念指导下的生态修复实践需要大量成熟、成套、低成本的技术作为支撑。本书创新总结归纳的“护山、理水、营林、疏田、清湖、丰草”及“润土、弹路、丰富生物多样性”9类可复制、可推广的生态修复技术集成体系，为生态保护、修复和建设提供了科学的技术参考。

在生命共同体理念和最优价值生命共同体理论指导实践下，广阳岛和广阳岛片区历经生态蝶变，先后获评“两山”实践创新基地、绿色产业示范基地、国家智能社会治理实验基地和全国生态修复典型案例等国家级金字招牌，经验做法被国家长江办、自然资源部、生态环境部向全国推介，具有广阳岛特色的理论技术体系、产品材料工法体系、组织实施管理体系，已走出广阳岛为生态文明建设服务，广阳岛已成为“共抓大保护、不搞大开发”的典型案例，“长江经济带绿色发展示范”的引领之地，正奋力书写生态优先、绿色发展的后半篇文章。

留白一座岛，成就一座城，照亮一条江。广阳岛的变化，是重庆深入贯彻落实习近平生态文明思想的生动写照。希望能通过本书带动更多的专家学者参与到广阳岛片区长江经济带绿色发展示范经验总结中来，为新时代新征程生态文明建设工作作出更多更大的贡献。

广阳岛绿色发展公司党委书记、执行董事、总经理

重庆市工程勘察设计大师

2023年4月16日

前言

党的十八大以来，习近平总书记传承中华文化、顺应时代潮流和人民意愿，站在坚持和发展中国特色社会主义、实现中华民族伟大复兴中国梦的战略高度，深刻回答了为什么建设生态文明、建设什么样的生态文明、怎样建设生态文明等重大理论和实践问题，系统形成了习近平生态文明思想，有力指导生态文明建设和生态环境保护取得历史性成就、发生历史性变革。

习近平总书记在党的二十大报告中，提出了人与自然和谐共生的现代化目标，这为新时代生态文明建设提出了新的更高要求，也为我们具体的生态实践指明了新的更明确的前进方向，我的理解是如何将生命共同体价值提升到最优状态，即本书所提出的“最优价值生命共同体”。“自然”的客观表现是“生命共同体”，“人”的需求最终体现为“价值”，而人与自然和谐共生的现代化状态，本质上是生命共同体价值“最优”的状态。因此，建设“最优价值生命共同体”是我们对“人与自然和谐共生现代化”实践路径的探索，是我们在生态文明建设事业上的价值追求。

从习近平生态文明思想的内涵中，可以学习到生态文明建设的本质是生命共同体的维护和建设。最优价值生命共同体的实践对象包括“自然的生命共同体”和“人与自然的生命共同体”两大内涵。“自然的生命共同体”的保护修复要始终聚焦生态，以山、水、林、田、湖、草、沙及土、动物、植物、微生物等自然生态为本，按照尊重自然、顺应自然、保护自然、道法自然的要求，基于自然的解决方案，生态优先地整体保护、系统修复、综合治理，满足生物多样性、稳定性、持续性需求，彰显生命共同体的基础价值。“人与自然的生命共同体”建设要始终聚焦风景，以人民为中心，坚持节约优先、保护优先、以自然恢复为主的方针，基于人文的解决方案，绿色发展地建设生态的风景和风景的生态，满足人民美好生活需要，彰显生命共同体的最优价值。通过这两大内涵的生命共同体的保护、修复、建设和价值提升，最终实现以生态为魂、以风景为象，人与自然和谐共生的现代化最优价值生命共同体的生态文明建设目标。

我们所追求的最优价值生命共同体建设是指在生态文明建设中，将生命共同体价值提升到一种能持续满足生物多样性需求和人民美好生活需要的最优状态，即人与自然和谐共生的现代化状态。一个生命共同体如果把它封存起来不让人进去，如重庆广阳岛，经过10年、20年或更长时间的自然恢复，它都能自然演替成一个生态价值高、自然资本高、满足生物多样性需求的高价值生命共同体。但这仅仅体现了自然的属性，只体现了生命共同体的基础价值。这对于新时代生态文明建设的目标而言是不够的。新时代生态文明建设必须要在满足自然价值的基础之上进一步满足人对自然的价值需要，从而实现人与自然的和谐共生。而人对自然的价值需要又不能无限度地满足，必须要把人的欲望控制在自然生态承载力允许的范围内，这个范围就是给人对自然的价值获取所定的生态区间，不可突破。最优价值生命共同体建设的愿景就是通过发挥设计对美学意境和科学技术追求的正向作用，以自然为本，以人民为中心，基于自然和人文的解决方案，通过选择最适合的途径，建设生态的风景和风景的生态，努力在这个满足生物多样性需求的高价值生态区间内谋求生态、生产、生活的融合，满足人民美好生活需要的最优价值点，从而实现全局价值最优的目标。

这套绿色生态建设指引分为上下册。上册为理论卷，主要阐述了生命共同体价值提升论的理论体系、方法体系、技术体系、指标体系等内容，下册为实践卷，主要阐述了最优价值生命共同体理论的广阳岛实践。“绿色生态建设指引”以重庆广阳岛生态保护修复工程为依托，以生命共同体理念为基本遵循，基于生态学、地理学基本原理与风景园林学、景感生态学、环境心理学等学科的相关理论及方法，以解决实际问题为切入点，创新凝练了“最优价值生命共同体理论”。在理论中，创新提出了“绿色生态规划方法、绿色生态设计方法、绿色生态建设方法、绿色生态管理方法、绿色生态养运方法、绿色生态转化方法”六个实践方法体系；创新提出了“护山、理水、营林、疏田、清湖、丰草”及“润土、弹路、生物多样性提升”九类技术集成体系；创新提出了“建设管控指标体系、建成评价指标体系、价值核算指标体系”三种评价指标体系。最优价值生命共同体理论所涵盖的理论体系、方法体系、技术体系和指标体系，实现了生态文明实践“规划—设计—建设—管理—运维—转化”全过程建设管理与效果评价，可以全过程指导不同区域、不同尺度、不同类型生命共同体的保护、修复、建设与价值提升。

希望本书的出版，能够起到抛砖引玉的作用。一方面希望能为同行在具体开展生态文明实践过程中，提供一些指引和帮助；另一方面希望能得到同行的批评和指正，使内容不断丰富和完善。

谨以此书献给奋进在生态文明建设一线的工作者！

赵文斌

2023年4月于北京

目录

第一章

广阳岛历史沿革与新时代机遇

1.1 – 1.3

第二章

广阳岛生态修复理念——基于自然和人文的解决方案，建设最优价值生命共同体

2.1 – 2.4

第三章

广阳岛生态修复方法
——最优价值生命共同体方法体系

3.1 – 3.7

第四章

广阳岛最优价值生命共同体技术体系

4.1 – 4.9

第五章

广阳岛最优价值生命共同体 指标体系

5.1 – 5.4

第六章

广阳岛最优价值生命共同体 场景呈现

6.1 – 6.5

第六章

广阳岛最优价值生命共同体 场景呈现

6.1 – 6.5

GREEN ECOLOGICAL
CONSTRUCTION
GUIDELINES

绿色生态
建设指引

第一章

广阳岛历史沿革与新时代机遇

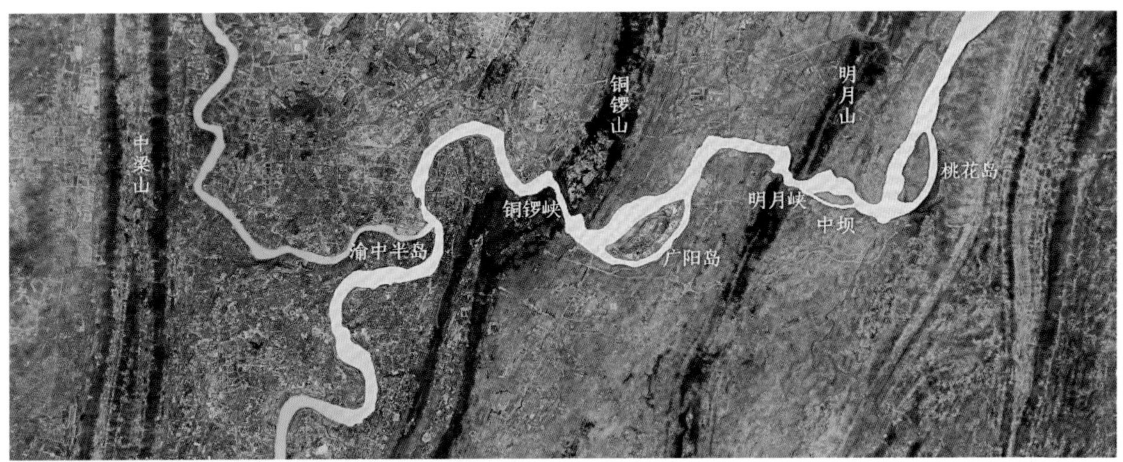

广阳岛区位图
图片来源：重庆市地理信息和遥感应用中心八二四研究所

广阳岛古称广阳坝（“坝”多指适宜生产、生活的区域）或广阳洲，位于重庆市主城铜锣山、明月山之间的长江段，距离市中心约11km，其经纬度范围为东经106° 40′～106° 50′，北纬29° 33′～29° 35′。枯水期全岛面积约10km^2，其中消落带面积约4km^2，是长江上游最大的“江心绿岛”，不可多得的“生态宝岛”。

广阳岛的名称来源，目前流传最广的一种观点是认为其来自我国现存最早方志《华阳国志·巴志》中提到的“巴子……其畜牧在沮，今东突峡下畜沮是也……其郡东枳，有明月峡、广德屿。故巴亦有三峡”，称其系取“广德”与“阳关”之首字而得名，但该书原文却未有出现“广阳”之名，且“阳关”到底是在今江北唐家沱还是长寿，至今也未有定论。而最早有明确“广阳”之名的是见于《太平御览》卷五三引梁代李膺《益州记》：“广阳州东七里，水南有遮要三塠石，石东二里至明月峡，峡前南岸壁高四十丈，其壁有圆孔，形如满月，因以为名。”这是广阳岛最早见于文献的记载。

1.1 历史沿革

广阳岛是被历史尘封的一颗江上明珠，考古发现至少4000年以前，古代巴人就生活于广阳岛上，几千年以来形成了厚重多彩的历史文化，包括古代大禹治水的历史传说、古代先民的农耕渔猎、近代机场抗战的浴血同盟、现当代物产丰美的国营农场和体育训练的国家基地。

1.1.1 上古时代——洪荒伟力，天赋宝岛

长江自青藏高原奔流而来，经重庆城区后继续向东便辟出了《华阳国志》中的“巴之三峡”第一峡——铜锣峡（历代文献中也称黄葛峡、东突峡、石洞峡），长江出峡之后进入铜锣、明月两山之间宽阔谷地，江水如脱缰之野马，冲刷之力加强，受科里奥利力的影响，其对南岸（右岸）的冲刷力更强，形成了凹岸。最初的长江干流河道便诞生在今天广阳岛以南的内河之上。

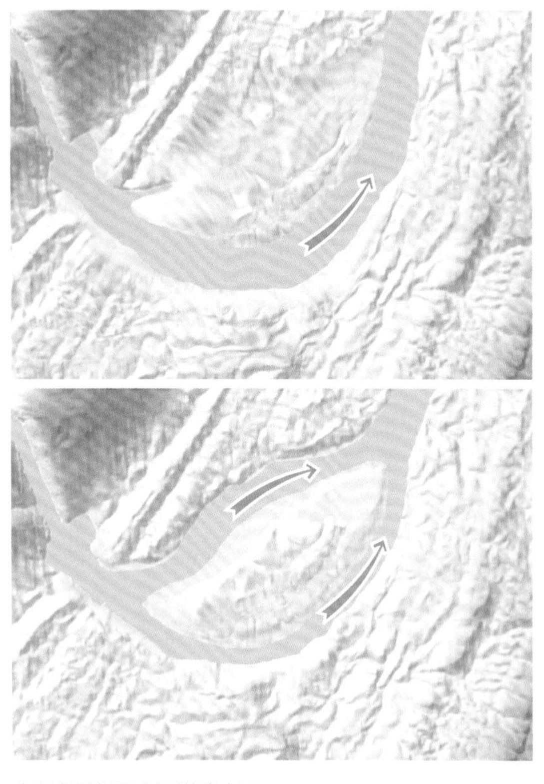

广阳岛段长江主河道演变图
图片来源：重庆市地理信息和遥感应用中心八二四研究所

千百万年后，由于构造运动多次间歇抬升，长江曲流持续下切，今岛西端及南侧内河中与江流垂直的厚层砂岩逐渐抬升并不断向江中延伸，形成一面面矗立水中的“石墙”，阻滞和挑流江水，江水及河道逐渐北移，最终在岛北形成新的干流河道。

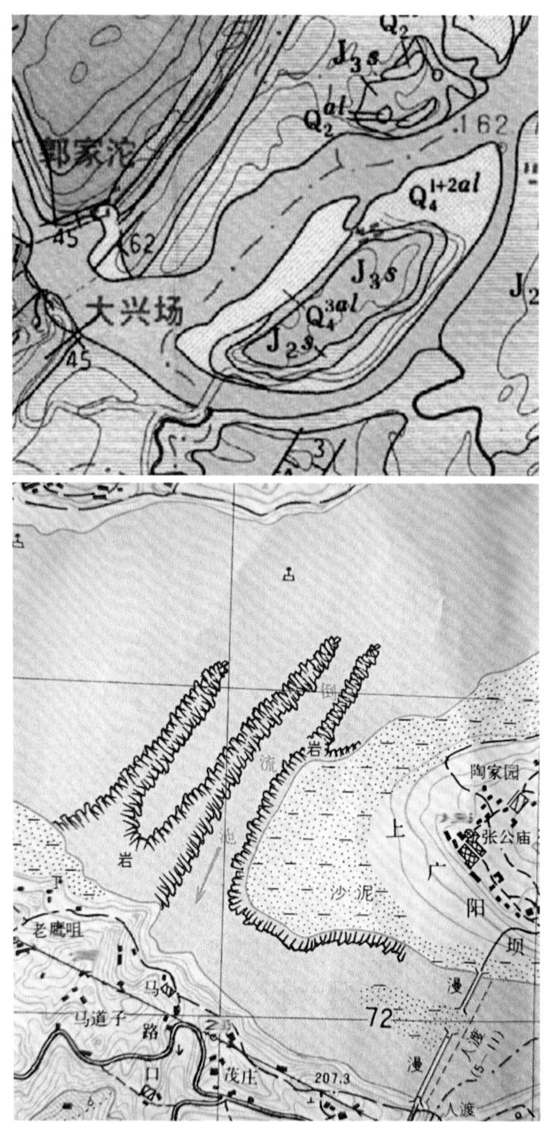

广阳岛形成过程图
图片来源：重庆市地理信息和遥感应用中心八二四研究所

而原来岛南的河道则逐渐衰退成为内河，水流减少，枯水期时甚至岛岸相连，不再贯通。内河枯水期水浅，人、车均可从原滚水桥（又名洋灰桥，建于1938年，因三峡工程清库于2008年6月8日拆除）上通行。

广阳岛内河洋灰桥
图片来源：重庆市地理信息和遥感应用中心八二四研究所

与此同时，岛北高峰山下的兔儿坪湿地也得以发育，宽广的砂砾、泥滩已成为重要的湿地；山下北侧为陡崖南面、东侧则为广阔的低丘平坝，适合农业生产、营建聚落，其格局正是北面负山而南向面水（内河），是天然的水中宝地。

1.1.2 古代——大禹治水，农耕渔猎

广阳岛上一直流传着一个美好的传说。《重庆市南岸区志》记载，铁山坪和放牛坪在远古时是连在一起的，长江流经此处被山隔断，江水翻过山梁，奔腾直下，日久天长，就把山脚下冲成一个大水凼。有一年，长江上游发大水，水天相连，老百姓们只能逃到山顶去避难。那时，大禹刚和涂山女成了亲，他看到百姓被淹死那么多，就决心把江水治好。新婚刚三天，他就告别了涂山女，抓起他父亲留下的抓山神耙，匆匆赶到两座山坪，左一耙，右一耙，把铁山坪和放牛坪之间的山梁挖开了个缺口，那缺口就是现在的“铜锣峡”。因大禹治水时用山神耙挖了三耙土，甩在江水冲成的大水洼里，第一耙土是下坝，第二耙土是上坝，第三耙土放在前两耙土的上面，便是广阳坝，广阳岛由此而得名。过去，岛上的老人喜欢说，广阳坝是先民们踏着大禹的脚板印开辟出来的，传说虽然带有先民幻想的浪漫色彩，却也折射出广阳岛的历史久远。

伴随着近年来的考古发现证实，早在新石器时代就有人类在广阳岛上生产和生活。在2007—2008年的三峡库区抢救性考古发掘工作中，在广阳岛发掘清理了2处新石器时代窑址和6座土坑墓，出土了一批新石器时代的砍砸器、尖状器、雕刻器、石锄等石器工具。2009年，在第三次全国文物普查中，在广阳岛上再次采集到新石器时代石器。2011年，重庆市文化遗产研究院在广阳岛考古工作中又发现了沱湾遗址、陈家湾遗址两处较大规模的新石器时代遗存。岛内原始人类生活遗址超过4000m^2，并有渔猎文化的痕迹，意味着这里很早就有人类活动，是巴渝文明的繁衍之地。

因为广阳岛四周江河环绕，能够阻挡岸上大型猛兽的侵扰，是人类天然的庇护所。因此，在原始渔猎以及后来的农耕社会，广阳岛因其相对平坦、广阔的土地以及四面环水的形势，营造了一个自给自足又安全的江中桃源。古代先民踏上这片土地，在此群聚生活，以农耕渔猎为生。

数千年来人类在广阳岛上的活动鲜有文字记载，明清各省入川移民的足迹曾踏遍岛上，耕耘至今，岛上现存的众多地名真实地记录和反映了这一历史，如以移民最喜欢选址的“湾”为例，据初步统计，到21世纪初前后，岛上带“湾”的地名至少有22个，其中王家湾、何家湾、陈家湾、赵家湾反映了岛上各姓移民杂居的情况；油库湾、莲池湾、石场湾、瓦场湾反映了岛上曾经的设施和产业；老坟湾、新祠湾、新村湾反映了岛上人类活动的延续与更替；干塘湾、对门湾、龙井湾、兴龙湾、十八湾、岩湾、肥冲湾、大冲湾、毛沟湾等反映了自然地理特征和空间位置；还有中塘坊、张家塘房、塘坊等则反映了岛上曾遍植甘蔗、榨糖业发达，是岛上农业文明的缩影。

1.1.3 近现代——机场抗战，浴血同盟

20世纪上半叶，在世界反法西斯同盟浴血奋战的时期，广阳岛成为重庆市重要的空中屏障。以在岛上修建重庆市第一个机场为标志，广阳岛从一个以农业为主要功能的岛屿走向历史舞台，见证了民国时期重庆市的风云历史、日军的残暴侵略、抗日战争的艰辛，见证了一个国家民族的英雄大义和世界反法西斯战争联盟的共同命运，在抗日战争期间为保卫重庆市和抗战胜利作出的重大贡献。

1929年，国民革命军第二十一军军长兼四川省主席刘湘及其幕僚，依托广阳岛水运便捷、战略物资补给方便、不受长江水位涨落影响、极具隐蔽性的优势条件，征地200余亩，并派一个团修筑，于年底建成当时西南地区第一个飞机场，时称“广阳坝机场”。1933年，刘湘修建了一座连接岛岸的洋灰桥（现已拆除）。1938年，因抗日战争急需，广阳坝机场扩修，征地363亩，完成土石方58万m^3，机场跑道延伸到1100m，铺砌碎石或鹅卵石。至此，机场连同军营、马路等设施，共占地900余亩。扩修完毕后的广阳坝机场飞机可以编队起飞。

广阳坝机场
图片来源：重庆广阳岛绿色发展有限责任公司提供

抗日战争爆发后，广阳岛成为护卫重庆的空军基地，主要驻防的是中国空军第四大队，据市档案馆抗日战争史专家介绍，抗日战争初，中国空军有飞机600余架，经淞沪会战和武汉会战，损失2/3。1939年整训后，作战部队保留7个飞行大队，其中第四大队（又叫“志航大队”，纪念空军英雄高志航）由南昌迁至重庆驻防广阳坝，配备苏制伊15驱逐机40架。抗日战争期间，广阳岛上空发生过多次激烈空战。据公开史料记载的中日空军在重庆最早的正面交锋之一，就发生在广阳岛上空，当时设备落后的中国空军，面对日军毫无畏惧，在1939年空战中，日军的26架重、中型轰炸机被第四大队击落，以致日军在《101作战概要》中记述：“重庆不好对付。”英勇的空军将士以广阳坝机场为基地，在实力悬殊的情况下仍然给日军以有力的回击。中国空军英勇不屈、顽强奋战，谱写了一曲荡气回肠保家卫国的赞歌。

志航大队合影
图片来源：重庆广阳岛绿色发展有限责任公司提供

广阳岛还先后驻扎过苏联援华飞行队和美国志愿援华航空队。岛上保留至今的士兵营房、机场油库、空军招待所、发电房、库房、防空洞已被列为文物保护单位。

士兵营房旧照
图片来源：重庆广阳岛绿色发展有限责任公司提供

空军招待所旧址
图片来源：重庆广阳岛绿色发展有限责任公司提供

1.1.4 当代——国营农场，体育基地

新中国成立之后，广阳坝机场被移交给重庆航空俱乐部，后改为四川省重庆市广阳坝园艺场（简称广阳坝园艺场）。此后的多年间，广阳岛上种植水稻、小麦、柑橘、枇杷等农产品，其生产的哈姆林甜橙曾获1995年中国第二届农业博览会金奖。1986年，中国第一个曲棍球训练基地落户广阳岛。纵观广阳坝园艺场，可以分为以下四个较为清晰的历史时期：

（1）1958～1966年：初期

1958年，重庆在广阳坝建设农场，5月将郭家沱果园合并到广阳坝农场，同年8月，将广阳坝农场更名为四川省重庆市广阳坝园艺场。1964年，广阳坝园艺场由原来的市级机关农场（事业单位）转制成为企业型的农垦国营单位，一批又一批的莘莘学子、知识青年充满憧憬和梦想，成为园艺场的奠基者、开拓者和建设者。

机关干部下放广阳坝农场锻炼
图片来源：《广阳春秋》

（2）1966～1976年：动荡期

这一时期，广阳岛也面临着严峻的考验。最终广阳坝园艺场经历了生产瘫痪和被迫停产，历时一年得以恢复。

（3）1976～1986年：转型期

动荡期后，园艺场终于迎来了转机，这一时期成为园艺场发展、兴旺的一个光辉转折点，有以下两个较为显著的变化：

一是20世纪60年代初来场的青年学生挑起了园艺场建设重担，成为园艺场的骨干。二是园艺场拥有了生产经营的自主权，开始了从单一农牧业向跨行业、多元化的生产经营战略转变。

在各种变化之中，最具代表性的是建立重庆市食用薄膜厂，它是园艺场的第一厂，是迈入改革开放，走向成功的坚实的第一步。此后，广阳人在一无资料图纸，二无资金技术的情况下，继续发扬建场初期艰苦创业的奋斗精神、经过夜以继日的忘我劳动，历经无数次挫折和失败，凭着一片赤诚两只手，在广阳坝上建起了西南第一家糯米纸厂，很快取得丰厚的经济效益，为园艺场的进一步发展鼓舞了斗志，增添了信心，奠定了基础，积累了宝贵的经验和资金。

广阳坝园艺场及水果粮食
图片来源：重庆广阳岛绿色发展有限责任公司提供

重庆市食用薄膜厂车间一角
图片来源：《广阳春秋》

（4）1986年至20世纪末：发展期

1986年至20世纪末是园艺场改革开放的黄金时期，塑料厂、饮料厂、茶叶厂雨后春笋般出现在园艺场，旧貌换新颜，广阳人的生活今非昔比，经济收入大幅度提高。

1986年，中国曲棍球的第一个训练基地落户广阳岛，在技术条件落后的现实面前，基地工作人员用人拉肩扛的土办法修建起7块标准曲棍球土场地，占地约400多亩，后来成为国家队和一些省市队伍长年集训的最佳选择。每年冬训期间，都有来自全国的几十支队伍来到广阳岛集训。中国女子曲棍球队正是在广阳坝孕育了辉煌，不少运动员就是从广阳坝启程，实现了自己的体育梦想。基地办公楼门口悬挂的“国家体育总局重庆广阳坝曲棍球训练基地”的门匾，时时提醒大家，这里曾经为我国的曲棍球事业默默作出的奉献。

这个阶段，广阳岛除了是曲棍球，同时还是羽毛球、足球、篮球、柔道、摔跤、拳击、跆拳、武术、乒乓、举重等项目的训练场地，输送了无数体育苗子，也让重庆广阳岛成为与云南海埂、河北香河、湖南郴州、湖北塔子湖等齐名的著名体育训练基地。

重庆市体育训练基地
图片来源：《广阳春秋》

1.1.5 21世纪初——统一开发，生态扰动

2010年左右，广阳岛作为重点开发对象步入统一开发阶段，岛上居民开始逐步迁出，规划了300万m^2的建设量，计划将广阳岛建设成一个包括居住、商业、文娱、旅游、酒店、会议等多种业态的高端岛屿社区，打造中国重庆版的美国纽约长岛，其中视野最为开阔的东、西岛头，曾被计划集中布局商业地产、酒店和娱乐设施。

2016版土地利用规划图

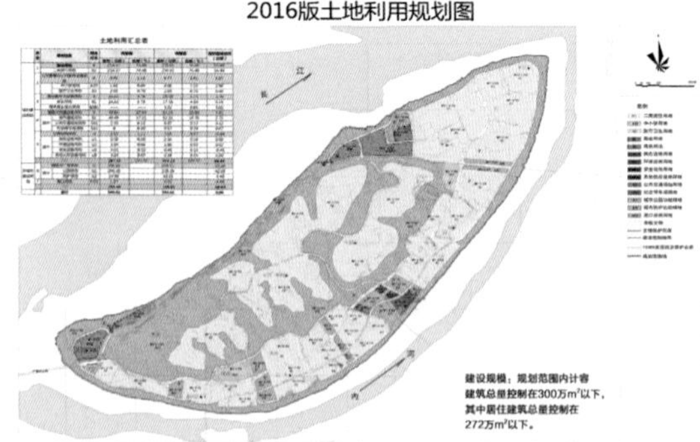

广阳岛大开发规划方案
图片来源：重庆广阳岛绿色发展有限责任公司提供

随着城市建设不断推进，岛上的田园风光迅速被建设覆盖，千百年来形成的自然生态格局和历史人文资源遭到严重破坏。据岛上陈列厅中的一份资料显示，当年由于采石取土、道路建设等工程实施，岛内部分山体被挖开，造成大量边坡和崖壁裸露；岛南侧的自然水系格局被人工排水系统取代，水系断流、湖塘干涸；因过度砍伐，岛内原生自然林地严重退化；农田肌理受损，土质逐渐退化为紫色土、砂壤土和泥沙土；生物栖息地遭到扰动。

1.2 新时代发展机遇
——共抓大保护，不搞大开发

2016年1月，习近平总书记在重庆市主持召开

广阳岛大开发前影像（2005年）

广阳岛生态修复前影像（2018年）

的推动长江经济带发展座谈会上指出，长江拥有独特的生态系统，是我国重要的生态宝库。当前和今后相当长一个时期，要把修复长江生态环境摆在压倒性位置，共抓大保护，不搞大开发。要把实施重大生态修复工程作为推动长江经济带发展项目的优先选项，要用改革创新的办法抓长江生态保护。同时指出，推动长江经济带发展必须坚持生态优先、绿色发展的战略定位。

党的十九大报告又将“以共抓大保护、不搞大开发为导向推动长江经济带发展”作为新时代实施区域协调发展战略的重要内容组成。

2018年4月，习近平总书记主持召开第二次长江经济带发展座谈会，再次强调共抓大保护，不搞大开发，努力把长江经济带建设成为生态更优美、交通更顺畅、经济更协调、市场更统一、机制更科学的黄金经济带，探索出一条生态优先、绿色发展新路子。

重庆地处长江上游和三峡库区腹心地带，生态地位重要、责任重大，作为长江上游唯一的直辖市，要立足“两点”定位、建设“两地”、实现“两高”目标，需用实际行动落实习近平总书记关于长江经济带共抓大保护、不搞大开发，生态优先、绿色发展的决策部署，以更高的站位、更宽的视野、更坚定的目标导向，发挥重庆在长江经济带高质量发展中的带动效应和示范作用，强化“上游意识”、勇担“上游责任”、体现“上游水平”，切实筑牢长江上游重要生态屏障，努力在推进长江经济带绿色发展中发挥示范作用。

广阳岛位于重庆主城之东，是距重庆主城区内最近、面积最大的滨河岛屿。作为长江上游第一生态岛，广阳岛文化源远流长、底蕴深厚，并具有得天独厚的自然景观资源，是长江母亲河上游生态屏障以及三峡库区的重要生态晴雨表，是长江流域文明、巴渝地区人类发展文明的历史人文沉淀之岛，也是重庆独具特色的绝版资源，更是重要的生态留白。作为重庆东西轴线上的重要节点，沿江进入重庆主城的首要门户，把广阳岛打造成重庆生态文明建设和环境保护的示范高地，筑牢长江上游重要生态屏障，对于建设“一带一路”、长江经济带联结点和国际陆海贸易新通道，有着重要的生态门户意义和深远的生态发展引领作用。

2017年下半年，重庆市委、市政府认真贯彻落实习近平总书记关于长江经济带“共抓大保护，不搞大开发”的重要指示要求，果断踩下广阳岛大开发“急刹车”，作出还岛于民的决定，停止在广阳岛进行商业开发，开展山水林田湖草生态修复，并划定168km^{2}广阳岛片区开展长江经济带绿色发展示范，成立由市长任组长的广阳岛片区长江经济带绿色发展示范建设领导小组，组建市属国有重点企业——重庆广阳岛绿色发展有限责任公司，与领导小组办公室合署办公，启动了广阳岛生态文明建设实践。

1.3 新时代定位转变——长江经济带绿色发展示范区

广阳岛既是从长江水路进入主城的第一门户，又位于重庆东部槽谷的核心区，是南岸区的核心地带和城市有机组成部分，仅仅保护修复生态环境，还不能把广阳岛对城市发展的功能充分发挥出来，需要规划一批特色鲜明、内涵丰富、社会影响力大、生态影响力小的项目，推动绿水青山不断升级，永续利用，并结合“生态+”“+生态”等多种生态产业化和产业生态化路径，破解绿水青山就是金山银山的高级多元方程式，让绿水青山带动城市更大范围，更加持久地变成“金山银山”，打造“绿水青山就是金山银山”自然资源增值版的广阳岛生态赋能模式。

由此，广阳岛新的功能定位转变为“长江经济带绿色发展示范区”。在全面开放的新格局和生态文明的新时代，通过重庆广阳岛的示范，践行并探索长江经济带生态文明建设和绿色发展示范的路径与方法，意义重大，影响深远。

建设广阳岛长江经济带绿色发展示范区，通过生态驱动科技创新，以道法自然筑胜境，以低碳循环领未来，摒弃“生态-”的资源投入消耗型发展模式，使广阳岛成为长江经济带的“生态宝岛”和“创新宝岛”，以“生态产业化、产业生态化”带动周边区域的环境提升、产业转型和绿色发展，加快自然资本增值，实现“绿水青山就是金山银山”的价值可持续放大转化，为长江经济带的生态保护与绿色发展提供广阳岛实践样本。

GREEN ECOLOGICAL CONSTRUCTION GUIDELINES

绿色生态
建设指引

第二章

广阳岛生态修复理念——基于自然和人文的解决方案，建设最优价值生命共同体

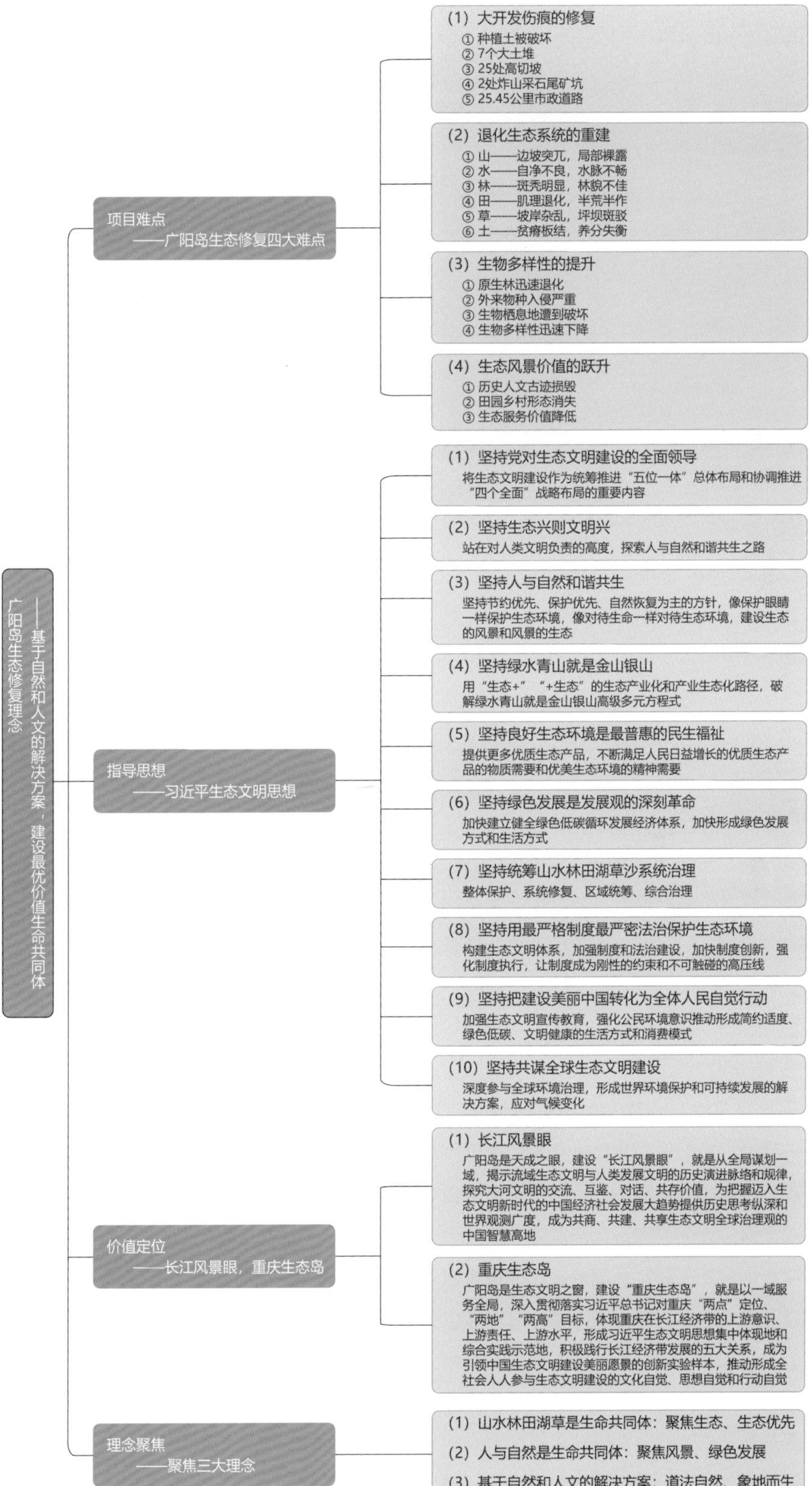
广阳岛生态修复理念
——基于自然和人文的解决方案，建设最优价值生命共同体
项目难点
——广阳岛生态修复四大难点
（1）大开发伤痕的修复
① 种植土被破坏
② 7个大土堆
③ 25处高切坡
④ 2处炸山采石尾矿坑
⑤ 25.45公里市政道路
（2）退化生态系统的重建
① 山——边坡突兀，局部裸露
② 水——自净不良，水脉不畅
③ 林——斑秃明显，林貌不佳
④ 田——肌理退化，半荒半作
⑤ 草——坡岸杂乱，坪坝斑驳
⑥ 土——贫瘠板结，养分失衡
（3）生物多样性的提升
① 原生林迅速退化
② 外来物种入侵严重
③ 生物栖息地遭到破坏
④ 生物多样性迅速下降
（4）生态风景价值的跃升
① 历史人文古迹损毁
② 田园乡村形态消失
③ 生态服务价值降低
指导思想
——习近平生态文明思想
（1）坚持党对生态文明建设的全面领导
将生态文明建设作为统筹推进“五位一体”总体布局和协调推进“四个全面”战略布局的重要内容
（2）坚持生态兴则文明兴
站在对人类文明负责的高度，探索人与自然和谐共生之路
（3）坚持人与自然和谐共生
坚持节约优先、保护优先、自然恢复为主的方针，像保护眼睛一样保护生态环境，像对待生命一样对待生态环境，建设生态的风景和风景的生态
（4）坚持绿水青山就是金山银山
用“生态+”“+生态”的生态产业化和产业生态化路径，破解绿水青山就是金山银山高级多元方程式
（5）坚持良好生态环境是最普惠的民生福祉
提供更多优质生态产品，不断满足人民日益增长的优质生态产品的物质需要和优美生态环境的精神需要
（6）坚持绿色发展是发展观的深刻革命
加快建立健全绿色低碳循环发展经济体系，加快形成绿色发展方式和生活方式
（7）坚持统筹山水林田湖草沙系统治理
整体保护、系统修复、区域统筹、综合治理
（8）坚持用最严格制度最严密法治保护生态环境
构建生态文明体系，加强制度和法治建设，加快制度创新，强化制度执行，让制度成为刚性的约束和不可触碰的高压线
（9）坚持把建设美丽中国转化为全体人民自觉行动
加强生态文明宣传教育，强化公民环境意识推动形成简约适度、绿色低碳、文明健康的生活方式和消费模式
（10）坚持共谋全球生态文明建设
深度参与全球环境治理，形成世界环境保护和可持续发展的解决方案，应对气候变化
价值定位
——长江风景眼，重庆生态岛
（1）长江风景眼
广阳岛是天成之眼，建设“长江风景眼”，就是从全局谋划一域，揭示流域生态文明与人类发展文明的历史演进脉络和规律，探究大河文明的交流、互鉴、对话、共存价值，为把握迈入生态文明新时代的中国经济社会发展大趋势提供历史思考纵深和世界观测广度，成为共商、共建、共享生态文明全球治理观的中国智慧高地
（2）重庆生态岛
广阳岛是生态文明之窗，建设“重庆生态岛”，就是以一域服务全局，深入贯彻落实习近平总书记对重庆“两点”定位、“两地”“两高”目标，体现重庆在长江经济带的上游意识、上游责任、上游水平，形成习近平生态文明思想集中体现地和综合实践示范地，积极践行长江经济带发展的五大关系，成为引领中国生态文明建设美丽愿景的创新实验样本，推动形成全社会人人参与生态文明建设的文化自觉、思想自觉和行动自觉
理念聚焦
——聚焦三大理念
（1）山水林田湖草是生命共同体：聚焦生态、生态优先
（2）人与自然是生命共同体：聚焦风景、绿色发展
（3）基于自然和人文的解决方案：道法自然、象地而生

广阳岛是一个以陆桥岛为生态单元的生命共同体，平面形态呈纺锤形，总体地势北高南低、西高东低。从生命共同体的六个特性看，广阳岛具有“水体—滩涂—湿地—岸线消落带—平地—山体”等典型的岛屿生态结构特征，且山、水、林、田、湖、草，动物、植物、微生物等生命共同体要素齐全。但随着广阳岛上大开发工程措施的不断推进，全岛的岛屿生态结构和生态要素均遭到不同程度的破坏，生物多样性、生态系统服务功能及风景价值、人文价值显著下降，生态修复面临诸多困难和挑战。

2.1 项目难点

停止大开发行为、开展大保护行动后的广阳岛，生态修复面临着大开发伤痕的修复、退化生态系统的重建、生物多样性的提升、生态风景价值的跃升等难点。

2.1.1 大开发伤痕的修复

由于曾被规划了300万m^2的房地产，并实施了征地拆迁和平场整治，广阳岛自然和人文本底遭到严重破坏。千百年来形成的自然水系、山林与小尺度梯田不复存在，人文遗迹大面积损毁，开发痕迹处处可见。岛内平场整治形成2.68km^2开发地块，种植土被严重破坏，留下7个大土堆、25处高切坡、2处炸山采石尾矿坑和25.45km市政道路等大开发伤痕。水与水质、土与土壤、林与林团、路与路面、消落带、崖壁、采石尾坑等是摆在生态修复面前的具体而重要的问题。如何恰当修复这些大开发造成的生态伤痕，是生态修复的第一大难点。

开发地块及大土堆

市政路及高切坡

炸山采石尾矿坑

2.1.2 退化生态系统的重建

广阳岛属于典型的江心岛生态系统，其物质能量循环相对独立，具有较特殊的生物群落，对于维持流域生态平衡和调节区域生态功能具有不可替代的作用，是长江上游岛链生态系统的典型代表。由于地理相对隔离、面积有限和水流侵蚀等原因，广阳岛生态系统抗干扰能力相对较弱，退化后很难恢复。大开发实施后，岛内千百年来形成的小尺度梯田、自然水系等肌理被破坏，“山”边坡突兀、局部裸露，“水”自净不良、水脉不畅，“林”斑秃明显、林貌不佳，“田”肌理退化、半荒半作，“草”坡岸杂乱、坪坝斑驳，“土”贫瘠板结、养分失衡，“动物”生息受扰、种类剧减。如何系统恢复与重建广阳岛退化的生态系统，是生态修复的第二大难点。

“山”—边坡突兀，局部裸露

“水”—自净不良、水脉不畅

“林”—斑秃明显、林貌不佳

“田”—肌理退化、半荒半作

“草”—坡岸杂乱、坪坝斑驳

“土”—贫瘠板结、养分失衡

2.1.3 生物多样性的提升

大开发之前，广阳岛内包含滩涂湿地、农田、湖塘、森林、山地等多种生境，不仅物种数量多，还是候鸟迁徙和越冬的重要栖息地。大开发时期剧烈的人为干扰导致岛内原生林迅速退化，外来物种入侵严重，生物栖息地遭到破坏，生物多样性迅速下降。如何修复生物栖息地网络、提升全岛生物多样性稳定性与健康性，是生态修复的第三大难点。

原生林地退化

外来物种入侵

2.1.4 生态风景价值的跃升

历史上的广阳岛曾是一个自给自足又安全的江中桃源，古代先民在此群聚生活，渔猎为生。新中国成立后的广阳岛也曾是物产丰美的国营农场和国家体育训练基地，综合生态价值不容小觑。大开发后，广阳岛人文古迹大面积损毁，岛上原有田园乡村形态消失殆尽，留存的抗日战争机场遗址等历史文物因年久失修不同程度破损。如何改善生态环境和人文环境，提升生态服务感受，跃升生态风景价值，推动高质量发展，创造高品质生活，让绿色青山更好地转化成金山银山，不断满足人民美好生活对优质生态产品的物质需求和优美生态环境的精神需求，让人民群众在岛上及由岛带动的区域有更多的获得感、幸福感和安全感，是生态修复的第四大难点。

历史遗存年久失修

这四大难点的科学、系统解决，将为重庆、长江经济带乃至全国的生态文明建设和环境保护提供新的案例样板。

2.2 指导思想

面对项目难点，广阳岛生态保护修复始终坚持以习近平生态文明思想为指导，深入贯彻习近平总书记视察重庆重要讲话精神，以“天人合一”的价值追求，深度践行“生态优先、绿色发展”理念，以“知行合一”的人文境界，全面开展“共抓大保护、不搞大开发”行动，努力将广阳岛建设成为习近平生态文明思想集中体现地。

广阳岛生态修复坚持党对生态文明建设的全面领导，统筹推进“五位一体”总体布局和协调推进“四个全面”战略布局，发挥党在生态文明建设中的“把舵定向”重大作用。

广阳岛生态保护修复坚持生态兴则文明兴，增强做好生态保护工作的责任感、使命感，站在对人类文明负责的高度，尊重自然、顺应自然、保护自然，探索人与自然和谐共生之路，促进经济发展与生态保护协调统一，共建繁荣、清洁、美丽的世界。

广阳岛生态保护修复坚持“人与自然和谐共生”，坚持节约优先、保护优先、自然恢复为主的方针，像保护眼睛一样保护生态环境，像对待生命一样对待生态环境，建设生态的风景和风景的生态，让自然生态美景永驻人间，还自然以宁静、和谐、美丽。

广阳岛生态保护修复坚持绿水青山就是金山银山，贯彻创新、协调、绿色、开放、共享的新发展理念，学好用好“两山论”，走深走实“两山”路，加快形成节约资源和保护环境的空间格局、产业结构、生产方式、生活方式，用“生态+”“+生态”的生态产业化和产业生态化路径，破解绿水青山就是金山银山高级多元方程式，让广阳岛绿水青山带动城市更大范围、更加持久变成金山银山。

广阳岛生态保护修复坚持良好生态环境是最普惠的民生福祉，坚持生态惠民、生态利民、生态为民，积极回应人民群众所想、所盼、所急，提供更多优质生态产品，不断满足人民日益增长的优质生态产品的物质需要和优美生态环境的精神需要。

广阳岛生态修复坚持绿色发展是发展观的深刻革命，推进生产方式、生活方式、思维方式和价值观念的全方位、革命性变革，加快建立健全绿色低碳循环发展经济体系，加快形成绿色发展方式和生活方式，坚定不移走生产发展、生活富裕、生态良好的文明发展道路。

广阳岛生态保护修复坚持统筹山水林田湖草沙系统治理，要统筹兼顾、整体施策、多措并举，全方位、全地域、全过程开展生态文明建设，坚持山水林田湖草整体保护、系统修复、区域统筹、综合治理。

广阳岛生态保护修复坚持用最严格制度最严密法治保护生态环境，着力构建生态文明体系，加强制度和法治建设，加快制度创新，强化制度执行，让制度成为刚性的约束和不可触碰的高压线，持之以恒抓紧抓好生态文明建设和生态环境保护。

坚持把建设美丽中国转化为全体人民自觉行动，加强生态文明宣传教育，强化公民环境意识，推动形成简约适度、绿色低碳、文明健康的生活方式和消费模式，促使人们从意识向意愿转变，从抱怨向行动转变，以行动促进认识提升，知行合一，形成全社会共同建设美丽中国的强大合力。

坚持共谋全球生态文明建设，深度参与全球环境治理，形成世界环境保护和可持续发展的解决方案应对气候变化。

广阳岛坚持习近平生态文明思想为指导，坚定贯彻“共抓大保护、不搞大开发”方针，坚持“生态优先，绿色发展”，从中华民族长远利益考虑，把修复

长江风景眼，重庆生态岛

长江生态环境摆在压倒性位置，坚定不移贯彻新发展理念，用世界眼光、国际标准、重庆特色、高点定位，积极构建山水林田湖草作为生命共同体的系统性整体性价值样本，全面探索长江生态文明的生态、科技、文化、城乡融合发展之路，谱写生态优先绿色发展新篇章，打造区域协调发展新样板，构筑高水平对外开放新高地，塑造创新驱动发展新优势，绘就山水人城和谐相融新画卷，为探索全球人类文明发展规律和现代化进程，建设人与自然和谐共生的现代化美丽中国图景，提供当代新范例和新参照。

2.3 价值定位
——长江风景眼，重庆生态岛

广阳岛作为重庆乃至长江上游最为珍贵、最不可替代、面向未来的生态战略空间，保护利用好广阳岛这些优质的生态文化资源，发挥山水林田湖草作为生命共同体的整体性联动价值和系统构建作用，就是促进人与自然、人与他人、人与社会和谐共生关系、建设山清水秀美丽之地的具体实践。

为此，重庆市主要领导亲自谋划，将广阳岛的价值定位为“长江风景眼、重庆生态岛”。

广阳岛是天成之眼，建设“长江风景眼”，就是从全局谋划一域，揭示流域生态文明与人类发展文明的历史演进脉络和规律，探究大河文明的交流、互鉴、对话、共存价值，为把握迈入生态文明新时代的中国经济社会发展大趋势提供历史思考深度和世界观测广度，成为共商、共建、共享生态文明全球治理观的中国智慧高地。

广阳岛是生态文明之窗，建设“重庆生态岛”，就是以一域服务全局，深入贯彻落实习近平总书记对重庆“两点”定位、“两地”“两高”目标，体现重庆在长江经济带的上游意识、上游责任、上游水平，形成习近平生态文明思想集中体现地和综合实践示范地，积极践行长江经济带发展的五大关系，成为引领中国生态文明建设美丽愿景的创新实验样本，推动形成全社会人人参与生态文明建设的文化自觉、思想自觉和行动自觉。

2.4 理念聚焦

按照“长江风景眼、重庆生态岛”的价值定位，长江经济带绿色发展示范区的功能定位，广阳岛生态保护修复不能建设成传统公园和景区，更不能建设成旅游区，而是要建设一个真正践行习近平生态文明思想、示范“共抓大保护、不搞大开发，生态优先、绿色发展”的生态岛。因此，广阳岛生态保护修复始终要深学笃用习近平生态文明思想，遵循“山水林田湖草是生命共同体”“人与自然是生命共同体”的理念，以天人合一的价值追求、知行合一的人文境界，聚焦“生态”，聚焦“风景”，基于“自然和人文”的解决方案，生动表达山水林田湖草自然的生命共同体，精心打造“长江风景眼、重庆生态岛”人与自然的生命共同体，彻底摒弃传统公园、景区、旅游区的规划建设理念，充分发挥设计对美学意境和科学技术的正向作用，优化生态资源配置，再现原生态巴渝乡村田园风景，建设生态为魂、风景为象，满足生物多样性需求和人民美好生活需要，人与自然和谐共生的现代化最优价值生命共同体。

2.4.1 山水林田湖草是生命共同体——聚焦生态，生态优先

广阳岛是一个完整生态单元的“自然的生命共同体”，这是开展广阳岛生态文明建设的切入点，也是广阳岛建设最优价值生命共同体的第一位客体。以自然生态为本，生态优先，整体保护、系统修复、综合治理自然的生命共同体，追求生态系统健康稳定，满足生物多样性需求，体现广阳岛自然生命共同体的基础价值。

聚焦生态，即广阳岛生态保护修复立足陆桥岛屿地理特征及其生态系统的内在机理和演替规律，统筹考虑山、水、林、田、湖、草及土、动物、微生物等要素的相互作用关系，按照生命共同体的整体系统性、区域条件性、有限容量性、迁移性、可持续性、价值性六个特性，系统开展自然恢复、生态修复、丰富生物多样性工作：①以整体系统性为指导，全面统筹广阳岛的山、水、林、田、湖、草及土、动物和人等所有生态要素；②以区域条件性为指导，因地制宜确立属于广阳岛陆桥岛的生态保护、生态修复和生态建设方案；③以有限容量性为指导，把人对广阳岛陆桥岛生态系统的影响控制在其环境容量的生态区间内；④以迁移性为指导，通过保护、修复和建设生态，保护广阳岛生态系统的自然价值、增值其自然资本；⑤以可持续性为指导，通过节约资源、防治污

广阳岛最优价值生命共同体

染、科技支撑，维护广阳岛高价值生命共同体的可持续性；⑥以价值性为指导，广阳岛生态修复要在满足生物多样性需求、体现生命共同体基础价值的基础上，进一步谋求满足人民美好生活需要的最优价值点，体现生命共同体的最优价值。

生态优先，即广阳岛生态保护修复坚持节约优先、保护优先，以自然恢复为主的方针，保护现状生态系统，维护既有价值生态区间；抓住“水和土”“林和草”核心要素，修复自然恢复以外的生态系统，促进广阳岛生态系统向高价值生态区间迁移；努力做到“一言一行、一草一木、一锹一土”都聚焦生态、突出生态、紧扣生态，切实筑牢长江上游重要生态屏障，成为生动表达山水林田湖草生命共同体理念的生态大课堂。

2.4.2 人与自然是生命共同体——聚焦风景，绿色发展

广阳岛还是一个完整生态单元的“人与自然的生命共同体”，这是开展广阳岛生态文明建设的价值对象，是广阳岛建设最优价值生命共同体的第二位客体。以人民为中心，绿色发展，促进绿水青山更好地转化为金山银山，建设人与自然的生命共同体，追求生态的风景和风景的生态，人与自然和谐共生的现代化，满足人民美好生活需要，体现广阳岛人与自然生命共同体的最优价值。

聚焦风景，即广阳岛生态保护修复要立足广阳岛上千百年来农耕文明所形成的巴渝原乡风貌，通过发挥设计对美学意境和科学技术的正向作用，突出基于自然和人文的解决方案，以人工修复为辅，设计乡村形态、增加乡村元素、营造乡村气息、丰富乡愁体验，强化本土“野草野花、野菜野果、野灌野乔”的栽植应用，倡导自然做功，注重轻梳理、浅介入，基于绿水青山就是金山银山的价值追求，围绕人流组织和场景呈现，擦亮绿水青山颜值，做大金山银山价值，深度践行绿色发展，突出人与自然是生命共同体，让自然生态环境和社会人文环境融为一体，再现原生态巴渝乡村田园风景，建设有生态的风景和有风景的生态。

生态的风景，是指广阳岛生态保护修复工作应遵循自身陆桥岛屿的地理特征及其生态系统的内在机理和演替规律，在保护、修复自然生态系统的同时，通过发挥设计的艺术价值，全过程建设自然生态的风景、历史人文的风景、绿色发展的风景等有真生态的风景，满足人们对良好生态环境的意愿和服务需求。

风景的生态，是指广阳岛生态保护修复工作应在系统修复生态要素、恢复生态系统结构、提升生态系统服务功能、尊重生态系统自然演替过程的同时，通过发挥设计的美学价值，全要素建设有美学画面的生态、硕果累累的生态、技术内涵的生态等好风景的生态，满足人们对良好生态环境的美学和产品需求。

绿色发展，是指广阳岛生态保护修复工作在聚焦风景的基础上，围绕长江经济带绿色发展示范要求，学好用好“两山论”，走深走实“两化路”，探索“政府投资带动，社会资金参与、金融资本助力、企业自身造血”的投融资模式，组织对接国家开发银行“绿色生态”专项贷款，与财政资金、社会资金共同建立“生态资金池”，实现片区资金债务统筹平衡，大平衡换来大生态，大生态换来大发展，建立起广阳岛片区生态产品价值实现长效保障机制。注重科技赋能产业兴城建设智创生态城。聚焦“绿色低碳循环”经济体系，大力发展“绿色+”“智慧+”产业。一方面大力推进存量产业智能化、绿色化改造升级，推动经济社会发展全面绿色转型；另一方面紧盯碳达峰、碳中和目标，着力发展“绿色低碳循环”产业，聚焦减污降碳、节能减排、循环经济领域，集聚相关技术、产品，材料的创新、研发、孵化、转化和碳汇、绿金、交易、服务等综合功能。着力破解绿水青山就是金山银山高级多元方程式难题。全面推进生态+教育、文化、旅游、农业、体育、智慧的有机融合，在促进自然生态资源有效增值的基础上，为群众提供优质生态产品和高端生活服务，实现生态产品、调节服务和文化功能的综合价值提升，建设满足人与自然和谐共生现代化的最优价值生命共同体。

2.4.3 基于自然和人文的解决方案——道法自然，象地而生

在广阳岛生态保护、修复和建设的全过程

中，彻底摒弃人工造景、工程建设的理念，而是正本清源，回归自然，要全要素尊重自然、顺应自然、保护自然、道法自然，探索基于场地现状的自然和人文解决方案，追求原乡野境、象地而生，还原“自然的生命共同体”和“人与自然的生命共同体”所组成的复合生态系统的原真性和完整性，提升生态系统的健康性和稳定性，优化生态系统的服务功能，实现低投入建设、低成本养护、可持续运维。

道法自然，是指广阳岛自然的生命共同体建设中，遵循自然规律，集成创新和综合运用成熟、成套、低成本、基于自然的生态技术、产品、材料、工法，从乡野中探索基于自然的解决方案，让野花野草、野菜野果、野灌野乔等乡野要素担当生命共同体的主角，力求在最小干预的原则下最大化再现自然的生态风景，维护广阳岛生态系统的原真性，还广阳岛以宁静。

象地而生，是指广阳岛人与自然的生命共同体建设中，遵循陆桥岛屿地理特征及其生态系统的内在机理和演替规律，将人工元素轻轻地放入自然环境中，就像从自然环境中生长出来的一样。按照“绿色、低碳、循环、智能”的理念布置生态设施，按照“大保护、微开发、巧利用”的要求，秉承“随形、嵌入、靠色、顺势、点景”的原则布局绿色建筑，做到因山就势，融入自然，一切自然而然、自在而在、自觉而觉地存在。

GREEN ECOLOGICAL CONSTRUCTION GUIDELINES

绿色生态
建设指引

第三章

广阳岛生态修复方法——最优价值生命共同体方法体系

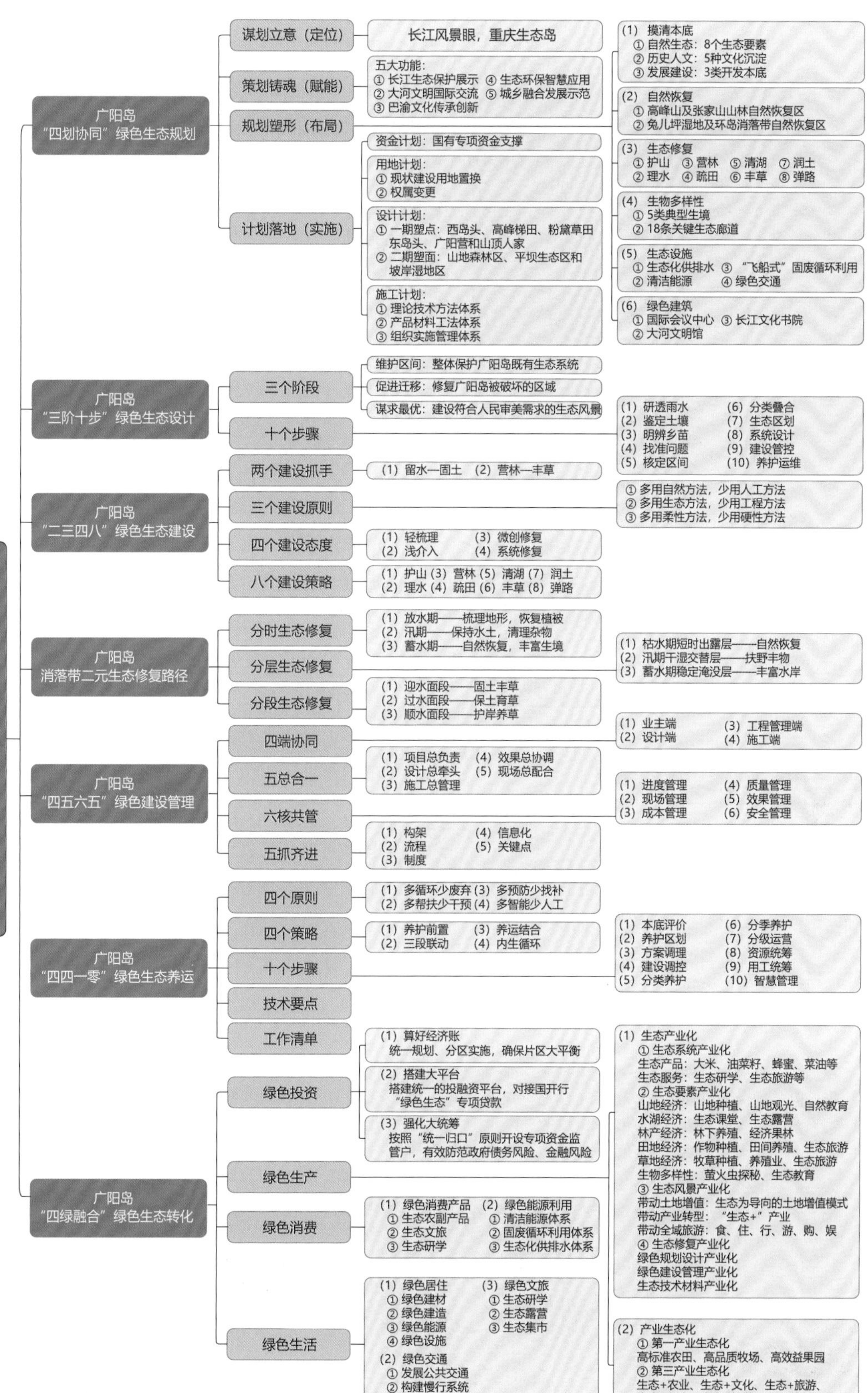
广阳岛生态修复方法——最优价值生命共同体方法体系
广阳岛“四划协同”绿色生态规划
谋划立意（定位）
长江风景眼，重庆生态岛
策划铸魂（赋能）
五大功能：
① 长江生态保护展示 ④ 生态环保智慧应用
② 大河文明国际交流 ⑤ 城乡融合发展示范
③ 巴渝文化传承创新
规划塑形（布局）
(1) 摸清本底
① 自然生态：8个生态要素
② 历史人文：5种文化沉淀
③ 发展建设：3类开发本底
(2) 自然恢复
① 高峰山及张家山山林自然恢复区
② 兔儿坪湿地及环岛消落带自然恢复区
(3) 生态修复
① 护山 ③ 营林 ⑤ 清湖 ⑦ 润土
② 理水 ④ 疏田 ⑥ 丰草 ⑧ 弹路
(4) 生物多样性
① 5类典型生境
② 18条关键生态廊道
(5) 生态设施
① 生态化供排水 ③ “飞船式”固废循环利用
② 清洁能源 ④ 绿色交通
(6) 绿色建筑
① 国际会议中心 ③ 长江文化书院
② 大河文明馆
计划落地（实施）
资金计划：国有专项资金支撑
用地计划：
① 现状建设用地置换
② 权属变更
设计计划：
① 一期塑点：西岛头、高峰梯田、粉黛草田东岛头、广阳营和山顶人家
② 二期塑面：山地森林区、平坝生态区和坡岸湿地区
施工计划：
① 理论技术方法体系
② 产品材料工法体系
③ 组织实施管理体系
广阳岛“三阶十步”绿色生态设计
三个阶段
维护区间：整体保护广阳岛既有生态系统
促进迁移：修复广阳岛被破坏的区域
谋求最优：建设符合人民审美需求的生态风景
十个步骤
(1) 研透雨水 (6) 分类叠合
(2) 鉴定土壤 (7) 生态区划
(3) 明辨乡苗 (8) 系统设计
(4) 找准问题 (9) 建设管控
(5) 核定区间 (10) 养护运维
广阳岛“二三四八”绿色生态建设
两个建设抓手
(1) 留水—固土 (2) 营林—丰草
三个建设原则
① 多用自然方法，少用人工方法
② 多用生态方法，少用工程方法
③ 多用柔性方法，少用硬性方法
四个建设态度
(1) 轻梳理 (3) 微创修复
(2) 浅介入 (4) 系统修复
八个建设策略
(1) 护山 (3) 营林 (5) 清湖 (7) 润土
(2) 理水 (4) 疏田 (6) 丰草 (8) 弹路
广阳岛消落带二元生态修复路径
分时生态修复
(1) 放水期——梳理地形，恢复植被
(2) 汛期——保持水土，清理杂物
(3) 蓄水期——自然恢复，丰富生境
分层生态修复
(1) 枯水期短时出露层——自然恢复
(2) 汛期干湿交替层——扶野丰物
(3) 蓄水期稳定淹没层——丰富水岸
分段生态修复
(1) 迎水面段——固土丰草
(2) 过水面段——保土育草
(3) 顺水面段——护岸养草
广阳岛“四五六五”绿色建设管理
四端协同
(1) 业主端 (3) 工程管理端
(2) 设计端 (4) 施工端
五总合一
(1) 项目总负责 (4) 效果总协调
(2) 设计总牵头 (5) 现场总配合
(3) 施工总管理
六核共管
(1) 进度管理 (4) 质量管理
(2) 现场管理 (5) 效果管理
(3) 成本管理 (6) 安全管理
五抓齐进
(1) 构架 (4) 信息化
(2) 流程 (5) 关键点
(3) 制度
广阳岛“四四一零”绿色生态养运
四个原则
(1) 多循环少废弃 (3) 多预防少找补
(2) 多帮扶少干预 (4) 多智能少人工
四个策略
(1) 养护前置 (3) 养运结合
(2) 三段联动 (4) 内生循环
十个步骤
(1) 本底评价 (6) 分季养护
(2) 养护区划 (7) 分级运营
(3) 方案调理 (8) 资源统筹
(4) 建设调控 (9) 用工统筹
(5) 分类养护 (10) 智慧管理
技术要点
工作清单
广阳岛“四绿融合”绿色生态转化
绿色投资
(1) 算好经济账
统一规划、分区实施，确保片区大平衡
(2) 搭建大平台
搭建统一的投融资平台，对接国开行“绿色生态”专项贷款
(3) 强化大统筹
按照“统一归口”原则开设专项资金监管户，有效防范政府债务风险、金融风险
绿色生产
(1) 生态产业化
① 生态系统产业化
生态产品：大米、油菜籽、蜂蜜、菜油等
生态服务：生态研学、生态旅游等
② 生态要素产业化
山地经济：山地种植、山地观光、自然教育
水湖经济：生态课堂、生态露营
林产经济：林下养殖、经济果林
田地经济：作物种植、田间养殖、生态旅游
草地经济：牧草种植、养殖业、生态旅游
生物多样性：萤火虫探秘、生态教育
③ 生态风景产业化
带动土地增值：生态为导向的土地增值模式
带动产业转型：“生态+”产业
带动全域旅游：食、住、行、游、购、娱
④ 生态修复产业化
绿色规划设计产业化
绿色建设管理产业化
生态技术材料产业化
(2) 产业生态化
① 第一产业生态化
高标准农田、高品质牧场、高效益果园
② 第三产业生态化
生态+农业、生态+文化、生态+旅游、生态+体育、生态+智慧、生态+教育
绿色消费
(1) 绿色消费产品
① 生态农副产品
② 生态文旅
③ 生态研学
(2) 绿色能源利用
① 清洁能源体系
② 固废循环利用体系
③ 生态化供排水体系
绿色生活
(1) 绿色居住
① 绿色建材
② 绿色建造
③ 绿色能源
④ 绿色设施
(2) 绿色交通
① 发展公共交通
② 构建慢行系统
③ 严控燃油车辆
(3) 绿色文旅
① 生态研学
② 生态露营
③ 生态集市

广阳岛生态文明建设遵循习近平生态文明思想，按照山水林田湖草是生命共同体、人与自然是生命共同体的理念，以天人合一的价值追求和知行合一的人文境界建设“长江风景眼、重庆生态岛”。全岛生态保护修复遵循陆桥岛自然生态系统的内在机理和演替规律，本着保护优先、节约优先、以自然恢复为主的方针，聚焦生态、聚焦风景、基于自然和人文的解决方案，通过抓住“水”和“土”两个生态本底要素，以“留水一固土”为切入点，结合“护山、理水、营林、疏田、清湖、丰草”及“润土弹路、丰富生物多样性”策略，按照“四划协同”绿色生态规划、“三阶十步”绿色生态设计、“二三四八”绿色生态建设、“四五六五”绿色建设管理、“四四一零”绿色生态运维和“四绿融合”绿色生态转化，生动表达山水林田湖草生命共同体，精心打造了“长江风景眼、重庆生态岛”人与自然的生命共同体，探索建设最优价值生命共同体。

3.1 广阳岛“四划协同”绿色生态规划

广阳岛生态保护修复按照“谋划立意、策划铸魂、规划塑形、计划落地”——“四划协同”的绿色生态规划，将如何“定位、赋能、布局、实施”等问题实现全过程统筹协调，全要素一以贯之。

3.1.1 谋划立意

谋划立意是解决广阳岛生态修复如何定位的问题。广阳岛位于长江干流全线的黄金分割点上，是长江上游重要的生态屏障，为落实好习近平总书记对长江“共抓大保护，不搞大开发，生态优先、绿色发展”的重要指示精神，传承弘扬大河文明，推进长江经济带绿色发展示范建设，将广阳岛价值定位为“长江风景眼、重庆生态岛”，这为新时代广阳岛“立生态文明之意”。

（1）长江风景眼

长江，发源于“世界屋脊”——青藏高原的唐古拉山脉格拉丹冬峰西南侧，干流途经重庆市等11个省级行政区，全长6397km，是中华民族的母亲河之一，是中华文明历史传承的精神主脉和中华文明地理版图的文化纽带。

风景，景色也。长江具有神奇的自然风光、多彩的民俗风情、丰富的特色风物、厚重的人文风韵、秀丽的城乡风貌等风景特色。

眼,目也。从目，艮声——《说文》。以大见小是展示之眼，是经典的窗口；以小见大是观测之眼，是价值的门户。

“长江风景眼”的价值定位是从全局谋划一域，循历史演进规律的视角，以广阳岛天成之眼为载体，揭示流域生态文明与人类发展文明的历史演进脉络和规律，以大见小探究“共抓大保护、不搞大开发，生态优先、绿色发展”内涵，在长江经济带绿色发展示范引领下，展示全面开放的新格局以及长江的自然生

人与自然和谐共生的长江画卷

态风景、历史人文风景、绿色发展风景，再现人与自然和谐共生的长江画卷。

以“知行合一”的人文境界打造“长江风景眼”，岛内岛外统筹布局长江生态保护展示、大河文明国际交流、巴渝文化传承创新、生态环保智慧应用和城乡融合发展示范等功能。精心策划建设一批特色鲜明、内涵丰富、影响力大的项目，广阳岛国际会议中心是与全球共谋生态文明建设的生态版“达沃斯”，长江书院是长江生态文化的“灯塔”，大河文明馆是与世界交流互鉴“生态兴则文明兴”的长江版“史记”，广阳湾的长江生态文明干部学院是开展习近平生态文明思想学习研究、教育培训的专业机构。这些项目共同支撑和展示“长江风景眼”，从重庆看世界，让世界看重庆。

（2）重庆生态岛

重庆，简称渝或巴，别称山城、雾都，是中华人民共和国省级行政区、直辖市，地处中国西南部，是长江上游地区的经济、金融、科创、航运和商贸物流中心。

生态，一切生物的生存状态，以及它们之间和它与环境之间环环相扣的关系，归纳起来最重要的是人与自然的关系、人与他人的关系、人与社会的关系。

海中往往有山可依止，曰岛。有鸟栖息，生态和谐完整的基地，独立如山，山水兼有示范的高地。

“重庆生态岛”的价值定位是以一域服务全局、观未来发展趋势的视角，以广阳岛生态文明之窗为载体，深入贯彻落实习近平总书记对重庆“两点”定位、“两地”“两高”目标，探究“共抓大保护、不搞大开发，生态优先、绿色发展”长江经济带绿色发展示范引领下，以小见大观测生态文明的新时代下，长江美学画面的生态、硕果累累的生态、技术内涵的生态，还原现代巴渝乡村田园风景。

以“天人合一”的价值追求，建设“重庆生态岛”。按照尊重自然、顺应自然、保护自然、道法自然的要求，还广阳岛以宁静，系统开展自然恢复、生态修复，丰富生物多样性，努力做到“一言一行、一草一木、一锹一土”都聚焦生态、突出生态、紧扣生态，集成创新生态领域的技术、产品、材料、工法，融合生态设施、绿色建筑。努力再现蓝天白云、繁星闪烁，清水绿岸、鱼翔浅底，绿草如茵、林木葱茏，鸟语花香的岛屿田园风光。

3.1.2 策划铸魂——赋能

策划铸魂是解决广阳岛生态修复如何赋能的问题。围绕广阳岛“长江风景眼，重庆生态岛”的价值定位，深学笃用习近平生态文明思想，落实长江经济带发展要求，全盘考虑广阳岛场地环境特征，始终聚焦“生态岛”的生态和“风景眼”的风景，因地制宜从“生态保护、文化传承、高质量发展、高品质生活”四大维度策划“长江生态保护展示、大河文明国际交流、巴渝文化传承创新、生态环保智慧应用、城乡融合发展示范”五大功能，为新时代广阳岛“铸绿色发展之魂”。

现代巴渝乡村田园风景

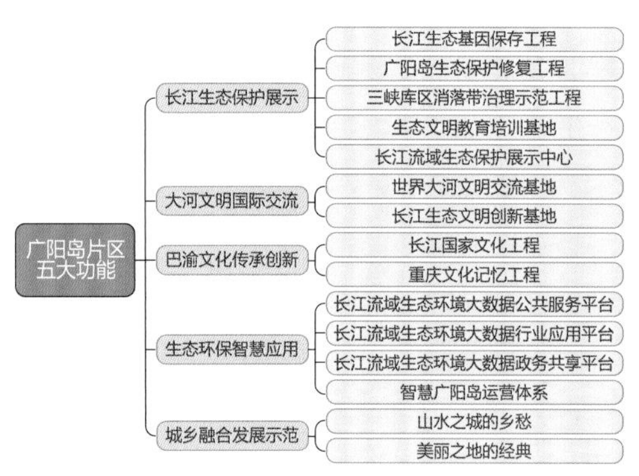

广阳岛五大功能

(1)长江生态保护展示

2018年4月26日，习近平总书记在深入推进长江经济带发展座谈会上指出，要坚持把修复长江生态环境摆在推动长江经济带发展工作的重要位置，共抓大保护，不搞大开发。不搞大开发不是不要开发，而是不搞破坏性开发，要走生态优先、绿色发展之路。

长江生态保护展示是从生态和推动高质量发展两个维度，以广阳岛山水林田湖草生态资源为本底，认真贯彻“共抓大保护、不搞大开发”的要求，积极探索生态优先、绿色发展的创新模式，全面构建包括长江生态基因保存工程、广阳岛生态保护修复工程、三峡库区消落带治理示范工程、生态文明教育培训基地和长江流域生态保护展示中心在内的生态优先与绿色发展实践链，打造长江生态交流中心，建设长江生态文明建设的广阳岛实验标本，使广阳岛成为长江生态保护展示之窗，呈现长江自然之美、生命之美和生活之美的巴渝版现代《富春山居图》。

长江生态基因保存工程立足于长江流域生态环境的重要性和独特性，以及长江生态环境的破坏造成的生物基因消失，从保护生物多样性入手，策划中国长江流域珍稀濒危水生物物种保护基地、中国长江流域典型苗木及珍稀濒危植物种质保护基地、中国长江流域花卉种质培育保护基地和广阳岛国家湿地公园四大具体内容。

广阳岛生态保护修复工程立足于广阳岛山水林田湖草各要素兼具的生态本底及大开发时期所造成的生态退化，按照山水林田湖草是生命共同体理念，策划巴渝丘陵山体保护修复示范、山地丘陵生态海绵系统示范、江心岛屿林地保育修复示范、山地生态循环农业模式示范、水下森林微环境多样性示范及河流湿地综合生态修复示范六大具体内容，建设广阳岛生命共同体。

三峡库区消落带治理示范工程立足于广阳岛4km^{2}的消落带区域及消落带修复治理的世界性难题，以广阳岛生态保护修复为契机，探索岛屿型消落带治理的新路径、新模式和新机制，形成在全国可复制、可推广的经验。

生态文明教育培训基地立足于广阳岛独特的自然资源及提升国民生态道德素养的时代要求，坚持生态文明建设从娃娃抓起，策划纯自然的生态营地、国际化的教育课程、特色化的文化主题三大具体内容，建设面向现代化、面向世界、面向未来的国际教育体验基地。

长江流域生态保护展示中心立足于广阳岛自身岛屿的地理特征及其生态系统的内在机理和演替规律，向外界展示广阳岛生态修复在推动长江经济带发展实践中探索的基于自然和人文的解决方案。

(2)大河文明国际交流

2018年4月25日，习近平总书记在考察调研长江生态环境修复工作时指出，人与水的关系很重要。世界几大文明都发源于大江大河。人离不开水，但水患又是人类的心腹大患。人类在与自然共处、共生和斗争的进程中不断进步。和谐是共处平衡的表现，但达成和谐需要很多斗争。中华民族正是在同自然灾害做斗争中发展起来的伟大民族。

大河文明国际交流从生态、文化和推动高质量发展三个维度，利用广阳岛“长江风景眼”的天然优势，策划包括世界大河文明交流基地和长江生态文明创新基地在内的生态文明论坛峰会，打造“生态达沃斯”主题品牌，打造大河文明展示中心，使广阳岛成为大河文明国际交流之眼，为共谋全球生态文明建设、和推动人类命运共同体建设贡献中国智慧和中国方案。

世界大河文明交流基地立足于广阳岛先民治水的历史传说和农耕渔猎文明，策划举办世界大河文明论坛和“一带一路”大讲堂，建设世界大河文明馆、长江文化书院、国际会议中心等，打造人类命运共同体的生态文明坐标基点、“一带一路”和长江经济带联结点的核心交流窗口，致敬古老的文化传承。

长江生态文明创新基地立足于广阳岛生态文明创新发展战略，策划、举办长江生态文明创新发展大会，协同岛外区域建设长江生态文明干部管理学院、长江经济带绿色发展研究院，创建长江生态文明创新发展基金会，将广阳岛打造为重庆生态优先、绿色发展重点突破的示范性战略高地，长江生态文明整体协同创新发展的引领性探索模范，凝聚社会生态共识，推动时代文明进步。

（3）巴渝文化传承创新

2018年5月4日，习近平总书记在纪念马克思诞辰200周年大会上指出，理论自觉、文化自信，是一个民族进步的力量；价值先进、思想解放，是一个社会活力的来源。国家之魂，文以化之，文以铸之。

巴渝文化传承创新是从文化维度出发，深挖广阳岛深厚的文化价值体系，策划包括长江国家文化工程和重庆文化记忆工程在内的宏大史诗叙事影像，打造巴渝文化传播中心，使广阳岛成为巴渝文化传承创新之门。

长江国家文化工程是立足于广阳岛作为巴渝历史文化的文化坐标和长江地理文化的地理基点，策划长江影像志、长江艺术汇和长江国际眼，以新媒体、新视角、新传播的方式，深度解读巴渝文化价值内涵，通过美术、摄影双年展赛和国际音乐对话的天地人文大美，呈现大江大国脉的“艺术风景眼”，思考未来可持续发展之路。

重庆文化记忆工程是立足于广阳岛农耕、抗日战争特色文化基因，策划三峡国家文史记忆公园、广阳岛抗战文化遗址公园、红岩文化纪念公园，通过历史文化遗址实体公园与互联网智能虚拟交互体验相结合的创新空间，让未来见证大城大人文的“史诗风景眼”；以“红梅赞”和“抗战机场跑道恢复”大开大合红色浪漫经典让广阳岛成为长江天地大美的“红色风景眼”。

（4）生态环保智慧应用

2017年12月8日，习近平总书记在中共中央政治局第二次集体学习时强调，要以推行电子政务、建设智慧城市等为抓手，以数据集中和共享为途径，推动技术融合、业务融合、数据融合，打通信息壁垒，形成覆盖全国、统筹利用、统一接入的数据共享大平台，构建全国信息资源共享体系，实现跨层级、跨地域、跨系统、跨部门、跨业务的协同管理和服务。要充分利用大数据平台，综合分析风险因素，提高对风险因素的感知、预测、防范能力。

生态环保智慧应用从生态和推动高质量发展两个维度出发，抓住重庆实施以大数据智能化为引领的创新驱动发展战略行动计划，策划“3个平台、1套体系”，打造智慧长江数据谷。“3个平台”是长江流域生态环境大数据公共服务平台、长江流域生态环境大数据行业应用平台、长江流域生态环境大数据政务共享平台，“1套体系”是指智慧广阳岛运营体系，记录当代留给未来的大数据版“白鹤梁题刻”，谱写数字化智能化的生态长江版“《史记》”，使广阳岛成为重庆绿色发展智慧之谷。

公共服务平台、行业应用平台和政务共享平台是立足于重庆“云联数算用”智慧城市管理系统，通过相应系统工具对长江流域生态环境数据进行采集、汇聚、交互，推动技术融合、业务融合、数据融合，打通信息壁垒，实现应用系统之间、应用系统和环境数据中心之间的数据资源共享。

智慧广阳岛运营体系立足于广阳岛作为重庆市首批十大智慧名城重点应用场景项目之一，以减污、降碳、丰富生物多样性为出发点，以大气、水、土壤等生态环境要素为切入点，以5G、物联网、大数据等信息技术为支撑点，以生态指标体系为核心，构建生态监测网络，搭建以“生态中医院”为核心的生态管理系统，致力打造“智慧生态一体化解决方案”，实现生态治理的可视化、可量化、可优化，打造“生态智治、绿色发展、智慧体验、韧性安全”的广阳岛。

（5）城乡融合发展示范

2013年3月22日，习近平主席在俄罗斯中国旅游年开幕式致辞中指出，旅游是传播文明、交流文化、增进友谊的桥梁，是人民生活水平提高的一个重要指标。旅游是综合性产业，是拉动经济发展的重要动力。旅游是修身养性之道，中华民族自古就把旅游和读书结合在一起，崇尚“读万卷书，行万里路”。

城乡融合发展示范从生态、文化、高质量发展和高品质生活四个维度出发，立足重庆缩小城乡区域发展差距、加快建设国家城乡融合发展试验区的目标，以广阳岛为实验基地，策划包括“山水之城的乡愁”“美丽之地的经典”在内的山水美丽梦想岛，助力乡村振兴，打造重庆旅游业发展升级版的创新示范，成为山水之城的千里之行价值原点，构筑美丽之地的广大境界精神坐标，使广阳岛成为城乡融合发展的示范之岛。

“山水之城的乡愁”立足于广阳岛的农耕、渔猎文化基因，策划“生态+农业”“生态+文化”“生态+教育”“生态+体育”等相互融合的生态文旅体系，留住农耕和非遗，传承巴渝原乡风貌、山水人文环境、场镇空间布局等文化资源，延续原有社会网络和生产生活方式，以“接地气”的方式，多维度展示巴渝优秀传统文化。

“美丽之地的经典”立足于广阳岛的优质山水资源，策划“旅游+农业/生态/体育/扶贫/大数据”融合发展的实验模块，建设千里广大休闲文旅综合体，构建环广阳岛旅游圈，让游客白天有看的、晚上有玩的、走时有带的，打造重庆“美景、美食、美颜”相互结合造势的山清水秀美丽品牌盛典。

3.1.3 规划塑形——布局

规划塑形解决的是广阳岛生态修复如何布局的问题。广阳岛生态修复践行生态优先、绿色发展理念，按照山水林田湖草是生命共同体，人与自然是生命共同体，建设满足生物多样性需求和人民美好生活需要的最优价值生命共同体理念要求，通过“摸清本底、自然恢复、生态修复、生物多样性提升、生态设施、绿色建筑”六个生态修复规划逻辑，为新时代广阳岛“塑生态优先之形”。

（1）摸清本底

摸清本底是广阳岛开展生态修复的基础。广阳岛本底包括自然生态本底、历史人文本底、发展建设本底三大方面。

1）自然生态本底

自然生态本底包括山、水、林、田、湖、草及土壤、生物等方面。广阳岛具有典型的“山环水绕、江峡相拥”地形地貌特征，属剥蚀浅丘地貌，山体呈西南—东北走向，地势北高南低、西高东低，最高峰龙头峰矗立岛头，最低处龙尾咀俯卧岛尾，相对高度小于200m，坡度大于5%。龙头峰与龙尾咀间的高峰山山梁构成山脊线，南趋丘坝、北临大江，形成独具特色的山地区域。

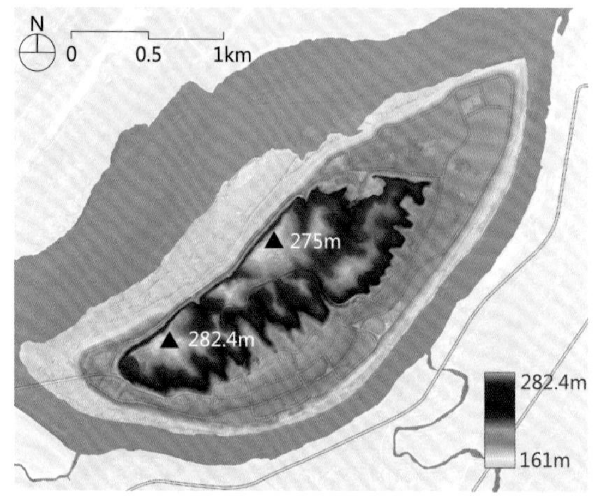

广阳岛现状高程图

① 山——基本完整、局部裸露、边坡突兀

岛内山体主要分布在北侧，面积约2.7km^2，岛西北侧临江的自然岩质陡坡带（坡度大于25°）占全岛面积的7.1%，其余地方均为平缓坡。山体海拔190.0~282.4m，具有形态完整、沟谷纵横、局部裸露、边坡突兀的特点。东岛头和西岛头废弃采石场约16hm^2，两处山体局部裸露，临江自然岩质陡坡带因修路出现25处不同高度的边坡创伤面，风化后水土流失严重。因此，生态修复需要针对不同的边坡类型进行合理修复。

裸露边坡

裸露崖壁

广阳岛山体现状

西岛头废弃采石场

东岛头废弃采石场

广阳岛山体现状

广阳岛水体现状——自净不良

② 水——存蓄不足、水脉不畅、自净不良

岛内水体（湖、塘）主要分布在南侧、东侧的山谷之间，约11hm^2。除少量鱼塘有调蓄功能，径流基本外排入长江。大开发破坏了自然水文体系，道路阻断造成水体自净能力下降、水质恶化，总体水质达地表Ⅲ类水，化学需氧量（COD）与总磷超标。因此，生态修复应提升其蓄水能力，并结合现有管网保障全岛水安全，同时通过生态手段恢复自然水文体系，提升自净能力。

③ 林——次生为主、斑秃明显、林貌不佳

岛内林草种类丰富、群落稳定，共记录到植物383种，沿江4km^{2}的消落带以草本和水生植物为主，是鱼类与鸟类的主要栖息地。现状多为以构树、刺桐、秋枫为优势种的次生植被，由于过度砍伐，岛内原生林斑块严重退化。因此，生态修复应以现有植被类型为条件，提高森林覆盖率，同时优选优势树种和骨干树种，作为生态修复的主要品种，并适当增加食源蜜源植物。

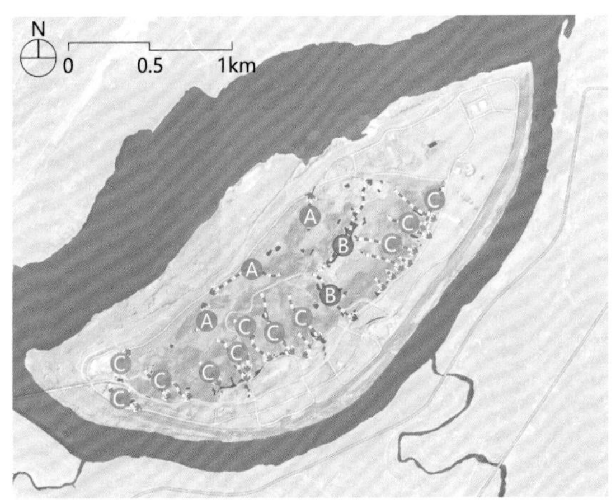

Ⓐ保存较为良好的水系 Ⓑ径流通道遗存的水系 Ⓒ被道路阻隔的水系

广阳岛水体分布图

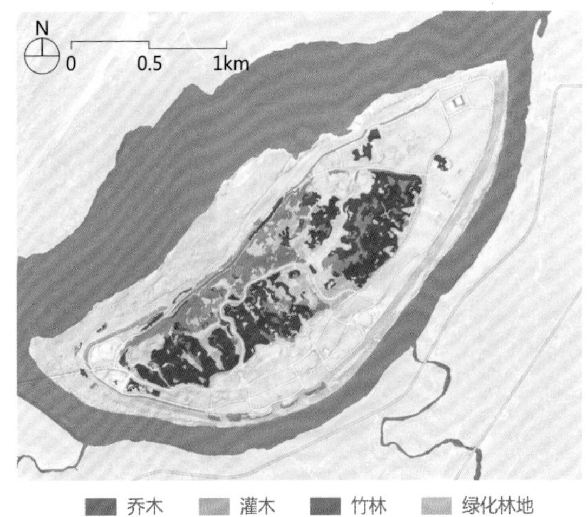

乔木 灌木 竹林 绿化林地

广阳岛林地分布图

存蓄不足

水脉不畅

广阳岛水体现状

广阳岛林地现状——次生为主

林貌不佳

斑秃明显

广阳岛林地现状

④ 田——肌理退化、土壤贫瘠、半荒半作

岛内农田主要集中于山下南侧和岛东头，面积约 1.3km^2，原有水田和依地势而形成的小尺度梯田在道路建设和场地平整中被人工改造为大田、旱田，原生农田肌理和水田生态已被破坏。主要土质为砂壤土、紫色土、泥沙土等。大开发破坏了表层土壤，造成土层厚度减少、肥力下降。因此，生态修复应在适当区域恢复部分小尺度梯田，集中展示原有农田肌理；适当增加土层厚度，改良土壤；同时对恢复后的梯田、大田、花田进行四季耕作管理。

⑤ 湖——湖底淤积、岸线杂乱、水质不佳

岛内湖塘包括山顶堰塘、山地湖塘与溪谷湖塘，部分为季节性干塘，目前存在岸线杂乱、底泥淤积、水质不佳等问题。因此，生态修复应保护利用好现有堰塘和湖塘收集雨水，同时恢复自然岸线，运用水生植物和海绵措施净化水质。

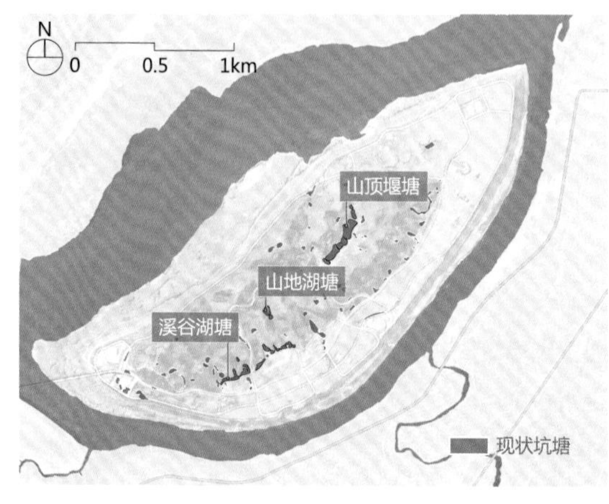

广阳岛湖塘分布图

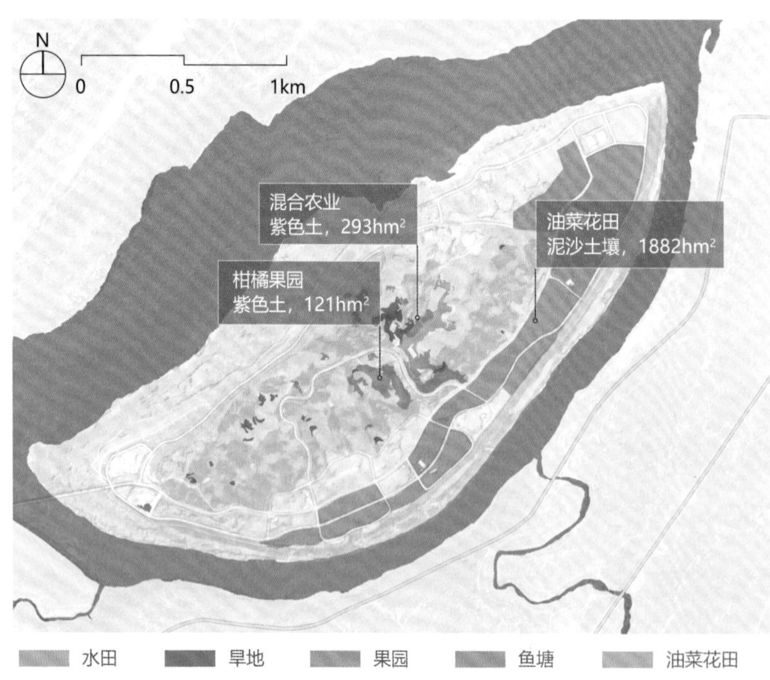

广阳岛农田分布

肌理退化

土壤贫瘠

半荒半作

广阳岛农田现状

湖底淤积

岸线杂乱

水质不佳

广阳岛湖塘现状

⑥ 草——湿地丰茂、坡岸杂乱、坪坝斑驳

岛内175m以下受三峡大坝的蓄水影响，使得广阳岛水位落差有18m之多，分别为高水位的175m和低水位的157m，由此形成了受水位涨落而周期性淹没与露出的消落带，面积约4km^2。消落带区域以湿生草本植物为主，春、冬季长势好；坡岸人工灌木、草坪与杂草相互渗透，景观杂乱。因此，生态修复消落带应以自然恢复为主，利用野花、野草结合场地特征进行丰草、覆草，适当增加防冲刷设施，满足鸟类栖息要求。

⑦ 土壤——泥土板结、沙土贫瘠、石土径粗

岛内土壤以紫色土为主，小范围内分布紫色砾石风化土，总体酸碱度（pH）呈微酸性，土层厚度在10~60cm。土壤有机质含量较低，铵态氮、有效磷、速效钾含量中等，部分地区有效磷和速效钾含量较低。从空间布局上来看，山地土壤石块斑秃、粉土风化、表土开挖；边坡土壤石土相间，干扰较大，裸露流失；坪坝土壤土层瘠薄、养分不足。因此，生态修复应保护山地林下土壤，修复山体中斑驳土壤，并按照不同高差修复边坡土壤。

⑧ 生物——鸟类鱼类居多，两栖爬行类稀缺，珍稀物种较多

广阳岛记录到的现状动物共6类310种，其中鸟类44科124种、鱼类17科82种、两栖类4科8种、爬行类3科10种、兽类6科11种（包括野猪等大型兽类）、昆虫51科75种。

重点保护鸟类有15种，其中国家一级保护动物

湿地丰茂

岸线杂乱

坪坝斑驳

广阳岛草地现状

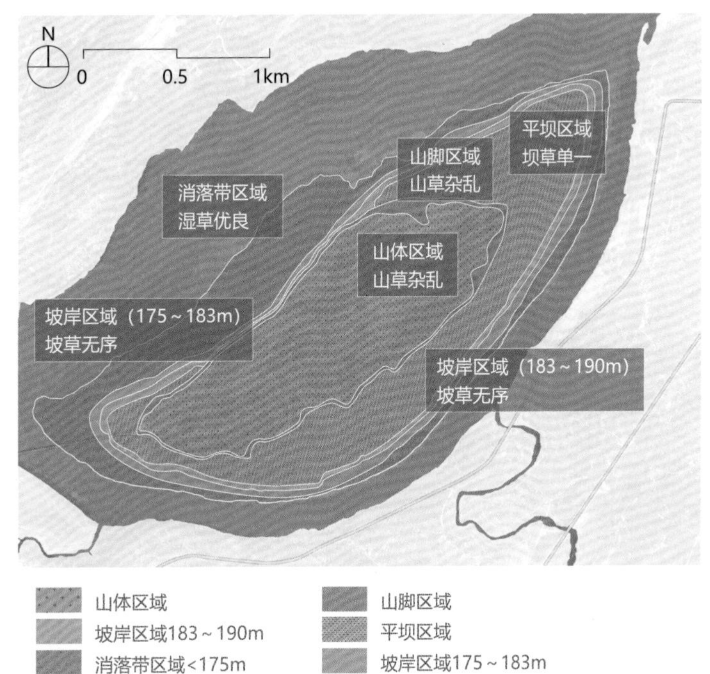

广阳岛草地分布图

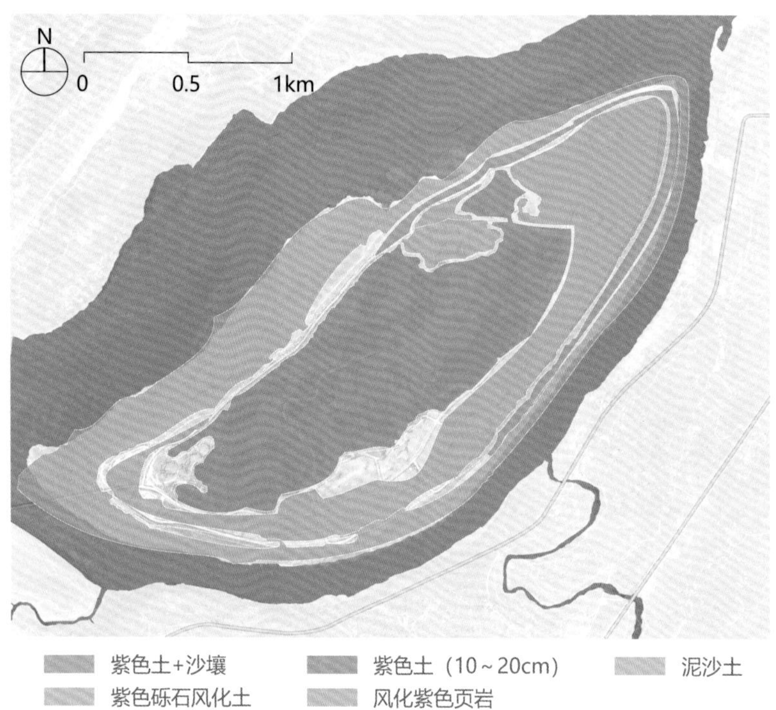

广阳岛土壤分布图

泥土板结

沙土贫瘠

石土径粗

广阳岛土壤现状

1种（中华秋沙鸭）、国家二级保护动物10种（黑鸢、鹊鹞、白腹鹞、普通鵟、雀鹰、红隼、游隼、短耳鸮、白琵鹭、鸳鸯）、世界自然保护联盟（IUCN）濒危物种红色名录"极危"鸟类1种（黄胸鹀）、"濒危"鸟类1种（鹮鹏）、重庆市鸟类新记录2种（楔尾伯劳、棕三趾鹑）。

重点保护鱼类19种，其中中国生物多样性红色名录"极危"3种（胭脂鱼、圆口铜鱼、长须黄颡鱼）、中国生物多样性红色名录"濒危"1种（短身白甲鱼）、长江上游特有鱼类15种（短体副鳅、宽体沙鳅、双斑副沙鳅、长薄鳅、黑尾近红鲌、半鰲、厚颌鲂、圆口铜鱼、圆筒吻鮈、裸腹片唇鮈、钝吻棒花鱼、异鳔鳅鮀、宽口光唇鱼、华鲮、岩原鲤）。

2）历史人文本底

历史人文本底层面，由于岛中是山体，重要的历史遗址、设施都集中在地势平坦的东北角。大禹治水的传说流传至今，主要遗存有广阳镇民间故事会，已于2014年入选国家级非物质文化遗产保护名录，作为全国民间文学类非物质文化遗产，当地一直很重视广阳镇民间故事的传承，设立故事会馆，以便打造更优质的传播平台。古代先民的农耕渔猎遗存主要有沱湾遗址（新石器）、陈家湾遗址（新石器）、上坝咀墓群（汉）和楼土堡遗址（汉）等。机场抗战的浴血同盟遗存有保留至今的士兵营房、机场油库、盟军招待所、发电房、库房、防空洞，已被列为文物保护单位。物产丰美的国营农场遗存主要有广阳坝园艺场和广阳坝农田。体育训练的国家基地遗存主要有中国曲棍球训练基地。

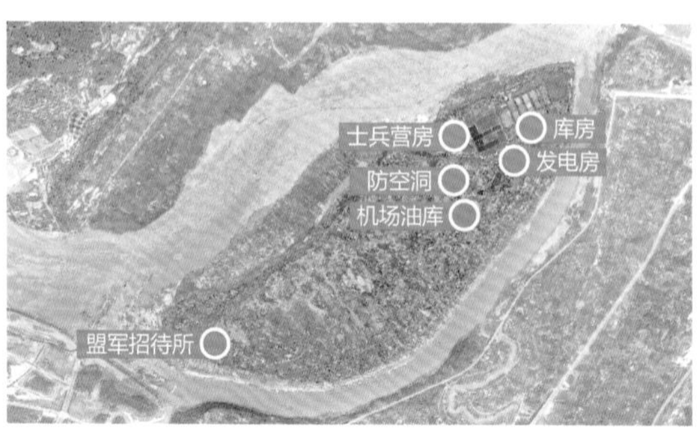

广阳岛机场抗战历史资源分布图

广阳岛机场抗战历史影像——盟军招待所

广阳岛机场抗战历史影像——库房

飞机场旧照

士兵营房

发电房

机场油库

广阳岛机场抗战历史影像

广阳岛物产历史资源分布图

广阳岛体育训练历史资源分布图

广阳岛体育训练历史影像——原国家曲棍球训练基地

3）发展建设本底

2007年12月，新建的广阳岛大桥竣工通车，成为连接岛陆的新纽带。1938年修建的洋灰桥因三峡工程清库，于2008年6月拆除。2014年搬迁安置上坝村、高峰村和胜利村3个村3125户、10525人，2018年前建成滨江步道、环岛绿带和30.5km城市道路。

岛上既有建筑包括东岛头原国家曲棍球训练基地废旧建筑、山顶民居废旧房屋、抗战士兵营房、现广阳岛管委会建筑、机修库、油库，附属用房包括公共厕所、雾情观测站、运动场机电用房等。除了管委会建筑、修缮后的抗战士兵营房、改造后的厕所可使用外，其他均停用。

开发平场后现状

管委会建筑

现状水塔

雾情观测站

（2）自然恢复

自然恢复是广阳岛开展生态修复的前提。通过生态安全格局分析，划定生态系统较为健康的自然恢复区，以导则的方式对产业、行为等进行管控，最大程度减少人为干扰，避免后续破坏。

1）生态安全格局分析

广阳岛生态修复通过识别水安全格局、地质灾害安全格局、林草安全格局、生物安全格局等，对水系统、水土流失、植被适宜性、高标准农田、生物栖息与迁徙等生态过程进行分析与模拟，将不同生态过程相互叠加，构建综合生态安全格局，作为划定自然恢复区的依据之一。

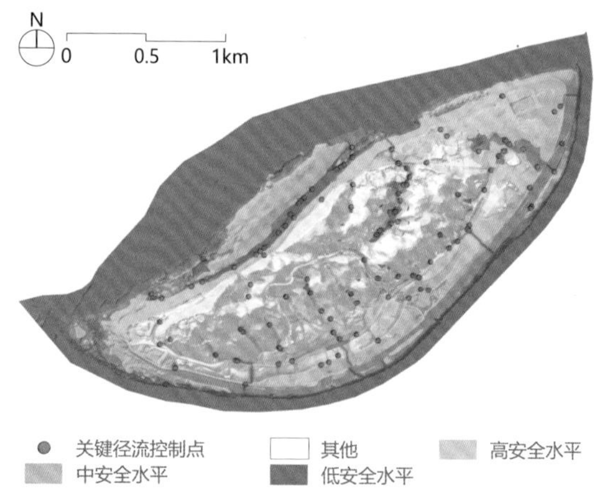

广阳岛水安全格局分析图

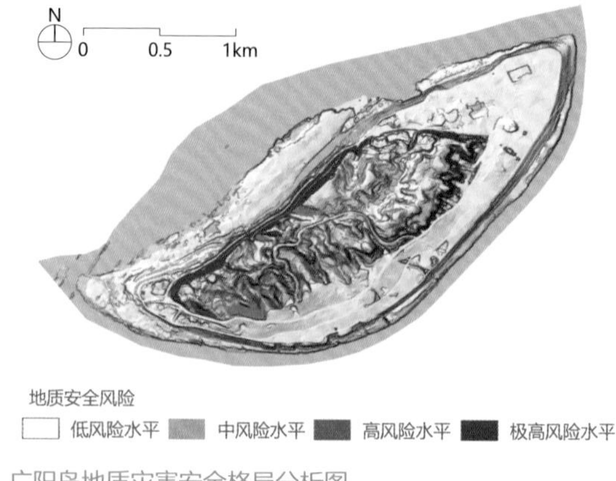

广阳岛地质灾害安全格局分析图

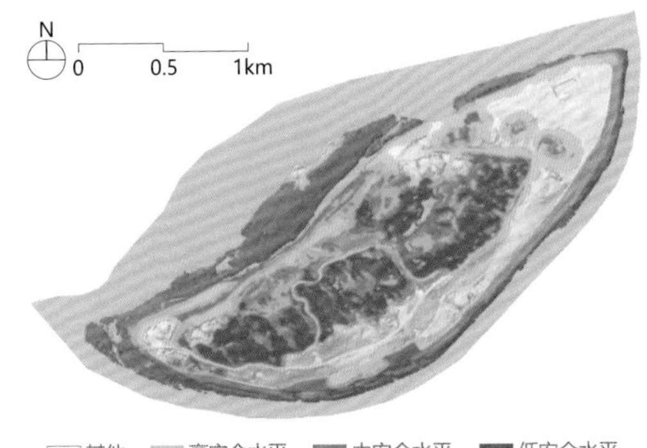

广阳岛林草安全格局分析图

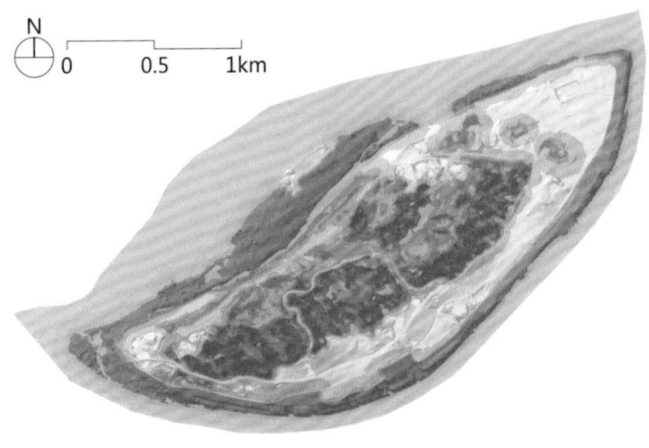

广阳岛生物安全格局分析图

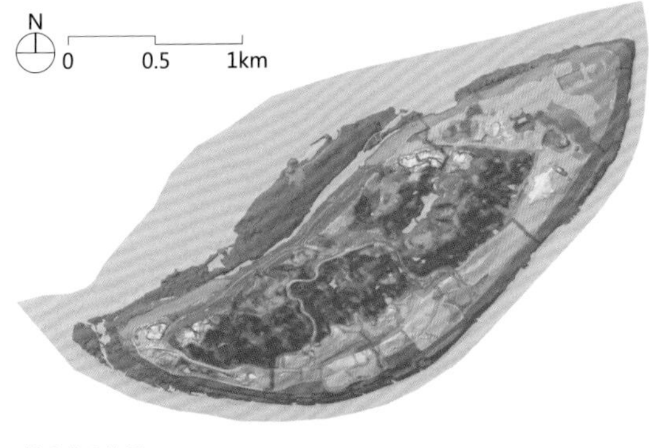

广阳岛综合生态安全格局分析图

2）自然恢复区划定

基于综合生态安全格局分析，结合自然生态本底分析，划定兔儿坪湿地及环岛消落带保护区、高峰山及张家山山林保护区两大自然恢复区。

兔儿坪湿地及环岛消落带保护区是“水体—滩涂—湿地—岸线”特征的集中体现地。兔儿坪湿地是早期岛上居民的耕作地，居民迁出后，很少有人进入，经过几年的自然演替，形成了一片约4km^{2}的河漫滩湿地，白鹭、雁鸭等鸟类繁衍生息于此，成为鸟类重要的栖息地，呈现出良好的自然生态景观效果，是广阳岛重要的生态和景观资源，需要重点保护。

高峰山及张家山山林保护区，面积约2.7km^2，山上的梯田、空地逐渐演替为次生林，现状林长势较好，郁闭度高，已成为广阳岛上动物的主要栖息地，是重要的生态基底，需重点保护。

自然恢复区域面积合计约6.7km^2，约占全岛枯水期面积的67%，实现全岛修复以自然恢复为主的目标。

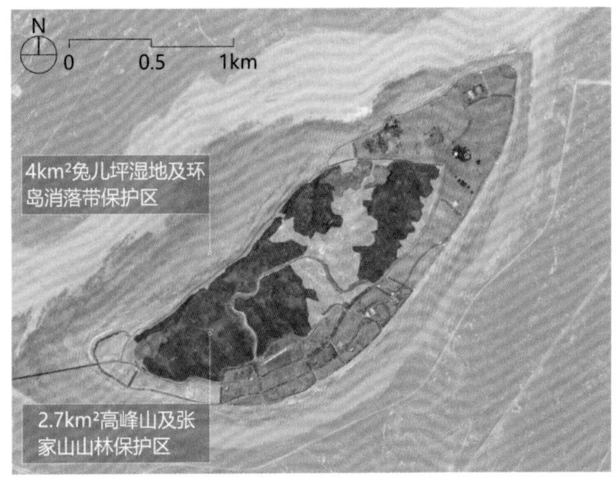

广阳岛自然恢复区范围

高峰山及张家山山林保护区

兔儿坪湿地及环岛消落带保护区

3）管控导则制定

针对上述两大重点保护区域，按照其自然演替规律，坚持以自然恢复为主，遵循基于自然和人文的解决方案，通过制定负面管制清单，严格限制游客进入，尽可能减少人工干预，严禁与生态保护无关的设施建设和开发、破坏行为。

自然恢复区管控导则从性质、面积、质量、产业和行为五个维度制定具体管控要求，其中产业和行为分别从“禁止”和“允许”两个方面，制定正面、负面相结合的管控清单，以维护生态系统的原真性和完整性。

兔儿坪湿地及环岛消落带保护区管控导则

<table>
<tr><td>性质</td><td colspan="2">严格限制将陆地水域转化为建设用地</td></tr>
<tr><td>面积</td><td colspan="2">①禁止侵占、填埋坑塘水域（重大基础设施除外）;
②保证陆地水域面积不减少</td></tr>
<tr><td>质量</td><td colspan="2">①保障水系廊道连续完整;
②严格控制河道裁弯取直，尽量维持河流自然形态;
③符合《中华人民共和国水污染防治法》规定的水污染防治措施</td></tr>
<tr><td rowspan="2">产业</td><td>禁止类</td><td>①禁止在区域内建设光伏发电、风力发电等项目;
②禁止以风雨廊桥等名义在河湖管理范围内开发建设房屋;
③禁止城市建设和发展占用河道滩地;
④禁止造田，已经围垦的，应当按照国家规定的防洪标准进行治理，开发利用必须经河道主管机关审查同意;
⑤禁止围垦河流，确需围垦的，必须经过科学论证，并经省级以上人民政府批准</td></tr>
<tr><td>允许类</td><td>公共体育设施、渔业养殖设施、航运设施、航道整治工程、文体活动等，依法按照洪水影响评价类审批或河道管理范围内特定活动审批事项办理许可手续</td></tr>
<tr><td rowspan="2">行为</td><td>禁止类</td><td>①禁止在河道管理范围内，禁止堆放、倾倒、掩埋、排放污染水体的物体;
②禁止在河道内清洗装贮过油类或者有毒污染物的车辆、容器;
③禁止填堵、封盖集水面积超过2km^{2}的河道;
④禁止损毁堤防、护岸、闸坝等水工程建筑物和防汛设施、水文监测和测量设施、河岸地质监测设施以及通信照明等设施;
⑤禁止在河道管理范围内，修建围堤、阻水渠道、阻水道路，设置拦河渔具，弃置矿渣、石渣、煤灰、泥土、垃圾等;
⑥禁止在堤防和护堤地，建房、放牧、开渠、打井、挖窖、葬坟、晒粮、存放物料、开采地下资源、进行考古发掘以及开展集市贸易活动;
⑦禁止在河道管理范围内，禁止堆放、倾倒、掩埋、排放污染水体的物体;
⑧禁止在河道内清洗装贮过油类或者有毒污染物的车辆、容器</td></tr>
<tr><td>允许类</td><td>在河道管理范围内进行下列活动，必须报经河道主管机关批准；涉及其他部门的，由河道主管机关会同有关部门批准:
①采砂、取土、淘金、弃置砂石或者淤泥;
②爆破、钻探、挖筑鱼塘;
③在河道滩地存放物料、修建厂房或者其他建筑设施;
④在河道滩地开采地下资源及进行考古发掘</td></tr>
</table>

高峰山及张家山山林保护区管控导则

性质	严格限制将林地转化为建设用地及农用地，杜绝毁林开荒和违法侵占林地行为	
面积	面积不减少，禁止侵占保护区内林地斑块，重大基础设施除外	
质量	保障林地质量不降低	
产业	禁止类	①禁止城镇化和工业化活动，严禁不符合主体功能定位的各类开发活动; ②禁止开展纺织印染、制革、造纸印刷、石化、化工、医药、非金属、黑色金属、有色金属等制造业; ③禁止房地产开发产业; ④禁止矿产资源开发活动; ⑤禁止客（货）运车站、港口、机场建设活动，火力发电、核力发电活动，以及危险品仓储活动等; ⑥禁止《环境保护综合名录（2017版）》所列“高污染、高环境风险”产品活动; ⑦禁止《环境污染强制责任保险管理办法》所指的环境高风险生产经营活动; ⑧法律法规禁止的其他活动
	允许类	①原住居民正常生产生活设施建设、修缮和改造; ②符合法律法规的林业活动; ③国防、军事等特殊用途设施建设、修缮和改造; ④生态环境保护监测、公益性的自然资源监测或勘察及地质勘察活动，经依法批准的考古调查发掘和文物保护活动; ⑤经依法批准的非破坏性研究观测、标本采集; ⑥适度的参观旅游及相关的必要公共设施建设; ⑦必要的科研监测保护和防灾减灾、应急抢险救援等
行为	禁止类	禁止在管控区内进行砍伐、放牧、狩猎、采药、开垦、烧荒、开矿、采石、挖沙等行为，但是，法律、行政法规另有规定的除外
	允许类	允许保留生活必须种植、放牧、捕捞、养殖等行为

（3）生态修复

生态修复是广阳岛修复大开发造成的生态伤痕的手段。自然恢复区以外的区域，是大开发时期留下的生态伤痕最多的地方，也是人类可以随意出入的区域。生态修复按照最优价值生命共同体建设要求，抓住“水”和“土”两大生态本底要素、“林”和“草”两大生态核心要素，借鉴再野化理念，通过“护山、理水、营林、疏田、清湖、丰草”和“润土、弹路”八大策略及24项措施进行系统修复。

1）护山

“护山”策略选取了降水侵蚀力、地形起伏度因子、土壤可蚀性、植被覆盖度和土地利用类型作为评价指标，各指标的分级、赋值主要参照环境保护部《生态保护红线划定技术指南》和文献调研，并根据广阳岛实际情况进行布局调整，因子叠加的权重值则由专家打分法获得。

通过水土流失方程模拟潜在的风险区域，分为低安全水平、中安全水平和高安全水平，并制定相应的管控导则。

广阳岛水土流失敏感性评价分级表

评价指标		分级					权重
		不敏感	轻度敏感	中度敏感	高度敏感	极敏感	
自然因素	R降水侵蚀力	<25	25~100	100~400	400~600	>600	0.1343
	LS地形起伏度因子	0~20	20~50	51~100	101~300	>300	0.2802
	K土壤可蚀性	≤0.18	0.18~0.22	0.22~0.23	0.23~0.28	≥0.28	0.2552
	C植被覆盖度	≥0.8	0.6~0.8	0.4~0.6	0.2~0.4	≤0.2	0.1651
人为因素	土地利用类型	建设用地、水域、沼泽地、其他土地	林地、天然草地、改良草地	农田、旱地、园地、人工草地	荒草地、盐碱地	裸土地、沙地、裸岩石、迹地	0.1651
赋值		1	3	5	7	9	

广阳岛水土流失控制导则

安全水平	控制导则
低安全水平	◆ 禁止建设开发以及机动道路和大型设施的修建; ◆ 设置水土保持及地质灾害防护设施; ◆ 改善植被群落组分结构，选择乡土物种逐步进行生态恢复
中安全水平	◆ 人工建设避开地质灾害易发区; ◆ 改善植被群落组分结构，在关键部位设置水土保持措施; ◆ 建设水源涵养林和水土保持林体系
高安全水平	◆ 人工建设应减轻对地质结构和水文过程的影响; ◆ 设置景观化的水土保持措施，减少水土流失，提升水土保持能力

2）理水

“理水”策略利用地理信息系统（GIS）技术，通过非强制性溢出径流分析，模拟自然径流沿地形遇到低洼地的停滞位置，可以为潜在调蓄洪水功能区域的确定提供参考。径流汇水点是控制水流的战略点，可以通过控制水流的空间联系来有效地控制水流。根据洪水风险频率20年一遇（5%）、50年一遇（2%）、100年一遇（1%）的相关数据，结合数字高程模型进行推演模拟洪水过程，得到不同洪水风险频率的淹没范围，确定出防洪的关键区域和空间位置，从而建立多层次的滞洪湿地系统，形成不同水平的水安全格局，并制定相应的管控导则。

水安全格局控制导则

安全水平	控制导则
低安全水平	◆ 严格控制开发建设，尽量保留自然湿地状态; ◆ 在已被人工化改造的关键位置，应退耕还湿或采取生态恢复工程措施
中安全水平	◆ 尽量避免开发建设，否则应达到相关防洪排涝标准; ◆ 可以保留农田，但是应调整生产结构和经营开发方式; ◆ 在已被人工化改造的关键位置，应采取生态化工程措施退耕还湿，恢复自然湿地; ◆ 在遵从自然过程的前提下满足社会、文化、审美需求，如建设湿地公园等，并发展科普教育和科学研究
高安全水平	◆ 允许建设，但应提高相应建筑标高和设施的防洪安全标准; ◆ 应限制布置大中型项目和有严重污染的项目，建设项目须达到相应防洪标准

3）营林

“营林”策略利用GIS技术，通过立地条件、林分条件构建林地质量等级评价，识别优质林地空间布局。立地条件包括坡向、坡位、坡度、土壤质地等四个方面；林分条件包括龄组、平均胸径、郁闭度、林地类型等四个方面。

广阳岛林地质量评价体系

条件划分	影响因子	划分标准	评价得分
立地条件	坡向	北	低
		西北/东北	较低
		西/东	中
		东南/西南	较高
		南	高
	坡位	脊	低
		上	较低
		中	中
		谷/下	较高
		平地	高
	坡度	大于35°	低
		25°~35°	较低
		15°~25°	中
		5°~15°	较高
		0~5°	高
	土壤质地	黄壤	中
		黄棕壤	较高
		紫色土	高
林分条件	龄组	幼龄林	较低
		中龄林	中
		近熟林	较高
		成熟林	高
	平均胸径	0~3cm	低
		3~8cm	较低
		8~12cm	中
		12~20cm	较高
		大于20cm	高
	郁闭度	小于0.1	低
		0.1~0.3	较低
		0.3~0.5	中
		大于0.7	较高
		0.5~0.7	高

续表

条件划分	影响因子	划分标准	评价得分
林分条件	林地类型	有林地	低
		疏林地/灌木林地	较低
		未成林地/苗圃地	中
		无立木林地/宜林地	较高
		林业辅助生产用地	高

广阳岛潜在宜林区评价体系

影响因子	划分标准	适宜性
坡向	北	低
	西北/东北	较低
	西/东	中
	东南/西南	较高
	南	高
坡度	大于35°	低
	25°~35°	较低
	15°~25°	中
	5°~15°	较高
	0~5°	高
与水系距离	大于80m	中
	50~80m	较高
	小于30m	高
土地类型	旱地	中
	裸土地	较高
	荒地	高

在识别优质现状林地的基础上，通过坡向、坡度、与水系距离和土地类型等四个评价因子，识别潜在的宜林区空间布局，潜在宜林区林地主要包括水源涵养林、水土保持林、经济林、护路林、护岸林等五种类型。

通过综合叠加现状林地质量评价、潜在宜林区评价，构建林地安全格局，分为低安全水平、中安全水平和高安全水平，并制定相应的管控导则。

广阳岛林地安全格局控制导则

安全水平	控制导则
低安全水平	◆ 改善植被群落组分结构，选择乡土物种进行生态恢复与保育； ◆ 保护其自然状态，严格控制开发建设，以及机动道路和大型设施的修建； ◆ 设置野生动物观测站和营救设施
中安全水平	◆ 改善植被群落组分结构，在关键部位引入或恢复乡土植被斑块； ◆ 加宽景观元素间的连接廊道； ◆ 人工建设避开生态敏感区
高安全水平	◆ 在关键部位引入或恢复乡土植被斑块； ◆ 建设防护林体系，构建生物廊道系统； ◆ 人工建设避开生态敏感区

4）疏田

“疏田”策略从农业生产角度出发，通过综合指数法对耕地地力、土壤健康状况和田间基础设施构成的满足农产品持续产出和质量安全的能力进行评价划分出等级。

农田质量评价指标由基础性指标和区域补充性指标组成。其中，基础性指标包括地形部位、有效土层厚度、有机质含量、耕层质地、土壤容重、质地构型、土壤养分状况、生物多样性、清洁程度、障碍因素、灌溉能力、排水能力、农田林网化率等13个指标；区域补充性指标包括耕层厚度、田面坡度、盐渍化程度、地下水埋深、酸碱度、海拔高度等6个指标。

综合叠加上述评价影响因子，修复农田生态系统，打造高标准农田，构建农田安全格局，分为低安全水平、中安全水平和高安全水平，并制定相应的管控导则。

广阳岛农田安全格局控制导则

安全水平	控制导则
低安全水平	◆ 严格保护农田，防止非农化； ◆ 禁止任何破坏农田土壤肥力、农田生态环境的行为
中安全水平	◆ 严格保护农田，防止非农化； ◆ 改善农田坡度、灌溉能力、排水能力、农田林网化率等基础设施条件，提升农田等级
高安全水平	◆ 结合工程技术，综合整治，重建农田系统； ◆ 限制具有污染性质的项目，可适度开展生态农业旅游项目

5）清湖

“清湖”策略利用GIS技术，划分汇水分区，根据洪水风险频率20年一遇（5%）、50年一遇（2%）、100年一遇（1%）的相关数据，结合数字高程模型进行推演模拟洪水过程，得到不同洪水风险频率的湖塘的淹没范围，确定出防洪的关键区域和空间位置，形成不同安全水平的水安全格局，分为低安全水平、中安全水平和高安全水平，并制定相应的管控导则。

广阳岛湖塘控制导则

安全水平	控制导则
低安全水平	◆ 严格控制开发建设，尽量保留湖塘自然状态，满足调蓄雨洪、生物栖息等水文、生物过程的基本需要； ◆ 在已被人工化改造的关键位置，应恢复湖塘，或采取生态恢复工程措施
中安全水平	◆ 尽量避免开发建设，否则应达到相关防洪排涝标准； ◆ 可以保留农田，但是应调整生产结构和经营开发方式，如种植耐淹作物； ◆ 在已被人工化改造的关键位置，应采取生态化工程措施退耕还湿，恢复自然湿地； ◆ 在遵从自然过程的前提下满足社会、文化、审美需求，如建设湿地公园等，并发展科普教育和科学研究
高安全水平	◆ 允许建设，但应提高相应建筑标高和设施的防洪安全标准； ◆ 应限制布置大中型项目和有严重污染的项目，建设项目须达到相应防洪标准

6）丰草

“丰草”策略利用GIS技术，通过坡向、坡位、坡度、土壤质地、土地利用类型等立地条件，以及与水的距离等多因子综合，结合水土保持、水源涵养、生物多样性需求，识别不同类型的草地恢复区，构建草地安全格局，分为低安全水平、中安全水平和高安全水平，并制定相应的管控导则。

广阳岛草地安全格局控制导则

安全水平	控制导则
低安全水平	◆ 改善植被群落组分结构，选择乡土物种进行生态恢复与保育； ◆ 保护其自然状态，严格控制开发建设，以及机动道路和大型设施的修建； ◆ 设置野生动物观测站和营救设施
中安全水平	◆ 改善植被群落组分结构，在关键部位引入或恢复乡土植被斑块； ◆ 加宽景观元素间的联接廊道； ◆ 人工建设避开生态敏感区
高安全水平	◆ 在关键部位引入或恢复乡土植被斑块； ◆ 人工建设避开生态敏感区

7）润土

“润土”策略通过不同土壤质地类型的特性，构建土壤肥力评价模型，根据岛内适宜种植的作物来评价每一类土壤的适宜性。由于土壤中不同的矿物组成决定了不同的化学成分，黏粒相较于砂砾养分含量相对较高，并且颗粒大小也影响土壤的透气性、温度、含水率等性质的差异，进而影响土壤肥力。根据土壤性质对土壤肥力进行评价，构建土壤安全格局，分为低安全水平、中安全水平和高安全水平，并制定相应的管控导则。

广阳岛土壤安全格局控制导则

安全水平	控制导则
低安全水平	◆ 通过秸秆粉碎还田、增施有机肥等措施，增加土壤有机质含量，疏松土壤质地，促进微生物活力，增强作物根系发育，实现农田增产5%~10%； ◆ 逐年减少化肥施用量，实现有机农业种植模式
中安全水平	◆ 通过增施有机肥的措施，改善土壤结构与性能，增强土壤有机物含量，提高微生物活性； ◆ 由于化肥中养分含量较高，因此该水平区域农田需通过化肥与有机肥结合施用，逐渐转变成为纯有机肥施用模式
高安全水平	◆ 通过有机肥施用比例的上升，逐年改善土壤肥力环境，增强土壤活性

8）弹路

“弹路”策略是在对山、水、林、田、湖、草等生态要素的敏感性和适宜性分析的基础上，以网络联通性为原则，根据廊道本身的价值、周边游憩资源的级别及其与周边景观元素的空间分布关系，识别主要及次要游憩体验慢道。广阳岛主要游憩体验慢道以消落带、山地森林、广阳营等重要的自然和人文线形要素为依托，连接高等级自然和文化遗产所形成的游憩网络系统。次要游憩体验慢道以其他等级较低的自然和文化遗产为依托，与主要游憩体验慢道互补，共同构成岛内游憩体验系统。

广阳岛游憩道路控制导则

类型	控制导则
主要游憩体验慢道	◆ 以重点保护为指导原则，严格控制道路及周边的山、水、林、田、湖、草等自然要素，减少道路对生态系统的影响； ◆ 优先进行环境整治，严格保护道路沿线的自然和文化遗产； ◆ 布置解说系统、标识系统及其他相关设施
次要游憩体验慢道	◆ 修复道路沿线及周边山、水、林、田、湖、草等自然要素； ◆ 在有条件的区域，适度建设游憩设施，发展户外生态类活动； ◆ 调整、优化与游憩活动相冲突的土地利用（基本农田、生态红线等除外）

（4）生物多样性提升

丰富生物多样性是广阳岛开展生态修复的核心目标之一。通过确定指示物种、识别核心生物栖息地和构建生物栖息网络三步，改善生物生境，丰富岛内生物多样性。

1）确定指示物种

广阳岛生物多样性提升首先须保证岛内当前的珍稀濒危物种的生存及延续，避免多样性进一步下降。广阳岛目前有多种鸟类（如中华秋沙鸭、白琵鹭、鹈鹕等）、鱼类（如胭脂鱼、短身白甲鱼等）是珍稀、濒危物种，须重点修复适宜生境以降低该类物种灭绝风险；两栖爬行类在大开发过程中遭到毁灭性打击，亟须通过修复栖息地，恢复其原有种类、数量，避免在岛内灭绝。

通过分析珍稀濒危程度、岛内分布状况及生境代表性，来评估岛内具有代表性的指标物种，最终筛选五大代表性物种：鹭类（白琵鹭）、雁鸭类（中华秋沙鸭）、鹡鸰类、鱼类、爬行类（蛇）。

2）识别核心生物栖息地

依托指示物种，进行生物生境适宜性分析，识别广阳岛生物栖息的五大生境群落类型：密林生境、疏林生境、湖塘生境、农田生境、河滩生境。

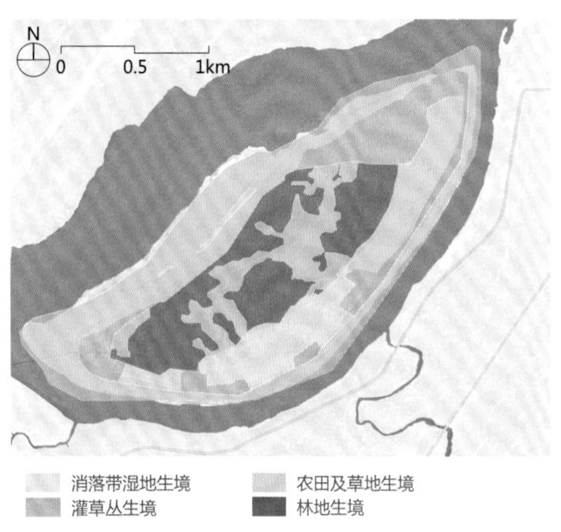

广阳岛现状生境分布图

3）构建生物栖息网络

在核心生物栖息地识别的基础上，根据不同的土地利用类型、人为干扰等因素构建水平阻力面，通过最小累积阻力模型（MCR），分析模拟生物迁徙的18条关键生态廊道，通过补植乔木、连通水系等方式，疏通生物廊道，在岛内实现物种的自由迁徙。

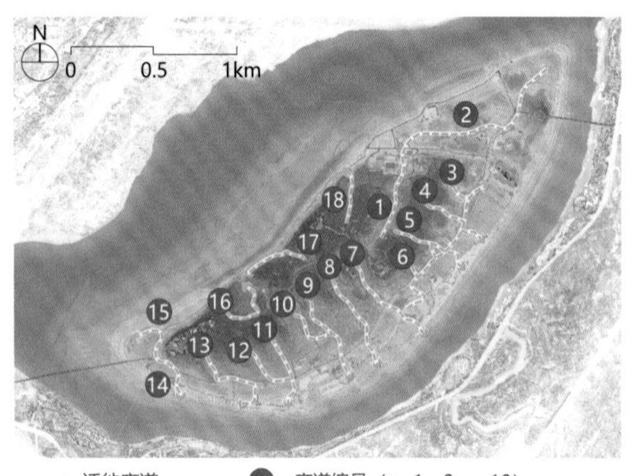

广阳岛生物迁徙廊道分析图

在构建生物迁徙廊道的基础上，通过“清除入侵物种，恢复系统平衡；保护珍稀物种，修复适宜栖息地；引入物种，提升食物链复杂度与稳定性；制定管控导则，降低人为干预；建立监测预警系统，实行动态保护”五大措施，修复生物栖息地，持续监测栖息地健康程度。

（5）生态设施

生态设施是广阳岛开展生态修复、满足人民美好生活需要的基础条件。广阳岛生态修复按照“绿色、低碳、循环、智能”的理念，建设生态化供排水、清洁能源、“飞船式”固废循环利用和绿色交通四大生态设施体系。其中，“飞船式”固废循环利用体系是指岛内日常产生的生活垃圾全部在岛上降解分解、消化吸纳和循环利用，实现岛内生活垃圾对环境的零排放。

1）生态化供排水

全岛生态化供排水体系包含给水工程、污水工程、雨水工程、再生水工程、灌溉工程五个子体系。

给水工程以智慧供水管理中心为中枢，架构涉及水源、水厂、管网与用户相结合的监测与控制体系，实现水量保证、水质提升和节约用水。污水工程以智慧污水管理中心为中枢，架构涉及污水管网、分散式处理站、湿地和氧化塘以及用户相结合的监测与控制体系，实现进出水水质保证。雨水工程以智慧雨水管理中心为中枢，架构涉及小型气象站、喷流、储水以及雨水综合再利用的监测与控制体系，实现对降水量、蓄水量、补水量，以及根据土壤墒情和植被生长情况的灌溉水量的实时动态监测。再生水工程以杂用水基础设施为主体的智慧再生水系统架构，形成全面集中管控网络。灌溉工程以智慧植物管理中心为中枢，架构涉及光照、水、肥等要素的体系，实现实时的外部环境与内部生长状态的动态平衡。

全岛生态化供排水体系坚持生态自然优先，实现水量保证、水质提升、雨水收集与利用、水量动态监测、智慧灌溉等生态目标。

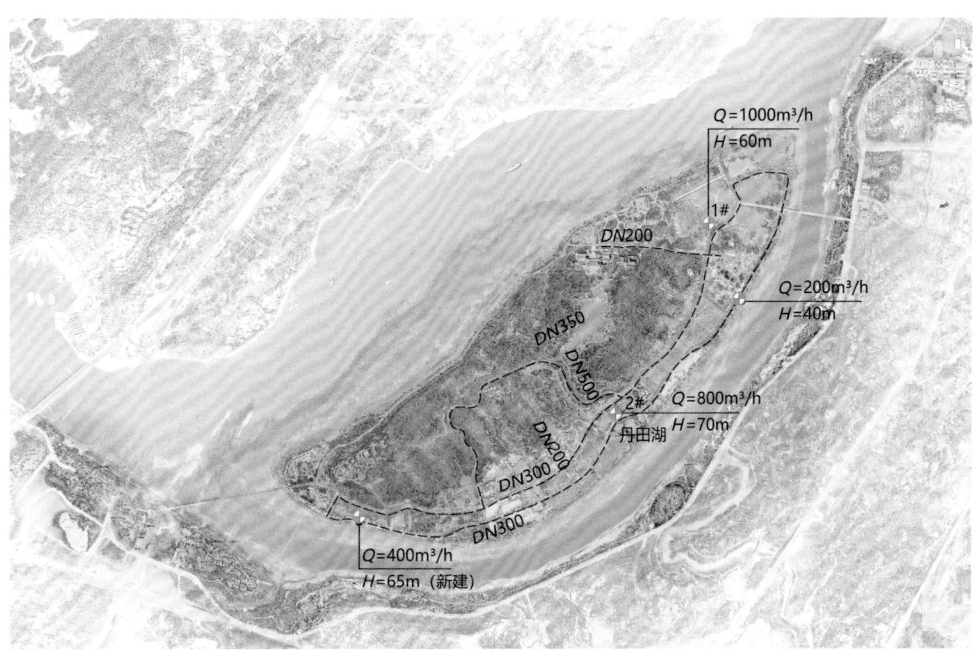

广阳岛杂用水管网总平面布置图

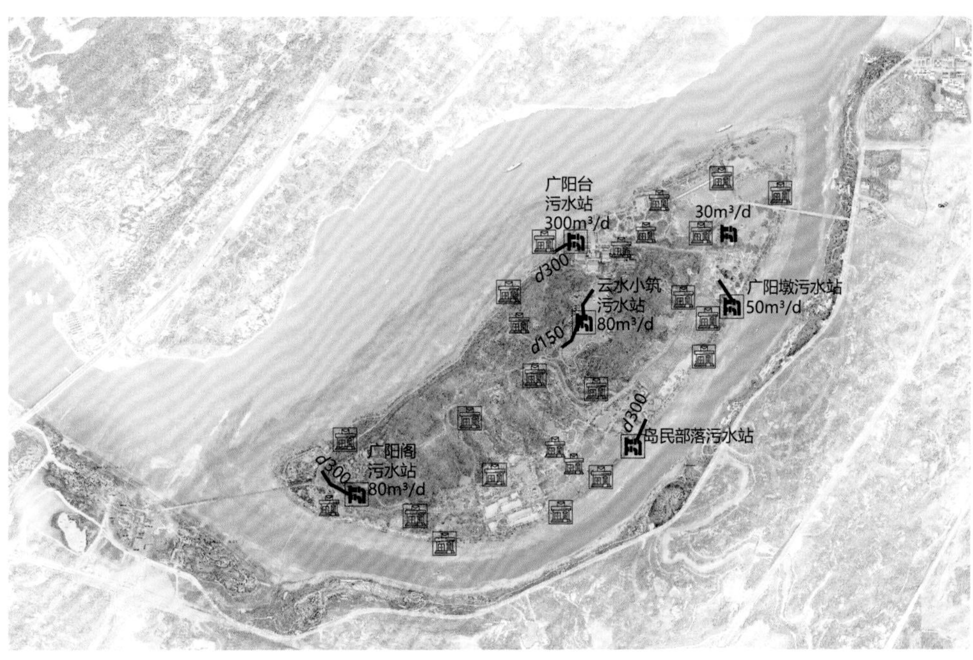

广阳岛污水管网总平面布置图

2）清洁能源

全岛清洁能源体系以市政电网为保障，尽最大可能提高生物质能、江水源热泵、地源热泵等清洁能源的使用，确保全岛清洁能源利用率达100%。

3）“飞船式”固废循环利用

全岛采用“飞船式”固废循环利用体系，通过源头收集（智能分类系统）、中端回用（岛内堆肥回用、岛外资源利用）、末端管理（广阳岛管理办法、智慧环卫管理）三大步骤，实现分类收集和无害化率100%，垃圾循环利用率75%的目标。

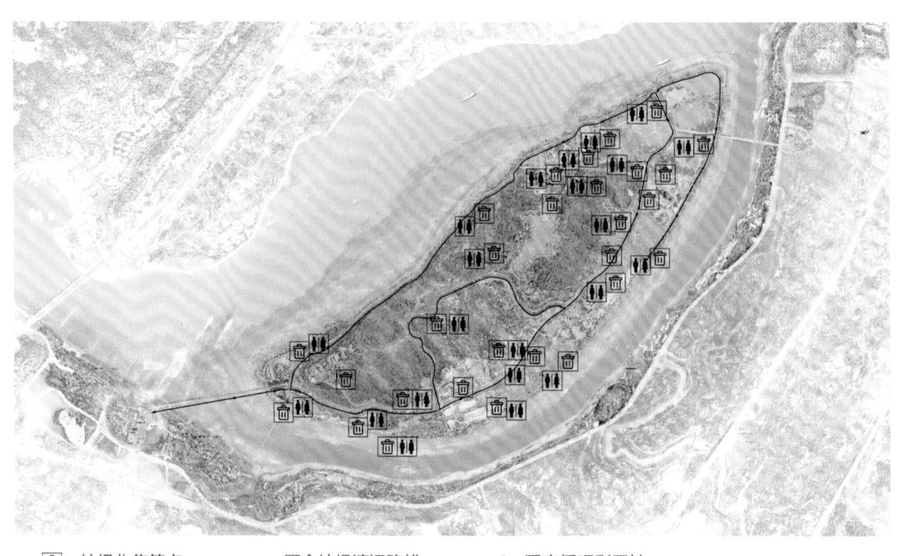

垃圾收集箱点　厨余垃圾清运路线　固废循环利用站

生态驿站　厨余垃圾以外清运路线

广阳岛清洁能源规划图

广阳营
广阳墩
广阳台
戴胜湖
高峰梯田
广阳阁

车行道系统　骑行/跑步道系统

广阳岛绿色交通规划图

4）绿色交通

全岛绿色交通体系以游憩为主，采取预约方式上岛，强制使用绿色交通方式，严控燃油交通工具上岛，建设慢行体系和电动公交接驳体系，使全岛日常绿色出行率达100%。

全岛绿色交通实现途径包括“调路权”“美道路”和“增设施”三大步骤。

“调路权”即调整车行道系统、骑行道系统、跑步道系统、高峰山连接道中段四大部分。通过减少车行专用道，规划环岛车行专用道，保障岛内交通快速疏散；同时将车行路转化为骑行路、跑步路，形成广阳湾自行车环道和广阳湾环岛跑步道。

“美道路”即路面材质美化、人行道生态化。路面材质美化有面层画线处理、装配式道路、罩面改造三种方式；人行道生态化包括再生碎拼嵌草砖和黑色透水混凝土等路面生态化，以及路侧下凹绿地、植草沟等附属海绵设施。

“增设施”即增加生态驿站、停车设施、停靠站点。岛内规划14处生态驿站，满足休憩、聚会、购物等功能；规划1处可容纳200辆车的地下停车场，3处路侧停车区，可提供52个上落客泊位；规划公交接驳站点20个、自行车租赁点11个。

（6）绿色建筑

绿色建筑是广阳岛开展生态修复、满足人民美好生活需要的另一基础要求。全岛建筑按照“大保护、微开发、巧利用”的要求，秉承“随形、嵌入、靠色、顺势、点景”的原则，注重设计乡村形态、增加乡村元素、营造乡村气息，增加“乡愁”体验，做到因山就势，融入自然，建设巴渝版现代《富春山居图》。采用建筑信息模型（BIM）技术、绿色建材、装配式工艺，建设被动式、微能耗建筑，利用多种低碳设计和建造方式，将建筑轻轻放入自然环境当中，使之全面达到绿色建筑标准。全岛绿色建筑主要包括国际会议中心、大河文明馆和长江文化书院三部分。

1）国际会议中心

国际会议中心以“借建设，保修复”为主要设计策略，通过“建筑填空、景观搭台、水系引流”等方式，让已破损的生态环境重新焕发生机。建成后的会议中心拥有国际会议厅、分组会议厅、大宴会厅与特色餐厅等功能，可承载如亚太经济合作组织（APEC）、二十国集团（G20）等国际领导人峰会会务活动，也可满足如国际互联网大会、达沃斯经济论坛等专业领域大会的使用需求。

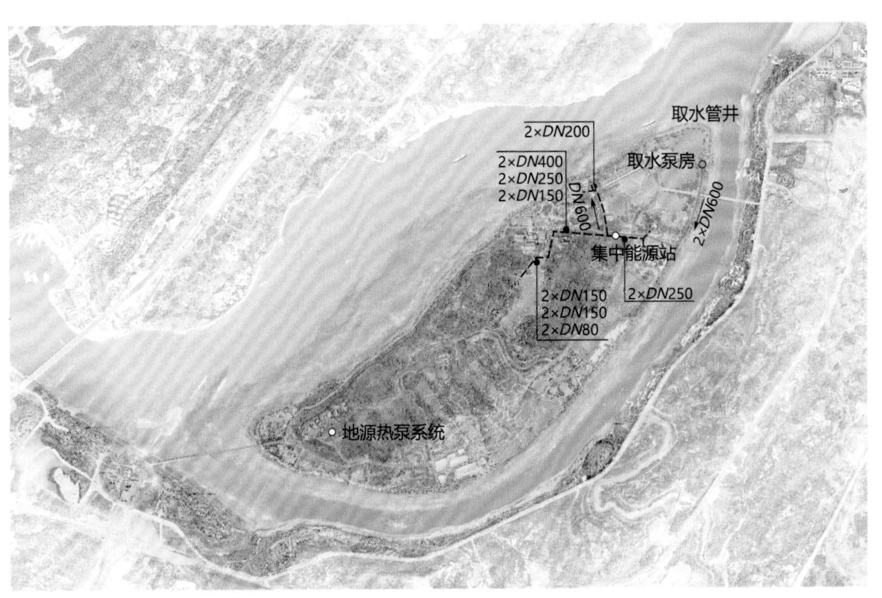

广阳岛固废循环利用规划图

广阳岛国际会议中心效果图

2）大河文明馆

大河文明馆遵循“山水融合”的绿色设计理念，达到“形于山、嵌于地、隐于田、望于江”的设计目的。设计采用“连”（嵌入顺势）、“堆”（外部成堆）、“巧”（内部随形）的手法，最终使建筑形态、建筑空间、建筑景观和建筑环境高度融合。建成后包括展陈厅、公共服务区、管理科研区，以承接人文科教展示功能。

广阳岛大河文明馆效果图

3）长江文化书院

长江文化书院依托“长江小三峡 + 广阳岛 + 学宫书院 + 巴渝人文”的资源优势，体现“长江风景眼，重庆生态岛”总体定位，传承文化书院的精神文化内涵。

书院立意“道法自然，天人合一”“传承创新，继往开来”，既尊重山形水势地貌、营建邑郊风景名胜，又传承巴蜀学宫文化、塑造一派斯文书院，同时运用现代技术手段，演绎绿色智慧发展理念，体现生态文明建设的内涵。

总体风貌体现书院主题，呈现“山水名胜，礼乐相成，诗情画意，一派斯文气”的特点。书院的外围环境整体“江峡相拥，野逸苍茫”。其山“雄奇俊健，云烟缥缈”，其水“空灵幽静，野逸苍茫”，书院隐约于山水形胜之中；书院内部的建筑群体整体“严整庄重，布局灵动，礼乐相成，和中有序”，承华夏书院建筑的文化传统，又不失当代建筑的风尚演绎，形成链接传统和现代、突显教化与礼制功能的书院气韵；书院的内部环境整体“意境悠远、章法井然，格调清奇、凝重古雅”。引山水入庭院，纳风月于池间，就地取材、因材致用，借幽借旷、意境悠远，形成“幽僻嚣尘外，旷远双峡间”的书院名胜。

广阳岛长江书院效果图

3.1.4 计划落地——实施

计划落地是解决广阳岛生态修复如何落地不走样的问题。全岛通过资金、用地、设计和施工等四个方面有计划地进行工程实施与管理运维，通过示范样板区总结技术、产品、材料、工法等方面的理论技术方法体系，产品材料工法体系、组织实施管理体系，形成可在全岛复制、推广的建设标准，为广阳岛最优价值生命共同体“变金山银山之现”。

（1）资金计划

广阳岛岛内生态修复项目工程总承包（EPC）采用国有专项资金支撑，资金来源较为稳定，因此广阳岛生态修复EPC项目关注重点在于两点：一是资金预算管理；二是资金使用计划。

在资金预算管理方面，首先，通过建立符合广阳岛项目进度的预算编制系统，综合采用零基预算、弹性预算和滚动预算，剔除不合理的预算项目，合理添加新的预算项目，制定具有灵活性的工程项目资金预算系统。其次，加强工程项目资金的预算监控，建立广阳岛生态修复EPC项目监督检查委员会，由各利益相关者委派人员共同监督工程项目的资金预算。最后，建立全面的预算考核制度，采用财务指标和非财务指标相结合的综合考评指标，建立奖惩制度，对表现优秀的预算管理人员进行一定的奖励，对表现不佳者进行一定的惩罚，以便更好地约束和激励预算管理人员的行为。总之，加强工程项目资金预算管理的改革和完善，提高工程项目资金的透明度，是协调和贯彻工程建设的有效途径。

在资金使用计划方面，为保证广阳岛生态修复EPC项目正常运作，制定了三大资金使用计划。一是明确三大阶段，前期资金用于工程施工材料备料款，中期资金用于工程进度款、人工费，后期资金用于材料贷款和尾款及各系统检修、调试费用等；二是资金使用必须以工程进度为依据，由项目经理根据工程总体计划提出详细的工程量表，并结合工程进度分月度提出下一阶段调整工作量计划；三是工程量计划需由生产副经理审核批准，并报供应部门和财务部门核算，拟制定人工、材料、设备的费用计划报项目经理批准，经批准的文件作为调拨资金的基本凭证。

（2）用地计划

广阳岛规划建设项目包括场馆建筑、历史文化与老旧建筑保护利用、生态驿站三类。具体建设项目为广阳岛国际会议中心、大河文明馆、长江文化书院等，通过现状建设用地置换、权属变更等方式，转为可利用建设用地，用于后续建设开发。

广阳岛国际会议中心总用地面积约8.4hm^2，其配套建筑占地约13.3hm^2。大河文明馆总用地面积约9.7hm^2。长江文化书院（含广阳阁）占地面积约4.18hm^2。

（3）设计计划

广阳岛生态修复在总体设计的基础上，通过“一期塑点”和“二期塑面”进行详细设计。

“一期塑点”选取问题典型、交通便利、示范性强的西岛头、高峰梯田、粉黛草田、东岛头、广阳营和山顶人家六个地块进行点状细化设计，并将高峰梯田地块作为一期示范地，优先开展高质量细化设计，总结可复制的技术、产品、材料、工法等并进行验证，为二期生态修复的顺利推进奠定基础。

“二期塑面”是按照一期的建设标准，将全岛按地形地貌分为平坝生态区、山地森林区和坡岸湿地区三个片区开展山水林田湖草系统修复工作。其中，平坝生态区按原岛上村落位置分为上坝森林区、高峰农业区、胜利林草区。上坝森林区面积约1000亩，设计以重现上坝森林为主，通过运用护山、理水、营林、丰草生态修复策略，形成茂林修竹、森林叠翠的生态特色，是上岛的第一印象。高峰农业区面积约2000亩，设计以恢复高峰农业为主，通过运用护山、理水、营林、疏田、清湖、丰草生态修复策略，形成良田沃野、巴渝乡愁的生态特色，是全岛生态优先、绿色发展，建设最优价值生命共同体的集中展示区。胜利林草区面积约2000亩，设计以恢复疏林草场为主，通过运用护山、理水、营林、清湖、丰草生态修复策略，恢复牧场、机场大草坪场景，建设看“大江东去”最好的场所，形成连绵起伏、疏林场的生态特色。山地森林区面积约4000亩，设计以保护山林、自然恢复为主，通过划定自然恢复范围，保育林木、寻源理水，形成山林秘境的生态特色。坡岸湿地区面积约6000亩，设计以保护湿地、自然恢复为主，通过划定自然恢复范围，保护兔儿坪及消落带湿地，开展消落带修复治理，形成自然野趣、物竞天择的生态特色。

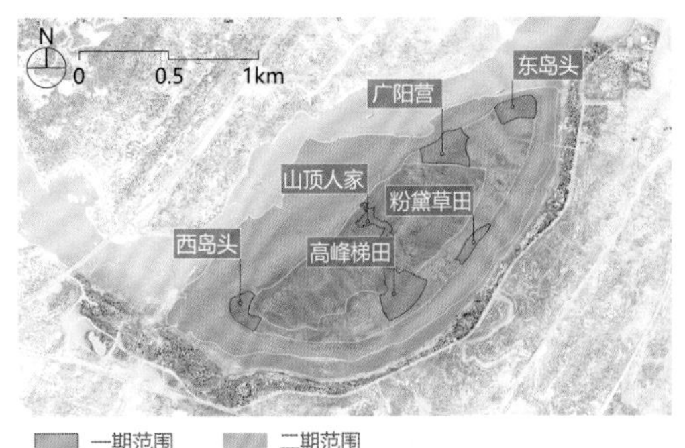

广阳岛设计分期计划图

（4）施工计划

科学合理的施工计划是推进广阳岛最优价值生命共同体建设的关键。全岛施工计划是在设计的基础上，通过一期高峰梯田的示范形成标准化的理论技术方法体系、产品材料工法体系、组织实施管理体系，有序安排施工计划，将广阳岛最优价值生命共同体的蓝图最终变现落地。

理论技术方法体系是以最优价值生命共同体理论为指导，在全岛生态修复实施过程中宣贯节约优先、保护优先原则，各设计分区负责人现场指导，抓住全岛“水—土”生态本底要素和“林—草”生态核心要素，综合运用“护山、理水、营林、疏田、清湖、丰草”和“润土、弹路”八大策略，科学合理开展全岛生态修复工作。

产品材料工法体系是通过总结一期高峰梯田示范经验，坚持自然、生态、柔性的修复方法，集成创新一系列“护山、理水、营林、疏田、清湖、丰草”和“润土、弹路”成熟、成套、低成本的生态修复关键技术，降低全岛实施过程中的碳排放量。

组织实施管理体系是以中国建筑设计研究院为牵头方，统筹、协调、衔接、联通业主端、工程管理端、各分区设计端和施工端，进行协同管理，建立“项目总负责、设计总牵头、施工总管理、效果总协调、现场总配合”机制，抓住“进度、现场、成本、质量、效果、管理”六大核心，以及现场核心人员与骨干人员，形成点对点、线连线、双向互抱、中心对控的管理模式，实现大统筹、中协调、小对接、细联通的管理效率。

3.2 广阳岛“三阶十步”绿色生态设计

广阳岛生态修复设计按照“三阶十步”的绿色生态设计体系，促进生命共同体从既有价值生态区间向高价值生态区间迁移，并在高价值生态区间内谋求满足生物多样性人民美好生活需要的最优价值点，从而实现广阳岛最优价值生命共同体建设。

3.2.1 三个阶段

（1）维护区间——保护生态

维护区间，即保护生态，就是要整体保护广阳岛既有生态系统。按照“尊重自然、顺应自然、保护自然”的生态文明理念，通过摸清广阳岛自然生态、历史人文、发展建设三大本底，划定兔儿坪湿地及环岛消落带、高峰山及张家山山林保护区，共约占全岛67% 的区域，以自然恢复为主，按照轻梳理、浅介入的方式进行长时间自然恢复，维护其生命共同体既有价值的生态区间。

（2）促进迁移——修复生态

促进迁移，即修复生态，就是要修复广阳岛自然恢复区以外被破坏的区域，还广阳岛生态系统的原真性和完整性。按照“天人合一、道法自然”的价值追求，聚焦生态，通过抓住“水”和“土”两个生态本底要素、“林”和“草”两个生态核心要素，以“留水—固土”为切入点，全面统筹广阳岛生命共同体各子系统，按照“护山、理水、营林、疏田、清湖、丰草”和“润土、弹路”八大策略，促进广阳岛生命共同体由既有中价值生态区间向高价值生态区间迁移，修复满足生物多样性需求的高价值生命共同体。

（3）谋求最优——建设生态

谋求最优，即建设生态，就是要建设符合人民审美需求的生态风景画面。按照“知行合一、大巧不工”的人文境界，聚焦风景，优化广阳岛生态、生产、生活资源配置，通过发挥设计对美学意境和科学技术的正向作用，“多用自然的方法，少用人工的方法；多用生态的方法，少用工程的方法；多用柔性的方法，少用硬性的方法”，集成创新生态领域成熟、成套、低成本的技术、产品、材料、工法，融合生态设施、绿色建筑，在高价值生态区间内耦合生命共同体各子系统的关键指标，全过程谋求广阳岛生命共同体全局最优价值点，建设满足人民美好生活需要、人与自然和谐共生的最优价值生命共同体。

3.2.2 十个步骤

（1）研透雨水

研透雨水即按照生命共同体的区域条件性，从全岛的雨水径流过程入手，以全岛降雨特征与地貌特征为基础，模拟分析降雨—径流过程，通过降雨分析、地貌分析、径流分析、汇水分析、下渗分析、滞蓄分析、净化分析、回用分析八个步骤，确定雨水收集、

广阳岛逐月降雨数据表

月份	1月	2月	3月	4月	5月	6月	7月	8月	9月	10月	11月	12月
多年平均月降水量（mm）	12	14.6	54.6	87.8	105	167.9	75.6	90.6	126.9	79.6	36.8	14.9
多年平均月蒸发量（mm）	35.6	39.9	55.9	66.1	75.8	75.3	125.5	186.1	61.3	53.4	40.5	35.1

净化、利用方式和暴雨滞蓄、排放方式，统筹区域水系统整体布局与要素配置，让雨水落地后，自然流淌到最适合待的地方，然后呈现“九湖十八溪”最美的状态。

1）降雨分析

广阳岛降雨年际、月际不均，暴雨强劲。岛内多年平均降雨量1103.9mm；最大平均月降雨量167.9mm，最小平均月降雨量12mm，其中8月平均蒸发量186.1mm；常有洪涝、干旱、大风、冰雹等自然灾害发生。

三峡水库建成后，根据拟定的“蓄清排浊”的运行方案，库区水位蓄水期自每年的9月底10月初开始，11月至次年1月水位升至175m，至4月底5月初为放水期，水位降至145m，为汛期留出库容。全年最低水位157.00m；枯水位161.56m；蓄水水位174.20m；5年一遇洪水位181.20m；10年一遇洪水位183.00m；20年一遇洪水位185.00m；50年一遇洪水位187.40m；100年一遇洪水位189.10m。

2）地貌分析

全岛格局为北面负山而南面向水，内河处于山南水北间的“广”大“阳”地，故称“广阳”。广阳岛内北侧为高峰山，其最高峰——龙头峰海拔282.4m，山下北侧为陡崖，南面、东面则为广阔的低丘平坝，适合居住与农业生产。

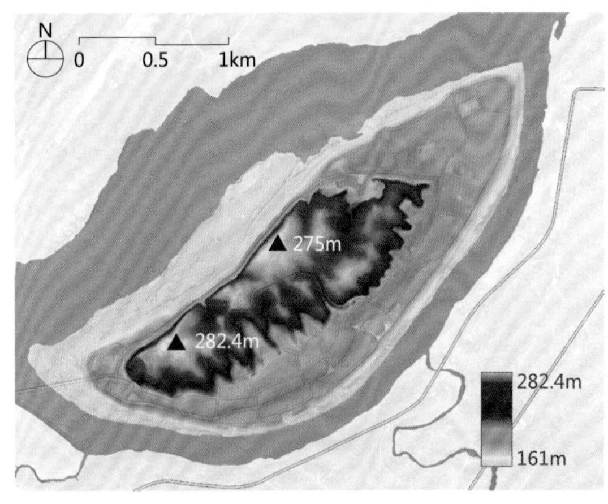

广阳岛地貌分析图

3）径流分析

广阳岛生态修复设计运用GIS地表径流模拟技术，模拟地表径流流向，分析潜在径流，划定地表径流等级，确定18条雨水径流廊道，并根据不同的径流等级和雨水传输需求预留、疏通一定宽度的雨水廊道。

广阳岛水文变化情况表

高程分段比较项	163~168m	168~175m	175~180m	>180m
水淹时间(d)	303	151	11	2
出露时间(d)	62	214	354	363
水淹期	1月中旬至3月、6月至12月	9月下旬至次年1月中旬	9月底至10月底	9月底
成陆期	4月底至6月	1月中旬至9月底	11月至次年9月中旬	9月底至次年9月中旬

注：根据现有水文资料分析统计区域水文变化情况。

广阳岛各流域逐月径流量（万m^3）

汇水分区编号	1月	2月	3月	4月	5月	6月	7月	8月	9月	10月	11月	12月
1	0.19	0.24	0.88	1.41	1.69	2.70	1.22	1.46	2.04	1.28	0.59	0.24
2	0.02	0.03	0.09	0.15	0.18	0.29	0.13	0.16	0.22	0.14	0.06	0.03
3	0.04	0.05	0.20	0.33	0.39	0.63	0.28	0.34	0.47	0.30	0.14	0.06
4	0.31	0.38	1.40	2.26	2.70	4.32	1.94	2.33	3.26	2.05	0.95	0.38
5	0.21	0.26	0.96	1.55	1.85	2.96	1.33	1.60	2.24	1.40	0.65	0.26
6	0.14	0.17	0.64	1.03	1.23	1.97	0.89	1.06	1.49	0.93	0.43	0.17
7	0.11	0.14	0.52	0.84	1.00	1.60	0.72	0.86	1.21	0.76	0.35	0.14
8	0.06	0.07	0.27	0.43	0.51	0.82	0.37	0.44	0.62	0.39	0.18	0.07
9	0.22	0.27	0.99	1.59	1.91	3.05	1.37	1.64	2.30	1.45	0.67	0.27
10	0.15	0.18	0.68	1.10	1.31	2.10	0.94	1.13	1.59	0.99	0.46	0.19
11	0.09	0.11	0.43	0.69	0.82	1.31	0.59	0.71	0.99	0.62	0.29	0.12
12	0.26	0.32	1.18	1.90	2.27	3.64	1.64	1.96	2.75	1.72	0.80	0.32
13	0.10	0.12	0.45	0.73	0.87	1.39	0.63	0.75	1.05	0.66	0.31	0.12
14	0.08	0.09	0.34	0.55	0.66	1.05	0.47	0.57	0.80	0.50	0.23	0.09

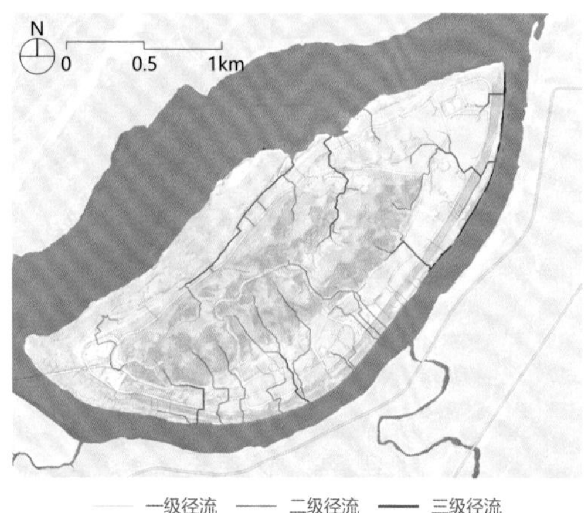

广阳岛径流分析图

4）汇水分析

在径流分析基础上，结合道路与地形，全岛可划分14个汇水分区，根据每个排水分区的特征确定分区内的湖面调蓄容积。

北侧三个分崖壁陡峭，无法调蓄，直排入长江，南侧可充分利用现状鱼塘、池塘、低洼地蓄水。通过对全岛的雨水淹没分析，岛内环岛道路标高基本为在190.0m以上，高于100年一遇洪水位；岛内建筑及重要设施，标高在190m以上，无淹没风险。

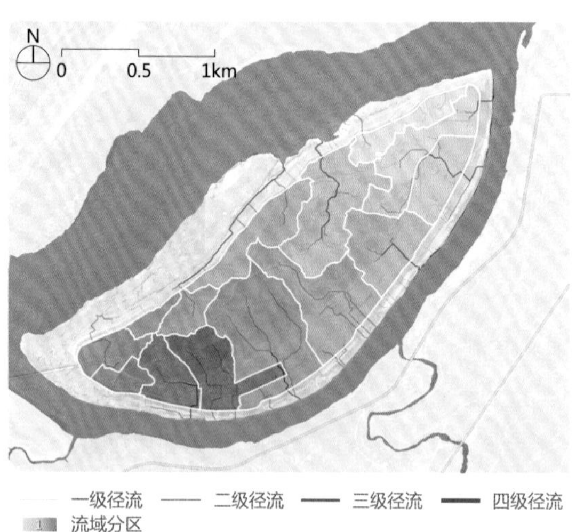

广阳岛汇水分析图

5）下渗分析

全岛土壤分为五大类，山地段以紫色土为主，土壤较厚，下渗良好；平坝区以紫色砾石风化土、风化紫色页岩为主，土层薄，下渗较弱；坡岸及消落带则以紫色土+沙壤、泥沙土为主，土层厚但地下水位高，下渗不理想。因此后续布置海绵滞蓄设施，宜在源头如山坡、山脚布置，可最大程度促进下渗；若在平坝及坡岸布置，宜增加平面面积，或配合相应人工蓄水设施。

广阳岛雨水调蓄能力估算表

流域编号	优化后水体面积（hm^2）	调蓄规模估算（m^3）	最大月份（6月）降雨总量（m^3）
1	1.35	27049	27049
2	1.52	30401	2905
3	0.31	6280	6280
4	5.56	111217	43179
5	1.48	29593	29593
6	0.66	13172	19699（直排）
7	2.57	51352	15996
8	0	0	8183（直排）
9	4.22	84449	30482
10	0.14	2082	20984（直排）
11	0.66	13112	13112
12	1.82	36371	36371
13	0.99	19777	13917
14	3.09	61824	10543

6）滞蓄分析

现状岛内现有水体调蓄能力不足，现状湖塘调蓄总容积约39.3万m^3，尚且无法满足调蓄最大月份（6月）雨水径流量。

基于雨水调蓄能力估算，通过径流模拟分析，“疏通”地表汇水通道，最大化利用低洼地和湖塘蓄水；其次可通过清理现状湖塘，适当增加调蓄深度等方式，增加现状水体的调蓄能力。

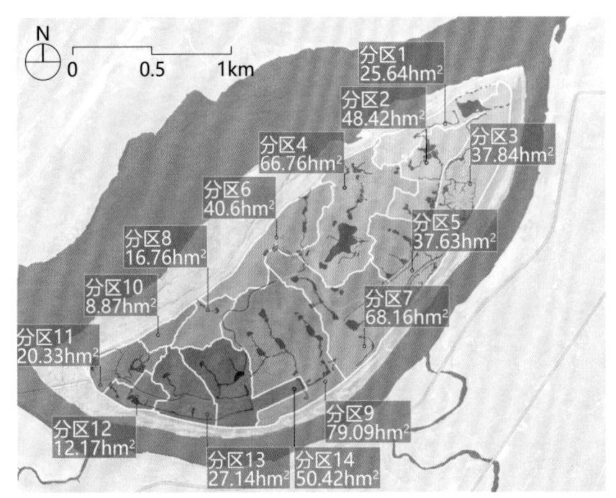

广阳岛滞蓄空间分析图

7）净化分析

广阳岛总体地表水Ⅲ类水，但局部水体富营养化较为严重，水体发绿。化学需氧量局部超标为Ⅳ类水，总磷超标为Ⅴ类水。按照“源头削减、过程控制、末端净化”原则，采用将现状洼地改为小微湿地、保留自然溪沟及湿地、设置旱沟及生态草沟、排水口处设置雨洪调蓄湿地等措施，增强水体污染调控能力，降低入塘入江的污染负荷，使得水环境质量优于III类水，污水收集率100%，年径流污染去除率（以总悬浮物TSS计）≥80%，污水处理率100%。

8）回用分析

岛内用水分为生活用水、杂用水和农业用水。其中生活用水远期用水量最高值为480m^3/d，杂用水最高杂用水量为32600m^3/d，农业用水年用水量约19.12万m^3，其中农业灌溉用水与其他杂用水可错峰使用。杂用水优先利用岛内雨水，年均雨水利用量约50万m^3，实现雨水利用率达35%。

（2）鉴定土壤

按照生命共同体的区域条件性，从全岛的土壤类型分析与土壤健康评价出发，采样鉴别土壤质地、性状，综合评价土壤肥力与健康水平，确定合适的土壤修复与利用方式，指导配方施肥等具体工作。

1）物理分析

紫色土土壤较厚，但土层贫瘠，存在板结、透气保水性差的问题；紫色砾石风化土、风化紫色页岩土层厚薄不一，土层较薄处仅10cm，现状土石相间，透水透气性差；紫色土＋沙壤、泥沙土受波浪冲蚀，表层土壤流失严重。

2）化学分析

基于五类土壤，对照土壤标准值分析发现，在氮含量上，紫色砾石风化土略低于标准值；磷含量上紫色土、紫色砾石风化土低于标准值，钾含量及pH值总体上符合要求。后续测土配方相应提升有机质、氮、磷三者的含量。

3）生物分析

五类土壤对照土壤标准值分析发现，在有机质含量上，均低于标准值，且只有标准值的一半；土壤中细菌、原生动物等微生物较少，土壤肥力、固碳能力及分解能力不足。

（3）明辨乡苗

按照生命共同体的区域条件性，广阳岛从气候、土壤等立地条件分析生态修复区典型地带植被类型和乡土植物品种，筛选出长势良好的乡土植物，剔除入侵植物，增加适宜生态修复区的引种植物，共同构成最终的生态修复苗木表，指导乔木、灌木、地被、水生植物在不同场地的科学合理搭配。

1）乡土物种普查

广阳岛植被类型为亚热带落叶阔叶林。岛内共普查记录到乡土植物383种，其中乔木82种、灌木73种、竹类17种、草本植物185种、草质藤本植物5种、木质藤本植物10种、水生植物11种。

2）入侵物种普查

广阳岛生态修复通过现场调研、普查，确定入侵植物18种，以草本为主的，如小蓬草、一年蓬、葎草、鬼针草、喜旱莲子草、葛藤、乌蔹莓、打碗花等。乔木主要为构树等。

3）严选引种植物

广阳岛生态修复基于环境适宜性、满足生物多样性需求和满足人民日益增长的美好生活需求三大原则，确定可增加的乡土和野化苗木共117种，具体见附录。

（4）找准问题

按照生命共同体的区域条件性与有限容量性，通过岛内地形、地貌、生境分析及生态与景观特征分析，明确山地、平坝和坡岸三大分区的修复难点。

1）生态问题诊断

山地区由“峰—谷—沟—坡—坎—崖”六部分构成，修复的主要难点是针对不同高差、不同创伤面、不同质感的坡、坎、崖需要采取不同的修复策略和技术。

平坝区由“平坝—凹地—森林—农田—水体—道路”构成，修复的难点在于土壤改良以及市政道路绿色化处理。

坡岸区根据淹没时长和频率由“自然层（175m

广阳岛土壤成分与标准值对照表

土壤类型	有机质（g/kg）	氮（mg/kg）	磷（mg/kg）	速效钾（mg/kg）	pH	土层厚度（cm）
紫色土+沙壤	6.01	63.24	15.31	73.88	6.8	30~50
紫色土	3.99	80.85	3.12	110.66	6.7	>100
紫色砾石风化土	4.54	43.89	4.54	104.08	7.0	50~100
风化紫色页岩	5.71	57.75	13.43	74.96	6.4	>50
泥沙土	4.06	87.78	31.2	50.38	6.6	10~30
标准值	>10	>50	>5	>50	6.0~7.8	

注：广阳岛土壤成分与重庆地区露地栽植土指标对比值。

以下）—过渡层（175~183m）—活动层（183m）—园林层（183m以上）”四层构成，修复的难点是针对反自然枯洪规律、消落幅度大和生境多样化等特点，如何保护、修复消落带的生态环境。

2）关键原因剖析

山地区整体北高南低，山腹完整，局部岩石裸露，山体缺损。在大开发时期开山修路造成多处高切坡，土壤风化，土层贫瘠，透气保水性差，水土流失严重；山体北侧为带状悬崖峭壁，局部为圬工防护边坡，生境脆弱，同时山体东西端头为大开发时期遗留下的废弃采石场，地形破碎、采掘创面裸露，边坡陡峭、宕面风化剥落、易产生滑坡，植被遭到破坏，山势残缺，同时原有田埂步道、农宅基地已残垣断壁。

平坝区多农田，土壤瘠薄、土石相间、土壤板结、保水性能较差，以半沙半泥土的砂壤土地为主，场地内有部分区域土质为页岩土，区域土层厚薄不一，土壤以风化土为主，存在板结现象，透气保水性能差。此外“设施”市政痕迹重，园林化、公园化感觉强。

坡岸区的消落带有三大特征。一是水位涨落反自然枯洪规律，长江自然涨落每年6月至9月为汛期，9月底至次年5月为枯水期。但三峡蓄水后原先处于枯水期的9月底至10月开始蓄水，水位涨为175m；4月底至5月初，水位降至145m，为汛期留出库容。二是消落幅度大，蓄水水位174.2m，与库水位相差12.64m。三是生境复杂多样，主要为冲积河沙生境，临江区域（157~163m区间内）分布有砾石、块石、岩石等生境。

（5）核定区间

按照生命共同体的价值性，围绕生物多样性需求和人民美好生活需要，以“林”和“水”为主要评估要素，评估向高价值生态区间迁移的潜力。

1）锚定参照生态区间

广阳岛位于重庆铜锣山、明月山之间，是长江上游最大江心绿岛，隶属于三峡库区范围。参照生态区间需统筹考虑重庆地区生态特征（山地）与长江上游生态特征（滨江）。

我国森林类型由南向北可以分为热带季雨林、亚热带常绿阔叶林、温带落叶阔叶林、寒温带针叶林，重庆在森林类型上属于亚热带常绿阔叶林。三峡库区（重庆段）位于长江上游末端，地带性植被以中亚热带常绿阔叶林、暖性针叶林为主。

2）锁定目标生态区间

目标生态区间两大指标为年径流总量控制率和森林覆盖率。

森林覆盖率指标可通过空间潜力模型法确定。即以现有林地为基础，以中亚热带常绿阔叶林区为参照，通过地理信息系统（GIS）技术对未来适宜造林的区域进行评价，确定未来造林、植被恢复的重点区域。具体步骤为通过地理国情数据和现状调查，确定现状植被分布区域及覆盖率（39.5%）；通过对坡度因子、土壤因子、生物多样性因子、水土保持等因素进行评价分析，确定恢复植被的区域（适宜造林约65%~73%）。最终以现有林地为基础，通过空间潜力模型模拟确定未来可达到的森林覆盖率，再结合国家、重庆及相关学术研究，确定森林覆盖率目标为65%~73%。

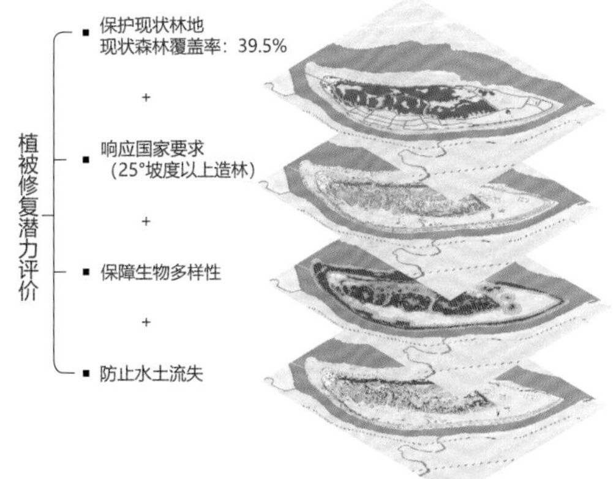

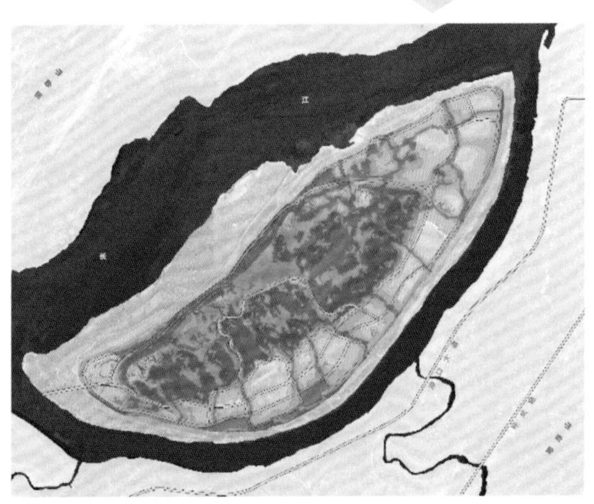

广阳岛植被恢复潜力评价图

对于确定年径流总量控制率的目标区间值，主要综合《海绵城市建设技术指南》《重庆市海绵城市规划与设计导则》以及场地年径流总量控制率潜力模拟共同得出的。依据《海绵城市建设技术指南》要求，规划区属于控制分区Ⅲ区，年径流总量控制率范围为75%~85%；根据《重庆市海绵城市规划与设计导则》要求，规划区年径流总量控制率范围为80%~90%；基于现状土地利用以及低影响设施的规模和面积，模拟建设后年径流总量控制率可达87%。因此确定广阳岛目标年径流总量控制率区间为87%~90%。

（6）分类叠合

根据生命共同体的整体系统性和价值性，基于不同维度的分析与计算结论，对自然生态本底、历史人文本底、发展建设本底中所有现有要素和系统进行分类叠合。

1）分类整理

分类整理包括山、水、林、田、湖、草、土、动物、历史文化、发展建设十大要素。

① 山要素，按质感、美观程度分为保护类型、修补类型、修复类型。

② 水要素。恢复“九咀十八湾”水文特色，确保水脉畅通。恢复自然岸线，运用水生植物和海绵措施净化水质。

③ 林要素。首先，以现有植被类型为条件，需要大幅度提高森林覆盖率，通过现场调研可在现有基础上提高森林覆盖率约30%，达到70%左右。其次，对现有植物品种进行分类评价，选出20余种优势树种和骨干树种，作为生态修复的主要品种，去除18种入侵树种，适当增加食源树种。第三，恢复自然岸线，运用水生植物和海绵措施净化水质。最后，适当增加彩色树种，提高全岛季相、色相变化。

④ 田要素。中部的水系和地形条件适当恢复部分小尺度梯田，可集中展示原有农田肌理。运动场东侧的大田保留，适当增加土层厚度，改良土壤，并保留山上现有果林。西侧根据地形条件适合做花田，其他区域可恢复生态廊道。对恢复后的梯田、大田、花田进行四季耕作管理。

⑤ 湖要素。保护好山顶堰塘、山地湖塘、溪谷湖塘等现有堰塘和湖塘收集雨水，同时要根据地形地势，充分利用平坝凹地蓄水。同时恢复湖塘自然岸线，运用水生植物和海绵措施净化雨水。

⑥ 草要素。西岛头可恢复高品质草坪，林下恢复野花野草。东岛头大片农田调整为疏林草地。

⑦ 土要素。一是保护山地林下土壤，修复山体中斑驳土壤和边坡土壤；二是对梯田、大田、花田进行土壤改良，深耕深松，适当增加有机肥；三是在花田边、运动场北、东侧广阳湾大桥端头、东岛头等区域适当增加微地形，顺延山脉，增加空间层次。

⑧ 动物要素。对五大生境与18条关键生物廊道，针对性提升修复。

⑨ 历史人文要素。一是用物件和情景雕塑在广阳湾内侧展示古代巴人的农耕渔猎；二是修复士兵营房、库房、防空洞、机场油库等现有文物建筑，恢复美军招待所；三是用草坪模拟展示机场跑道和部分体育训练场地；四是模拟展示国营农场办公楼建筑的局部建筑基址，修缮原有厕所。

⑩ 发展建设要素。一是去市政化，统一规划绿色交通，包括拆除人行道和道牙、路面更换生态透水材料、更换路灯、收集路面雨水等。二是去园林化，包括清除部分病虫害严重的行道树，复壮部分长势不好的行道树，自然式补种部分同类树种，将线性种植优化为斑块式种植，并形成廊道；三是对管委会建筑、山顶果园废旧房屋，公共厕所、雾情站、水塔要进行保护修缮和改造利用，优化功能。

2）权重计算

权重计算是对山、水、林、田、湖、草、土、动物、历史人文、发展建设各要素构建权重评价体系。各要素质量的高、中、低分别赋值。各要素高质量部分是生命共同体的高价值区间，中低质量部分是生命共同体由中价值生态区间跃变至高价值区间的关键过程。

3）逐层叠合

逐层叠合是将山、水、林、田、湖、草、土、动物、历史人文和发展建设十大要素分层整合，形成要素空间布局和生态价值最优的生命共同体。

（7）生态区划

根据生命共同体的迁移性和价值性，在总体布局结构中，本着“轻梳理、浅介入、微创修复、系统修

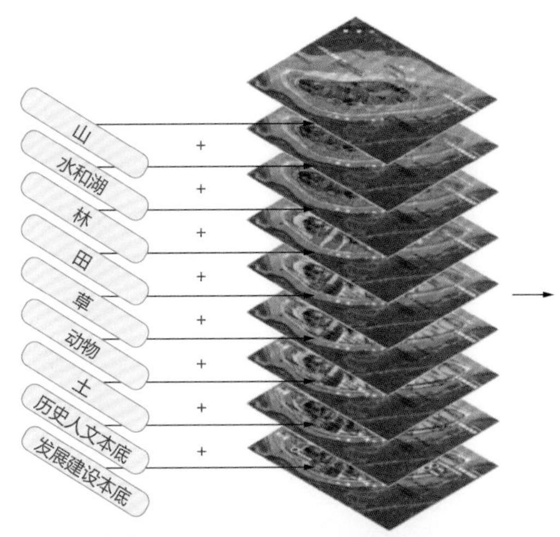

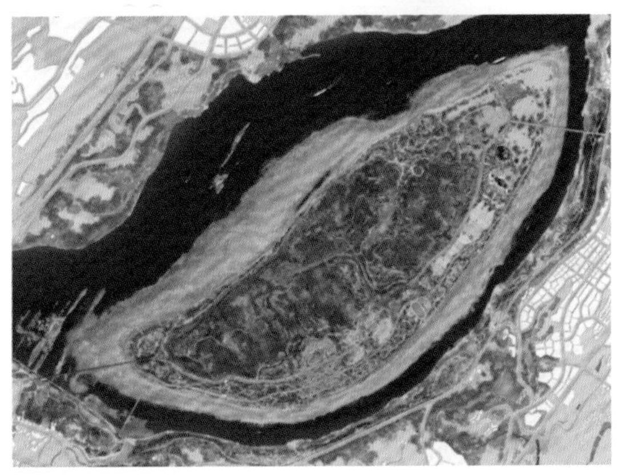

广阳岛分类叠合图

复”四个态度，进行详细生态区划。

1）自然恢复区

自然恢复区范围为6.7km^2，约占全岛总面积的67%。自然恢复区范围可划分为微梳理、轻介入两类。微梳理是指应保护现状地形（含水系）和植物，不增加任何人工游憩设施，微梳理区域面积为5.8km^2，占58%，其中黄海高程175m以下消落带为4km^2，山体约为1.8km^2。需要注意的是，对于此类型区域需要建立明确的管理要求。一般情况自然恢复区内只允许科考人员、巡查人员进入，限制普通游客进入，严禁其他设施，边缘可进行适当林貌提质，另外应加强对游客的宣传教育：自然修复区内禁止破坏花草树木行为，禁止向水体排放污染物。轻介入是指应保护现状地形（含水系），对现状植物进行微小的改动，依据情况可加入少量必要的人工设施。轻介入区域面积为0.9km^2，占9%，其中山体区域约0.7km^2，平坝区域0.2km^2。

2）生态修复区

重点生态修复范围约为3.3km^2，约占全岛总面积的33%。生态修复区范围可划分为微创修复和系统修复两类。微创修复是指对现状地形（含水系）及植物进行微小的改动，适度地加入必要的人工设施。微创修复区域面积为1.2km^2，占12%，其中山体约0.1km^2，平坝区域约1.1km^2。系统修复是指改造提升现状地形（含水系）和植被，并适度加入人工游憩设施。系统修复区域面积为2.1km^2，占21%，其中山体区域约0.2km^2，平坝区域约1.9km^2。

（8）系统设计

按照生命共同体的迁移性和价值性，对微创修复区域和系统修复区域，充分发挥设计对美学意境和科学技术的正向作用，对其进行系统设计。以“留水、固土”和“营林、丰草”为切入点，全面统筹考虑生命共同体的所有构成要素，因地制宜确立“护山、理水、营林、疏田、清湖、丰草”和“润土、弹路”生态修复策略，促进6km^{2}陆地中价值生态区间向高价值生态区间迁移，满足生物多样性需求，努力实现山青、水秀、林美、田良、湖净、草绿、土肥、路悠的目标。

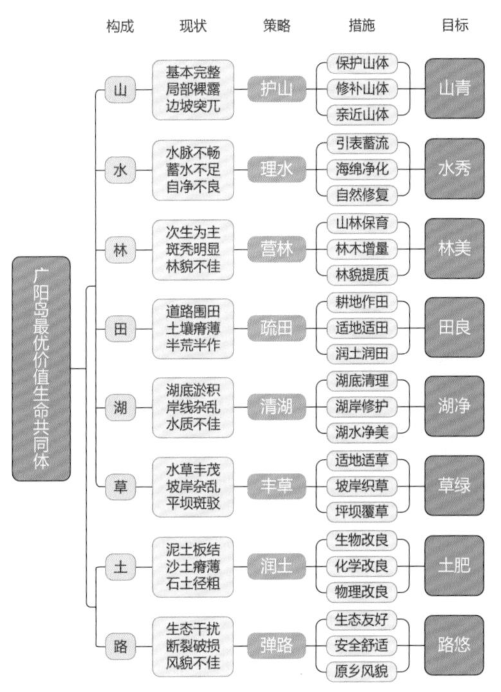

广阳岛生态修复框架图

1）护山

山是广阳岛森林系统重要的载体，既是陆地生物多样性的富集区和生态系统生产力的高值区，也是全岛水资源与降雨径流的主源地，护好“山”为全岛的“林”和“水”“田”提供了支撑。针对广阳岛山体“基本完整、局部裸露、边坡突兀”的本底条件，采取“保护山体、修补山体、亲近山体”三项措施护山，将边坡类型创新分为“4大类8亚类和24小类”。4大类按破坏程度划分为自然型、扰动型、破损型、人工型；8亚类对应重庆当地坡、坎、崖、坑、坪、坝、堡、垭八类俗称；24小类是24个具体问题和具体药方，形成“4824护山体系”，实现“山青”修复目标。

2）理水

水是广阳岛生态系统的本底要素，既可以灌溉滋养各类植物和动物，又可以改善微生物环境，提高土壤物理性能，理好“水”为全岛的生态要素提供了基础条件。针对广阳岛水体“水脉不畅、蓄水不足、自净不良”的本底条件，采取“引表蓄流、海绵净化、自然修复”三项措施理水。利用GIS技术，模拟全岛地表径流方式，划分雨水分区，分析现状蓄水区域和潜在蓄水区域，恢复因大开发而被切割的水脉，修复全岛“九湖十八溪”的水脉结构，再现自然水文循环过程，综合应用水资源、水生态、水环境技术，还原岛内雨水自然积存、自然渗透、自然净化的能力，实现“水秀”修复目标。

3）营林

林是广阳岛生态系统的核心要素，森林能够为生物提供更多栖息地和食物链，营好“林”是评价广阳岛生物多样性和生态文明建设水平的核心指标。针对广阳岛林木“次生为主、斑秃明显、林貌不佳”的本底条件，采取“山林保育、林木增量、林貌提质”三项措施营林。通过调查岛内植物的主要类型、分布特点，分析营林潜力空间，按照地带性植被分类，保护远身斑块，梳理近身空间，补充常绿植物和色叶植物，形成独树成景、片林成景、片色成景的森林格局，实现“林美”修复目标。

4）疏田

田是广阳岛生态系统的支撑要素，是人们生产生活的重要载体，疏好“田”既能留住广阳岛农业文明，也能丰富广阳岛的生境类型和食物链，从而丰富生物多样性。针对广阳岛田地“道路围田、土壤贫瘠、半荒半作”的本底条件，采取“适地适田、润土润田、耕地作田”三项措施疏田。梳理岛内农田结构布局，再现原有水田和小尺度梯田的肌理结构和生态条件，并结合“上田下库+智慧灌溉”现代农业储水、灌溉等技术，恢复部分原有水稻、油菜花、柑橘、向日葵等农作物的种植，形成生态循环的农业模式，实现“田良”修复目标。

5）清湖

湖是广阳岛生态系统的重要组成部分，是全岛收集雨水、灌溉农田苗木的主要水源地，清好“湖”既可完善全岛的水体生态系统，又可呈现清水绿岸、鱼翔浅底的场景。针对广阳岛湖体“湖底淤积、岸线杂乱、水质不佳”的本底条件，采取“湖底清理、湖岸修护、湖水净美”三项措施清湖。通过清理湖底、修复驳岸和净化湖水，并结合沉水、浮水、挺水等水生植物和水环境治理与生态修复技术，使湖塘具备积蓄雨水、农田灌溉、保护生物多样性的功能，形成清水绿岸、鱼翔浅底的湖景效果，实现“湖净”修复目标。

6）丰草

草是广阳岛生态系统中仅次于林的核心要素，是全岛的生态表皮，丰好“草”既能改善全岛土壤，也能完善全岛的生态结构，丰富全岛的栖息地和食物链。针对广阳岛草地“湿地丰茂、坡岸杂乱、坪坝斑驳”的本底条件，采取“适地适草、坡岸织草、平坝覆草”三项措施丰草。对高程175m以下兔儿坪湿地和消落带湿地进行整体保护；对高程175～183m部分，按照自然恢复的方式，人工辅助巴茅、白茅、芦苇等乡土草本；对高程183~190m的坡岸和环山脚区域，结合现状林木插空织草，留出适宜的透景线；恢复东岛头原农场的草场风貌，实现“草绿”修复目标。

7）润土

土是广阳岛生态系统的另一本底要素，是生活之本、生产之要、生态之基，润好“土”既能提高土壤肥力，又能防止土壤板结，促进其他生态要素的健康繁荣和生态系统健康稳定，丰富生物多样性。针对广阳岛泥土板结、沙土贫瘠、石土径粗等本底条件，采取“生物改良、化学改良和物理改良”三项措施，实现土壤物理性质、化学性质、生物性质的全面提升，实现“土肥”修复目标。

8）弹路

路是广阳岛生态系统的支撑要素，是全岛的游憩系统，弹好“路”既能减少对山体的破坏，又能降低径流的冲刷，形成原乡风貌。针对广阳岛步道安全风险高、生态干扰大、原乡风貌缺失等本底条件，以“轻干扰、浅介入”为准则，采取重视踏勘利旧、体现原乡风貌、注重生态友好、兼顾经济实用四大建设策略，建设具有原乡风貌的生态风景道，实现“路悠”修复目标。

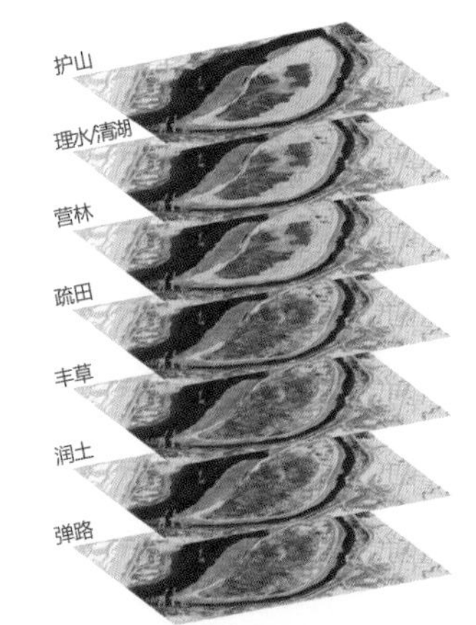

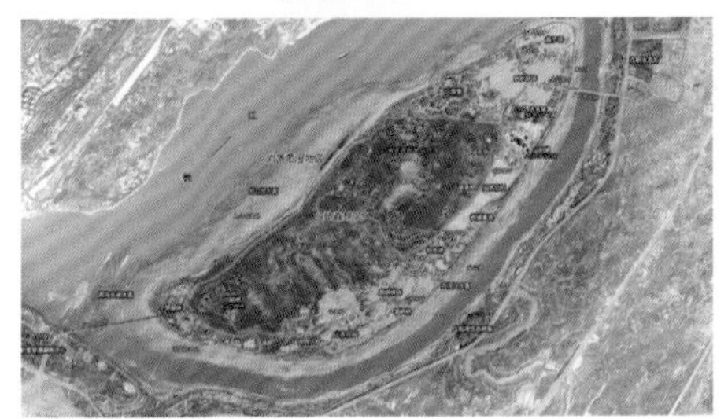

广阳岛系统设计图

（9）建设管控

按照生命共同体的价值性和可持续性，广阳岛在系统设计完成后，根据不同分区、不同要素的特征，创新性地集成生态领域成熟、成套、低成本的技术、产品、材料、工法，按照“多用自然的方法、少用人工的方法；多用生态的方法、少用工程的方法；多用柔性的方法、少用硬性的方法”的“三多三少”原则，以46项建设指标和34项评价指标，管控建设品质，确保低投入建设、低成本养护，保障最优价值生命共同体的可持续性。

1）技术

广阳岛生命共同体建设过程的修复技术应用坚持生态手段为主、工程手段为辅的原则，如护山采用生态技术为主，采取再野化植物群落配置技术、上爬下垂中点缀滴水护坡技术、乡土植物自然演替护坡技术，避免工程手段对山体造成二次伤害。

2）产品、材料

广阳岛生命共同体建设材料选择坚持“多用低碳排材料，少用高碳排材料”的原则。如弹路及步道建设，采用选用泥结路、泥沙路、沙土路、沙子路、沙石路、石子路、老石板路七种生态路面，实现材料本土化、建造低能耗、建成低（无）污染的目标。

3）工法

广阳岛生命共同体建设工法坚持“三多三少”原则，聚焦生态，摒弃传统园林和市政工程的做法对生态系统的干扰。如理水中的多级小微湿地构建技术，其工法为通过人为模拟自然湿地，构建基质、植物、微生物及水体组成的水生态复合体，利用生态系统中基质，湿地植物，微生物的物理、化学和生物的多重协同作用来实现对污水的净化。

（10）养护运维

按照生命共同体的价值性和可持续性，广阳岛在规划、设计、建设的各个阶段统筹考虑养护与运维问题，从低成本、低养护、低碳排、可持续的角度，优化布局、功能、材料、工艺，从根本上保障综合经济投入最优、现场加工最少、材料耐久性最强、施工工艺最简单，真正做到全生命周期低成本养护、可持续运维。

1）确定原则

坚持养护前置、安全防损、生态倒逼、低成本建设、低成本维护五大原则相结合，全过程、全要素、全方位统筹生命共同体，真正做到全生命周期低成本养护、可持续运维。

养护前置原则。养护前置，就是在规划、设计、

广阳岛低成本养护可持续运维体系

- 养护前置
- 安全防损
- 生态倒逼
- 低投入建设
- 低成本运维

统大类	管小类	规划阶段	设计阶段	建设阶段	低成本养护	可持续运维
山	山洪、山体滑坡巡查	GIS分析汇水面积、地质安全分析	护山、水土保持	自然安息角、固土固坡、坡/坎/岸绿化	偶尔人工巡查/电子监测	无
	山体防火	划定自然恢复区、限制人员进入	设计警示/告示标志	设立警示/告示牌	偶尔人工巡查/电子监测/减少更换	无
	山林防虫	根据植物分布和特性划定不同分区	根据植物习性设计相生物种	注意郁闭度、立体层次、品种搭配	偶尔人工巡查/电子监测/减少施药	无
	山林抚育	确定生物多样性和森林蓄积量的辩证关系	整体分区、分块分时科学配置	分区分块分时同步伐同步育	偶尔人工巡查/电子监测/减少施肥	生态体验/森林康养
	山路管护	多利用现有道路路基	就地取材/耐久材料	传统工艺改良做法/人工就地施工	偶尔就地修补/减少修补	生态体验/森林康养
水/湖	防洪巡查	GIS分析低洼地、防洪等级、风险区	顺脉排水、就低汇水、调节蓄水	水脉畅通、渗透快速、蓄水充足	雨天人工巡查/电子监测	无
	岸线植物修护	划分沉水、浮水、挺水、水边、岸生植物	采用乡土水生植物分区分层设计	乡土水生植物分区分层种植	减少补种/更换	观赏体验
	水体循环与水质保障	自然渗透、积存、净化，微循环、短循环	多级跌塘海绵设计、水循环设计	水生态、海绵设施、水循环管泵建设	偶尔人工巡查/电子监测/减少更换	观赏体验
	水面清洁	景观要求、水质要求	动水、植物覆盖度	确保循环、植物覆盖度	打捞漂浮物/作物采摘	农、副业/观赏体验
	水底鱼类动物管护	生物多样性要求、水生态要求	食物链、栖息地	树枝窝、卵石窝、石滩窝、水生植物	偶尔人工巡查/鱼的捕捞	渔、副业/观赏体验
林	林木换移	因地制宜、乡土长寿植物	乡土长寿植物、合理规格	土球、支撑、土壤保证成活率	偶尔人工巡查/减少换移	无
	林木修剪	无	合理、艺术配置	合理、艺术配置/修剪到位	人工修剪/减少修建频率	无
	林木浇灌与施肥	耐干旱、耐瘠薄树种规划	自动与人工	自动与人工	减少灌溉、施肥频率	无
	林木病虫害防治	科学搭配、复层混交、相生	科学搭配、复层混交、相生	科学搭配、复层混交、相生	减少病虫害发生	无
	林下植被打理	科学搭配、复层混交、林下经济	科学搭配、复层混交、林下经济	科学搭配、复层混交、林下经济	减少养护/增加林下收益	林下经济
田	田坎管护	区域、面积	田坎线型、材料、坡度、排水口	耐久材料、坡度适当、硬质排水口	减少雨水冲刷、减少面层养护	无
	田地耕翻	农作物种类	土壤厚度要求、农作物种类	土壤肥力、土壤平整度、农作物播种	减少施肥次数、减少农作物管理	农田循环经济
	田地除草施肥	无	无	无	减少杂草	无
	田地灌溉	合理的灌溉系统、水肥一体	现代化灌溉系统、水肥一体	符合规范要求	减少人工灌溉操作	田中养鱼
	灌溉回归水的收集与净化	回归水利用系统	设计储水设施和回用管道体系	节水农业/生态环保、自洁强材料	减少人工操作/节水型	无
	作物种养收	农作物种植规划	农作物分块种植设计	符合规范要求	减少人工操作	农、副业/观赏体验
草	草地灌溉	草地、草种规划、灌溉系统	草地、草种、灌溉方式和材料	坡度、埋深、材料、覆盖率	自动灌溉、减少人工操作	无
	草地修剪	草地、草种规划	修建效果、修建要求	坡度、砂层厚度、确保成活率	机械修建、减少人工操作	牧场、草坪经济
	草地病虫害防治	无	起伏微地形	不积水、微条件适宜	减少人工喷药	无
	草地换补	无	无	确保成活率	减少人工换补	无
	杂草清除	无	无	无	减少人工清除杂草	无
沙	沙子固定	固沙类型	固沙方法、技术、工艺、成产品	符合规范要求、建成产品	减少流失	观赏体验
	沙子清洗	无	成产品	符合规范要求、建成产品	减少流失，保持清洁，减少人工	观赏体验
土	水土流失	GIS分析潜在风险点	防治水土流失	生态做法、工程做法、组合做法	减少水土流失	无
	土壤翻松	土壤分类、用地分类	测土配方、土壤改良	测土配方、物理/化学/生物土壤改良	机械翻松，减少人工	无
	土壤施肥	土壤分类、用地分类	测土配方、土壤改良	有机肥、底肥、基肥、追肥	机械施肥，减少人工	无
路	路面清洁	路面分级、分类、分材	路面分级、分类、分材	平整、耐久、顺畅、高品质	减少人工清洁	观赏体验
	路面破损修补	路面分级、分类、分材	就地取材/耐久材料	工艺改良/人工就地施工/机械施工	偶尔就地修补/减少修补	观赏体验
驿站	驿站清洁	区位、功能、规模	简约、耐久材料、交接顺畅	简洁、干净、耐久	减少人工打扫频率	无
	驿站供给	分区、定位、功能、交通	合理、方便	方便、易操作	机械/车辆供给、减少人工	主题经营
	驿站设施维护	分区、交通、标准	交通、标准、位置	耐久材料、国产化	减少人工/减少周期	无
管井	管井破损更换	分区、分类	标准设计	合规、耐久材料、慎用塑料制品	减少人工/减少周期	无
	管道疏通	分区、分类	标准设计	合规、耐久材料、疏通、测试	减少人工	无
垃圾	树叶垃圾	分区、分类、分散收集、集中处理	合理配置	确保成活率	分散收集、集中处理、减少人工	制作有机肥
	厨余垃圾	分区、分类、分散收集、集中处理	合理流程、科学工艺、高效处理	耐久、便捷、隐蔽	分散收集、集中处理、减少人工	制作有机肥
	可回收垃圾	分区、分类、分散收集、集中处理	垃圾分类、合理场地	垃圾分类式垃圾桶	机械运输、减少人工	无
	其他垃圾	分区、分类、分散收集、集中处理	垃圾分类、合理场地	垃圾分类式垃圾桶	机械运输、减少人工	无

广阳岛低成本养护可持续运维体系

建设的各个阶段就要重点考虑养护问题、运维问题。从低成本养护的角度，优化布局、功能、材料、工艺等方面，从根本上节约养护成本。

安全防损原则。通过GIS分析得出综合安全格局，在安全的区域布置设施，在不安全的区域少布置或者不布置设施，安全防损。

生态倒逼原则。多自然的方法、少人工的方法；多用生态的方法、少用工程的方法；多用柔性的方法、少用硬性的方法，如何更生态。

低成本建设原则。综合经济投入最优，现场加工最少，材料耐久性最强，施工工艺最简单。

低成本维护原则。尽量不需要人工打理、尽量不需要大量人工打理、尽量不需要经常的人工打理、尽量不需要通过换材料来打理。

2）制定措施

在实施前先明确管护类别“大类（11）小类（42），日常类+长久类”，在规划、设计、实施三阶段多考虑“耐久长久、就时就地”的材料和设施，减少养管频次和范围，多考虑“多次多类、一次多样”的空间和场所，增加运维效率和效益，在养护和运维阶段，尽量减少频率、减少周期、减少人工。各类要素的低成本养护与运维详见3.6。

3.3 广阳岛“二三四八”绿色生态建设

广阳岛生态修复是将退化的陆桥岛屿生态系统复原到以前的状态或尽可能接近以前的状态，并使其生态系统服务功能得到恢复和优化。因此，广阳岛生态修复建设不能套用传统园林工法和工程思维去开展工作，要按照“两个建设抓手、三个建设原则、四个建设态度、八个建设策略”的“二三四八”的建设体系，抓住生态修复的主要矛盾和矛盾的主要方面，整体保护、系统修复、综合治理。

3.3.1 两个建设抓手

（1）留水—固土

广阳岛四面环江，水资源丰富，但岛上水资源相对不足，主要靠雨水补给。大开发时期的平场整治破坏了岛上的天然水文过程，道路、管网等市政设施建设更切断了原有的水系水脉，岛上原“九咀十八湾”的水脉遭到结构性破坏，湖塘失去天然屏障，自净能力显著下降，污染严重，水质较差；同时，广阳岛上原有的肥沃种植土被运出岛外，尤其是平坝区，剩下的或是荒滩、石滩，或是岩石风化后的石土，土壤瘠薄、肥力不够、杂草丛生，生态效益差。全岛生态修复只有以“留水—固土”为第一切入点，才能从根本上改变全岛的生态基础条件。

（2）营林—丰草

广阳岛植被在垂直维度呈现“消落带植物群落—平坝植物群落—山地植物群落”三层分区的特点。其中，消落带植物群落固坡护岸，提供生物觅食地；平坝植物群落提供生产服务和生物迁徙功能；山地植物群落涵养水源、保持水土、提供生物栖息地。但大开发时期的平场建设使大量天然林地遭到砍伐，森林生态廊道也被切断，原有森林生态格局遭到破坏。原住居民的离去导致山林无人管护，次生的构树林肆意生长，逐渐蚕食了原生的混交林团，植物多样性显著降低，要恢复全岛植被系统所具有的重要生态系统服务功能，“营林—丰草”则成为广阳岛生态修复的第二切入点。

3.3.2 三个建设原则

（1）多用自然方法，少用人工方法

全岛生态修复在技术工法上，聚焦生态，摒弃传统园林和市政工程中对生态系统干扰的做法。如针对山体基本完整、局部裸露和边坡突兀的问题，采用高附着性耐冲刷人工土壤配制、乡土植被生态景观群落、土著微生物应用等自然方法，解决边坡绿化、美化、生态化等技术难点。

（2）多用生态方法，少用工程方法

全岛生态修复注重生态理念、技术和模式的应用，最大化避免工程化的措施对生态系统的破坏。如

针对水体水脉不畅、蓄水不足和自净不良等现状问题，采用小微湿地营造技术、降水贮存净化技术、生态湿地等生态方法，解决水生态、水环境等难点问题。

（3）多用柔性方法，少用硬性方法

全岛生态修复坚持柔性措施的应用，最大化避免刚性措施对自然本底的进一步破坏。如针对硬质护岸、硬质河床等已遭受破坏的河流，采用砾石接触岸床、消能驳岸构建、自然岸线构建等柔性驳岸技术，修复河流生态系统，解决水质恶化、生物多样性降低、亲水性差等难点问题。

3.3.3 四个建设态度

（1）轻梳理

轻梳理是对广阳岛自然生态本底条件良好、生态敏感度高、生态重要性突出的区域，如兔儿坪湿地，通过分析自然生态过程，识别生态安全格局，划定自然恢复范围，采取梳理垃圾、鸟类栖息地构建等方法，对由生态斑块、廊道、基质所构成的生态网络进行整体保护与自然恢复。

（2）浅介入

浅介入是对广阳岛自然生态本底条件良好、生态敏感度较低、生态重要性较弱的区域，如高峰山，在不改变地貌与植被的基础上，充分利用原有上山步道的基础，用骡子搬运材料，设置登山步道，在步道两侧选择生态影响最小的介入方式，适当布置停留点和浅基础休息服务设施，精心设计近身尺度的植物搭配。

（3）微创修复

针对广阳岛自然生态本底条件受损程度较轻的区域，在基本不改变地貌的基础上，根据路边、水边、田边、房边、山脚边等近身尺度范围内存在的问题和缺陷，主要通过优化植被、局部增加设施等对现状破坏最小的方式进行生态修复，满足人亲近自然的需求。

（4）系统修复

针对广阳岛自然生态本底条件受损程度较重的区域，通过调节关键要素的结构与功能，并协调不同要素之间的关系进行系统修复与综合治理。对平坝区因修路被破坏的山体、切断的水脉，因建设毁坏的森林、农田、湖塘、草地，以及多个废弃尾矿坑等影响全岛生态结构、内在机理和演替规律的区域，按照“护山、理水、营林、疏田、清湖、丰草”和“润土、弹路”等策略进行系统修复。

3.3.4 八个建设策略

（1）护山

广阳岛护山针对岛内山体从“大开发”到“大保护”过程中的各类破坏，遵照“四八二四护山体系”，将破损山体进行类型划分并识别主要问题，通过制定修复措施，明确修复步骤，对破损山体进行全面修复。

通过系统调查2.7km^{2}山体，确定广阳岛山体共有2处废弃采石场、25处裸露崖壁、6处受损山体以及大量创伤面，存在“山体皮损、山体破损、山坡欠稳、山形不顺、山表缺肥、山貌不美、山径不足”七大问题。生态修复基于山体的自然资源和生态空间特点，提出“保护山体、修补山体、‘亲进’山体”三大护山策略，遵循“立地调查、灾害防治、立面固土、土壤重建、植被重建、养分自给、水分管理、自动监测、科学管护”九大步骤，系统、全面地实施护山策略。

（2）理水

广阳岛理水针对岛内水生态系统出现的各类问题，通过明确理水重点区域、调查水资源本底现状、识别水系主要问题，制定水系修复策略，划定水系修复步骤，对遭到破坏的水系进行全面修复。

通过现状调查，确定广阳岛理水以山地水系为重点，明确十八处自然溪流、九处湖塘为水系修复的重点区域。识别“水脉不畅、存蓄不足、自净不良”三大主要问题，基于主要问题，提出“引表蓄流、海绵净化、自然修复”三大理水措施以及“生态优先、场景呈现、绿色发展”的理水指导框架，采取“雨水分析、径流模拟、滞留识别、冲突评定、径流重组、自然渗透、自然净化、自然积存、循环回用、场景呈现”十大步骤，全面、系统实施理水策略。

（3）营林

广阳岛营林针对岛内森林生态系统出现的问题，首先划定营林重点区域、区分营林基本类型，在此基础上识别森林生态系统面临的主要问题，制定相应的营林措施，确定关键步骤，对遭到破坏和自然退化的林地进行全面修复。

通过现状调查与分析，确定广阳岛营林以山地营林为重点，明确近身风景林和远身生态林两大基本类型并划定各自的范围，确定两类林地均面临“林相单一、林分失衡、林地破碎、林貌不佳”四大问题。基于现状问题，提出“山林保育、林木增量、林貌提质”四大措施，按照“定性、定貌、定式、定景、定种、定量、选树、挖树、运树、种树、修树、养树”十二大步骤，完成森林生态系统的系统修复。

（4）疏田

广阳岛疏田针对岛内长期荒芜、退化严重的农用土地，通过区分土地类型、确定现状问题、制定修复措施、落实修复步骤等工作内容，全面、系统实施农田生态系统修复。

首先，识别保留农业用地233hm^2（约3500亩），区分水田、旱地、果园三种农用土地类型，对各用地类型采取全面细致的本底调查与现状分析。明确“地表起伏不定、耕作土层缺失，土壤板结、营养失调，水源供需不平衡，种植品种不丰富，生物群落结构单一”等主要问题。基于现状问题，提出“适地适田、润土润田、耕地作田”三大疏田措施，通过“土壤改良、节水灌溉、良种良法、绿色防控、资源循环、智能监测”六大步骤，全面、系统地实施疏田策略。

（5）清湖

广阳岛清湖针对岛内湖泊生态系统出现的问题，通过明确清湖范围，识别现状问题，制定清湖措施，实施清湖步骤等内容，对遭到破坏的自然和人工湖泊进行全面修复，在滞蓄功能不足的区域新增湖塘。

通过现状调查与分析，确定待恢复的自然湖塘和待增加人工湖塘共九处，明确现状湖泊无法满足岛内雨洪调蓄的基本问题，总结出“湖底淤积，容量减少；岸线杂乱，生境退化；自净不足，水质不佳”三大问题，采用“湖底清理、湖岸修复、湖水净美”三大措施，按序实施“基底营建、内源控制、汇水消能、雨洪排涝、生态护岸、水质提升、生境修复、水景营造”八大步骤，实现对底泥、岸线、水体的系统修复和综合治理。

（6）丰草

广阳岛丰草针对岛内草地生态系统存在的问题，通过明确草地种类，划定草地范围，识别现状问题，制定丰草措施，落实丰草步骤等内容，实现草地生态系统的全面修复。

现状草地主要分为其他草地（NY/T2997草地分类）与林下草地植被两种类型，主要分布在平坝区和消落带湿地区。各类草地主要面临“湿草退化、野草无序、外草入侵、基质瘠薄”四大问题。基于现状问题，提出“适地适草、坡岸织草、平坝覆草”三大措施，分序实施“种质调查、场地研判、风貌规划、籽苗选择、整地改土、群落构建、养护育草”七大步骤，再现草地生态系统的原真性与完整性，全面、系统地恢复草地生态系统。

（7）润土

广阳岛润土针对岛内各类土壤存在的问题，通过分析土壤类型，检测土壤理化性质，识别土壤主要问题，划定重点修复区域，制定并实施修复措施，对岛内主要土壤退化区进行全面修复。

通过现状分析，明确“山地区土壤板结、营养失调；平坝区土壤破坏严重，土石相间、土壤贫瘠”等主要问题，采取“生物改良、化学改良、物理改良”三项措施，确立“留土固土，改土肥土，适地适植，增产增收”四大目标，分序实施“识土辩土，物理改性，肥力提升，生物改性”四大步骤，实现土壤质量的提升，推进落实润土策略。

（8）弹路

广阳岛弹路针对岛内各类道路存在的问题，通过区分道路类型，明确现状问题，制定相应措施，划定实施步骤等一系列内容，实现岛内道路的全面的、系统的修复与提升。

岛内原有道路存在“地形道路协调不足，道路生态干扰大，步道水毁风险高，步道舒适性、安全性低，步道原乡风貌差”等各类问题；基于上述问题，依据道路功能及分布区域，将岛内道路分为“保留机动车道、康体运动道路、村坝原乡道路、田间野趣道路”四类，按照“道路选线、断面选型、路槽开挖、管线铺设、整平夯实、垫层铺筑、基层铺筑、结合层铺筑、面层铺筑、配套设施、路面养护”十一大步骤提升与修复各类道路，每一类道路的功能、风貌、选材、工艺都做到与环境相融合，实现道路与生态、道路与风景的平衡与协调。

3.4 广阳岛消落带二元生态修复路径

一直以来三峡库区消落带存在着水土流失、环境污染、生物多样性减少等生态问题，其中江心岛消落带的生态修复相较于一般消落带生态修复更加复杂和困难。根据三峡库区江心岛消落带的二元分异特征，可分别从时间和空间两个维度采取差异化的、具有针对性的二元途径进行生态修复。广阳岛消落带生态修复以二元途径为基础，围绕四个典型区段提出四大生态修复模式。每一种修复模式针对特定区段的二元分异特征及存在的水土流失风险、群落结构改变、动物生境单一等问题，从“固土护岸、稳定植被、丰富生境”三个方面提出针对性的对策，形成差异化、可供借鉴的生态修复范本。

3.4.1 广阳岛消落带概念

（1）消落带

消落带是河岸上由于江河阶段性水位涨落导致反复淹没和出露的带状区域，是长期被水分梯度所控制的自然综合体，是一类特殊的季节性湿地生态系统。消落带在维持水陆生态系统动态平衡、保护生物多样性和提供生态服务功能等方面具有重要作用。

（2）三峡库区消落带

三峡库区消落带是指三峡库区高程145.00~175.00m（黄海高程）的带状区域，长度约660km，具有反自然枯洪规律、涨落幅度大、生境复杂等特点。三峡工程建成后，冬季蓄水发电，夏季泄水防洪，库区水岸由原来的冬陆夏水变为冬水夏陆，建库前后库区的生态环境发生极大的变化。水库运行以来，夏季汛期水位与冬季蓄水水位形成高达30m的高差，给库区植被的生存带来极大考验。消落带水位周期性消涨，库岸不同高程的消落程度不同，加上土壤基质、坡度、湿度等方面的差异，以及人类频繁活动的干扰、消落带生境复杂多样，种种因素使三峡库区消落带的水土流失、岸边环境污染、生物多样性减少等一系列生态问题日益突出。

（3）江心岛消落带

江心岛是位于江河中心的岛屿，通常由河流冲积或与地壳运动共同作用形成。江心岛是一个相对完整的生态系统，其生物链完善，物质能量循环相对独立，一般具有特殊的生物群落，对于维持流域生态平衡和调节区域生态功能具有不可替代的作用。由于地理隔离、面积狭小和水流侵蚀等原因，江心岛植被群落结构相对单一，生物多样性较低，生态系统稳定性差，抗干扰能力弱，一旦遭到破坏就很难恢复。

基于独特的水文条件和生态系统结构，相较于一般消落带，江心岛消落带的植物群落与动物生境更加特殊，其生态系统更加脆弱。此外，由于所处特殊的水文环境，江心岛在不同竖向层次和不同水平区段上具有更大的空间异质性。因此，江心岛消落带的生态修复较一般消落带生态修复更加复杂和困难。

广阳岛位于重庆市南岸区，是长江上游面积最大的江心岛。广阳岛消落带是指广阳岛沿岸因三峡水库水位变化致使土地周期性淹没、出露，形成湿地与陆地生态系统交错控制的过渡地带，其高程范围为157.00~174.20m（黄海高程），同时具备三峡库区消落带和江心岛消落带的特征。

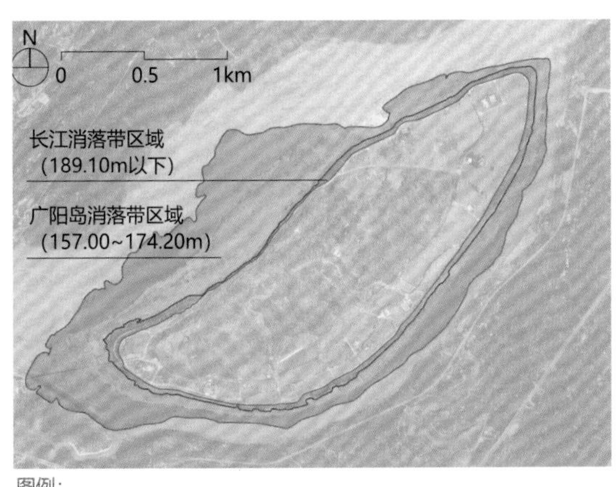

广阳岛消落带范围图

3.4.2 现状核心挑战

目前广阳岛消落带面临着“水土流失风险、群落结构改变、动物生境单一”三大主要生态问题。

（1）水土流失风险

在水库蓄水后，广阳岛消落带大量原有陆生植被死亡，固结作用退化，加之受到水位涨落冲刷，土地反复淹没和出露，消落带坡体稳定性降低，目前多处存在水土流失风险。造成广阳岛消落带水土流失的原因主要有两种：1）水力侵蚀，即坡地径流或拍岸波浪侵蚀消落带坡地表层土壤；2）重力侵蚀，即消落带坡地岩土失去重力稳定，发生滑坡、崩塌等块体运动。

广阳岛消落带水土流失现状图

（2）群落结构改变

三峡库区建设改变水位变化规律，广阳岛消落带植物群落结构发生了显著变化。水位变化频率、干湿交替的时间等都会对消落带植被组成和丰富度产生重要的影响。大幅度水位涨落使原有物种不适应新环境，难以继续存活，造成消落带内植物种类和群落结构改变，恶性入侵物种大规模生长、群落结构单一、生态系统脆弱等问题凸显。

广阳岛消落带群落结构现状图

（3）动物生境单一

三峡水库运行后，广阳岛消落带原陆地生境迅速变为冬水夏陆交替型水库消落带生境，原有动物生境基本损毁，大量动物因难以在新生境条件下生存而迁徙。新形成的生境类型相对单一，暂时难以满足多种鸟类、鱼类、两栖类和爬行类动物的栖息、觅食等需求。

广阳岛消落带动物生境现状图

3.4.3 时空分异特征

基于相对稳定的水位涨落和水流冲刷规律，广阳岛消落带呈现出特殊的二元时空分异特征。其中广阳岛消落带的时间分期特征与三峡库区保持一致，空间分层、分段特征因所处的水文与地貌条件具有自身的独特性。

（1）时间分期特征

根据三峡库区“蓄清排浊”的运行方案，在时维度上可分为放水期（2～5月）、汛期（6～9月）、蓄水期（10月至次年1月）三个典型时段。

1）放水期

放水期是水位较低的春季，此时水位在全年最低水位附近浮动，水位波动较小，持续时间约为2～5月。该时间段气温回暖，是广阳岛消落带大量鸟类与鱼类的繁殖期。

2）汛期

汛期是水位最不稳定的夏季，此时库区水位呈现陡涨陡落特征，水位因调蓄洪水的需求上下波动，持续时间约为6～9月。该时间段气温较高，雨水充足，消落带植被生长较快。

3）蓄水期

蓄水期是库区蓄水的秋冬季，此时库区水位较为稳定，基本维持在最高水位，持续时间约为10月～次年1月。此时间段也是各类涉水候鸟和留鸟出没较多的时期。

（2）空间分类特征

1）竖向分层特征

根据规律性水位涨落的淹没频率、淹没时间以及人类干扰程度不同，可将广阳岛消落带在垂直方向上分为枯水期短时出露层、汛期干湿交替层和蓄水期稳定淹没层。

① 枯水期短时出露层

157.00~163.00m高程之间为枯水期短时出露层，其位于最低水位之上，放水期最高水位之下。该层出露时间相对较少，土壤含沙量、含水量较高，逐步形成以耐淹、抗冲刷的草本、藻类为主的植物群落。春季低水位时，该层是鱼类的重要栖息地和繁殖期鸟类的重要觅食地。

② 汛期干湿交替层

163.00~168.00m高程之间为汛期干湿交替层，其位于枯水期水位之上，蓄水期最低水位之下。该层水位上下波动明显，是典型的干湿交替区域，能量与物质交换频率较高，水土流失相对明显，植物群落不稳定。夏季汛期来临时，该层是两栖动物的重要栖息地和鸟类动物的重要觅食地。

③ 蓄水期稳定淹没层

168.00~174.20m高程之间为蓄水期稳定淹没层，其位于蓄水期最低水位之上。由于蓄水期持续时间相对较长，因此该层水位相对稳定，植物群落多样性较高。秋冬季节处于蓄水期时，该层是各类众多鸟类的重要觅食地。

2）平面分段特征

受过境水流冲刷与泥沙淤积影响，广阳岛消落带还具有较为明显的平面分段特征。根据水流冲刷与泥沙淤积的方式、方向和程度的不同，可在平面上将岛屿分为迎水面、过水面和顺水面三种类型。其中西岛头为迎水面，兔儿坪与内湾分别为主航道过水面与内河过水面，东岛头为顺水面。

① 迎水面

迎水面是指正面迎向江河冲刷侵蚀的岛头区域。该区域因直面水流冲刷，水力侵蚀作用明显。上游来水的水量与水流速度变化直接影响迎水面的淹没、冲

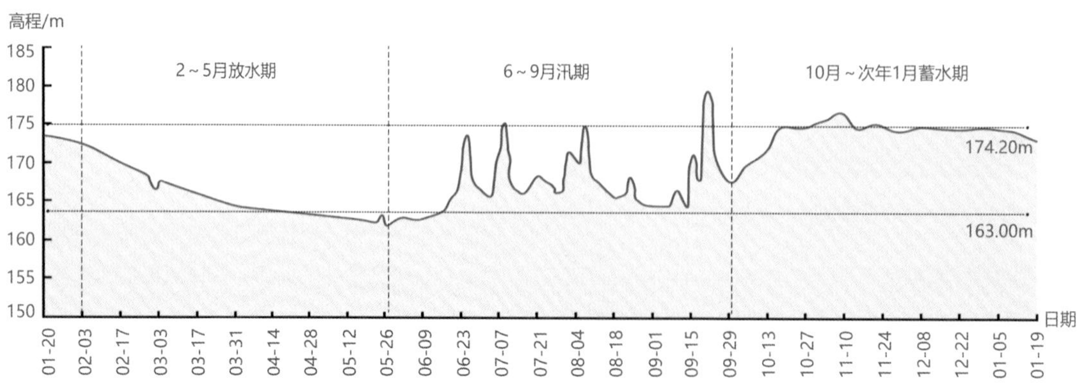

广阳岛消落带时间分期特征

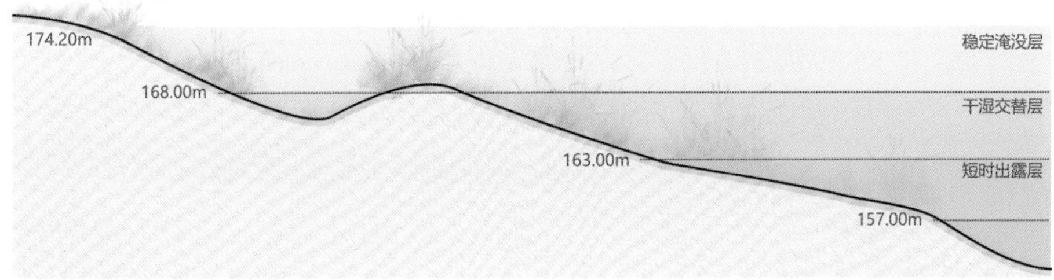

广阳岛消落带竖向分层特征

刷、侵蚀程度和冲积、淤积变化。水流携带的泥沙到达岛头区域，逆坡效应导致部分泥沙容易在岛头淤积，其余泥沙又回到岛屿两侧河流。洪水期冲刷侵蚀更侧重于主河道一侧，岛头呈侧向侵退趋势；枯水期部分迎水面淹没在水下，若缺少护岸工程和对植物群落的保护，岛头前半部分和侧面仍有可能发生强烈冲刷。迎水面是淤积与侵蚀并存的区段，其生境类型随淤积与侵蚀情况变化而改变，在进行生态修复和荒野景观维护时应充分考虑其淤积与侵蚀特征。

② 过水面

过水面指水流经过迎水面后，从侧面接触岛屿的区段。在岛头迎水面的作用下，该区段的水流速度一般相对缓慢。对于江心岛，过水面可分为主河道区段和次河道或汊道区段两部分。主河道区段因水量较大，水流速度较次河道或汊道更快。整体来看，过水面因其水流速度缓慢形成的缓流区域是鱼类等水生生物的优质栖息地、觅食地和产卵地，也是多数水鸟的觅食地与驻足地。同时，过水面因水速较缓，也是适宜人类建设渡口、码头的区域，因此其同样是受人类干扰较大的区域。过水面的特殊性要求此处的生态修复必须权衡人与自然的需求，尽可能维护岛屿生态系统的基本结构和功能。

③ 顺水面

顺水面是指岛尾区域。该区域一般受岛体和植物群落的保护，受到的水力冲刷强度较弱，淤积作用较强，属于淤积岸。该区域通常形成楔形的淤积泥沙河滩，生境类型较为丰富。但若下游有隘口或者河流断面缩窄，则顺水面在泥沙淤积的同时也会受到一定程度的回水侵蚀。岛尾一旦受到回水侵蚀，其泥沙淤积特性导致极易发生水土流失。对于有回水侵蚀的消落带顺水面，应在防止水土流失的基础上恢复消落带生态系统。

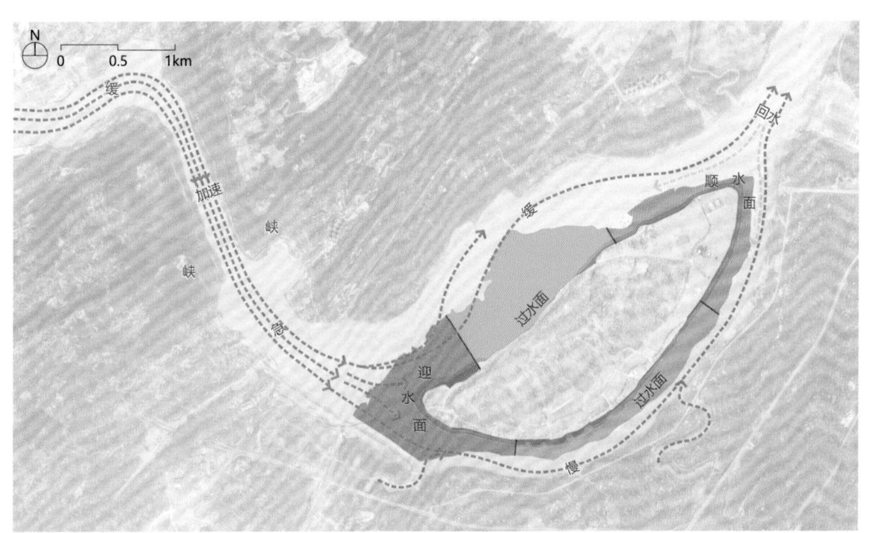

广阳岛消落带平面分段特征

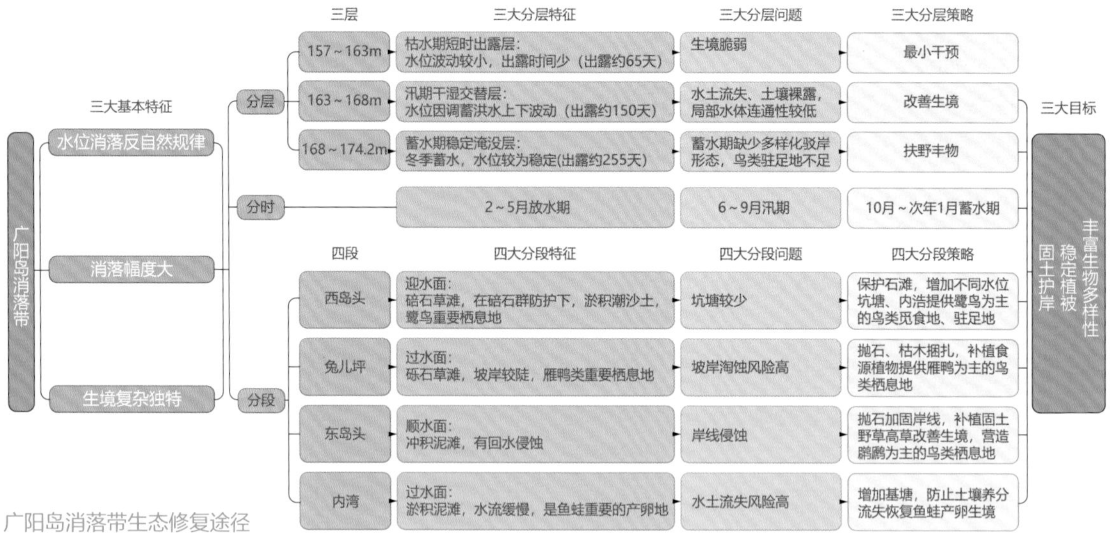

广阳岛消落带生态修复途径

3.4.4 生态修复途径

根据广阳岛消落带的二元分异特征，在生态修复实践中，可分别从时间和空间两个维度提出差异化的、具有针对性的修复策略，此方法可称为二元生态修复途径。

（1）基于时间维度的分时生态修复

就时间维度而言，基于放水期、汛期、蓄水期水位变化的规律，可采取梳理地形、恢复植被，保持水土、清理杂物，自然恢复、丰富生境的策略进行消落带生态修复。

1）放水期——梳理地形，恢复植被

放水期水位低，波动小，应在该时期尽快梳理地形，通过挖沟增浩连通低水位时的孤立坑塘，为繁殖期的鱼类提供通道和更丰富的生境。此时期另一修复重点是恢复植被，应尽快以撒播耐旱耐水淹草籽方式为主，恢复受损的消落带植物群落，促使种子从土壤中萌芽，因而扎根更深，恢复效果更好。

2）汛期——保持水土，清理杂物

汛期水位波动大，水流对岛面的冲刷力度较强。该时期应注重最小化洪水与水位陡涨陡落对消落带的冲刷与侵蚀。一方面要及时修复被冲蚀的水岸，保持水土；另一方面也要及时清理过境洪水带来的垃圾、淤泥，从而最大程度降低过境洪水对岛面的影响。

3）蓄水期——自然恢复，丰富生境

蓄水期水位较高也相对稳定，此时是鸟类大量出没的时期。该时期消落带基本淹没，生态修复以自然恢复为主。为进一步丰富鸟类生境，可根据鸟类的觅食需求，在适合区域通过栖木、抛石等方式为鸟类提供更多驻足空间。

（2）基于空间维度的分层、分段生态修复

1）分层生态修复途径

从垂直分层上看，基于枯水期短时出露层、汛期干湿交替层和蓄水期稳定淹没层水位涨落频率与淹没时长的不同，可分别采用自然恢复、扶野丰物和丰富水岸的生态修复策略。

① 枯水期短时出露层——自然恢复

针对枯水期短时出露层出露时间相对较短、生境较为脆弱的特点，生态修复以自然恢复为主。通过清理入侵植物，并在清理后的空间内和土壤裸露的区域内撒播草籽，充分发挥群落自然演替能力和生态系统负反馈调节能力，提升生物多样性与改善生态系统服务。

② 汛期干湿交替层——扶野丰物

针对陡涨陡落层水位高频率交替变化、水土流失严重、生物多样性较低的阶段性特征，生态修复以扶野丰物为主。通过补植长势较好的耐旱、耐淹、耐冲刷植物，帮扶现有野生植物群落，提升现有植物多样性；通过增加沟、浩、坑塘，增强水系连通性，营造适合鱼类、两栖类动物的栖息地和鸟类动物的觅食地，提升动物多样性。

③ 蓄水期稳定淹没层——丰富水岸

针对蓄水期稳定淹没层长期保持高水位的特征和缺乏鸟类驻地的现实问题，生态修复以丰富水岸为主。通过增加抛石、栖木丰富鸟类驻足地，改善鸟类觅食环境，撒播草籽丰富食源和蜜源植物，提升鸟类觅食生境的植物多样性。

2）分段生态修复途径

从水平分段上看，基于过境水流对迎水面、过水面和顺水面所造成的冲刷和淤积作用程度的不同，可分别采取固土丰草、保土育草、护岸养草三大生态修复策略。

① 迎水面段——固土丰草

固土丰草策略针对长期受淤积和侵蚀双重作用的迎水面。迎水面在淤积、侵蚀双重作用下，通常土壤相对肥沃但稳定性较弱，且植被结构相对单一。基于此特征，应当尽可能固持水流带来的肥沃土壤，局部增加土层厚度，同时丰富植物群落结构，降低侵蚀作用对土壤与植被生境的破坏。增加具有固土功能的草本植物和灌木，同时补植抗冲刷的乡土乔木树种，可有效修复迎水面生态系统。

② 过水面段——保土育草

保土育草策略针对水流较缓、人类干扰较大的过水面。过水面虽然水流相对缓慢，但局部水流方向紊乱，容易形成对侧面岸线的掏蚀，同时由于人类干扰可能较大，应当加强对坡岸土壤的保护，防止因水力掏蚀作用而产生的滑坡、坍塌等现象，进而破坏良好的生态系统。通过生态手段强化局部陡坡的防护，保持水土，同时对现有生境进行严格保育，一般都可以对过水面生态系统起到维护作用。

③ 顺水面段——护岸养草

护岸养草策略针对受到淤积作用影响较大的岛尾顺水面。该区域虽以淤积作用为主，局部仍可能由于回水侵蚀的作用造成岸线破坏，进而导致生境退化。对于存在回水侵蚀风险的顺水面，应注重修复受侵蚀破坏的岸线，养护以乡土草本为主的植物群落。

3.4.5 生态修复模式

广阳岛消落带生态修复以其二元时空分异特征为基础，以基于二元分异特征的分时、分层、分段生态修复途径为指导，围绕四个典型区段提出四大生态修复模式。每一种修复模式针对特定区段的二元分异特征及存在的水土流失风险、群落结构改变、动物生境单一等问题，从“固土护岸、稳定植被、丰富生物多样性”三个方面提出针对性的对策，形成差异化、可供借鉴的生态修复范本。

（1）碚石沟浩模式——西岛头迎水面段

西岛头段作为迎水面，紧邻上游峡口，水流湍急，冲刷作用明显。在岛头前端多层碚石群的防护下，水中形成丰富的涡流，是鱼类生物重要的栖息地；岸边土石相间、土层较薄，形成以禾本科为主的草本植物群落，是鹭类的重要觅食地。

该区段生态修复模式为碚石沟浩模式。通过严格保护碚石群，减弱岛头侵蚀，持续改善土层厚度，维持水下流场集鱼效应，并为鹭类提供驻足地。通过在不同水位增加适宜水深的沟浩、坑塘、滩涂，为鱼类、甲壳类、软体动物、水生昆虫提供栖息地，也为鹭类提供充足的食源。针对现状局部土壤裸露的区域，通过撒播狗牙根、牛鞭草，补植巴茅、白茅等现有固土植物，提升植被群落稳定性。

西岛头修复前现状

（2）自然草泽模式——兔儿坪过水面段

兔儿坪段是长江主河道的过水面，这里保留着约2km^{2}的天然草泽湿地，是雁鸭类、鹭类等鸟类的主要觅食地和栖息地。由于水位变化大，该区段在高水位时可供鹭类栖息驻足的空间相对较少且分布集中，同时缺少雁鸭类的食源植物。

该区段生态修复模式为自然草泽模式，即以自然恢复为主，最大程度地保育天然湿洲草泽，为鹭类与雁鸭类等水鸟提供更为充足的驻足地和更为丰富的食源。通过严格保护兔儿坪湿地，严禁与生态保护和修复无关的人为活动，维护生态系统的原始性与完整性。通过自由分散的方式设置栖木，在蓄水期为鹭类

西岛头修复后效果

兔儿坪修复前现状

水鸟提供更丰富的驻足地。同时，通过补植雀稗等籽实类植物，丰富雁鸭类水鸟的食源植物。

（3）抛石草滩模式——东岛头顺水面段

东岛头段作为顺水面，因下游长江河道过水断面缩窄，受泥沙淤积和回水冲蚀的双重作用，东岛头具有一定的岸线侵蚀风险，现状局部岸线崩退、土壤裸露、生境退化明显。该区段河道水面开阔，是鹡鸰类水鸟的理想栖息地。

该区段生态修复模式为抛石草滩模式，即通过土石碾压回填内凹区域形成缓坡，同时在岸线崩退严重区域局部抛填块石与卵石，减小回水冲刷与侵蚀作用。撒播狗牙根、牛鞭草等耐淹固土野草，辅助修复受损岸线。围绕鹡鸰类水鸟的生活习性，营造更多的浅水草滩，为鹡鸰类水鸟提供丰富的食源；同时，补植芦苇、荻等挺水植物，形成高草遮挡的开阔水面，为鹡鸰类水鸟提供觅食方便且更为安全的活动环境。

兔儿坪修复后效果

东岛头修复前现状

东岛头修复后效果

(4)基塘林泽模式——内湾过水面段

内湾段是内河过水面，该区段水流较为缓慢，地形复杂多样，形成较多的河湾。缓慢的水流条件使此处成为鱼类、两栖类动物繁殖、栖息的重要区域，也是鹭类、雉类等大型鸟类的潜在觅食地和驻足地。然而在泥沙淤积与箱涵出口处水流冲刷的双重作用下，该区段水土流失和污染风险较高，缺乏可供鱼类与两栖类动物繁殖、栖息的环境，且可供鹭类、雉类等鸟类觅食、驻足的空间也有限。

基于该区域对鱼类、两栖类与多种鸟类的重要性，生态修复采取基塘林泽模式，旨在将该区域恢复为鱼类、两栖类和鸟类生物栖息的天堂。通过在回水湾地貌中的箱涵出口处构建深浅、大小不一的基塘系统，减缓坡面径流流速的同时净化水质，也为鱼类、蛙类生物提供稳定的繁殖与栖息环境。环绕基塘周围采用组团式栽种中山杉、南川柳等耐水淹木本植物，即为鸟类动物提供驻足藏身之地，也使基塘上的木本植物群落与塘中的水生植物群落形成互利共生和协同进化体系。根据水位涨落规律，在内湾水流与水位相对稳定的168.00~175.00m高程区域，遵循“顺势疏浚，就地填挖”的原则，在不破坏植被的前提下局部营造1.0~1.5m深且水流较缓的弯曲型水湾，形成更多的深潭浅滩生境。

内湾修复前现状

内湾修复后效果

3.5 广阳岛“四五六五”绿色建设管理

广阳岛最优价值生命共同体的建设通过采用设计牵头的EPC 绿色管理模式，实现了“低投入建设、低成本运维、高效益回报、高质量发展、高品质生活”“两低三高”的生态修复工程目标，围绕“最优价值生命共同体”理论与方法，实践了“四端协同”“五总合一”“六核共管”“五抓齐进”的“四五六五”生态修复 EPC 绿色管理体系，充分发挥了设计牵头的技术优势，以设计引领施工并进行现场全过程把控，将现场进展调整及时反馈纳入设计成果，既适应了生态修复工程的复杂性，又提高了生态修复工程的效率，可为中国未来生态修复管理工作提供经验借鉴。

3.5.1“四端协同”

“四端协同”是针对生态修复工程中不同参建单位应该发挥的功能及工作中应该注意的要点而提出的总体合作策略。四端即生态修复工程中的四大核心利益主体，包括业主端、设计端、工程管理端和施工端。协同是通过协调各主体的利益，秉承相同的生态理念，围绕相同的目标，在生态修复全过程中形成点对点、线连线、双向互抱、中心对控的管理模式，实现大统筹、中协调、小对接、细联通的管理效率。

（1）业主端

业主端即以建设单位为核心，与项目管理团队（一般为工程咨询单位）、专家顾问团队等共同组成工程的总组织方。业主端是整个生态修复工程推进的原动力，只有业主端具备正确的生态意识和系统性思维，同时充分发挥其领导性，使其他参建单位各自发挥特长，提供优质的服务，才能保证生态修复工程的

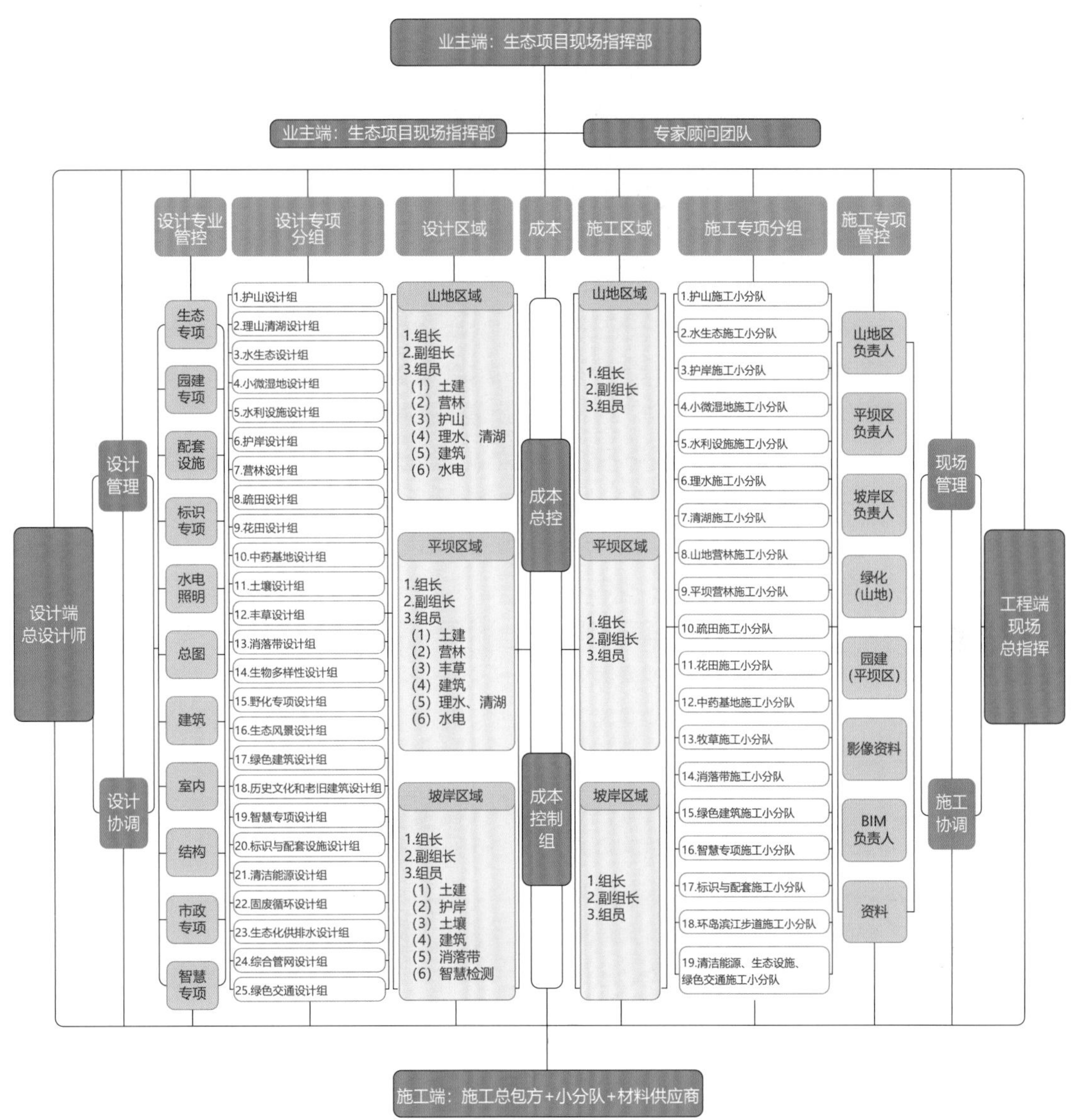

广阳岛“四端协同”架构图

整体质量。广阳岛最优价值生命共同体实践的业主端包括业主管理团队、项目管理团队和专家顾问团队三大部分。其中业主管理团队为业主直接组建的与生态修复项目相适应的相关部门和机构，项目管理团队为业主委托的咨询机构，专家顾问团队为业主邀请的相关领域专家学者或科研机构。

业主端协同其他参建单位的关键是统一思想，严格督导。所有参建单位在整个项目建设过程中应系统认识相关理念与理论知识，聚焦生态和风景，追求“天人合一、知行合一”的价值定位，这需要业主端通过细致而全面的工作，将生态意识和系统思维传输给项目管理公司及其他参建单位，引领和督导其他单位在共同的目标愿景下开展工作。

（2）设计端

设计端即以项目设计单位为核心，包含设计管理团队、综合设计团队、专项设计团队的工程设计团队。生态修复的设计成果是后续设备和材料采购、施工、运营维护等工作的重要依据，最优价值生命共同体建设的整体系统性、价值性、经济性、可持续性等在很大程度上取决于设计工作的合理性。设计端的水平和协同能力对于设计的合理性乃至整个生态修复工程的质量、进度和投资控制都有着直接的影响。只有设计端具备较高的设计管理水平和覆盖全过程、全专业的设计技术水平，才能保证设计成果的质量，确保后续工作的合理性。

设计端协同其他参建单位的关键是精准衔接，确保质量。生态修复工程涉及内容相对复杂，设计端的各团队向上需要精准理解业主端的项目核心意图，并帮助业主进一步明确项目功能需求，向下需要精准衔接工程团队与成本团队，提前将采购内容、施工内容融入设计过程中，将业主的意图准确表达和传递下去，并根据现场施工情况和造价对设计进行优化调整。

（3）工程管理端

工程管理端即以项目总承包单位为核心，包含工程总体管理团队、分区工程管理团队、专项工程管理团队的工程管理团队。工程管理端既是直接统筹整个生态修复工程进度和质量的核心队伍，也是监管施工质量、安全的关键一环，同时还是衔接设计端与施工端的重要纽带。

工程管理端协同其他参建单位的关键是统筹进度，组织监管。作为统筹整个生态修复工程总体进度安排的核心队伍，工程管理端应结合项目实际情况对整体施工进度进行统筹安排，并将进度计划与调整信息及时反馈给设计端，从而确保设计与实施的整体协同。对于已经完成设计的施工内容，工程管理端应尽快安排图纸下发和技术交底，并组织相关单位和部门有序实施；对于尚未完成设计的施工内容，工程管理端应向设计端反馈明确的出图建议，通过边设计边实施的方式保障整体建设进度。

（4）施工端

施工端是业主和设计团队思想、意图的最终落实者，是整个施工计划的执行者，也是决定整个项目质量和效果的最后一道防线。施工端协同其他参建单位的关键是领会思想，保障效果。生态修复工程性质特殊，既要保证修复后的生态效益，也要呈现和谐的生态风景，因此实施效果相比一般工程更为重要。为此施工总包单位首先要提高站位，以最高标准和最严要求对待实施中的每一个细节，同时严格筛选施工分包单位与材料供应商，严防任何徇私舞弊行为。施工分包团队与材料供应团队需端正态度，积极配合工程管理团队与施工总包团队，勤于学习、狠抓效果，协同设计团队共同交出令业主和大众满意的答卷。

3.5.2 “五总合一”

“五总合一”是指广阳岛最优价值生命共同体实

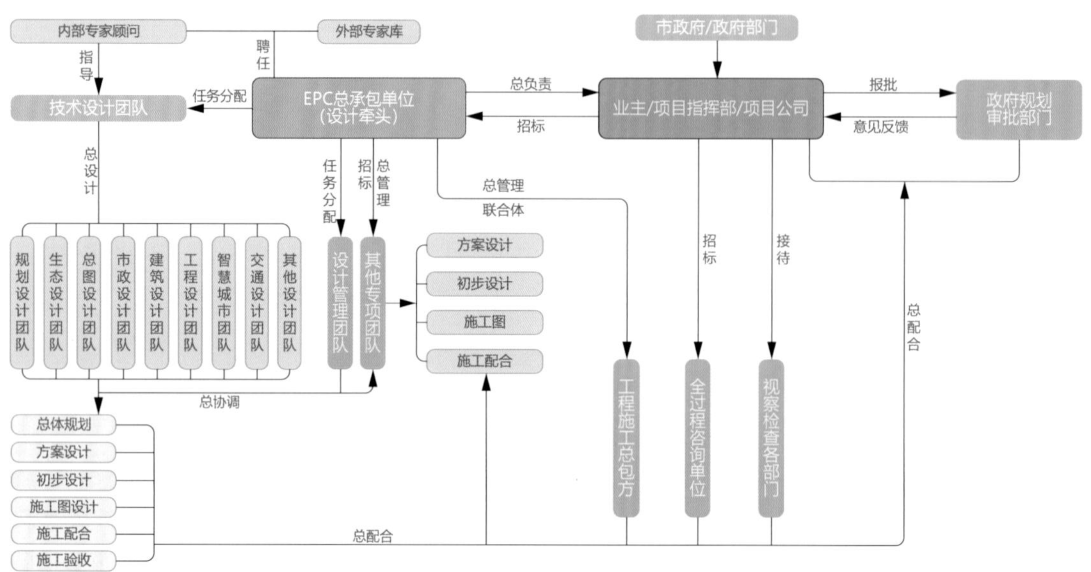

广阳岛“五总合一”架构图

践中由设计牵头的EPC总承包单位形成的项目总负责、设计总牵头、施工总管理、效果总协调、现场总配合，五总合一的全方位服务机制，可实现业主与EPC总承包单位“一对一”高效管理。

（1）项目总负责

项目总负责是指EPC总承包单位对业主的需求与任务承担总体责任，通过整合各专项团队，协助业主完成项目过程中的一系列工作。广阳岛生态修复EPC总承包项目是多工种、多单位、几十个队伍的合作，EPC总承包单位作为项目总体负责单位，需要将各专业参建方集中整合，保障各专业的设计与现状条件、相关交叉项目科学衔接，厘清各单位间的工作界面，保证建设范围全覆盖、专业全覆盖，使工作不重叠、不遗漏、不矛盾。

在中国建筑设计研究院的总体负责下，广阳岛最优价值生命共同体实践项目细分了平基土石方、土建、种植、营林、边坡修复、农田、果园、建筑、文保、结构、精装修、暖通、农用设施设备工艺、配套设施、艺术雕塑、标识、给水、污水、水生态、水利、景观灌溉、海绵、电力、照明、通信、燃气、道路交通、清洁能源、固废循环、生态供排水、生物多样性30个专业，项目总负责对于各专业的整合以及与业主的全方位对接具有重要意义。

（2）设计总牵头

设计总牵头是指由EPC总承包单位的项目总设计师牵头来推进工程项目总体实施，项目总设计师通过全面把控总体规划、总体设计，并对所有参与团队、所有专业、所有地块进行技术把控、关键技术总把关，以及技术总审核，使设计方与施工方紧密结合与高效沟通来实现项目设计效果。设计牵头的生态修复EPC总承包模式更有利于对项目的全面把控，包括项目的成本控制、缩短项目的建设周期、保证项目的建设品质等。

广阳岛生态修复项目团队，在积累多年现场设计经验的基础上，总结出了现场设计的十步工作法，即“现场调研—现场设计—现场校核—施工图设计—现场再校核—现场施工配合—现场图纸优化—现场施工初验—现场施工再优化—现场验收”。总设计师要求每一位驻场设计师追求极致，每一步工作都需设计师站在时间和现场的四维空间中“六用合一”进行现场设计：用耳聆听各方诉求，用嘴陈述与沟通，用眼发现与预防，用脑思考与优化，用心选择与决策，用手创作与表达，及时合理解决现场随时发生的各类问题，力求使“场地现状—设计要求—建成效果”始终保持完整统一，从而达到“因地制宜、因地成景”“虽由人作、宛自天开”。

（3）施工总管理

施工总管理是指EPC总承包单位对项目施工执行计划、施工质量计划、施工安全、职业健康和环境保护计划、施工进度计划、施工准备工作、施工分包控制、施工分包合同管理、施工过程控制、施工与设计以及采购的接口控制等进行总体控制与管理，确保施工进度符合EPC总承包项目总体进度要求，严格控制工程成本，保障工程设计质量。

中国建筑设计研究院作为总承包单位，全面负责广阳岛生态修复全过程规划设计和施工协调管理工作，按照整体目标把设计任务和施工任务统筹成为一个完整的、严密的管理体系，有目标、有组织、有计划、有跟踪、有审核、有总结地开展各项工作。广阳岛生态修复工程总承包管理活动围绕配合项目全生命周期的规划建设流程展开，成立了项目部，组织、策划参建团队，调配管理资源，组织开展全过程的规划设计、建造实施及质保期养护、科研转化工作。

（4）效果总协调

效果总协调是指生态修复EPC总承包单位对项目设计效果、建成效果进行整体协调把控，通过明确项目的总目标和阶段目标，并将目标分解给各分包和管理部门，多方协调，使项目按照总目标的要求进行，保证项目的最终建成效果。

广阳岛最优价值生命共同体实践项目通过设计牵头，使设计工作贯穿全局，把控制施工质量、缩短工期、降低成本、效果把控、专业技术和经验结合起来，配合着现场指导，使项目的设计、承包、施工都有了良好的沟通机制，当项目中的任何环节遇到问题，都能快速地得到解决。

在效果总协调中，广阳岛最优价值生命共同体实践项目的总负责人兼总设计师起着至关重要的作用，需在图纸审核、成本审核、效果把控、质量管控、现场管理中及时发现问题，有利于保证工程效果和大大缩短建设周期。

（5）现场总配合

现场总配合是指生态修复EPC工程总承包单位在项目的全生命周期配合设计、施工、专项和报批工作。其中，设计承担着整体生态修复EPC工期、流程、制度等策划工作，只有在做好整体生态修复EPC策划工作的基础上，才能保障后续采购及施工环节的准确性。采购承担着整个生态修复EPC各类材料及产品的采购工作，需要根据生态修复EPC设计环节中具体的设计方案来进行后续的采购工作，并与设计、施工做好衔接，要在保证质量的基础上尽可能降低采购的成本。施工承担着整个生态修复EPC所有工种的施工工作，需要协调各专项施工工序，使之有效衔接，保障最终的施工进度和工程质量。

广阳岛生态修复由EPC项目由总负责人兼总设计师、技术总工、设计总监、工程总监及各专业设计师、管理人员组成的近130人的驻场设计团队进行全过程现场设计、现场管理和现场配合，实时接受和响应业主新的要求指令、招商运营计划调整和预算计划、现场施工环境的变化等，最大程度满足业主的动态决策和现场实际需求。

3.5.3 “六核共管”

“六核共管”是指广阳岛最优价值生命共同体实践的生态修复EPC总承包单位需对六大核心内容进行统筹管理，其中进度计划是龙头，现场统筹是关键，成本核价是核心，质量管理是前提，效果把控是目标，安全管控是基础。

（1）进度管理

生态修复EPC的进度管理需要按照“先设计后建设”的原则，以最省时、最具成本效益的方式，以项目合同工期为原始基准，讨论并细化设计、采购、施工、分包、竣工验收等主要工作控制节点计划，进行相互工序衔接和穿插，确定项目关键线路上的节点进度，编制《项目总进度计划》《项目总进度计划说明书》以及《项目集成总进度计划》，经业主批准后，作为生态修复EPC 项目的实施基准，供生态修复EPC 项目部进度管理使用，以满足工程总承包项目的需要。

广阳岛生态修复由EPC项目负责人对项目总进度计划进行管理，采取以日保周、以周保月、以月保季、以季保年的保障机制，在项目实施中进行过程跟踪和管控，同时按季度对项目总进度计划进行跟踪，实行动态跟踪计划实施情况和偏差比较分析，对关键线路上的节点进度，出现5天及以上延迟的进行黄色预警，出现10天以上延迟的进行红色预警，并制定赶工措施，在后续生产中抢回延误工期，确保项目总进度计划按时完成。

（2）现场管理

现场管理是生态修复工作的主阵地，也是作品直观呈现的“答卷”，脱离现场实际条件的设计管理和施工组织都成了“纸上谈兵”“闭门造车”。现场管理侧重于“现场统筹管理、现场监控督导和现场记录备案”三个方面。现场统筹管理是在施工过程中统筹考虑“天（天气、空气、飞鸟等）、地（材料、场地、机械、交通等）、人（设计师、管理人员、施工员、工人等）”三方因素对施工进度的影响，灵活安排和调整施工计划，确保在规定的期限内完成施工。现场监督的目的是在正式工程检查之前，及早发现问题，以便施工方迅速采取补救措施。广阳岛生态修复项目通过主抓“现场设计”“技术交底”“材料管理”“生产管理”“安全管理”五大板块，使现场工作做到有章可循、有条不紊。

（3）成本管理

成本管理是指在项目实施中应用科学有效的监督管理策略对实际成本进行控制，使成本控制在预定目标范围之内。通过对成本的预先核定和施工中的成本限额管理，从而达到降低工程建设成本，提升综合经济效益的目的。成本管理作为管控核心直接影响着项目合约关系和成本效益，是衡量项目控制水平的重要指标，也是确保项目利益的主要手段，成本管理贯穿于设计、采购和施工的全过程。

广阳岛生态修复EPC总承包项目全过程落实限额设计、引入设计优化管理和注重市场询价及认质认价工作，在采购环节将设计端与工程端紧密相连，实现“点对点、线连线、双向互抱、中心对控”的造价管理机制。

（4）质量管理

广阳岛生态修复EPC总承包项目的质量管理分为设计质量控制和施工质量控制两大方面。

1）设计质量控制

设计质量控制工作主要通过图纸内审和外审等相关审查程序来保障。设计图纸内审实行设计院的三校四审制度，由各设计院的设计人员自校和互校，工种负责人校核，院总工办审核、审定，牵头设计单位总工审核确认，EPC项目总设计师审核确认，对设计质量进行层层把关；设计图纸的外审按照第三方审图、业主内审、行业主管部门审查的“三步走”要求，由专家进行评审论证和审查确认。

2）施工质量控制

施工质量控制工作按照“由专业的人办专业的事”的原则，由专家领衔、专业担当、专班统筹，严格执行技术交底制度、材料进场报验制度、隐蔽验收制度等管理制度和工作流程，坚持执行“四个先”要

广阳岛“六核共管”架构图

求——先设计再施工、先汇报再动工、先留底再开工、先地下再地上。在EPC项目部工程管理部牵头下，在项目管理团队建立的质量管理策划指导下，通过专题会议制度、报验报审、旁站取样、质量考核、竣工管理、资料验收，带领各施工单位定期开展“专项管理检查”“流动红旗评奖”等措施监督现场施工质量，及时发现并处理现场出现的各项质量问题，限期整改，将施工质量始终控制在预期范围。

（5）效果管理

管理是手段，效果是目的，是检验生态修复成果的标尺。广阳岛生态修复EPC项目的效果管理分为“设计效果、建设效果和维护效果”三个方面。

1）设计效果

设计效果的关键是需要设计师深入理解当地的自然特征、历史文脉，聚焦生态和风景，因地制宜提出清晰的设计逻辑、功能布局、尺度规模等，通过集成生态领域创新技术、产品、材料、工法，融合生态设施、绿色建筑，努力呈现人与自然和谐共生的画面。

2）建设效果

建设效果的关键是在施工前，先进行样板段示范，形成标杆。在施工的过程中，需要设计师每天定期巡查施工现场和施工效果，及时合理解决现场随时发生的各类问题。

3）维护效果

维护效果的关键是在项目实施完成后，结合智能化、低人工、低能耗、低损耗的途径进行低成本维护，从而保障最优价值生命共同体效益的持续发挥。

（6）安全管理

安全具有一票否决权，生态修复所有工作必须建立在安全之上，包括生产安全、交通安全、健康安全等方面。广阳岛EPC项目部通过安全教育、安全交底、安全防护、安全检查等措施进行安全管理。

1）安全教育方面，每天督促施工单位进行班前安全教育，对新入场人员进行三级安全教育培训，并要求施工单位安管人员配备到岗；2）安全交底方面，在进行施工技术交底的同时，要进行相关部分的安全技术交底；3）安全防护方面，针对施工现场出入口、坑洞等处，设置相关围挡和警告指示标语，确保现场人员的安全；4）安全检查方面，定期和非定期地对现场安全进行检查，加强对现场安全防护、安全作业的检查，对高空作业、深基坑作业、特种机械等专业性操作的施工作业，做好人员上岗的身体状况和资格检查，合格后才能上岗。

3.5.4“五抓齐进”

广阳岛最优价值生命共同体实践的生态修复EPC管理全过程中要抓住构架中的核心人员和骨干人员，按照高效的决策流程和便捷的执行流程，用制度保障，并通过信息化全方位第一时间普及，随时更新，在抓住关键环节的基础上，提高管理效率和质量。

（1）构架

合理的人员构架是生态修复顺利推进的保障，构架的抓手是核心人员。广阳岛生态修复EPC总承包项目按照“职能全面、人员精干、不留死角”三大原则为项目推进奠定构架基础。广阳岛生态修复项目部设置综合设计中心和设计管理部、工程管理部、计划统筹部、成本合约部、生产安全部、技术质量部等职能部门，多职能部门协同合作提高了生态修复的科学管理水平，保证了项目的顺利实施。

各个职能部门挑选精明能干、能力突出、一专多能的管理人员担任各部门的领导人，负责本部门的各项工作，并与其他部门做好事务对接，确保接口无误，避免返工延误工程，顺利推进项目。项目开展过程中，应从工程总承包项目设计管理基本要求、设计控制、设计输入、设计输出、设计变更、设计分包控制、接口控制以及设计全过程管理等方面做好工作内容，要全面兼顾，不留工作死角。

（2）流程

高效的流程是生态修复工程顺利推进的必要条件。广阳岛生态修复EPC 项目从高效决策流程和简便执行流程两方面来实现高效管理。

1）简便决策流程方面，广阳岛生态修复EPC项目部由项目总负责人兼总设计师率领驻场设计师团队和施工管理团队驻场设计处理问题。对遇到的一般问题，驻场设计师可以现场决策，对于较为复杂的问题，驻场设计师可直接对接总设计师进行快速解决，方案汇报由总设计师现场绘制草图后直接向业主汇报立意构思，取得一致意见后，高效推进。

2）高效执行流程方面，广阳岛生态修复EPC项目部通过制定EPC项目管理总流程，筹工期、质量、成本、材料、设计变更、竣工验收、资料管理等必要的子流程，简化执行流程，提升了大统筹、中协调、小对接、细联通的管理效率。

（3）制度

广阳岛生态修复EPC项目针对项目特点制定了行之有效的管理制度，作为项目范围管理和项目团队组建的基础，同时也是项目计划制定的依据，目的是要实现运行集成化、业务流程合理化、绩效监控动态化、管理改善持续化。

在团队层面，建立总承包管理机构作为后台支撑，提供技术支持，主导各业务部门进行EPC总承包业务履约及核心能力培养，通过合理项目授权，减少重复管理，达到简化项目管理流程的目的。项目层面，建立完善的组织结构，根据工程阶段动态调整人员分工，发挥职能部门与专业工程师协同作战的能力，系统梳理各参建单位之间的权责分配，提前作好谋划，制定能够指导项目实施的管理制度，完善传统施工总承包在设计、采购、建造、商务等环节的管理缺失，对包括方案设计阶段、初步设计阶段、概算阶段、施工图设计阶段、报批报建阶段在内的各阶段制

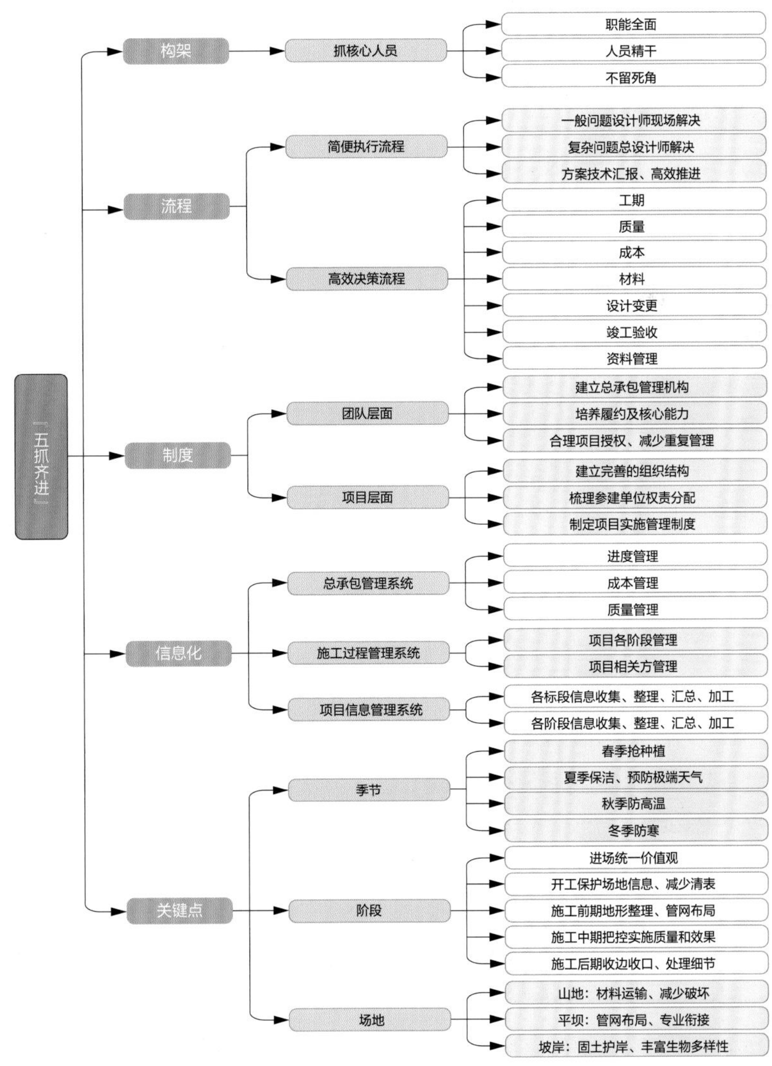

广阳岛“五抓齐进”架构图

定相关制度，对管理思路、流程进行梳理、促进EPC项目管理的规范化。

（4）信息化

信息化对于提高生态修复EPC项目管理的总体效率具有关键作用。广阳岛生态修复EPC项目通过总承包管理系统、施工过程管理系统、项目信息管理系统实现项目管理的信息化。总承包管理系统是项目管理业务的标准化、科学化、信息化，该系统方便管理层对项目进度、成本、质量等关键信息进行监管、控制、调度，使项目参与方之间能够实现信息的无障碍沟通，促成项目的集约经营管理。管理系统是贯穿项目管理各个阶段、各相关方，以计划为主线来指导项目实施的管理系统。项目信息管理系统主要是对各标段、各阶段信息进行收集、整理、汇总与加工，提供宏观的、综合的概要性工程进展报告，为管理控制提供支持信息，从多个视角对数据进行分析与挖掘，形成具有高度概要性、宏观性和预见性的工程进展综合报告，为多个管理层次进行组织协调和决策提供信息保障。

同时，利用每天的工作日报，将设计管理内容（包括设计师管理、设计成果管理、设计进度管理、设计沟通管理及每个地块的具体设计内容）、工程管理内容（文件管理、人员管理、机械管理、质量管理、现场管理、现场数据采集及每个地块的具体施工内容）、造价管理内容（总体日完成产值、总体累计完成产值、每个地块日完成产值、每个地块累计完成产值）、安全管理内容（疫情防控、交通安全、施工现场安全管理、生活区安全管理、安全教育及交底）及待解决事项等内容，通过图、照片、文字、视频等形式详细记录，全场及每个地块每天的形象进度都通过VR全景图式记录，并用微信展示。所有内容都通过每天的工作日报全过程、全要素、全方位、全主体信息化展示，实现“一部手机看全岛”的信息化管理目标。

（5）关键点

关键点是生态修复项目每个季节、每个阶段、每个场地各自的工作重点。就季节而言，春天的关键点是如何抢抓种植季，把主要乔木和灌木种上；夏季的关键点是如何保证已栽乔木和灌木的成活率，并根据天气情况预防极端天气；秋天的关键点是如何防秋季高温，如何抢抓种植季；冬季的关键点是如何防寒。

就阶段而言，进场时如何全员贯彻生态理念、统一价值观；开工时如何保护原始场地信息，如何少干预、少清表；施工前期如何整理地形，如何科学排布管线；施工中期多工种交叉期，如何注意安全、如何把控材料品质、如何把控工程质量和实施效果；施工后期如何收边收口，细节处理。就场地而言，各分区的关键点包括：山地区如何运输材料，如何减少破坏；平坝区如何布局管网，如何科学衔接各地块的专业工种；坡岸区如何固土护岸，如何丰富生物多样性，等等。

3.6 广阳岛“四四一零”绿色生态养运

广阳岛基于最优价值生命共同体理论中“四四一零”绿色生态养运方法体系，通过研究、提炼、总结绿色生态养运十大步骤中的关键要求，整合完善相应的具体工作内容，形成切实可行的广阳岛生态养护运维全要素、全过程技术要点与生态养护运维全类型、全季节工作清单，在实践中对养护工作前、中、后期的结果进行反馈和改进，充分发挥生态养运的正向作用，全要素、全过程、全类型、全季节维护广阳岛生命共同体，使其处于高价值生态区间和全局最优价值点，满足生物多样性需求和人民美好生活需要。

3.6.1 四个原则

（1）多循环少废弃

广阳岛生态养运遵循生命共同体各要素之间的命脉关系及相生相克的内在机理，通过污水净化处理再利用、高温发酵堆肥、废弃木屑压制板材等技术措施，实现水体自净、资源循环利用，降低资金、能源、人力和物力的消耗。

（2）多帮扶少干预

广阳岛生态养运基于植物群落的自然演替规律，通过“多自然的方法、少人工的方法；多用生态的方法、少用工程的方法；多用柔性的方法、少用硬性的方法”，针对生态系统存在的问题，应用乡野化理论化，种植野草野花野菜野果野灌野乔，帮扶已有的弱势、濒危物种，以少干预的形式促进生态系统的正向演替。

（3）多预防少找补

广阳岛生态养运以养运前置为核心理念，在全岛各地块规划设计与施工建设两个前期阶段将相应的养护运维要求纳入必须考虑的范畴，通过选取清洁方便、耐用性好的乡土材料，采用近自然混交林，排除安全风险等方式，从根本上减少事后弥补，节约养护成本。

（4）多智能少人工

广阳岛生态养运基于智慧广阳岛运营平台，通过数据库、卫星遥感、地理信息系统、智能感知鉴定、物联网、大数据等技术建立广阳岛“生态大脑”，将全岛的山水林田湖草、动物、人、建筑设备乃至空气都全部装在这个“生态大脑”里，实现全时段、全空间监测，达到减少人工作业，降低人工成本的目的。

3.6.2 四个策略

（1）养护前置

广阳岛生态修复在场地调研阶段就从养护目标、养护手段、养护效果等方面对岛内本底条件进行了详细评价，优先对规划和施工提出指导性意见，优化规划功能布局、严控材料和工艺，最大程度减少后期调整修补。

（2）三段联动

广阳岛生态修复在设计、建设、养护三个阶段全过程优先考虑“耐久长久、就时就地”的材料和设施，为后续降低养管频次和范围奠定基础，确保在养护和运维阶段尽量减少频率、减少周期、减少人工。

（3）养运结合

广阳岛生态修复采用管理、养护、运营为一体的养运结合运作模式，利用综合手段降低养护成本、获得优质养护效果的同时强调开源节流，注重通过生态产业化、产业生态化的方式创造经济效益与社会效益。

（4）内生循环

广阳岛生态修复遵循广阳岛陆桥岛自然生态系统演替规律和内在机理，坚持以自然恢复为主，人工修复为辅，通过补植野草、野花等乡土植物，形成稳定的、可自主更新的、具备大系统可持续性的岛屿生态系统，以此降低后期人工修补和维护的成本。

3.6.3 十个步骤

实践是检验真理的唯一标准。在广阳岛养护运维实践过程中，秉承“多循环少废弃、多帮扶少干预、多预防少找补、多智能少人工”四大原则，贯彻“养护前置、三段联动、养运结合、内生循环”四大策略，通过对“本底评价、养护区划、方案调理、建设调控、分类养护、分季养护、分级运营、资源统筹、用工统筹、智慧管理”十大步骤中的指导原则与关键要求进行细化落地，总结出切实可行的具体工作内容，使广阳岛养护运维成为绿色生态养运体系理论的最佳实践例证。

（1）本底评价

广阳岛绿色生态养运摸清“自然生态、历史人文、发展建设”三大本底，从“生态性、适建性、运营性”三个角度，评估场地的生态价值、建设条件和收益转化空间，主要内容包括生态要素与生态功能的生态性评价、建设条件与遗迹遗存的适建性评价、资源特征与开发价值的运营性评价。

生态要素包括山、水（湖）、草、林、田、土、生物多样性七项任务内容；生态功能包括供给服务、生态产品两项任务内容；建设条件包括地形地貌、工程地质、自然灾害、基础条件四项任务内容；遗迹遗存包括地质遗迹、人文遗存两项任务内容；资源特征包括多样性、独特性、永续性三项任务内容；开发价值包括可达性、区位条件、资金保障三项任务内容，共计二十一项任务内容与九十一项子任务内容。

（2）养护区划

广阳岛绿色生态养运基于现状本底评价结果，根据岛内不同区域自然生态本底、发展建设本底的不同特征和人工养护干扰强度划分养护区域，限定养护手段，对生态修复规划设计及建设过程反提条件和要求。广阳岛生态养护区划主要分为生态保护区（远身尺度的自然风景，以维护本底为主）、生态缓冲区

（远近身过渡的生态景观，以粗细结合养护为主）、生态运营区（近身尺度的生态场景，以精细养护为主），各养护区划对应不同的具体养护形式、养护要求与设计建设要求。

生态保护区主要为以兔儿坪湿地为主的自然湿地与以高峰山为主的自然山林，以林木保育、自然生境保护为核心，最大程度地降低人工干扰，养护工作以安全巡查为主，让自然以内在循环的方式自主演替；生态缓冲区主要为山地区与平坝区之间的过渡地带，是自然与人类社会环境之间的缓冲带，以林木增量、生态恢复为核心，养护工作以引导辅助为主，对植被种类做出主动选择，增加修剪、替换等干预性较大的工作，促进生态修复；生态运营区主要为平坝区域，是入岛游客游憩、娱乐的主要区域，以精细养护为主，重在满足游人的物质及精神需求。

（3）方案调理

广阳岛绿色生态养运遵循养护前置的原则，按照养护区划要求对规划设计工作，从调整布局、优化功能、控制选材三方面进行验证和调理。

1）调整布局

广阳岛绿色生态养运主要从因地制宜、科学合理、管养便捷、多样性保护等方面对规划设计提出具体、翔实、落地的规划设计要求，如以下方面：

对现状山体、水体、植物、建筑进行避让保护和利用。

依据现状水文条件与汇水分区，引表蓄流，打通水脉，连接坑塘，实现湖塘、溪流水系连通，湖水净美。

对入岛人流、主要活动场所进行合理预测，获得准确的主要场地容量、设施数量、环境需求等要求，设计中避免出现设施不足或过剩等现象。

多选用稳定性高、干预少、自我维护能力强的植物品种，减少后期养护管理。

维护好满足现有生物需求的草滩、泥滩、石滩、林地、灌丛、水域等不同栖息地的多样性，从而实现对现有生物多样性的保护。

2）优化功能

广阳岛绿色生态养运主要从环境安全、生态优先、交通便捷、近远期结合等方面对规划设计提出具体、翔实、落地的规划设计要求，如以下方面：

合理设计活动游线，提供安全、舒适的软质硬质环境。

道路转弯处植被疏朗通透，保障行车安全。

充分考虑残疾人通行安全。

采用新型硅砂蜂巢蓄水池进行雨水收集与利用。

使用滴灌、渗灌等节水灌溉方式及智慧化灌溉模式。

提高生物质能、江水源热泵、地源热泵等清洁能源的使用，全岛清洁能源利用率100%。

岛内建设多级慢行系统和电动公交接驳体系，禁止燃油交通工具，探索应用无人驾驶技术，岛内实现绿色交通出行率100%。

岛内产生的生活垃圾全部在岛上降解和分解，消化、吸纳和循环利用，实现岛内生活垃圾对环境的零排放。

岛内种植设计速生树与慢长树结合，控制苗木规格，预留植物生长空间。

3）控制选材

广阳岛绿色生态养运主要从绿色环保、实用耐久、经济合理、安全稳固等方面对规划设计提出具体、翔实、落地的规划设计要求，如以下方面：

采用多样的生态透水材料，如沙子路、泥结路、石子路……

岛内选用粗放管理的野花、野草、野菜、野果、野灌、野乔等品种。

对入岛人流、主要活动场所进行合理预测，获得准确的主要场地容量、设施数量、环境等要求，设计中避免出现设施不足或过剩等现象。

多采用稳定性高、干预少、自我维护能力强的植物品种，减少后期养护管理。

维护好满足现有生物需求的草滩、泥滩、石滩、林地、灌丛、水域等不同栖息地的多样性，从而实现现有生物多样性的保护。

（4）建设调控

广阳岛绿色生态养运遵循养护前置的原则，根据生态区划条件和方案调理建议，在生态修复、生态建设的过程中，对限制用材、完善工艺、管控施工等方面进行科学调控，提高生态养护运维的工程质量。

1）限制用材

广阳岛绿色生态养运主要从绿色环保、负面清单等方面对工程建设提出了全面、细致、可行的实施要求，如以下方面：

选择耐用的本地乡土材料，如老石板、茅草、毛石、原木等。

选择乡土植物品种，如黄葛树、香樟、芭茅、芦苇等。

岛内禁止选用入侵物种，不使用有毒植物品种。

2）完善工艺

广阳岛绿色生态养运主要从降低损耗、控制质量、先进工艺、负反馈调节等方面对工程建设提出了全面、细致、可行的实施要求，如以下方面：

多用自然方法，减少土石方量和工程量。

岛内施工严格规范施工工艺，减少不必要人工、设备、材料浪费。

岛内苗木入场严控进场苗木检疫，防止带入病虫害。

岛内铺装进场材料进行抗滑检测和面层缺陷检查。

岛内采用节能环保新技术，如砂基透水滤水技术，破解透水与滤水、透水与强度的矛盾，构建生态海绵体；应用砂基透气防渗技术，破解透气与防水的矛盾，构建“可呼吸”的生态水底层。

岛内采用先进的节水新技术，如蜂巢储水技术，破解无动力自净化的难题，构建自然生态储水净化设施；“上田下库+智慧灌溉”的循环互补技术，破解农业耗水大、面源污染广的难题，构建生态环保科学管理系统。

岛内不使用违反标准规范的工艺进行施工，不利用地下水和中水进行补水。

3）管控施工

广阳岛绿色生态养运主要从集约布局、工序合理、文明施工、持久安全等方面对工程建设提出了全面、细致、可行的实施要求，如以下方面：

科学地运输施工材料，缩短运输距离，降低运输损耗率。

施工机械设备保持低能耗、高效运作状态。

施工中充分利用拟建道路为施工服务，临时道路与永久道路结合。

合理组织施工方案；规模、竖向高程、平面布局等应严格按照设计文件进行控制；准确测量放线。

现场布置有序，道路通畅，设备停放、材料堆放整齐。

（5）分类养护

广阳岛绿色生态养运根据专业分工与养护对象进行养护分类，明确具体的养护内容及工作清单。养护分类主要分为“日常巡检类、安全巡查类、生命保养类、美观养护类、生产劳作类、设备维护类”六大类型，以及绿化、保洁、安保、设施、设备、自然灾害巡查、突发事件巡查、节假日重大活动巡查等二十小类，并对各类型提出了明确的养护工作内容清单，形成了完整的养护工作框架。

（6）分季养护

广阳岛绿色生态养运按照一年春、夏、秋、冬四个季节的气候特点、植物生长规律以及一般性病虫害发生规律，科学制定不同季节的养护重点和养护内容，形成针对性的养护运维措施清单。

（7）分级运营

广阳岛绿色生态养运依据运营特征划定级别，统筹运营管理，在运营模式、内容、人员安排上实现高效率、高效益。广阳岛运营级别主要分为日常运营、节假日运营、特色活动运营。

广阳岛日常运营是指平日的一般性运维，主要包括日常保洁、日常安保、日常设备维护、餐饮与零售、应急处理、票务等工作内容。节假日运营是指周末及法定节假日游客大量预约入岛时的集中性运维，主要包括日常保洁、临时卫生设施、加强安保、游乐设备维护、餐饮与零售、应急处理、票务等工作内容；特色活动运营是指结合岛内植物季相特征、时令农产品，如油菜花节、稻香节等特色活动时期针对性强的运维，如主要包括日常保洁、临时卫生设施、餐饮与零售、专业设备维护、展览、加强安保、应急处理、志愿者服务、票务、宣传等工作内容。不同级别的运营包含的运营类别由简易到复杂，有针对性地采用外包、自营等不同运营模式。

（8）资源统筹

广阳岛绿色生态养运充分统筹场地游憩休闲资源、物质产品资源、生态服务资源，通过资源价值核算和转换，补充养护运维经费来源，节约养护运维成本，提高生态养护运维价值。生态服务资源主要包括休闲活动、餐饮零售、服务设施、宣传教育等资源小类；物质产品资源主要包括农产品、林产品、畜牧产品、渔产品、生态能源、废旧材料等资源小类；生态服务资源主要包括水源涵养、土壤保持、洪水调蓄、碳汇、氧气提供、空气净化、水质净化等资源小类。针对不同的资源类型与循环对象，采用不同的价值核算方法，确定重庆广阳岛生态养护运维最优价值体系。

（9）用工统筹

广阳岛绿色生态养运基于养护运维的工作内容、目标，结合实施阶段的人员机械成本等进行用工统筹，制定计划，降低成本。用工统筹主要包含机械作业、人工作业、专业用工、临时用工等方面，根据场地条件、用工需求、用工成本、技术难度等实际情况，具体问题具体分析，确定经济合理的用工作业清单。

（10）智慧管理

智慧管理是指利用人工智能、大数据、云计算、物联网等技术将公园管理体系与服务体系一体化、数据化、智能化、可视化；实现运维管理的精细化，数字化，人性化，运营服务的智能化，多样化，互动化；提升养护运维工作的管理效率和质量，降低人力成本，减少能耗，降低养护运维成本，提升服务质量。智慧管理主要包含智慧监控预警、智慧决策辅助、智慧养护、智慧服务四大类别。

1）智慧监控预警

广阳岛智慧监控预警通过布设各类传感器设施、智慧监测设备、视频监控设备、人员监控预警、物资与设备监控预警等，实现对场地气象、水文、土壤、大气、病虫害、火情、水和雪冻情、植物、古树名木、基础设施和人员的全天候、立体化监测，为养护运维提供辅助决策的数据依据。

2）智慧决策辅助

广阳岛智慧决策辅助通过监测养护、运营等各类数据，智能辅助决策，实现智能灌溉、智能照明、智能预警、智能分析、智能调峰等功能。

3）智慧养护

广阳岛智慧养护通过智能机器人、智慧播种、智慧水阀、智慧水肥、智慧电控等新技术，对要素和事件智能化识别、跟踪、分析，利用大数据、云计算实现智能化养护、精细化管理，实现运维数字化、智能化、自动化。

4）智慧服务

广阳岛智能服务系统通过利用移动互联网技术，实现对公众的服务功能，构建管理人员、系统与公众的信息交流平台，提供智能导览、智慧交通、智慧健身、智慧住宿、智慧餐饮、智慧购物、智慧体验等服务功能。

3.6.4 技术要点

广阳岛绿色生态养护运维实践过程中，通过对“本底评价、养护区划、方案调理、建设调控、分类养护、分季养护、分级运营、资源统筹、用工统筹、智慧管理”十大步骤中的指导原则与关键要求进行细化落地，总结出包含山水林田湖草及配套设施全要素，贯穿规划设计阶段、建设阶段和养护运维阶段全过程的技术要点。

（1）山体养运技术要点

广阳岛绿色生态养护运维针对山要素，从边坡稳定、山体绿化、山体防火、排水设施维护、受损山体修复及改造五个方面，在不同阶段分别提出了具体、详尽、可操作的运维养护技术要点。

规划设计阶段的重点内容包括完善监控设计、设置检测设备；选用乡土树种、改善植物群落；划定防火分区、设置防火措施；合理组织排水、注重防渗引离；调查山体现状、分类实施修复五个方面。建设阶段的重点内容包括合理组织施工、严控进场苗木、严格施工用火、保证排水通畅、多用自然手法五项内容。养护运维阶段的重点内容包括加强日常监测、制定应急预案；及时修补裸地、山林抚育提质；实施山林防虫、强化日常防火；制定巡查方案、加强日常维护四个方面。

广阳岛运维养护技术要点—山

<table>
<tr><th>分类</th><th>分项</th><th>规划设计阶段</th><th>建设阶段</th><th colspan="2">养护运维阶段</th></tr>
<tr><td rowspan="9">山体</td><td rowspan="3">边坡稳定</td><td>完善监控设计</td><td rowspan="3">合理设置施工临时设施;
减少对稳定山体扰动;
及时处理山坡坑洼和裂缝，夯实平整坡面，排除积水;
活用建筑垃圾砌筑防护沟渠;
施工完成后，进行地貌复原</td><td>日常巡查</td><td>制定管护日志;
实时电子监控，定期专人巡查;
排查安全隐患，检查山路设施</td></tr>
<tr><td>加强对滑坡区域水的排除</td><td>边坡监测</td><td>实时全覆盖电子监测预警</td></tr>
<tr><td>设置监测设备</td><td>应急情况处理</td><td>制定应急预案、预判高危时段;
高发时期加强隐患点巡查;
定期组织演练、确定专人负责;
引导人员疏散、组织现场抢救</td></tr>
<tr><td rowspan="3">山体绿化</td><td>选用抗性强、耐贫瘠本地品种</td><td>防止施工再次破坏植被，造成裸土;
补救施工活动中破坏的植被</td><td>裸露地补植</td><td>边坡土壤裸露较多或灌木比例较低时，进行人工补播或补植;
出现病树、死树时，选用乡土植物替代在地表覆盖度低的区域，在雨季前撒播草本和小半灌木种子，提高地表覆盖度和雨水的下渗时间，防止面蚀现象发生如有病树、死树，清除后补植耐旱灌木，降低雨滴势能，避免水对土壤的溅蚀;
配合水土保持策略，加强沟边绿化;
雨季前种植耐荫耐旱草本植物，强化保水条件</td></tr>
<tr><td>植被修补，增加林地板块，丰富植物群落
（1）高度大于1700m，坡度大于25°的区域，采用针阔混交、以疏林为主的植被修复模式，所选植被为油松、落叶松等季相明显、观赏价值高的树种;
（2）高度小于1700m，坡度大于25°的区域，以背景林作为规划定位，采用针叶林或针阔混交的模式;
（3）在坡度小于25°的缓坡区域，以胡杨、小叶杨和山杏为主要树种的阔叶混交模式为主;
（4）在坡度小于25°的缓坡区域，以胡杨、小叶杨、山杏和榆叶梅为主，在生态修复的同时，增加区域的景观性和经济性</td><td>合理组织施工方案</td><td>山林抚育提质</td><td>制定抚育计划;
实时电子监控，定期专人巡查;
定期除草、松土、间作、施肥、灌溉、排水、去藤、修枝、抚育采伐、栽植下木</td></tr>
<tr><td>多采用混交林;
增加食源蜜源植物;
选用病虫害少植物</td><td>严控进场苗木</td><td>山林防虫</td><td>制定防治计划，分类分区确定防虫措施;
实时电子监控，定期专人巡查;
实施集中喷药，做好喷药提示警示;
定期组织防治技术培训</td></tr>
<tr><td rowspan="3">山体防火</td><td rowspan="3">合理进行防火分区;
设置防火隔离带;
设置防火瞭望塔;
红外线监控</td><td rowspan="3">严控施工过程用火</td><td>日常防护</td><td>强化火源管控，杜绝火种进山;
清理林区可燃物，开辟防火隔离带;
开展宣传工作，加强防火意识</td></tr>
<tr><td>设置防火塔</td><td>设置高架喷灌，降低灼伤自燃发生率</td></tr>
<tr><td>电子监控</td><td>实时全覆盖电子监控预警，增强防火队伍力量，强化后勤物资保障</td></tr>
</table>

续表

分类	分项	规划设计阶段	建设阶段	养护运维阶段	
山体	排水设施维护	详细测量区域地形； 根据地形情况，合理组织山体排水； 充分利用地形和自然沟谷为排水渠道选择合适的断面及结构形式； 滑坡体外的地表水应予以截流引离开，滑坡体上的地表水注意防渗，尽快汇集引离	保证施工期间排水通畅； 滑坡区范围的排水系统应有防渗漏铺砌，选择耐用本地材料； 建筑垃圾再利用	日常巡查	检查排水设施完整性
				排水设施维护	设施整修、加固和铺砌
	受损山体修复及改造	山体调查：坡度调查、安全评估、生态现状摸底； 分类制定修复及改造方案，恢复受损山体的自然形态。 • 不同材质 （1）土质边坡，土壤情况相对较好的，采用台地续坡，依山势设置假山石；土层厚且位置偏的，采用石块堆砌成阶梯状护坡，少工程修复； （2）石质边坡，中坡面长度短的地方，采用平面绿化遮挡和立面砌石绿化相结合的方法修复，注重植物搭配； （3）无土壤附着的裸岩类边坡，采用挂网喷播技术； （4）矿坑区裸露的岩面，在岩壁表面结合特定位置开凿的水平凹槽，设计自然式种植展示面。 • 不同坡度 （1）<25°，中等坡度，有裂缝或微凹的石壁，设计微地形砌筑植生盆（槽）；土质边坡进行台地续坡； （2）25°~90°，陡峭坡地，设计结合工程措施的梯田，避免水土流失；削坡法整地；设计架空步道，避免破坏； （3）接近90°，垂直石壁，景观质量好的，不做过度设计，自然修复。 • 不同位置 （1）山顶，分层削坡砌台，塑造合适的地形； （2）山体，设计原生植物群落进行自我修复和维护，增加林地斑块，选用乡土速生先锋树种； （3）山脚，减少活动场所的设计，进行弹性开发和适度保护	多用自然手法，减少工程土石方量和防护工程量： （1）矿坑区岩壁修复，施工时遵循岩石凹凸和走向开凿种植槽； （2）削坡整地时，通过土方搬运将山顶土消除并填到坡下部，创造缓坡地形； （3）土质缓坡修复时，采用部分石块堆砌成阶梯状护坡，不需要太多工程修复	日常维护	日常巡查； 限制游客活动

（2）水体养运技术要点

广阳岛绿色生态养护运维针对水要素从水利用、水体、海绵三个方面，在不同阶段分别提出了具体、详尽、可操作的运维养护技术要点。

规划设计阶段的技术要点包括：①选用耐旱植被、减少草坪使用；②多用再生水、少用自来水与地下水；③注意水体规模、保证水体连通；④多用生态驳岸、增加栖息环境；⑤多用再生材料、多做小微湿地；⑥多用乡土植物、收集利用雨水六个方面。建设阶段的要点包括：①保护原生植被、多用节水工艺；②选用环保材料、建设生态驳岸；③做好水土保持、规范施工过程三项内容。养护运维阶段的重点内容包括保障水量、合理灌溉、节约用水、加强巡查、强化维护五个方面。

广阳岛运维养护技术要点–水

分类	分项	规划设计阶段	建设阶段	养护运维阶段	
水系统	水利用	选用耐旱节水型乡土地被，减少草坪使用; 采用智能灌溉设计; 合理进行种植形式设计，减少灌溉用水量	保护原生地被	植物灌溉	喷灌水闸智能监控; 水质过滤自动化
		限制自来水和地下水使用，多用再生水	根据工程特点，制定用水定额; 施工现场供、排水系统应合理适用; 施工中采用先进的节水施工工艺; 保护场地四周原有地下水形态，减少抽取地下水; 现场办公区、生活区的生活用水应采用节水器具，节水器具配置率应达到100%	设施用水	—
	水体	依据地域特点合理确定人工水体规模; 依据水文地质条件合理确定水体位置，避免阻断地下水流通; 注意保护现状水体，避免填埋; 合理选用防水材料，确定防水做法保证水体连通性	选用天然黏土材料、工艺合理、性价比高、寿命长、施工简便的防水毯	水量保障	生态防渗处理; 疏浚清淤
		依据功能确定巡察方式; 根据巡查方式合理设置巡查道路	采用可再生当地材料	河湖巡查	河湖日常巡查; 河湖水质状况、设施设备、构筑物的专项巡查; 涉河建设项目的监督巡查; 各项重大活动及节假日服务保障的重点巡查; 河湖防汛、设施抢修等紧急状况的特殊巡查
		设计保障水体深度，最深处不宜小于1.2m; 依据水体规模、水源进行水质保障设计; 多采用人工湿地、人工水草等生态方式	—	水质净化	水面保持清洁，及时清除垃圾、粪便、油污、动物尸体、水生植物等漂浮废物 严格控制污水超标排入，无发绿、发黑、发臭等现象; 水循环系统维护; 水质改善净化; 定期随机抽样检测
		多采用自然岸线; 多采用生态驳岸	土壤自然安息角试验检查; 控制驳岸种植土厚度和植物种植密度	驳岸维护	驳岸日常巡查; 修补破损驳岸，防止水土流失; 岸坡应保持整洁完好，无堆放垃圾，无定置渔网、渔箱、网簖，无违章建筑和堆积物品
		设置栖息地	施工时清除有害鱼类	鱼类动物管护	加强鱼类重要栖息地巡查管护; 完善涉渔工程生态补偿机制; 保障渔业用水安全

续表

分类	分项	规划设计阶段	建设阶段	养护运维阶段	
水系统	海绵	依据场地排水情况合理确定雨水花园位置及规模； 合理确定滤水材料； 避免采用传统水源； 选用易维护的植物品种	规模、竖向高程、平面布局等应严格按照设计文件进行控制； 施工时做好水土保持措施，减少环境扰动	雨水花园维护	植物结构管理； 排水管道和穿孔管疏通管理； 下凹蓄水层内的垃圾和淤泥管理； 雨水有效调蓄容积管理； 雨水口井盖维护； 结构层修复更换
		依据场地排水情况合理确定植草沟位置； 适当设置消能设置，防止出现冲刷； 选用低维护、旱湿两用的地被	准确测量放线； 施工时边坡压实，防止水土流失； 先种植坡面和边坡，再种植沟底植物； 对施工前后土壤渗透性能进行检测	植草沟维护	收集输送雨水的功能管理； 表层植物日常养护、检视； 植草沟及溢流口内淤泥和垃圾管理； 地表径流流速大时植草沟断面形状及纵向坡度管理； 配土层及填料层修复更换管理； 穿孔管和疏通雨水连接管管理
		选用低维护面层材料（透水砖）； 选用再生材料	按设计图铺筑； 及时清除杂物，不得残留水泥砂浆	透水铺装维护	日常清洁； 冲洗去除表层土粒或细沙； 日常检视，集水管疏通、结构层更换
		设置雨水回收利用标识； 雨水进入蓄水装置前应有净化沉积系统； 采用生态化、装配式蓄水装置	规模、竖向高程、平面布局等严格按照设计文件进行控制	雨水回收利用系统维护	泵、阀门等相关设施日常维护； 疏通进水管及回用管定期清淤
		多做小微湿地，少做大面积、集中的湿地	施工时注意人工湿地的布局、调蓄水位、水深等与城市雨水管渠和超标雨水径流排放系统及下游水系相衔接	人工湿地维护	水位控制； 湿地内水生植物收割、运输、清扫和补栽

（3）植被养运技术要点

广阳岛绿色生态养护运维针对植物要素，从木本植物、草本植物、水生植物、垂直绿化、屋顶绿化、温室植物六个方面，在不同阶段分别提出了具体、详尽、可操作的运维养护技术要点。

规划设计阶段的重点技术内容包括以下五个方面：①选用耐旱植物、减少灌溉用水；②评价土壤肥力、合理搭配种类；③多用乡土苗木、群落自然混交；④分析气候状况、做好植被防护；⑤应用创新技术、降低维护成本。建设阶段的技术要点包括施足基肥、注重检疫、合理灌溉、做好防护、控制杂草、完善设备六个方面。建设结束后的养护运维阶段技术重点包括合理修剪、及时灌溉、注意排水、定期除草、分期施肥、加强检查、做好防护、防治病虫害八项内容。

广阳岛运维养护技术要点–植物

分类	分项	规划设计阶段	建设阶段	养护运维阶段	
植物	木本植物	—	栽植前修剪: 1. 对劈裂根、病虫根、过长根进行修剪，并对树冠进行修剪，使地上地下保持供需平衡状态。 2. 常绿阔叶树可适当少修剪；落叶树可多留生长枝，疏除内膛过密枝，弱枝；针叶树以疏枝为主；上年花芽分化的开花灌木不宜修剪，分枝明显，着生花芽的小灌木，应顺势适当进行修剪，促生新枝，更新老枝。 3. 修剪后伤口修平处理，避免劈裂。消毒并涂刷愈伤膏促进伤口愈合处理，降低水分流失，以利成活。 栽植后整形修剪: 1. 去除枯枝、损伤枝等。 2. 分级分类修剪，如绿篱的修剪、自然株型植物的修剪	修剪	一般规定: 1. 根据树木生物学特性、生长阶段、生态习性、景观功能要求及栽培地区气候特点，选择相应的时期（生长期修剪、休眠季修剪）和方法进行修剪。 2. 因地制宜、因树修剪、因时修剪，制定修剪技术方案（修剪时间、人员安排、岗前培训、工具准备、实施进度、纸条处理、现场安全等）。 3. 先整理，后修剪。先剪除枯死枝、徒长枝，再按由主枝基部自内向外，自下而上的顺序修剪。 4. 剪、锯口应平滑，留芽方位正确，切口应在切口芽的反侧呈35°倾斜。直径超过3cm的剪、锯口应先从下往上进行修剪，并及时保护处理，用刀削平，涂抹防腐剂促进伤口愈合。 5. 修剪工具应定期维护并消毒。 6. 注意安全作业。 按类别修剪: 1. 乔木修剪:（1）修除徒长枝、病虫枝、交叉枝、并生枝、下垂枝、扭伤枝及枯枝和残枝。（2）修剪主干下部侧生枝，逐步提高分枝点，适时定干。（3）主干明显的树种，修剪时应注意保护主枝，使其向上直立生长。原主枝受损、折断，应利用顶端侧枝重新培养新的主枝。应逐年调整树干与树冠的合理比例。无明显主干的树种，应注意调配各级分枝，端正树形。（4）修剪内膛细弱枝、枯死枝、病虫枝，通风透光。（5）孤植树以疏剪过密枝和短截过长枝为主。（6）行道树应保持树型和分枝点高度一致，树冠下缘不影响通行，与路灯、信号灯、架空线、变压设备等留出安全距离。 2. 灌木修剪:（1）单株灌木，内高外低、自然丰满形态；单一树种灌木丛，内高外低或前低后高形态；多品种灌木丛，突出主栽品种并留出生长空间。（2）短截突出的徒长枝，保持灌丛整齐均衡。及时清除下垂细弱枝及地表萌生的分枝，灌木内膛小枝应适量疏剪，强壮枝应进行适当短截。（3）及时修剪残花残果可延长观赏期。（4）根据开花习性进行修剪，注意保护和培养开花枝条。（5）栽植多年的丛生灌木，应逐年更新衰老枝，疏剪内膛密生枝，培育新枝。栽植多年的有主干灌木，应每年交替回缩主枝主干，控制树冠。 3. 绿篱及色带修剪:（1）修剪应使绿篱及色带轮廓清楚，线条整齐，顶面平整，高度一致，侧面平齐。（2）根据植物长势，确定整形修剪次数。（3）修剪后残留绿篱面的枝叶应及时清除回收。 4. 藤木修剪:（1）成年和老年藤木应常疏枝，并适当进行回缩修剪、复壮。（2）生长于棚架的藤木，落叶后应疏剪过密枝条，清除枯死枝。（3）吸附类藤木，应在生长季剪去能吸附墙体而下垂的枝条，未完全覆盖的植物应短截空隙周围枝条，以便发生副枝，填补空缺
		现状植物调查； 乡土植物评价； 不同自然度植物景观评价； 种植近自然林、混交林	实施现状植物抚育，如开林窗、复壮等 筛选乡土植物品种； 加强绿化工作，搬迁树木须手续齐全； 绿化施工遵循科学、合理原则，尽量减少对环境的污染	林木抚育	林木移植、林分更新、老树复壮、林带更新采伐、卫生伐、间伐等
		分析区域特殊气候情况，如台风； 根据林地性质提出树木支撑必要性	栽后支撑	支撑固定	普通乔木采用木条作为支护主体； 大树、珍稀树种采用钢管支护； 乔木采用三角/四角支撑； 灌木采用一字支撑

续表

分类	分项	规划设计阶段	建设阶段	养护运维阶段	
植物	木本植物	规划天际线轮廓	—	天际线管控	生长量控制
		古树名木避让保护，明确保护范围（单株应为树冠垂直投影外延5m范围内；群株应为其边缘植株树冠外侧垂直投影外延5m连线范围内）； 调查现状古树名木分类分级； 古树名木生长症状及生存环境诊断	避让、保护施工场区及周边的古树名木（绿色施工导则）	古树名木养护	养护为主，复壮应在养护的基础上进行。 1. 补水与排水： （1）补水：a. 土壤浇水：土壤干旱时适时浇水，浇返青水和冻水；在树木多数吸收根范围内进行土壤浇水；有密实土壤，应先改土后浇水。b. 叶面喷水：树木出现生理干旱时应进行叶面喷水，晴天的上午或下午进行，选用清洁水，使用雾化设施均匀喷洒树冠。 （2）排水：a. 地表积水应利用地势径流或原有沟渠及时排出；b. 土壤积水应铺设管道排出，如果不能排出时，宜挖渗水井并用抽水机排水。 2. 施肥： （1）进行土壤和叶片营养诊断，营养缺乏时进行施肥。 （2）以土壤施肥为主，通过土壤施肥无法满足树木正常生长需要时，应进行叶面施肥。（3）有密实土壤，应先改土后施肥。（4）宜选用长效肥，每年施一次。（5）土壤施肥应采用放射沟或穴的方式，选用腐熟的有机无机复合颗粒肥、生物活性有机肥、微生物菌肥；将肥料与土壤混匀，填入放射沟或穴，与原地表齐平后立即浇水。（6）叶面施肥宜选用雾滴直径为300～500μm的喷雾器，并均匀喷施叶片正反面，选择有针对性的叶面肥，施肥次数应以达到叶片恢复基本正常为宜 3. 病虫害防治： （1）防治前应辨别有害生物种类，掌握生活史、发生规律及树体受害症状。（2）防治措施可采用生物、物理、化学等方法，应以生物防治为主。（3）应抓住防治关键时机，做到科学、及时、有效防治。（4）化学防治应做到人、树及环境安全。 4. 树冠整理：有利于古树名木生长、发育，改善透光条件，减少病虫害发生，做到人、树安全。 （1）枝条整理：对伤残、劈裂和折断的枝条、枯枝、死杈和病虫害严重的枝条进行清除，留茬长度应为15~20mm，剪口应处理成光滑斜面，活体截面涂伤口愈合剂，死体截面涂伤口防腐剂。（2） 对开花、坐果过多已影响树势的树木应进行疏花、疏果。 5. 地上环境整治：古树名木保护范围内地上环境整治应包括植被结构、违章和废弃建（构）筑物、杂物、污染液体和气体的整治。 6. 树体预防保护：人为伤害预防保护（设围栏、篦子、栈道等）和自然灾害预防保护（水灾、风灾、冻害、雪灾和雷灾预防保护措施）。 7. 生长存在安全隐患的古树名木应进行复壮，可采用土壤改良、树体损伤处理、树洞修补、树体加固等技术。 8. 档案管理
	草本植物	合理规划观赏草坪与游憩草坪分区； 用林下空旷闲地种植经济作物，增产增收	—	使用管理	观赏草坪不准践踏； 游憩草坪定时轮流关闭； 定期补播、采收林下经济作物
		选用地生长量草坪品种，减少修剪次数	—	修剪	一、二年生花卉：根据分枝特性摘心；花谢后去除残花、枯叶。球根、宿根花卉：根据生长习性与用途，摘心、除芽；休眠期剪除残留的枯枝枯叶。 草坪修剪，剪掉部分不超过叶片自然高度1/3。根据草坪种类、养护质量、气候、土壤、生长情况不定期修剪。 修剪前宜对刀片消毒，并应保证刀片锋利

续表

分类	分项	规划设计阶段	建设阶段	养护运维阶段	
植物	草本植物	根据植物品种合理选择灌溉方式; 使用智能化灌溉; 选用耐干旱等粗生易长品种、乡土地被的科学搭配	确认灌溉方式及灌溉量	灌溉与排水	植物需水量分析，制定灌溉计划；自动灌溉，减少人工，精细化灌溉管理，提高植保效率；浇冻水、返青水；避免冲刷植物根系和冲刷花朵；维护排水设施完好，及时排涝
		评价土壤肥力; 选用耐瘠薄等粗生易长品种、乡土地被的科学搭配	施基肥	施肥	结合灌溉施肥；根据生长期、开花期进行追肥，宜采用缓释性常效肥，也可进行叶面追肥
		评价土壤板结对草本植物的影响	制定松土措施	松土	适时松土，保持表层种植土壤疏松，具有良好的透水、透气性；应在天气晴朗且土壤不过分潮湿时进行；3年以上的草坪应根据生长状况打孔，清除打出的芯土、草根，撒入营养土或沙粒
		选用耐荒草等粗生易长品种、乡土地被的科学搭配; 禁止选用强入侵性植物	确认清除的杂草种类，清除杂草	除草	入侵品种清理；了解标志性杂草生长规律，选择最佳时期及时清除；多采用机械除草，宜结合松土进行除草
		规划草地类型适地适草，确保成活率减少换补	—	补植	及时清理死株，并按原品种、花色、规格补植；选择换补地段，换补品种；做好播种和播后管理
		选用适应当地环境的高抗病品种; 设置适宜的微地形，控制积水，防病虫; 避免单一品种种植	确认树种病虫害情况，制定对应的防治措施	病虫害防治	利用草坪根动力和矮化剂等调节剂，健壮根系，提高抗逆性，降低养护成本
		分析防寒必要性；提出防寒策略 选择适应当地气候环境的植物品种	根据具体品种制定防寒措施	防寒	培土；覆膜；地热系统
	水生植物	—	—	修剪	生长期清除水面以上枯黄部分，控制生长范围，清理超出范围的植株和叶片；控制植物品种间相互侵袭和无序生长，控制繁殖过快的种类浮叶类水植物覆盖水体面积不得超过水体总面积多1/3
			根据植物对水位要求合理制定施工顺序	水位管理	根据植物种类及时灌水排水，保持正常水位
			施基肥，以有机肥为主，点状埋施于根系周围淤泥中	施肥	追肥以复合肥为主

续表

分类	分项	规划设计阶段	建设阶段	养护运维阶段	
植物	水生植物	—		病虫害防治	药剂使用不得污染水源
				防寒	草帘覆盖；培土；盆栽类移盆
	垂直绿化	—		日常检查	排水检查
		合理确定灌溉方式	喷灌系统安装	灌溉	人工浇水、喷灌、滴 灌和渗灌几种形式；注意顶部多喷、底部少喷；浇水完毕后将阀 门全部打开以排净余水，防止余水晒热后烫伤植物
		使用低维护植物品种	遮阴网覆盖与包扎； 草炭土的填充； 植物栽植过程	补植	根据情况采用相同品种、规格、高度、颜色的植物
		选择低维护、耐贫瘠的植物品种	—	施肥	利用叶片表面直接喷肥，或结合滴灌等补充营养液，每周1~2次
		选用易安装、装配式的骨架结构； 选用可循环利用的成品种植槽； 制定成本控制策略； 开发推广新栽培技术，降低成本	骨架结构及种植槽安装、调试、运行	骨架结构及种植槽维护	保证骨架的稳定； 通过循环摆放降低成本
	屋顶绿化	必须设置排水层； 依据荷载情况合理选择种植基质； 选择浅根性、须根发达的植物品种； 中大型乔木栽植点与围护结构距离大于树高	禁止集中堆放施工材料； 保护现状防水； 施工前必须进行闭水试验	日常检查	排水检查； 积雪清理； 枯枝清理
		设计湿度控制设备； 选择耐旱、耐晒、耐低温植物品种	安装湿度感应器	灌溉	湿度感应器达到上限值时，进行灌溉
		选择浅根性、须根发达的植物品种； 选择耐旱、抗贫瘠、耐晒、耐低温植物品种	—	补植	补植耐干旱植物品种

续表

分类	分项	规划设计阶段	建设阶段	养护运维阶段	
植物	屋顶绿化	评价土壤肥力； 依据土壤肥力情况选用耐贫瘠的乡土植物品种	施基肥	追肥：氮肥或者磷肥	施肥量根据植物的品种、苗龄、大小而定，一般大树一次施肥在 500 克左右；施肥范围在老泥球外 20cm 区域；可以采用沟施、穴施、撒施等；个别、特殊的植物要个别对待
		选择抗性强的植物品种	土壤消毒；严控苗木检疫	病虫害防治	喷洒药物；修剪病虫害枝条；焚烧病虫害枝条
		—		修剪与除草	严格控制植物长势；定期人工杂草拔除，清理枯萎和干枯花叶；根据温度、品种，10~20天为一个修剪周期
	温室植物	从生态适应性和安全性上筛选植物	具体植物品种的确认； 苗源地控制； 检疫控制，进场植物严格检验	进口检验检疫	—
		温室植物多样性分析； 提出培育新品种的必要性及现有技术的局限性	确定培育品种； 制定升级温室技术具体方案； 安装升级设备	培育新植物	升级温室技术模拟不同气候环境，提供植物培育平台
		提出温室植物施肥必要性及施肥方式	根据施肥种类及施肥量施肥	施肥	施肥量根据植物的品种、苗龄、大小而定，一般大树一次施肥在 500 克左右施肥范围在老泥球外 20cm 区域； 可以采用沟施、穴施、撒施等； 个别、特殊的植物要个别对待
		根据植物品种选择最佳栽培基质	—	基质管理	结合施肥、浇水等工作进行，对游客踩实部位随见随翻；补充基质
		分析本土常见病虫害，提出防治原则； 选择抗性强的植物类型	严格控制苗木检疫； 制定病虫害防治措施	病虫害防治	挂黄板、诱杀飞虱、杀菌剂灌根
		合理选择热源：如地源热泵系统； 根据植物需求选择加湿设备：如喷雾	地源热泵系统的选择与安装； 喷雾系统的选择与安装	越冬抗夏特殊养护	夏季：打开全部通风口，昼夜通风，遮阳网、雾电机降温系统同时使用； 冬季：地源热泵系统智能调控温度，人工补光，喷雾系统定期加湿
		确定灌溉方式	安装灌溉设备，进行灌溉	灌溉	控制浇灌次数

（4）农田养运技术要点

广阳岛绿色生态养护运维针对田要素，从“田地类型、浇灌方案”两个方面，在不同阶段分别提出了具体、详尽、可操作的运维养护技术要点。

规划设计阶段的技术要点包括确定田地类型、测评土壤性状、制定除草原则、监测虫害状况、组织灌溉排水、规划种植制度、预定治污方案、提升机械化水平八项内容。建设阶段的技术要点包括平整田块、改良土壤、建设灌排设备、确定作物品种、建设田间道路、建设防护林六个方面。养护运维阶段的技术重点包括整地翻耕、中耕除草、病虫害防治、灌溉与排水、作物种养收、秸秆再利用、道路养护、防护林维护八项内容。

广阳岛运维养护技术要点–田

分类	分项	规划设计阶段	建设阶段	养护运维阶段	
田	农田	根据场地条件，确定适宜田地类型：如水田、旱田	平整田地	整地	田面平整，排灌自如； 坡地梯田，等高耕种
		分析土壤种类； 评价土壤结构（板结度、透气性）	改良土壤结构	耕翻	采用田地耕整翻土机进行土地耕翻； 根据作物种类确定耕翻深度
		评价现状杂草的影响力； 制定除草原则	—	除草	人工除草； 机械除草； 及时喷洒除草剂
		评价土壤肥力（酸碱度、有机质含量等）； 根据农田类型、作物种类制定施肥原则； 规划栽植固氮植物	根据作物种类及施肥方式，确定施肥量，施基肥	施肥	多使用有机肥，有机与无机相结合； 合理施肥，适时适量
		远程虫情监控系统	—	病虫害防治	强调使用生态防治方法； 禁止使用剧毒农药
		根据农田类型及自然条件制定灌溉方案； 以地表水为主，减少传统水源使用； 采用节水灌溉措施； 保证排涝顺畅	灌溉设施设备的经济性、耐久性	灌溉与排水	利用喷灌、微灌、渗灌、滴灌等节水灌溉技术进行田地灌溉； 汛期加强排涝设施巡查，及时排涝
		根据土壤、水资源等状况，规划种植制度	确认农田作物品种； 确定种植方式、种植时间等	作物种养收	制定科学合理的农作物种植规划，分片分区种植； 因土种植，合理轮作，多熟种植，及时收割； 部分投放蟹苗，不收割作为生物栖息地
		制定秸秆利用原则与方向	分类制定秸秆利用方式及建设相应设施设备	作物秸秆再利用	堆肥还田
		规划建设便捷高效的田间道路体系，满足农业机械化生产和生活需要	道路采用当地乡土材料，考虑耐久性	田间道路养护	保证顺畅、平整
		—	营造农田防护林	农田保护	保护田坎：耐久材料加固田坎，增加覆盖； 农田防护林：增加湿度降低风速，增加还田有机物； 保护性耕作：休耕、轮作

（5）土壤养运技术要点

广阳岛绿色生态养护运维针对土要素从“土壤监测、土壤改良、土壤施肥、土壤污染”四个方面，针对不同阶段分别提出了具体、详尽、可操作的运维养护技术要点。

规划设计阶段的技术要点包括“设计检测装置、测评土壤性质、实施土壤改良、调查污染状况”四个方面；建设阶段的技术要点包括“改土检测、土壤施肥、污染防治、植被恢复”四个方面；养护运维阶段的技术要点包括“土壤监测、土壤改良、土壤培肥、土壤污染治理”四项内容。

广阳岛运维养护技术要点–土

分类	分项	规划设计阶段	建设阶段	养护运维阶段	
土	土壤	设计监测装置		土壤监测	智能监测，制定土壤改良策略； 土壤或植物组织检测，确定化肥类型和数量
		现状土壤条件测评； 分类制定土壤改良方案：提倡“宜绿则绿，宜荒则荒，宜草则草”，减少植物改良； 多采用生物改良，少采用化学改良	改良后土壤再次检测，达标验收	土壤改良	利用有机物或地被植物覆盖土壤表面，调节温度，改善土壤结构，增加有机质
		施用有机肥，减少化肥使用； 改善土壤结构，提高土壤肥力	施用有机肥，减少化肥使用	土壤培肥	增施有机肥料，培育土壤肥力； 发展旱作农业，建设灌溉农业； 合理轮作倒茬，用地养地结合； 合理耕作改土，加速土壤熟化； 防止土壤腐蚀，保护土壤资源
		现状土壤污染调查； 依据土壤污染源、污染因子科学合理制定治理方案	保护地表环境，防止土壤侵蚀、流失； 沉淀池、隔油池、化粪池等不发生堵塞、渗漏、溢出等现象； 有毒有害废弃物应回收后交有资质的单位； 处理施工后应恢复施工活动破坏的植被（一般指临时占地内）	土壤污染治理	加强土壤污染调查； 消除污染源； 生物措施、人工防治

（6）配套设施养运技术要点

广阳岛绿色生态养护运维针对配套设施，从“道路及铺装广场、游憩设施、管理设施、服务设施、机电设施、特殊设施”六个方面，针对三个阶段分别提出了具体、详尽、可操作的运维养护技术要点。

规划设计阶段的技术要点包含以下四个方面：选择材料设备、布置监测装置、科学布置点位、合理布局功能；建设阶段的技术要点包括“检查测试材料、优化建设工艺、科学控制成本、减少建设污染、严控施工安全”五项内容；养护运维阶段的技术要点包括“路面边坡防护、休憩设施维护、管理设施维护、服务设施维护、机电设施维护、特殊设施维护”六个方面。

广阳岛运维养护技术要点–配套设施

分类	分项	规划设计阶段	建设阶段	养护运维阶段	
配套设施	道路及铺装广场	选择耐污易清洁材料	材料进场时，严格检查各类面层表面的裂纹、脱皮、麻面和起砂等缺陷	卫生清洁	智能环卫机器人清扫； 清除积水； 玻璃、塑料、纸张和金属收集回收
		设置监测装置	—	路面监测	智能检测和评估路面状况，节省人工成本和材料投入
		可再生本地材料使用； 建筑垃圾处理后再利用； 低维护材料使用； 高强度材料使用	提高必要浇筑的混凝土强度，延长使用寿命； 选择从废弃物中转化施工和拆建材料； 样板路铺装材料，反复铺设、修改、测评，最后大面积铺设； 施工中充分利用拟建道路为施工服务	破损修补	翻新面层、更换破损地砖、不均匀沉降修复；整体性路面断裂修复；对路面麻面、起皮、脱壳、漏骨、起沙、冻融等病害进行及时有效的修补； 使用本地材料、回收物质、环保木材、节能照明材料及时处理有害材料； 特殊路面养护； 设置路面荷载控制标识，严格限制超载车辆通行； 修复并维护的过程尽量降低对环境和人类的危害
		根据排水速率及防滑系数合理选择材料	进场材料进行抗滑检测	防滑处理	特殊天气加强维护
		地形复杂地区合理选择路由，减少边坡	减少扰动，减少工程量； 临时道路和永久道路结合； 保护现状植被	边坡防护	路堑边坡防护稳定性评价
	游憩设施	驿站复合功能（休闲、监控）； 规划布局绿色简洁、耐久性好的驿站； 规划合理通达的驿站交通流线； 配置驿站管理系统； 设定驿站物资状况实时反馈程序	建设中对工艺、材质、规格高要求，严控建设质量，减少维护周期	驿站及配套设施维护	定期安排专人进行保洁； 对面层材料定期进行保养； 驿站物资状况实时智能反馈，定期安排专人补给物资； 定期对构筑物、构件、设备零件检修和加固； 通过网络平台使居民参与驿站设施维护； 专人分段管理
		合理规划布局； 选择耐久性材料； 提倡装配式设计	使用本土、低成本、可再生、耐久、易维护、安全性强、近自然的材料； 减少建筑污染物排放； 节能环保新技术应用	亭、廊、花架、休憩座椅维护	对构筑物、构件、设备零件等进行检修、加固； 定期安排专人进行保洁，拾屋扫瓦、清扫、清理、清洗、擦拭、洗刷、打捞、清淤等； 对面层材料定期进行保养； 维修或油漆未干时设置明显标志
				码头维护	日常清洁； 结构维修和加固； 结构扩建与改造； 安全管理
		结合功能需求，合理设置适当适量设计	使用本土、低成本、可再生、耐久、易维护、安全性强、近自然的材料； 减少建设污染物排放	假山、叠石、雕塑维护	设置醒目标志和防护设备； 及时清除影响安全和景观的杂草杂物
		配备使用说明； 适当适量设计	安装牢固	游戏健身器材维护	日常检查设备完好

续表

<table>
<tr><th>分类</th><th>分项</th><th>规划设计阶段</th><th>建设阶段</th><th colspan="2">养护运维阶段</th></tr>
<tr><td rowspan="14">配套设施</td><td rowspan="2">管理设施</td><td>选择易维护材料;
选择耐久性材料;
工艺简单，易安装</td><td>施工运输材料科学，降低运输损耗率</td><td>围墙、围栏维护</td><td>清洁卫生;
定期检查维护，及时消除安全隐患</td></tr>
<tr><td>必须具备双水源、双电源</td><td>—</td><td>应急避险设施维护</td><td>日常检修与维护;
水源、电源维护;
应急机械储备</td></tr>
<tr><td rowspan="4">服务设施</td><td>选用耐久性、可再生、易清洁、低维护材料</td><td rowspan="4">施工运输材料科学，降低运输损耗率</td><td>标识设施维护</td><td>更换不明晰的标识设施</td></tr>
<tr><td>易清掏设计</td><td>垃圾箱维护</td><td>清洁卫生
处理垃圾</td></tr>
<tr><td>选用耐久性材料</td><td>宣传栏维护</td><td>清洁卫生</td></tr>
<tr><td>合理规划停车场布局;
选用低维护、透水材料;
设置智能化停车系统
设计绿荫停车场</td><td>停车场、自行车存放处、电瓶车站维护</td><td>巡逻员巡逻;
智慧停车系统;
智能交通指示</td></tr>
<tr><td rowspan="4">机电设施</td><td rowspan="4">选用低维护设备;
使用新工艺、新技术;
节能灯具使用</td><td>管道试验采用非传统水源;
管道试验及冲洗用水有组织排放，处理后重复利用</td><td>给水、排水设施及雨水收集器维护</td><td>管道检查及疏通;
防汛、消防设备定期检查;
冬季防冻裂保护</td></tr>
<tr><td>及时做好施工机械设备的维修保养工作，保持低能耗、高效状态</td><td>机械设备及工具维护</td><td>日常检修与维护;
应急机械储备;
设备改造升级</td></tr>
<tr><td>—</td><td>弱电系统维护</td><td>安防监控
广播</td></tr>
<tr><td>临时用电优先选用节能电线和节能灯具;
临时电线路合理设计、布置</td><td>电气、照明设施设备维护</td><td>定期功能检测及安全检查;
设置安全警示标志;
智能调节亮度开关;
设备改造升级</td></tr>
<tr><td rowspan="2">特殊设施</td><td>详细的地质勘探、地形地貌调查;
选择路线和场址避开保护农田和居民区，避开电力线路、危险地质区;
依据地形等场地条件设置检修便道;
设置安全通道</td><td>结合施工便道或山间小道修建检修便道;
各段之间连接应安全可靠，严控施工质量</td><td>缆车、滑道、观光电梯等维护</td><td>定期安全检查；设备维修;
对座椅、滑槽、电梯内日常清洁，清除危险物品，保持干燥、洁净;
专人管理，确保正常负载;
特殊天气加强维护，必要时关闭;
巡视人员、管理房间配备通信设备
紧急制动控制;
定期进行应急救援培训</td></tr>
<tr><td>制造单位:
根据结构重要性、载荷特征、结构形式、应力状态、制造工艺、连接方法和工作环境等多因素选择材料;
尽可能采用环保的材料。
设计单位:
根据游乐设施基础条件图、地区气候、地质勘探报告进行设计</td><td>制造单位:
必须配备维护保养说明书及有关维修图样，重要的外协件制定详细的验收要求;
材料切割采用先进工艺，避免性能改变;
检验合格后方可装配。

土建单位:
现场设备调试与试运行，进行实测记录</td><td>大型游乐设备维护</td><td>运营使用单位:
持续进行风险评价，保障安全运营;
建立完整的安全管理制度，配备专职人员;
根据设备不同特点编制操作规程和维修手册;
定期安全检查，修理与改造;
轨道、车轮、轴、钢丝绳等部件磨损更换;
定期进行应急救援培训</td></tr>
</table>

3.6.5 工作清单

广阳岛绿色生态养护运维在十大步骤和技术要点的基础上，总结出全类型、全季节工作清单，指导具体养护运维工作。

（1）分类清单

广阳岛绿色生态养护运维工作在类型上包括日常巡检类、安全巡检类、生命保养类、美观养护类、生产劳作类和设备维护类六类。

日常巡检类主要包括：

1）水质水量巡检、海绵设施巡检、垂直绿化日常检查、屋顶绿化日常检查；

2）道路广场清洁、建构筑物清洁、景观设施清洁、绿地清洁、水体清洁、其他设备清洁；

3）日常安保巡查、智慧安保系统维护；

4）道路及铺装广场、游憩设施、管理设施、服务设施卫生清洁、破损修补、日常维护；

5）排水系统及设备运行巡检等。

安全巡检类主要包括：

1）信息监测、安全巡查、火灾安全事故应急处置、游客意外伤害事故应急处置、其他突发事件巡查；

2）特殊活动安全巡查、应急处置；

3）山体防火安全巡查；

4）路面防滑，清除积水；

5）树木防汛、防风，及时扶正、加固、修剪枝条；

6）边坡稳定巡查，防泥石流；

7）排水设施检查，及时维修，确保正常运行；

8）设备、道路积雪及时清理。

生命保养类主要包括：

1）植物灌溉与排水、树木防护、支撑固定；

2）垂直绿化骨架结构及种植槽维护；

3）根据养护区实际情况防治病虫害；

4）果实套袋防害虫、日灼，因树制宜；

5）高温天气防护；

6）植物抗旱抗涝；

7）中耕除草，疏松土壤，及时追肥；

8）水生植物水位管理；

9）冬季防护等。

美观养护类主要包括：

1）设施保障；

2）温室植物培育、垂直绿化补植、屋顶绿化补植；

3）植物修剪；

4）植物补栽等。

生产劳作类主要包括：

1）病虫害防治；

2）灌溉与排水；

3）作物种植；

4）田间道路维护；

5）耕土施肥等。

设备维护类主要包括：

1）设施及设备维护；

2）机械工具、弱电系统、智能照明控制系统维护；

3）给水、排水设施及雨水收集器维护；

4）运营支撑系统、安全保障系统、游园互动系统维护等。

（2）分季清单

广阳岛绿色生态养护运维工作以日常巡检类、安全巡检类、生命保养类、美观养护类、生产劳作类和设备维护类六类清单为基础，分春、夏、秋、冬四季落实具体养护内容，具体见下表：

广阳岛生态养护运维工作清单

<table>
<tr><th>类型</th><th>春季</th><th>夏季</th><th>秋季</th><th>冬季</th></tr>
<tr><td>日常巡检类</td><td colspan="3">（1）水质水量巡检、海绵设施巡检、垂直绿化日常检查、屋顶绿化日常检查；
（2）道路广场清洁、建构筑物清洁、景观设施清洁、绿地清洁、水体清洁、其他设备清洁；
（3）日常安保巡查、智慧安保系统维护；
（4）道路及铺装广场、游憩设施、管理设施、服务设施卫生清洁、破损修补、日常维护；
（5）排水系统及设备运行巡检</td><td>（1）道路广场清洁、建构筑物清洁、景观设施清洁、绿地清洁、水体清洁、其他设备清洁；
（2）日常安保巡查、智慧安保系统维护；
（3）道路及铺装广场、游憩设施、管理设施、服务设施卫生清洁、破损修补、日常维护；
（4）排水系统及设备运行巡检</td></tr>
<tr><td>安全巡查类</td><td>（1）信息监测、安全巡查、火灾安全事故应急处置、游客意外伤害事故应急处置、其他突发事件巡查；
（2）特殊活动安全巡查、应急处置</td><td>（1）信息监测、安全巡查、火灾安全事故应急处置、游客意外伤害事故应急处置、其他突发事件巡查；
（2）特殊活动安全巡查、应急处置；
（3）路面防滑，清除积水；
（4）树木防汛、防台风，及时扶正、加固、修剪枝条；
（5）边坡稳定巡查，防泥石流；
（6）排水设施检查，及时维修，确保正常运行</td><td>（1）信息监测、安全巡查、火灾安全事故应急处置、游客意外伤害事故应急处置、其他突发事件巡查；
（2）特殊活动安全巡查、应急处置；
（3）山体防火安全巡查</td><td>（1）信息监测、安全巡查、火灾安全事故应急处置、游客意外伤害事故应急处置、其他突发事件巡查；
（2）特殊活动安全巡查、应急处置；
（3）山体防火安全巡查；
（4）设备、道路积雪及时清理</td></tr>
<tr><td>生命保养类</td><td>（1）植物灌溉与排水、树木防护、支撑固定；
（2）垂直绿化骨架结构及种植槽维护；
（3）植物防治病虫害，修理除虫防病器械、准备药品，挑除幼虫；
（4）植物浇水返青水；
（5）苗木松土、除草、花前施肥，杂草及攀缘植物挑除，草坪切边；
（6）根据天气情况拆除植物防寒物</td><td>（1）植物灌溉与排水、树木防护、支撑固定；
（2）垂直绿化骨架结构及种植槽维护；
（3）根据养护区实际情况f防治病虫害，在害虫孵化盛期及时采取措施；
（4）果实套袋防害虫、日灼，因树制宜；
（5）高温天气防护，叶面枝干喷雾，遮阴，温室降温系统开启；
（6）植物抗旱抗涝，易雨少时灌溉，暴雨时及时排涝；
（7）中耕除草，疏松土壤，及时追肥；
（8）水生植物水位管理</td><td>（1）植物灌溉与排水、树木防护、支撑固定；
（2）垂直绿化骨架结构及种植槽维护；
（3）植物防治病虫害，消灭成虫和虫卵；
（4）草坪施肥后及时灌水，对干、板结土壤浇水；中耕除草；
（5）植物越冬准备，苗木防寒保温，提前包扎防寒物，树木涂白</td><td>（1）植物灌溉与排水、及时浇冻水、树木防护、支撑固定；
（2）垂直绿化骨架结构及种植槽维护；
（3）植物防治病虫害，剪除病虫枝、枯枝、消灭越冬病虫源，集中防治、消灭害虫；
（4）苗木防寒保温，搭设风障、围挡、根部培土防寒；
（5）检查植物覆盖物、包扎物等设备设施，破损修补；
（6）植物保护越冬果实，喷药保果；
（7）绿地积雪及时清理</td></tr>
</table>

续表

类型	春季	夏季	秋季	冬季
美观养护类	(1)设施保障完好; (2)温室植物培育、垂直绿化补植、屋顶绿化补植; (3)落叶树的休眠期修剪,树木剥芽、修剪,灌木、草本植物修剪与补植、花后修剪; (4)常绿树挖掘补栽	(1)设施保障完好; (2)温室植物培育、木本植物修剪、垂直绿化补植、屋顶绿化补植、水生植物修剪	(1)设施保障完好; (2)温室植物培育、草本植物修剪与补植、垂直绿化补植、屋顶绿化补植、水生植物修剪; (3)木本植物修剪、补植常绿树和少数落叶树	(1)设施保障完好; (2)温室植物培育、垂直绿化补植、屋顶绿化补植; (3)落叶树木整形修剪; (4)挖、运、补植落叶树及耐寒树木
生产劳作类	(1)病虫害防治、灌溉与排水; (2)农田春耕,平整土地,拔除杂草; (3)农田保护、田间道路养护	(1)病虫害防治、灌溉与排水; (2)秋季观赏作物田间种植、水稻浸种、选种、插秧,稻田追肥、适时除草; (3)花田保养; (4)农田保护、田间道路养护	(1)秋季作物收割; (2)作物秸秆再利用 (3)花田保养; (4)农田保护、田间道路养护	(1)翻地冬耕,改良土壤,施足冬肥; (2)春季观赏作物田间播种; (3)农田保护、田间道路养护
设备维护类	(1)灌溉设施维护、喷灌水闸监控系统维护; (2)机械设备及工具维护、弱电系统维护、电气设施设备维护、智能照明控制系统维护; (3)给水、排水设施及雨水收集器维护; (4)运营支撑系统维护、安全保障系统维护、游园互动系统维护; (5)绿色能源设施设备维护; (6)缆车、滑道、观光电梯等维护、大型游乐设备维护			

3.7 广阳岛"四绿融合"绿色生态转化

广阳岛最优价值生命共同体建设坚持"绿水青山就是金山银山"理念,通过绿色投资、绿色生产、绿色消费和绿色生活"四绿融合"进行生态转化,学好用好"两山论 "、走深走实"两化路 ",诠释了"良好生态环境是最普惠的民生福祉"的内涵,展现了人与自然的辩证统一。

3.7.1 绿色投资

广阳岛片区为统筹岛内岛外规划建设,统筹存量与增量,既化解"大开发"历史债务,又解决"大保护"资金需求,广阳岛片区创新设立"生态资金池",探索"政府投资带动、社会资金参与、金融资本助力、企业自身造血"的"1+3"投融资模式,建立以生态为导向的发展模式(EOD)资金平衡机制,实现生态保护与经济发展、短期利益与长期利益的动态平衡。

一是算好经济账。围绕片区涉及四个主体政府的特殊实际,坚持算大账、算长远账、算整体账、算综合账,确定统一规划、分区实施的体制机制,确保历史债务、建设投入和开发产出片区大平衡。

二是搭建大平台。根据片区保护建设投入和土地出让时空错位的实际,由市财政局指导南岸区、重庆经开区搭建统一的投融资平台,成立广阳岛生态城投资公司,通过以岛内生态价值提升片区经济价值的方式,对广阳岛和广阳岛以南片区的土地统一储备、项目统一包装,以市场化方式对接国开行"绿色生态"

专项贷款（首期授信260亿元低利率长周期资金），与财政资金、社会资金共同建立“生态资金池”。

三是强化大统筹。由市财政局统筹，按照“统一归口”原则开设专项资金监管户，全封闭运行、全过程监管片区资金的筹集及支出，确保资金专项用于生态修复、环境整治、基础设施、产业升级等建设投入，构建市财政统筹调度、国开行金融支持、广阳岛绿色发展公司负责建设、广阳岛生态城投资公司负责融资的资金运转新机制，有效防范政府债务风险、金融风险。

3.7.2 绿色生产

（1）生态产业化

生态产业化是将广阳岛可供利用的生态资产，通过多种市场交易途径创造经济价值，构建生态产业群，从而促进生态保护与经济发展良性循环的发展模式。“生态”是指广阳岛内山水林田湖草等能产生经济价值的自然生态要素；“产业化”是将生态资产通过市场交易转化成经济价值，推动生态要素向生产要素、生态财富向物质财富转变，把绿水青山变成金山银山的过程。广阳岛生态产业群主要包括生态系统产业化、生态要素产业化、生态风景产业化和生态修复产业化。

1）生态系统产业化

广阳岛生态系统产业化主要包括生态产品和生态服务两大途径。

生态产品方面，广阳岛与江小白、新橙元、涪陵彭婆婆等企业合作，推出以“广阳岛”为品牌的大米、玉米、油菜籽、橙子、李子等生态农产品，以及围绕农产品为核心延伸的蜂蜜、菜油、橙汁等优质生态产品。

生态服务方面，广阳岛与众多高校建立合作机制，设立教育基地，发展生态研学和生态旅游，与重庆市教委联合建立“广阳岛自然生态环保研学基地、社会实践教育基地”，与西南政法大学联合建立“生态法学院教学科研实践基地”，与重庆交通大学联合建立“产学研合作基地”，与重庆工商大学联合建立“重庆市经济学拔尖人才培养实践教学基地、长江上游经济研究中心经济学院科研合作基地”，与重庆大学联合建立“岛屿生态系统野外观测研究站、广阳岛自然教育学校、广阳岛研学基地”，截至2022年6月，服务上岛市民超过30万人次，举行生态研学、现场教学120余次，接待政商团体超过800次，为广阳岛的品牌塑造奠定了良好基础。

未来随着生态补偿和生态交易机制的建立和完善，进一步探索水土保持、水源涵养等方面的经济补偿以及碳交易、水权交易等生态服务的变现。

2）生态要素产业化

广阳岛生态要素产业是围绕岛内山水林田湖草及生物多样性生态本底，形成山地经济、水湖经济、林产经济、田地经济、草地经济和生物多样性六大经济模式。

① 山地经济模式

山地经济模式是利用岛内的山体资源，基于对山地生态系统稳定性的维持和山体完整性的保护，确保对山体的干扰不偏离生命共同体高生态价值区间的前提下，遵循提升原有产业、充分利用环境、促进绿色转型的原则，依托山体的山势形态、地貌特色、气候环境、生物资源等优势，通过以山地种植、山地养殖和山地康养为主的生态型产品，实现“山”的产业化。广阳岛围绕“山”要素形成了以山地种植、山地观光、自然教育三大具体产品。

山地种植主要以果园为主，面积约260亩，历史上曾是原广阳坝园艺场的果园区，后因缺乏科学管护，导致果树病虫害严重，果林逐渐退化，果园面积逐渐缩减，仅留存脐橙、甜橙等柑橘植物三千余株。本次生态修复采用治病修枝、松土施肥等措施复壮原有果树，并在空缺处补种柚子、蜜橘等柑橘植物三千余株，在路旁栽植桃、杨梅、柿子、柚子、石榴等果树，恢复了果园风貌、丰富了种植品种。增设了院坝、亭台等观景设施，形成集鲜果生产、观光采摘、科普教育为一体的山地果园。区别于传统的经营模式粗放、品种数量单一的采摘经济，果园种植采取多品类、少面积、混搭种的策略，辅以亲子教育、休闲观光等活动，实现了采摘经济的差异化发展；同时，通过延长产业链、发展深加工，开发自有品牌，提升了水果的附加值。

山地观光是依托山地的果园、湖塘、驿站、山林、古迹等资源，为市民提供休闲观光、户外娱乐、餐饮售卖等服务的山地产业，其本质是为广大市民提供美丽、舒适、适宜的生态环境民生福祉。现阶段的山地观光产业处于凭借优美的环境和独特的资源吸引市民游览参观的起步发展阶段，但长远来看，山地观光具有以美景引游览、以游览促人气、以人气带消费、以消费扩产业的潜力。

自然教育是以广阳岛山地独特的林、田、湖、草资源为背景，通过野外研学、生态课堂、户外科普、田间体验等方式，使少年儿童探索自然、发现自然、融入自然的教育过程。广阳岛山地不但有自然原生的山林，还有试验新优稻米蔬菜的高峰梯田、栽培优良柑橘品种的高峰果园，以及采用多种生态技术的山地湖塘和直通户外的山间驿站，这些资源都为开展自然教育提供了得天独厚的条件。

② 水湖经济模式

水湖经济模式是基于岛内“九湖十八溪”环境舒适、风景优美的优势，策划以观光游憩、沉浸体验、户外研学等为主的生态型产品，实现“山”的产业化。广阳岛围绕“水、湖”资源形成生态课堂和生态露营两大具体产品。

生态课堂主要通过开展与水、湖有关的野外研学、科普活动等组织青少年和儿童观察自然、探索自然，充分利用水、湖的场地优势，挖掘与之相关的自然主题，策划湿地科普、清湖技术科普等一系列自然体验和技术科普活动。自然教育不仅包括户外体验、科普展览、野外研学等教育活动，还包含生态餐饮、文创商品等具有更高附加值的生态产品。

生态露营不但可以为市民提供远离城市喧嚣、融入自然环境的新奇体验，还可以通过星空影院、草坪音乐会、小吃集市等一系列活动带动露营经济，为生态露营创造更高的经济效益，更高质量地实现水、湖的产业化。作为一种新兴的自然体验途径和休闲方式，生态露营不但具有更高的兼容性，可容纳户外运动、主题活动等休闲娱乐活动，还可以通过积累人气形成品牌效应，吸引更多人群，创造更大市场，为水、湖的产业化创造更高的价值。

③ 林产经济模式

林产经济模式是基于岛内林地的风貌特征、空间差异和独特优势，策划以林下经济、果林经济为主的生态产品，实现“山”的产业化。广阳岛围绕“林”资源形成林下养殖、经济果林两大具体产品。

林下养殖是依托山地森林区大面积的自然和人工树林，林下空间具有氧气含量高、空气湿度高、小气候稳定等特点，基于上述优势在林下空地养殖鸡、鸭、鹅等动物，充分利用林下空间，控制杂草和虫害，减少饲养成本和肥料使用，还可以增加林木养分，减少养殖污染，改良土壤品质，形成种养结合的良性循环，提升林地经济效益，促进林地产业化。

经济果林是依托岛内种植的果园和果木林，在山地森林区主要栽植脐橙、甜橙、柚子等果树，平坝农业区主要栽植柠檬、荔枝、龙眼、巫山脆李等高价值品种，基于多品种、多季节、少面积的生产优势，广阳岛的果林可以在未来创造良好的经济效益。此外，还在果林套种南瓜、红薯、黄豆等农作物，充分利用林间空地创造更多经济效益。

④ 田地经济模式

广阳岛田地经济主要依托集中连片的“好大一块田”和“高峰梯田”，利用各自的位置优势和环境特点，通过种植和养殖提供生态产品、创造经济价值，实现“田”的产业化。目前，广阳岛借助自身农田资源，主要发展出作物种植、田间养殖、生态旅游等产业项目。

作物种植以面积大、土壤肥、灌溉足的“好大一块田”和“高峰梯田”为主要场地，以集约化的方式实施轮作——春末夏初种植高粱、水稻，秋季收获后，播种油菜花，次年春季形成油菜花海的农业景观，至夏初收获油菜花籽。收获的稻谷、高粱、菜籽可加工为稻米、高粱酒、菜籽油等产品进行售卖，创造一定的经济价值。广阳岛种植的油菜花、高粱等作物广泛采用性状好、产量高、适应性强的新优农业科研品种，其自身独特的地理位置和环境条件为新优品种创造了适宜的生长环境，促进了优良性状的展现。长远来看，广阳岛的大面积农田在创造农业景观、提供农产品的基础上，可借助光热条件好、灌溉充足、管理方便等独特优势，成为新优农产品的试验地，打破农产品种植的单一功能，开辟农田经营的新途径。

田间养殖主要采用稻鱼共生的模式。稻田为鱼类提供生活环境和食物来源，鱼在稻田浅水中以稻花、害虫和杂草为食，产生的排泄物作为天然有机肥为水稻供给营养。这一养殖模式不但充分利用了稻田环境，还有效减少了水稻虫害和草害的发生，避免了化肥和农药的使用，实现了绿色生产，创造了更高的经济价值。

生态旅游主要依托农田景观和作物资源，在不同季节打造独具特色的农田旅游产品。春季可借助300多亩的“好大一块田”组织开展以赏花踏青为主的广阳岛油菜花节。秋季以金穗遍布的“高峰梯田”为主要场地，开展原乡节等生态研学活动，丰富农业旅游的形式和体验。

⑤ 草地经济模式

广阳岛草地经济的主要载体是位于平坝农业区的胜利牧场，牧场面积约677亩，生态修复将原本的土堆、荒地等转变为风光秀美的牧场，通过牧草种植、养殖业、旅游业等多种产业形式，形成以畜禽副产品生产、休闲观光、牧场体验为一体的生态牧场，实现了“草”的产业化。

牧草种植的主要品种包括金牧粮草、黑麦草、白三叶、狼尾草等多类适应重庆本地气候条件的牧草，其不但具有抗逆性强、长势快、自播效果好等优点，还具有产量高、适口性好的特点，是牛羊等家畜的优良饲料。目前，胜利草场收获的牧草可全部用于岛内牲畜的饲养，节省了相关成本，实现了畜牧饲料的自给自足。养殖业主要通过在草场放养骡子、黑山羊、黄牛等家畜，实现牧草资源的就地利用。其不但能促进草场的能量循环，还提高了资源利用效率，减少了管理成本，是一种可持续、效果好的草地资源利用模式。

旅游业通过休闲观光、活动策划、节事举办等形式，以草地为主要载体，开展各类旅游活动。胜利草场作为重庆主城区不可多得的牧场草地，对城市游人具有极高的吸引力，是岛上人气较高的参观游览地之一；同时，依托位于草场内的复原机场跑道，胜利草场可举办航空展、生态集市、趣味活动等一系列形式新颖、体验丰富的旅游活动，带动岛内“生态+旅游”的产业发展。

⑥ 生物多样性

广阳岛最优价值生命共同体的建成，改善了岛上的生物多样性，使植物从383种增加到594种，动物从310种增加到452种，其中最具代表性的是萤火虫的回归。春夏是萤火虫活动的主要季节，广阳岛白鹭湖周边的草丛树林是萤火虫活动的主要区域。萤火虫对生存环境十分敏感，是一种“生态指标”物种，它的回归不但证明了广阳岛生态修复的成效，也激发了岛上产业“生态+”的潜力——通过开展露营、生态研学、主题活动等一系列活动，吸引城市中的人们探秘萤火虫，不但可以形成依托生物多样性打造的广阳岛“生态+旅游”产品，实现旅游业的差异化发展，还可以借此对生态修复与动植物保护进行科普宣传。

此外，广阳岛胜利草场依托多种畜禽吸引观光游览也成了依托生物多样性开展生态产业化的有效实践。牛羊与自然和谐共生、牛背鹭与家畜和谐共处的场景已成为岛上与众不同的风景，不但是城市内不可多得的自然景观，还为广阳岛生态游学、现场教学、科普宣传等旅游活动提供了独一无二的资源。

3）生态风景产业化

广阳岛生态风景产业化是在生态与风景协同发展的前提下，持续提高其生态系统对本区域及周边区域的影响力，增值服务功能，形成绿水青山转化为金山银山的示范样板。通过提升周边土地价值，促进地方产业转型，拉动区域旅游业发展，为当地居民、政府和企业带来更多的社会效益和经济效益。

① 带动土地增值

良好的生态环境和优质的生态服务是促进土地增值的重要因素之一。通过建设广阳岛最优价值生命共同体，呈现广阳岛生态的风景、风景的生态，改善本地及周边区域的生态环境，可使广阳岛成为广阳湾智创生态城、南岸区乃至重庆市的绿色引擎，高效辐射周边区域，以独特的生态环境价值带动土地价值的提升，实现以生态环境为导向的土地增值模式。

② 带动产业转型

广阳岛最优价值生命共同体建设在保护岛屿自然生态系统的原真性和完整性的前提下，按照生命共同体的价值性和有限容量性，以良好生态环境和生态服务为基础，开展了一系列“生态+”的产业发展探索，逐步形成生态+农业、生态+体育、生态+教育、生态+文化、生态+智慧、生态+旅游等生态产业化发展模式，以不同衍生产业带动地方产业转型，实现经济效益发展和生态资源保护的双提升。例如，通过生态种植、农业旅游、农文旅融合等一系列方法，打造“生态+农业”的广阳样板；通过发掘体育基因，采取举办体育活动和赛事的方式，实现“生态+体育”的产业模式探索；通过举行上百次生态研学和现场教学，积极探索“生态+教育”的发展模式。

③ 带动全域旅游

区域生态环境的全面改善与生态风景的不断提升是旅游产业发展的先决条件。广阳岛优越的环境条件和丰富的自然资源可以成为全域旅游发展的重要资源，借助便捷的交通条件和良好的区位优势，在保证生态与风景协同发展的前提下，广阳岛通过增加绿色交通体系和服务驿站体系等设施，结合活动策划与品牌打造。逐步构建食住行游购娱等旅游要素体系，积极探索“生态+旅游”的创新发展模式，将良好的岛屿生态环境转变为适宜的旅游环境，将优越的自然资源转化为独特的旅游资源，实现以全域旅游为核心的生态风景产业化。

4）生态修复产业化

广阳岛生态修复产业化的实践在绿色发展理念的引领下，基于理论创新集成和实践经验总结，形成涉及“绿色规划设计、绿色建设管理、生态技术材料”等领域，涵盖生态修复方法、技术、产品、材料、工法的完整理论与技术体系，通过对广阳岛最优价值生命共同体建设的理论与技术经验进行推广，推动生态修复产业化的实践。

① 绿色规划设计产业化

广阳岛最优价值生命共同体实践从规划、设计和建设三个层面总结归纳出了针对山水林田湖草生命共同体保护与修复的理论方法体系，并在《重庆市长寿区国土空间生态保护修复规划》《重庆市涪陵高新区涞滩河生态修复规划设计》《广阳湾生态城苦竹溪生态修复及品质提》《石柱“三峡库心、长江盆景”生态保护修复》《北京怀柔三岔生态清洁小流域山水林田湖草沙一体化保护修复》《北京密云区古石峪生态清洁小流域治理实施方案》等项目中得到成功应用，是经过实践证明的、具有广泛适用性和可靠实用性的修复理论方法体系，在推动山水林田湖草一体化保护和修复工程方面可产生巨大的经济效益、社会效益和环境效益。

② 绿色建设管理产业化

广阳岛最优价值生命共同体建设经过长期的探索实践，形成了“四端协同”“五总合一”“六核共管”“五抓齐进”的“四五六五”EPC绿色生态管理体系，率先总结形成了既能适应生态修复工程复杂性，又能提高生态修复工程效率的生态系统修复建设管理体系，在《大足石刻大道—香山大道文化品质提升工程（一期）EPC总承包项目》《长江石柱鸡公咀片区综合治理、石柱逍遥半岛片区湿地保护与修复、长江石柱珍稀物种生境保护修复项目EPC》等设计牵头的工程总承包项目中得到应用，可充分发挥设计牵头的技术优势，以设计引领施工并进行现场全过程把控，是生态修复产业化的重要组成板块。

③ 生态技术材料产业化

广阳岛最优价值生命共同体建设针对不同生态要素，基于“护山、理水、营林、疏田、清湖、丰草”和“润土、弹路”八大策略，形成“一种防冲毁田埂”“一种降解水体微污染物的生态砾石驳岸”“一种生态化泥结路”“一种降解水体微污染物的生态砾石驳岸及其施工做法”等生态修复技术专利，实地验证了一批成本低、性能高、效果好的工艺和材料，推动生态修复技术、生态修复材料的产业化，开拓了新的市场。

（2）产业生态化

产业生态化是通过仿照自然生态的有机循环模式构建产业体系，使资源利用效率提高，使环境生态负担降到最小。广阳岛的产业生态化包括第一产业生态化和第三产业生态化，遵循自然生态系统的运行机理，依托生态修复的成果，利用先进技术，建立资源节约型、环境友好型的产业结构体系，形成资源利用率高、能耗低、排放少、生态效益好的新型产业。

1）第一产业生态化

第一产业是以利用自然力为主，生产不经深加工的消费产品或原料的行业，主要包括农林牧副渔等行业。第一产业生态化是推进农业绿色发展转型，破除传统农业、养殖业低效益、高污染等问题的必经途径。广阳岛第一产业生态化的方式包括建设高标准农田、建立高品质牧场和建成高效益果园三个方面。

高标准农田是通过土地整治、土壤改良等措施，将原本的中低产田地和荒地打造为高标准农田，如高峰梯田和油菜花田，现已成为众多新优品种农作物的试验田和农业生态化的承载地、展示地和体验地。广阳岛发展小规模、多品种、高品质的特色农业是因地制宜推动农业生态化的最有力践行。

高品质牧场是利用广阳岛曾在1958年设立市属国有农场“广阳坝园艺场”、成立专业养殖队的历史基础，遵循生态系统整体性及生物多样性规律，坚持以地定畜、以种定养，种植金牧粮草、糯玉米、象草等粮草作物，放养骡子、黑山羊、黄牛等家畜，养殖城口山地鸡、酉阳麻旺鸭等传统家禽，形成巴渝地区集生产、放牧、观赏、体验为一体的现代生态牧场示范地。

高效益果园是通过整理地形、修复溪沟、改良土壤等生态修复措施，广阳岛在高峰果园和果木林，形成以脐橙、甜橙、柠檬、荔枝、龙眼、巫山脆李、柚子等品种为主的果园，并在林间套种南瓜、黄花菜、黄豆、向日葵等农作物，形成具有广阳岛特色的果园风貌，打造集生产、科普、观光、销售为一体的生态果园示范区。

2）第三产业生态化

第三产业主要是指服务型产业，是经济现代化的重要特征。广阳岛第三产业生态化的实践主要依托资源和生态优势，改变传统第三产业的经营模式，切实推动一三产深度融合。实现途径为拓展和延伸岛上农田、果园、牧场的多功能性，从休闲、科普、观光、生态文化等方面挖掘深层价值，打造一批具有广泛影响力的活动和品牌，形成独特的核心价值点。

目前，广阳岛已经依托“生态大课堂”这一品牌形象初步实现生态+农业、文化、旅游、体育、智慧、教育的有机融合，先后举办了原乡节、广阳岛油菜花节、生态露营季等一系列市民喜闻乐见的品牌活动，并以此为基础稳步推进“食住行游购娱”等第三产业的快速发展。此外，广阳岛还聚焦绿色低碳循环，建立了清洁能源、生态化供排水、固废循环利用等高品质生态设施，助力第三产业生态化的实现。

3.7.3 绿色消费

国家发展和改革委员会在2016年发布的《关于促进绿色消费的指导意见》明确指出：绿色消费是以节约资源和保护环境为特征的消费行为，主要表现为崇尚勤俭节约，减少损失浪费，选择高效、环保的产品和服务，降低消费过程中的资源消耗和污染排放。从上述定义不难看出，绿色消费的内涵包括鼓励适度消费，减少消费浪费，引导绿色产品消费，减少消费中的资源消耗和环境破坏等。广阳岛践行绿色消费的方式包括提供绿色消费品、提高绿色能源利用。

1）绿色消费产品

最优价值生命共同体实践通过生态修复重塑了广阳岛山清水秀的生态格局。依托良好的环境和优质的资源，秉持用三产带动一产、用文化内涵提升产品价值、用场景体验带动在地消费、用文创复活传统产业的理念，广阳岛正基于一系列绿色产品逐步实现生态资源向生态资产、生态价值向经济价值的转化。目前，岛上提供的绿色产品主要包括生态农副产品、生态文旅、生态研学等具有显著特色的消费品和服务。

① 生态农副产品

生态农副产品是围绕“生态+农业”模式开发出的一系列农林牧副渔产品，包括瓜果、蔬菜、蜂蜜、菜油、高粱酒等，大部分产品会直接供应到生态餐厅以供市民游客消费，实现农产品从田间到餐桌的商品化升级，避免了包装、运输等流程的资源和能源浪费。

② 生态文旅

生态文旅是在“生态+农业”模式的基础上衍生出的农文旅融合产品，包含了原乡节、广阳岛农产品展示、春岛集市等一系列推广活动，已初步形成具有广阳岛特色的农文旅产品。

③ 生态研学

生态研学是广阳岛“生态+教育”模式的创新实践，包括生态研学课程和生态团建课程，生态研学课程的服务对象为幼儿和青少年，通过观察、探索、游戏等一系列活动实现寓教于乐，培养生态文明习惯与意识的目的；生态团建课程主要向成年人开放，通过趣味游戏、团队活动等传递生态文明知识，感受广阳岛生态文明建设的魅力。

2）绿色能源利用

绿色消费的主要内涵之一就是减少消费中的资源消耗和环境破坏，广泛应用不排放污染、不破坏环境的绿色能源。广阳岛在提供生态产品和服务的过程中，通过建立清洁能源体系、固废循环利用体系和生态化供排水体系等，有力践行了这一理念。

① 清洁能源体系

清洁能源体系是借助生物质能、江水源热泵、地源热泵、水能、风能、太阳能等集成互补的能源利用体系和智慧能源电网，广阳岛实现了100%的清洁能源利用率。

② 固废循环利用体系

固废循环利用体系是将岛内产生的日常生活垃圾全部就地降解分解和循环利用，实现岛内生活垃圾对环境的零排放。

③ 生态化供排水体系

生态化供排水体系是通过分布式雨水资源利用系统实现岛内日常用水的自平衡，通过分布式污水再生利用系统实现岛内污水对环境的零排放。

3.7.4 绿色生活

绿色生活是一种低污染、低能耗、环境友好、生态和谐的生活方式，是充分考虑资源环境承载力，在满足人类自身需求的同时最大程度保护自然资源、栖息地和生物多样性，实现人与自然和谐共生的高品质生活。广阳岛绿色生活的实践主要聚焦于绿色居住、绿色交通和绿色文旅三个方面。

1）绿色居住

绿色居住是秉承绿色低碳理念，采用绿色材料、绿色建造、绿色能源和绿色设施，降低建筑全生命周期碳排放的居住方式。广阳岛所有大型建筑群均以能够节约资源、保护环境、减少污染，最大程度实现人与自然和谐共生的三星级绿色建筑群为目标进行打造，为推行绿色生活方式、践行绿色居住理念、推广绿色建筑技术起到了良好示范作用。广阳岛绿色居住实践的重点内容包括绿色建材、绿色建造、绿色能源、绿色设施四个部分。

① 绿色建材

绿色建材是通过合理使用混凝土、钢材等建筑结构材料，减少能源消耗和资源浪费；通过选用工业化内装部品、可再循环材料、可再利用材料等建材，在提高建造效率的同时减少潜在的环境污染。

② 绿色建造

绿色建造是推行技术创新，积极采用工业化、智能化建造方式，实现工程建设的低消耗、低排放、高质量、高效益。同时，实施科学管理，采用BIM、大数据、物联网、移动通信等信息化技术，组织绿色施工，实现施工管理的信息化和精细化；科学监测施工扬尘、噪声、光、污水、固体废弃物等各类污染物，避免对环境造成污染。

③ 绿色能源

绿色能源是大量采用生物质能、江水源热泵、水能、风能、太阳能等可再生能源，减少对常规能源的依赖，最大程度减少碳排放；同时，通过大规模采用智慧照明、智慧温控等设备，实现能源的高效利用，保证建筑的可持续运行。

④ 绿色设施

绿色设施是指岛内绿色居住的照明系统、水循环系统、空调通风系统等均采用高效节能设备；同时，绿化灌溉、卫生器具等均采用节水设备和技术，实现了水资源的节约和高效利用；雨水花园、水景等室外景观均采用雨水综合利用设施营造水体，实现了雨水的循环利用，并采用先进的生态水处理技术保障水体水质。

2）绿色交通

绿色交通是以减缓交通拥堵、减少环境污染、促进社会公平、推动多元发展为目的，以建设慢行系统和公共交通系统、鼓励使用环保交通工具为主要特征，实现高效智能交通管理的交通运输系统。广阳岛的绿色交通实践主要通过发展公共交通、构建慢行系统、严控燃油车辆入岛来实现。

① 发展公共交通

公共交通是通过提倡低碳游岛，规划环岛公交线路，鼓励市民乘坐公共交通工具入岛参观。环岛公交的接驳站点均设置在岛上的重要节点附近，实现了公交线路对主要区域的全覆盖。同时，为了弥补公交站点距离过远的不足，引入观光车服务，形成长短线互补的公共交通服务体系，保证了公共交通的便利性。

② 构建慢行系统

慢行系统是在发展公共交通的基础上，广阳岛还构建了全天候、无障碍、高连通的慢行交通系统，完善了岛上的交通体系，满足市民对慢行交通出行的需求。慢行系统覆盖了山地森林区、平坝农业区与消落带湿地区的所有节点，为骑行爱好者、徒步爱好者、慢跑爱好者提供了游岛赏景的便利，也使广阳岛成为推广绿色出行、发展绿色交通的优秀范例。

③ 严控燃油车辆

严控燃油车辆是对以公共交通和慢行交通为主的广阳岛交通体系，过多的燃油车入岛会增加交通不便捷性，降低交通安全性，这与绿色交通的意义和目标背道而驰。因此，广阳岛制定了严格的燃油车限制措施，将入岛的燃油车数量尽可能降到最少，保证了绿色交通的实施，实现了对合理交通秩序和安全交通出行的维持，维护了绿色交通的公平性。

3）绿色文旅

绿色文旅有助于引导人们在潜移默化中培养绿色生活方式，树立绿色生活理念。依托良好的生态环境开展绿色文旅活动可以使人们在融入自然的过程中学习自然知识、了解自然规律、敬畏自然力量，实现人与自然的和谐共生，促进人与自然的协同一致。为了推广绿色文旅，提倡绿色生活，广阳岛积极探索实施路径，成功开展了一系列绿色文旅项目，包括生态研学、生态露营、生态集市等。

① 生态研学

生态研学是以学生为中心，以自然环境为课堂，让学生主动提问、主动探究、主动学习的沉浸式户外学习过程，可以帮助学生运用各种感官亲近大自然，其关键是创造相应的环境激发学生探索自然、发现自然的好奇心和求知欲。广阳岛生态大课堂具备山水林田湖草各类生态要素以及山地森林区、平坝农业区、消落带湿地区等各类生境，为生态研学提供了良好的自然环境和优质的教学资源。生态研学通过带领学生探索一景一物的内涵，体会一草一木的魅力，帮助他们在心中播下绿色的种子，建立起最朴素的生态价值观和绿色发展观，以最直接的方式向他们普及绿色生活方式、传递绿色生活理念。生态研学是广阳岛发展绿色文旅、探索“生态+”创新模式不可或缺的一环。

② 生态露营

生态露营是在优美、安静、安全的自然环境中使用帐篷安营扎寨，开展短时户外生活的休闲娱乐方式。依托良好的生态环境，生态露营正逐渐成为广阳岛独具特色的文旅项目，其优势体现在三个方面。其一是营地类型多样，广阳岛具备山水林田湖草各类生态要素，天然形成山林、水岸、林地、湖畔、草坪、江滩等各类露营场地，可以为露营爱好者提供多样的选择；其二是配套活动丰富，除提供露营场地外，广阳岛生态露营还会组织露天星空电影、草坪音乐会、小吃集市等一系列具有广泛参与度和较高认可度的户外活动，为露营增添额外乐趣，创造更多活力；其三是季相变化丰富，生态修复后，广阳岛被划分为山地森林区、平坝农业区和消落带湿地区，三区四季的风景变化可以为露营者创造意外惊喜：春季油菜花盛开，可赏无边花海；夏季杜鹃花绽放，可游绚丽花丛；秋季柑橘类果熟，可享馥郁果香；冬季大草坪碧绿，可览悠远青翠。凭借以上优势，广阳岛生态露营不断吸引更多露营爱好者，品牌影响力显著上升。

③ 生态集市

生态集市是广阳岛在重要节日或景色优美的时节为丰富游客体验、推广绿色产品、打造文旅品牌而开展的临时性互动文旅项目。集市不但售卖稻米、果蔬、蜂蜜等广阳岛有机农副产品，还会邀请糖画、文创、小吃等商家和音乐、绘画等从业者共同参与，为集市注入新鲜元素和更多活力。顺时而设、顺景而立的生态集市不但为市民提供了优质的游览体验，还为广阳岛打造自身文旅品牌发挥了重要作用。

第四章

广阳岛最优价值生命共同体技术体系

陽亭

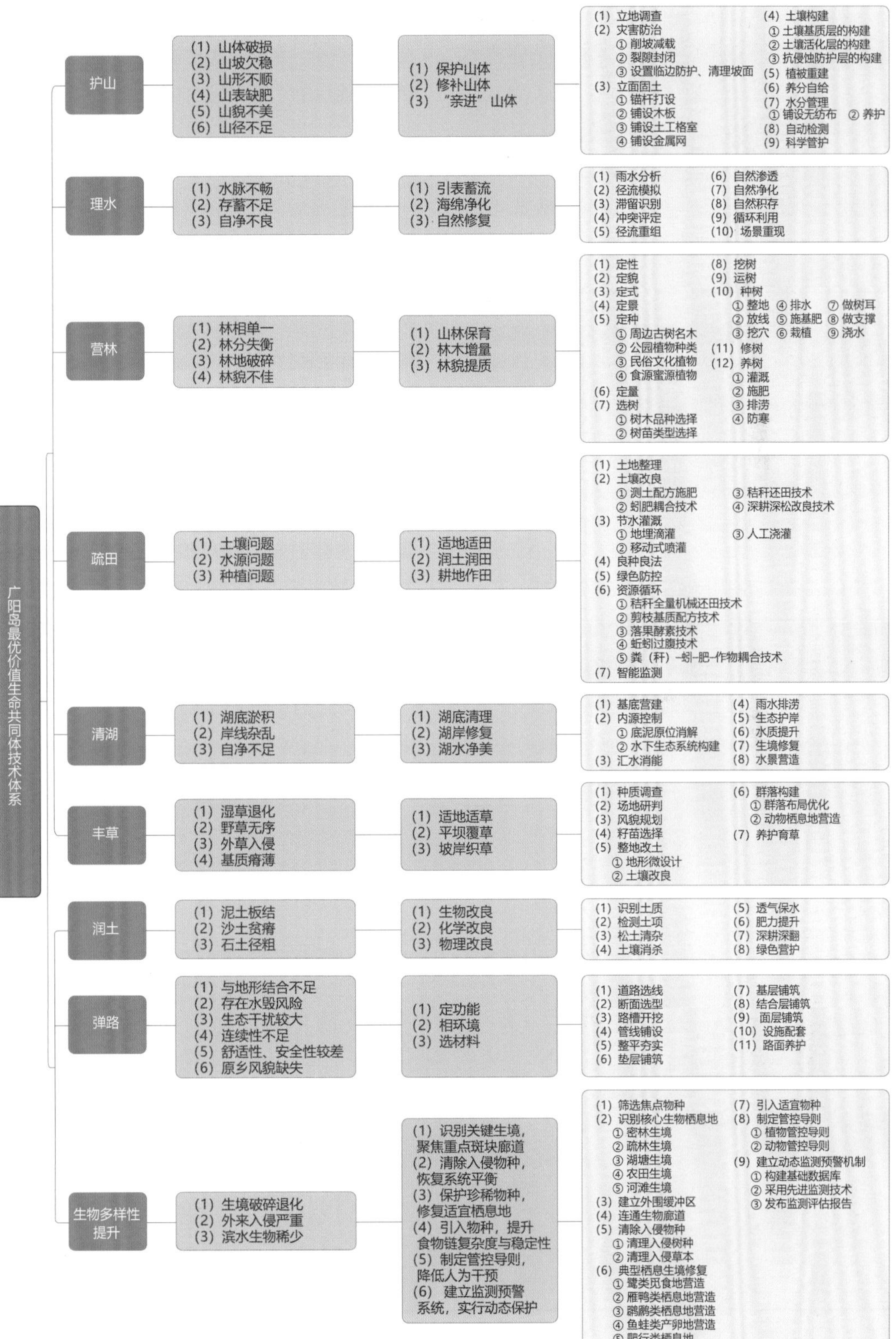
广阳岛最优价值生命共同体技术体系
护山
(1) 山体破损
(2) 山坡欠稳
(3) 山形不顺
(4) 山表缺肥
(5) 山貌不美
(6) 山径不足
(1) 保护山体
(2) 修补山体
(3) “亲进”山体
(1) 立地调查
(2) 灾害防治
① 削坡减载
② 裂隙封闭
③ 设置临边防护、清理坡面
(3) 立面固土
① 锚杆打设
② 铺设木板
③ 铺设土工格室
④ 铺设金属网
(4) 土壤构建
① 土壤基质层的构建
② 土壤活化层的构建
③ 抗侵蚀防护层的构建
(5) 植被重建
(6) 养分自给
(7) 水分管理
① 铺设无纺布 ② 养护
(8) 自动检测
(9) 科学管护
理水
(1) 水脉不畅
(2) 存蓄不足
(3) 自净不良
(1) 引表蓄流
(2) 海绵净化
(3) 自然修复
(1) 雨水分析
(2) 径流模拟
(3) 滞留识别
(4) 冲突评定
(5) 径流重组
(6) 自然渗透
(7) 自然净化
(8) 自然积存
(9) 循环利用
(10) 场景重现
营林
(1) 林相单一
(2) 林分失衡
(3) 林地破碎
(4) 林貌不佳
(1) 山林保育
(2) 林木增量
(3) 林貌提质
(1) 定性
(2) 定貌
(3) 定式
(4) 定景
(5) 定种
① 周边古树名木
② 公园植物种类
③ 民俗文化植物
④ 食源蜜源植物
(6) 定量
(7) 选树
① 树木品种选择
② 树苗类型选择
(8) 挖树
(9) 运树
(10) 种树
① 整地 ④ 排水 ⑦ 做树耳
② 放线 ⑤ 施基肥 ⑧ 做支撑
③ 挖穴 ⑥ 栽植 ⑨ 浇水
(11) 修树
(12) 养树
① 灌溉
② 施肥
③ 排涝
④ 防寒
疏田
(1) 土壤问题
(2) 水源问题
(3) 种植问题
(1) 适地适田
(2) 润土润田
(3) 耕地作田
(1) 土地整理
(2) 土壤改良
① 测土配方施肥
② 蚓肥耦合技术
③ 秸秆还田技术
④ 深耕深松改良技术
(3) 节水灌溉
① 地埋滴灌
② 移动式喷灌
③ 人工浇灌
(4) 良种良法
(5) 绿色防控
(6) 资源循环
① 秸秆全量机械还田技术
② 剪枝基质配方技术
③ 落果酵素技术
④ 蚯蚓过腹技术
⑤ 粪（秆）-蚓-肥-作物耦合技术
(7) 智能监测
清湖
(1) 湖底淤积
(2) 岸线杂乱
(3) 自净不足
(1) 湖底清理
(2) 湖岸修复
(3) 湖水净美
(1) 基底营建
(2) 内源控制
① 底泥原位消解
② 水下生态系统构建
(3) 汇水消能
(4) 雨水排涝
(5) 生态护岸
(6) 水质提升
(7) 生境修复
(8) 水景营造
丰草
(1) 湿草退化
(2) 野草无序
(3) 外草入侵
(4) 基质瘠薄
(1) 适地适草
(2) 平坝覆草
(3) 坡岸织草
(1) 种质调查
(2) 场地研判
(3) 风貌规划
(4) 籽苗选择
(5) 整地改土
① 地形微设计
② 土壤改良
(6) 群落构建
① 群落布局优化
② 动物栖息地营造
(7) 养护育草
润土
(1) 泥土板结
(2) 沙土贫瘠
(3) 石土径粗
(1) 生物改良
(2) 化学改良
(3) 物理改良
(1) 识别土质
(2) 检测土项
(3) 松土清杂
(4) 土壤消杀
(5) 透气保水
(6) 肥力提升
(7) 深耕深翻
(8) 绿色营护
弹路
(1) 与地形结合不足
(2) 存在水毁风险
(3) 生态干扰较大
(4) 连续性不足
(5) 舒适性、安全性较差
(6) 原乡风貌缺失
(1) 定功能
(2) 相环境
(3) 选材料
(1) 道路选线
(2) 断面选型
(3) 路槽开挖
(4) 管线铺设
(5) 整平夯实
(6) 垫层铺筑
(7) 基层铺筑
(8) 结合层铺筑
(9) 面层铺筑
(10) 设施配套
(11) 路面养护
生物多样性提升
(1) 生境破碎退化
(2) 外来入侵严重
(3) 滨水生物稀少
(1) 识别关键生境，聚焦重点斑块廊道
(2) 清除入侵物种，恢复系统平衡
(3) 保护珍稀物种，修复适宜栖息地
(4) 引入物种，提升食物链复杂度与稳定性
(5) 制定管控导则，降低人为干预
(6) 建立监测预警系统，实行动态保护
(1) 筛选焦点物种
(2) 识别核心生物栖息地
① 密林生境
② 疏林生境
③ 湖塘生境
④ 农田生境
⑤ 河滩生境
(3) 建立外围缓冲区
(4) 连通生物廊道
(5) 清除入侵物种
① 清理入侵树种
② 清理入侵草本
(6) 典型栖息生境修复
① 鹭类觅食地营造
② 雁鸭类栖息地营造
③ 鹡鸰类栖息地营造
④ 鱼蛙类产卵地营造
⑤ 爬行类栖息地
(7) 引入适宜物种
(8) 制定管控导则
① 植物管控导则
② 动物管控导则
(9) 建立动态监测预警机制
① 构建基础数据库
② 采用先进监测技术
③ 发布监测评估报告

广阳岛最优价值生命共同体建设通过“护山、理水、营林、疏田、清湖、丰草、润土、弹路、丰富生物多样性”九大策略，创新集成生态领域“成熟、成套、低成本”的技术、产品、材料和工法，形成九类生态修复关键技术集成体系，支撑广阳岛最优价值生命共同体变现落地。

4.1 护山

山是广阳岛森林系统重要的载体，既是陆地生物多样性的富集区和生态系统生产力的高值区，也是全岛水资源与降雨径流的主源地，护好山，则为全岛的林、水、田提供了支撑。

4.1.1 基本类型

广阳岛生态修复护山策略在系统调查2.7km^{2}山体的基础上，按照破坏程度划分为自然型、扰动型、破损型、人工型四大类，按照所处区域的地理特征，细分为坡、坎、崖、坑、坪、坝、堡、垭八亚类，再按照坡度、坡高、结构、质感等宕面情况再细分为二十四小类，每个小类对应具体问题和具体解决措施，由此形成“四八二四护山体系”。

4.1.2 现状问题

广阳岛从“大开发”到“大保护”的过程中，形成两处废弃采石场（西、东岛头废弃采石场）、二十五处裸露崖壁、六个开挖遗留丘包等受损山体和大量的创伤面（崖、坪、坝、坡、坎、堡、垭、坑）。破损山体主要存在以下七个方面的问题。

（1）山体破损

主要表现为露天采坑、高陡边坡、废弃渣堆。露天采坑是历史上露天开采遗留的痕迹，产生了植被破坏、岩土剥离等明显的山体损伤；高陡边坡极易出现风化剥落、掉块落石、崩塌、坍滑等地质灾害，会造成局部山体的损伤；废弃渣堆极易产生滑坡等次生灾害，严重时会造成局部山形地貌的改变。

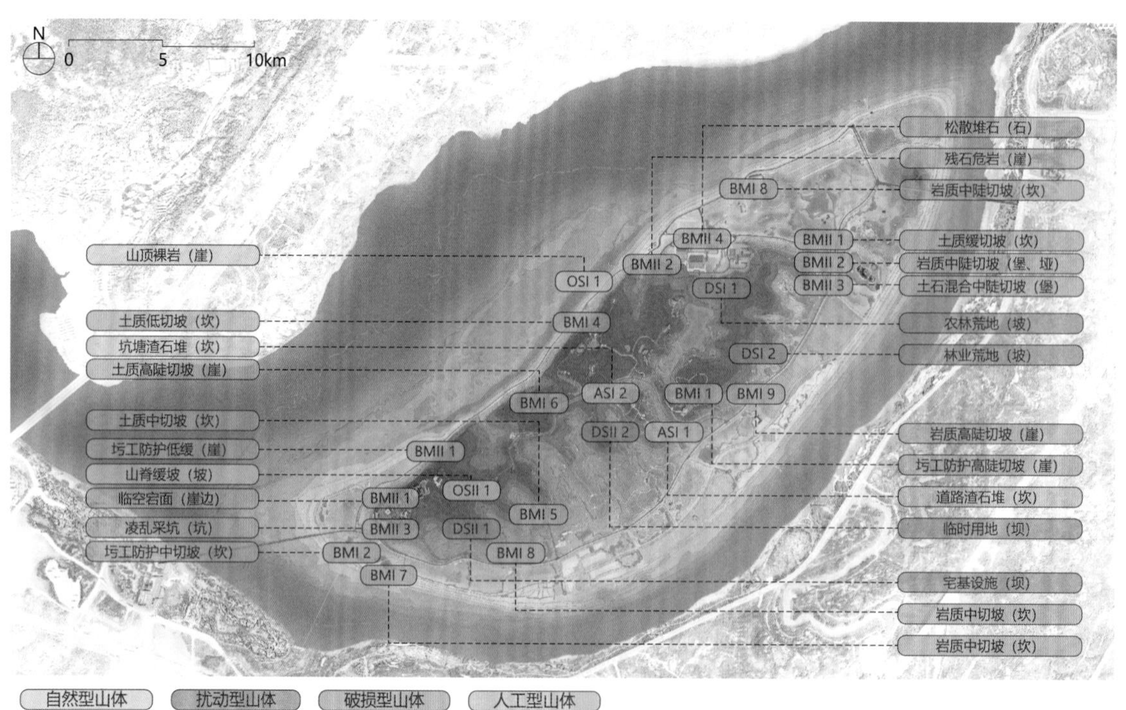

广阳岛不同坡体的分布图

山体破损现状

广阳岛山体分类

序号	分区	大类	亚类	小类	俗称
1	山顶	自然型山体（OS型）	裸岩峭壁（OS I）	山顶裸岩（OS I-1）	崖
2			自然缓坡（OS II）	山脊缓坡（OS II-1）	坡
3		扰动型山体（DS型）	农林荒地（DS I）	农耕荒地（DS I-1）	坡
4				林业荒地（DS I-2）	坡
5			建筑弃地（DS II）	宅基/设施（DS II-1）	坪
6				临时用地（DS II-2）	坪
7	山坡	破损型山体（BM型）	道路切坡（BM I）	圬工防护高陡切坡（H>30m, >45°；BM I-1）	崖
8				圬工防护中切坡（10m<H≤30m; BM I-2）	坎
9				圬工防护中切坡（H≤10m; BM I-3）	坎
10				土质低切坡（H≤10m; BM I-4）	坎
11				土质中切坡（10m<H≤0m; BM I-5）	坎
12				土质高陡切坡（H>20m, >45°；BM I-6）	崖
13				岩质低切坡（H≤10m; BM I-7）	坎
14				岩质中切坡（10m<H≤20m; BM I-8）	坎
15				岩质高陡切坡（H>30m, >45°；BM I-9）	崖
16			露天矿坑（BM II）	临空宕面（BM II-1）	崖
17				残石危岩（BM II-2）	崖
18				凌乱采坑（BM II-3）	坑
19				松散堆石（BM II-4）	石
20		人工型山体（AS型）	排土石场（AS I）	道路渣石堆（AS I-1）	坎
21				坑塘渣石堆（AS I-2）	坎
22	山脚	破损型山体	残留山体（BM IIII）	土质缓切坡（<45°；BM III-1）	堡
23				（BM型）	堡、垭
24				土石混合中陡切坡（10m<H≤30m，>45°；BM III-3）	堡

（2）山坡欠稳

主要表现为浅表层滑塌、水土流失。表层滑塌是局部山坡脱离母体下落的现象，是典型的边坡失稳现象，具有较大的安全隐患。

山坡欠稳现状

（3）山形不顺

主要表现为蓄水不足、径流为害。部分山形崎岖、坡度陡峭、植被稀少的山体在降雨时无法蓄积山地径流，会形成冲刷力较强的坡面流，对山地水土保持造成严重威胁。

（4）山表缺肥

主要表现为部分山体出现表层风化，导致土表疏松、土层稀薄；加之长时间的降雨冲刷与径流侵蚀，最终导致土壤贫瘠、肥力下降。

（5）山貌不美

主要表现为山体损坏与山坡失稳导致的植被破坏与植物种类单一，加之各种地质灾害对山体的生态环境的影响，导致局部山体形貌不佳、形态受损。

山貌不美现状

（6）山径不足

主要表现为部分适宜游憩的山体交通不畅、可达性较差，休憩不便。

4.1.3 护山措施

护山作为最优价值生命共同体建设的第一步，对推动广阳岛自然保护与生态修复的规划落地起着重要作用。广阳岛生态修复的“护山”策略在深入调查广阳岛自然资源和生态空间的基础上，创造性地提出了“保护山体、修补山体、‘亲进’山体”三大护山措施，旨在以基于自然的解决方案理念提高生态承载能力，改善生态环境，恢复生态功能。

（1）保护山体

广阳岛护山措施的第一步是保护未受损的山体，提高生态承载力，主要包括以下五种方式：

1）保护整体山形山势，丰富林带轮廓；

2）划定红线，限制开采、建设活动，限制倾倒垃圾、渣土等行为，加强山体留水固土功能；

3）保护自然崖壁，划定安全空间，增强隐蔽防护措施；

4）保护自然沟谷，适当架空栈道；

5）保护自然景石，借石造景。

（2）修补山体

在保护山体的基础上，根据山体边坡的形态、地层组成以及岩层风化程度等地勘资料确定边坡自身稳定性。针对不稳定边坡，在保证结构安全的前提下，进行生态修补；针对可以自稳的山体，根据岛内不同环境特征，因地制宜地采用十一种修补山体方式。

1）采用布置建筑的方法填补东、西岛头深坑，梳理山体结构，复现山脊，完善山势，营造山水格局。

2）填土修补西岛头废弃采石场深坑西侧，修复宕面，修补山形。

3）东岛头废弃采石场深坑内建筑屋顶覆土复绿，修补东岛头山形，山林相映。

4）综合示范地拆路回填修补山体，延续山脉。

5）对于高度大于20m且坡度大于45° 的砂质泥岩高陡切坡自然风化岩层，稳固高边坡浅表层，重建土壤生境，重塑坡面植物群落。

6）对于高度大于30m且坡度大于73° 高陡切坡，硬化圬工，固土涵水，重建土壤生境，重塑坡面植被景观。

7）对于高度10~20m且坡度大于45° 的风化中切坡，重建土壤生境，提高植物多样性。

8）对于高度10m以下且坡度大于45° 的碎石低切坡，封闭碎石土壤，固土壤、增养分，营造植被景观多样性。

9）对于土堆边坡，以抗侵蚀防护为主，重建植被景观。

10）针对硬地，以柔化为主，随弯就曲，营造景观。

11）针对裸地，以美化为主，达到局部形成“露”与“绿”的自然景石美化效果。

（3）“亲进”山体

广阳岛山体生态修复以满足生物多样性需求和人民美好生活需要为最终目标，因此“亲进”山体是广阳岛护山的重要策略之一。依据客流线路，结合全岛的交通规划，对“亲进”山体的步道进行规划设计；通过依山就势的方式，利用碎石、青砂岩板等生态材料适当增加山体生态步道，使人“亲进”山体，与自然和谐共处。

4.1.4 方法步骤

广阳岛护山以“保护山体，修补山体，亲进山体”为策略，结合广阳岛山体“4824”立地条件分类体系，通过“轻梳理、浅介入、微创修复、系统修复”的方法，提出了“立地调查、灾害防治、立面固土、土壤重建、植被重建、养分自给、水分管理、自动监测、科学管护”九大步骤进行护山。同时，针对不同创面损伤情况研发出一体化植被再造技术（分为I型和II型）、上爬下垂中点缀滴水护坡技术以及生态锚杆护坡技术等相应的技术方案。

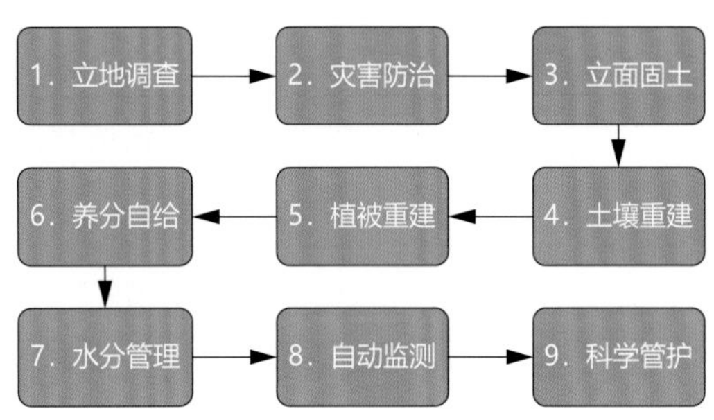

护山常见步骤图

（1）立地调查

立地调查主要包括资料收集、现场调查以及施工条件调查。其中现场调查主要是对坡面及周边地质、水文、土壤、植物、立地条件及工程措施等进行调查。同时，针对复杂坡面，在明确山体立地分类标准的前提下，结合山体的坡度和坡质，将修复山体分成若干类型，以便有针对性地开展护山修复。

广阳岛边坡立地条件分类

依据	类别	坡面特征
不同位置	山顶	主要包括山顶和山肩，对应着坪和崖，其中山顶<15°，15° ≤山肩≤45°
	山坡	主要包括背坡和麓坡，对应着坡和坎，其中背坡>45°、15° ≤麓坡<45°
	山脚	主要包括趾坡和冲击地，对应着坝垭堡坑，其中，趾坡<15°、冲积地<2°
开发强度	自然型山体	由地壳运动或者侵蚀等原因造成的自然边坡，分布在山顶受人为干扰较少的地方，主要包括裸岩峭壁和自然缓坡
	扰动型山体	人类活动对表层岩土体有扰动，但不影响山体结构，主要包括农林荒地和建筑弃地
	破损型山体	工程建设等人类活动改变了山体的结构，主要包括道路切坡、露天矿坑以及残留山体
	人工型山体	由于道路填方、堤坝、排土石场等人工重构形成的山体，主要指的是排土石场

续表

依据	类别	坡面特征
地层岩性	土质边坡	由砂壤土、黏质土或壤土组成的边坡，几无岩石
	岩质边坡	由岩石组成的边坡，几乎无土壤
	土石混合边坡	由岩石和土壤混合堆积而成的边坡
	圬工防护边坡	由砖砌、片石砌筑而成的边坡防护结构
坡度	平地	平地<5°
	缓坡	5° ≤缓坡<35°
	陡坡	35° ≤陡坡<70°
	直立坡	直立>70°
坡高	低坡	低坡≤10m
	中坡	10m<土质中坡≤20m，10m<岩质中坡、圬工防护中坡、土石混合中坡≤20m
	高坡	土质高坡>20m，岩质高坡、圬工防护高坡>30m

（2）灾害防治

在立地调查的基础上，灾害防治是结合山体原有特点，依托山体损毁方式，通过有序坡面清理和土地整形等措施，最大程度地防治地质灾害、抑制水土流失，缓解和消除对植被恢复以及土地生产力提高有影响的灾害性限制性因子。

首先，需要做好边坡支护防护工作，如及时封堵深大裂隙，清除松动危岩体，重点治理滑坡、崩塌、泥石流等不良地质作用易发段，确保生态修复工作能够在稳固可靠的边坡体上开展。其次，需要做好稳定性分析工作，结合高陡岩土边坡修复过程中可能遇到的问题，提前制定好相应的解决措施，有效减少边坡结构失稳现象，提升高陡岩土边坡的生态环境修复效果。常见的灾害防治方式有削坡减载、裂隙封闭以及设置临边防护、清理坡面。

1）削坡减载

消除坡顶松散土层、危险岩体，并沿坡顶设置一定宽度的马道平台，马道向坡顶线倾斜，削坡土石方坡脚反压回填。削坡以消除潜在的灾害隐患和边坡地形整理为主，特别要处理好坡顶排水问题。山体基部回填土的种植技术是针对山区采石坑等造成的山体基部不稳及破损面的坡度过大、岩石裸露及松动等问题，以及对山体周围环境造成不安全因素采取的有效措施。通过回填基部覆土，使其达到符合造林地块的

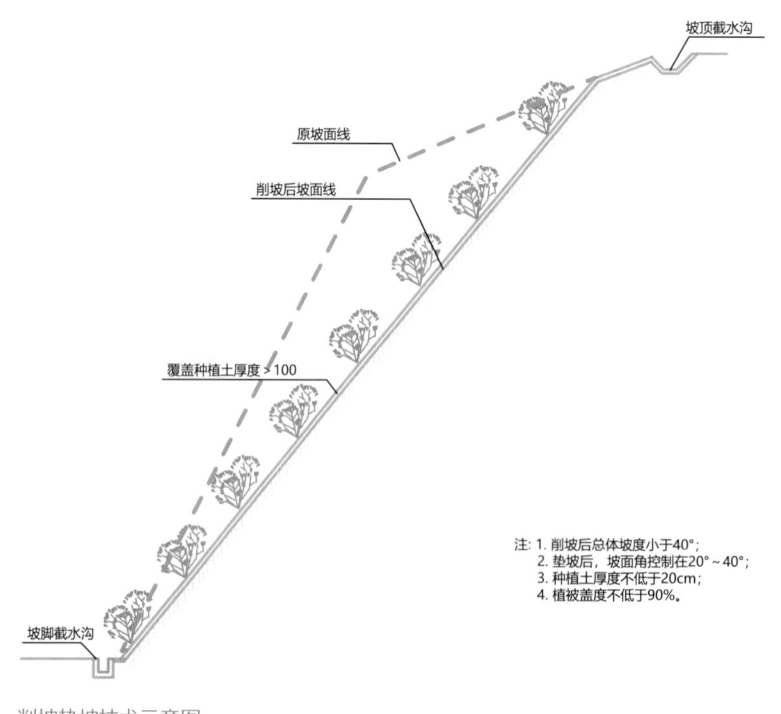

削坡垫坡技术示意图

种植条件，并在底部砌筑挡土墙，防止回填土的滑落以及水土流失，再通过有效种植来遮挡和修复破损的山体。采用爆破、机械或人工方式进行削高填低、就近回填，清除变形体、浮石、滑坡、崩塌等隐患，主要措施为削方、坡面整形与回填、植生袋堆叠等。

2）裂隙封闭

采用新型材料水性聚氨酯树脂实施防渗封闭，对裂隙浅层2~3cm进行深度人工清理，采用专用喷涂设备，将浓度为20%的聚氨酯材料反复多次喷射入裂隙内，形成柔性和弹性的封闭袋。

3）设置临边防护、清理坡面

人工挂安全绳、系安全带在坡面垂直作业，首先对原有植被采取保护措施，然后将坡面上的杂草、碎石等影响工程施工的杂物清除、回收并外运至指定场地。

（3）立面固土

植物的生长需要一定厚度的有效土壤，通常单独或者联合使用整体式U形钢钉焊接型土工格室、高强度无纺布缝合型土工格室、金属网、植物纤维草毯，结合钢筋锚杆或者白蜡杆在坡面，构建符合设计要求的有效土壤层并稳固边坡浅表层，主要有以下四个步骤。

1）锚杆打设

一体化植被再造护山技术I型锚杆采用自进式注浆锚杆。其中，主锚杆为Φ32自进式锚杆，间距为2m×2m，锚固深度为300cm；辅锚杆为Φ25自进式锚杆，间距为50cm×50cm，锚固深度为200cm，呈梅花状分布于主锚杆之间。一体化植被再造护山技术II型锚杆采用钢筋锚杆，主锚杆采用Φ25钢筋加工成L形锚杆，间距为2m×2m，锚固深度为200cm；辅锚杆采用Φ16钢筋加工成L形锚杆，间距为50cm×50cm，锚固深度为100cm，呈梅花状分布于主锚杆之间。

2）铺设木板

一体化植被再造护山技术I型锚杆注浆后，在锚杆上铺设长条木板，木板与锚杆用铁丝固定，用以增加土层厚度。

3）铺设土工格室

土工格室的横向抗拉强度≥20kN/m，纵向抗拉强度≥120kN/m，双向对应延伸率≥15%，连接方

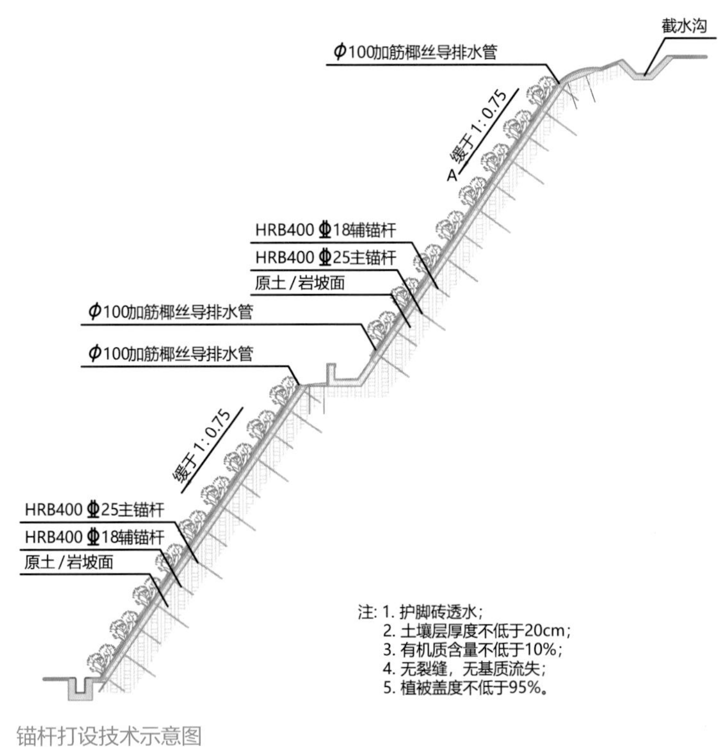

锚杆打设技术示意图

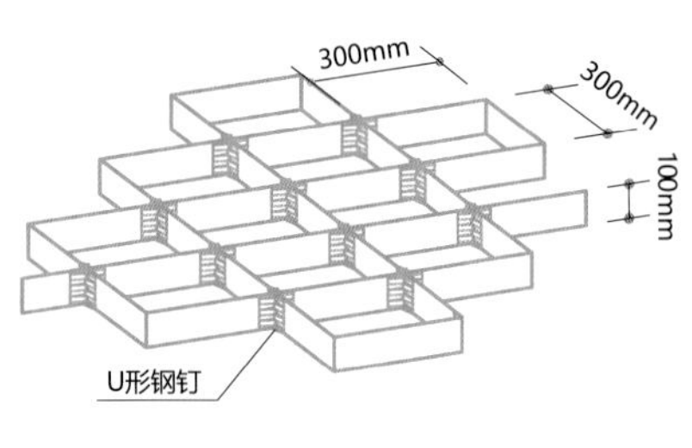

土工格室ANE-IV俯视图

分层示意图

土工格室示意图

式采用镀锌防腐处理 U 形钢钉焊接编织。土工格室铺设应该贴紧坡面并与锚杆固定好，且完全张开成正方形，2条对角线相等。

4）铺设金属网

金属网采用丝径Φ2.6，网孔5cm×5cm的镀锌铁丝网，铁丝网自上而下铺设，相邻2卷铁丝网重叠搭接，搭接宽度不少于2个网孔，并用铁丝连接固定，确保铁丝网随坡就形，贴紧坡面。

（4）土壤构建

土壤构建是以山体损毁土地的土壤恢复或重构为目的，应用工程措施及物理、化学、生物等改良措施，重新构造一个适宜的在较短时间内恢复和提高土壤生产力的土壤剖面与土壤肥力条件，消除和缓解对植被恢复和土地生产力提高有影响的障碍性因子。土壤重构是山体生态系统恢复重建的核心，按照喷播先后顺序，主要包括土壤基质层、土壤活化层和抗侵蚀防护层的构建。

1）土壤基质层的构建

土壤基质层主要包括土壤改良木质纤维、长效多孔陶粒石、高效有机质产品、粘结剂、保水剂等材料，具有高附着性、耐冲刷性等物理性能，为植物生长提供所需的结构和养分，帮助实现长期护坡效果。

以一体化植被再造护山技术基质层为例，其Ⅰ型基质层喷附材料有种植土、稻壳、保水剂、粘结剂、有机质养分产品、长效多孔颗粒、土壤改良木质纤维。Ⅱ型基质层喷附材料有种植土、有机质养分产品。构建土壤基质层主要包括三个过程：一是种植土到场后，采用人工配合铲车、筛土机进行过筛，筛除粒径≥2cm的大颗粒杂物，筛土时做好抑尘相关措施；二是采用专用的喷播设备，严格按照设计要求控制喷播厚度，将混合好的基质层喷附于岩质坡面作为基底，喷播作业过程中控制水压和水量，防止溅蚀、过喷径流；三是采用挖掘机、吊车机械覆土，每覆盖一层，洒水沉降。

其中，对于基质层各材料的具体要求如下：土壤改良木质纤维是一种复合配方木质，产品须符合《喷播用木质纤维》（LY/T 2142—2013）行业标准；长效多孔陶粒石主要成分须为煅烧处理后不膨胀的伊利石和硅质黏土，孔隙率达74%，20年内损失不超过4%；有机质养分产品中有机质含量需要达到45%~60%，不应含任何有害物质，应无毒副作用，为植物生长提供速效和长效养分。

2）土壤活化层的构建

土壤活化层以微生物为主，主要目的是通过提高土壤生物活性，降解凋落物，提供植物生长所需的速效氮、速效磷、速效钾和有机质，增加土壤肥力。土壤活化层为乡土土壤细菌悬浮液产品。

3）抗侵蚀防护层的构建

抗侵蚀防护层主要是由抗侵蚀木质纤维、草灌组合种子和复合肥所组成。抗侵蚀木质纤维作用于土壤表面形成土壤保护纤维层，且能与土壤紧密结合形成连续、多孔、吸水和柔性的抗侵蚀覆盖层，保护坡面土壤不会因雨水或其他水作用而造成水土流失。同时可以促进植物种子的萌发，提高坡面植被生长的均匀性。抗侵蚀防护层产品须符合《喷播用木质纤维》（LY/T 2142—2013）行业标准。

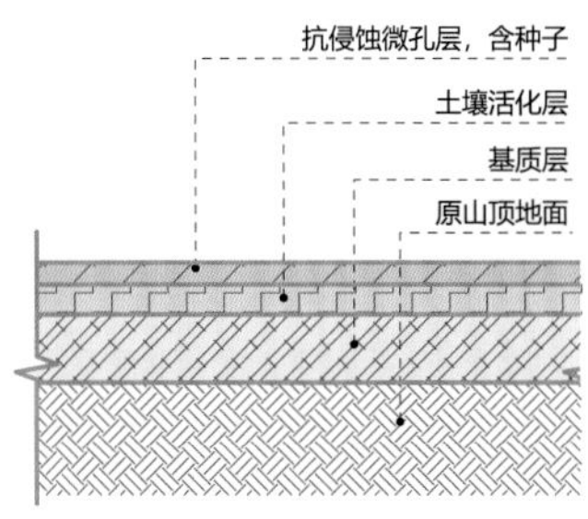

抗侵蚀防护层示意图

（5）植被重建

植被重建是在地貌重塑和土壤重构的基础上，针对山体不同损毁类型和程度，综合气候、海拔、坡度、坡向、地表物质组成和有效土层厚度等条件，人工重建集水土保持、美化景观和消解环境污染于一体的多功能植物群落，突出乡土优势物种的建植优势和乡土适生群落的优势。植被重建主要包括植被选择、植物配置以及基质配置三个步骤。其中植物选择应优选乡土树种以及覆盖能力强、根系发达、抗逆性强的植物；植物配置类型以乔、灌、草、藤结合的配置模式为主。

（6）养分自给

为实现山体边坡植被重建后植被群落的长效性，需要利用乡土微生物增强土壤生物活性。其主要包括ANE-Ⅱ、ANE-Ⅲ微生物菌剂等产品，成分是专为低有机质、低营养水平和有限的生物活性的土壤设计的生物材料基质，旨在加速土壤修复，使贫瘠土壤植物生长发挥最大潜力。

（7）水分管理

1）铺设无纺布

喷播抗侵蚀防护层后，在坡面覆盖无纺布，采用亲水性无纺布，减少蒸发，增温保墒，促进种子萌发。养护布需沿重叠处压牢，避免被风刮开，衔接处需保证有30cm长度的重叠。

2）养护

初次浇水须浇足，但不得在边坡上形成冲蚀，根据季节、植物长势、坡面立地状况等因素综合调整，科学管养，养护期为2年。采用容量为12m^{3}的水车，将花洒型喷头向上倾斜35°~45°，自左向右、自右向左反复均匀喷播养护用水至坡面，至水分满足养

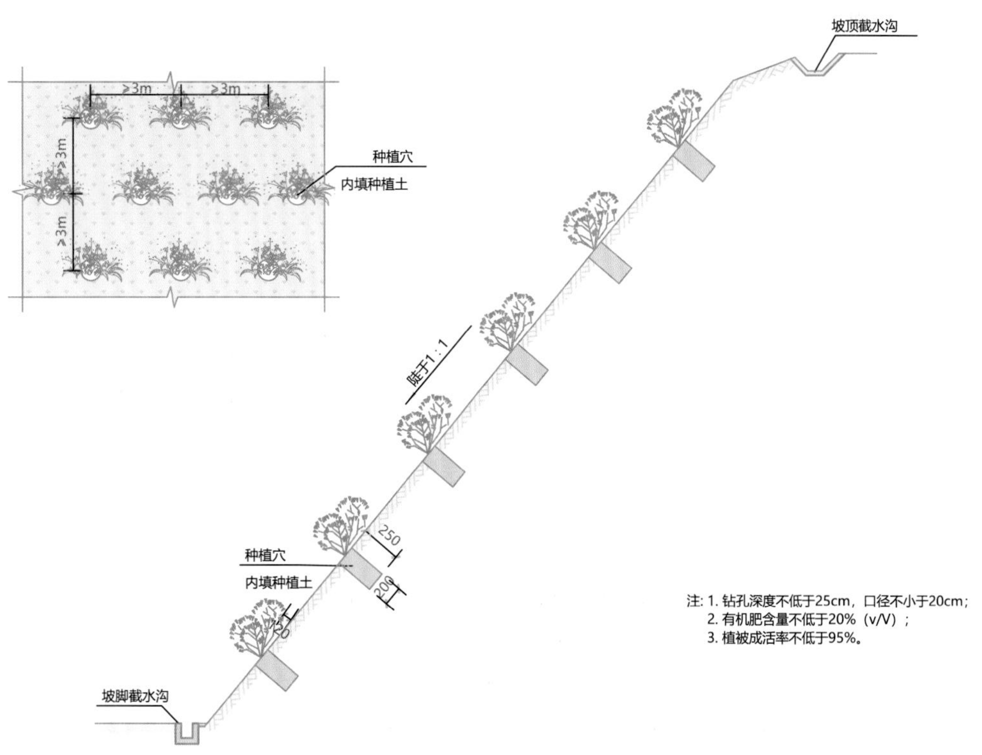

上爬下垂中点缀滴水护坡技术示意图

护要求。灌溉系统安装完毕后，采用灌溉系统智能养护。

（8）自动检测

生态护坡智能监测系统是为了支撑生态护坡科学管养，以及保证护坡工程的稳定安全而推出的一套自动化监测系统。采用北斗高精度定位技术、传感器技术、光学测量技术、摄影视频技术、大数据技术等高科技手段，实时采集生态护坡工程的土壤含水率、植生层位移、坡体表面位移、坡体深层位移、护坡工程结构健康数据以及微环境气象等方面数据，通过传输模块实时传输到后台，建立生态护坡的大数据平台，对生态护坡实时进行体检与全面评估，以数据支撑生态护坡的管养，实时发现安全问题，消除安全隐患，并提供安全预警与报警服务。

（9）科学管护

确保边坡植物的成活和正常生长发育，需对其进行肥水管理、缺苗修补、防病虫害以及其他辅助管理措施等日常养护。一般后期需要养护2~3年，待植物逐渐步入良性的演替过程后，以后靠自然雨水维护水分和养分循环。前期养护6个月应精细管养，主要工作内容包括灌溉、防病虫害、补植、设施维护等，具体要根据地表土壤墒情及时浇水。后期管养1年，养护内容包括旱季补水、灌溉、设施维护、适当施肥、清理死树、缺苗补植、病虫害防治等工作。

4.2 理水

水是广阳岛生态系统中“水和土”两个本底要素之一。水既可以灌溉各类植物，滋养各种动物，又可以改善微生物环境，提高土壤物理性能，理好“水”为全岛生态要素的改善与提升提供了基础条件。

4.2.1 基本类型

广阳岛陆地总面积约9000亩，其中山地面积约占总面积的45%，因此广阳岛理水以山地水系为主，平原水系为辅，根据水资源本底现状，梳理形成十八处自然溪流及九处湖塘，以溪流为汇水路径，湖塘为

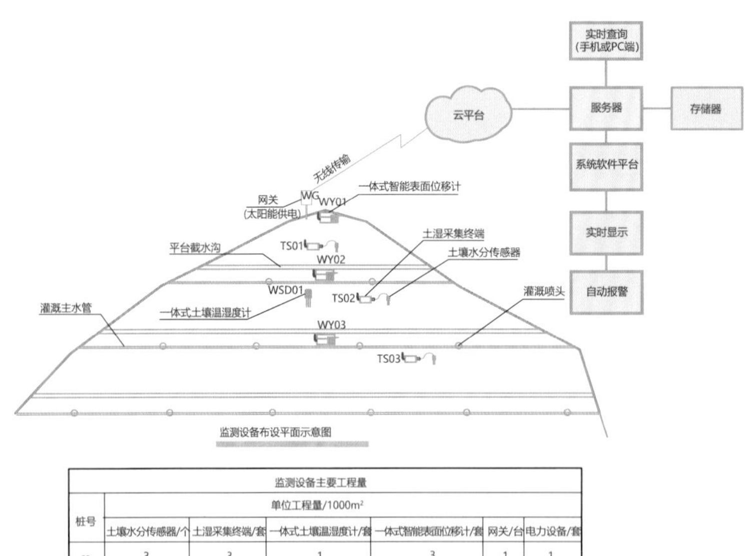

监测设备主要工程量						
桩号	单位工程量/1000m²					
	土壤水分传感器/个	土湿采集终端/套	一体式土壤温湿度计/套	一体式智能表面位移计/套	网关/台	电力设备/套
--	3	3	1	3	1	1

说明:

1.系统原理：土壤湿度和相对位移采集终端采用LoRa组网传输数据，设备将采集的土壤湿度以及相对位移数据定时定点发送给网关，网关将数据传输到云服务器平台，用户可以通过联网设备（如手机、电脑PC端等）直接查看土壤湿度值以及相对位移值。

2.分布方式：土壤水分传感器3个，安装在每一级坡面的中上部，据坡面平台3m，按照中部偏右斜线分布；拉伸位移传感器3个，安装在每一级坡面平台的中部坡顶，按照中部直线往下分布，传感器拉线距离2m；网关1台，安装在边坡坡顶。

3.供电方式：网关采用太阳能板供电；采集终端采用电池供电。

4.各设备具体布设方式及数量由坡面特征决定，可进行调整。

注：1．可靠性＞99.9%；
2．静态平面：±2.5mm+0.5ppm；
3．静态高程：±5mm+0.5ppm；
4．动态平面；±8mm+1ppm；
5．动态高程：±15mm+1ppm；
6．短信报警：实时。

智能监测系统示意图

蓄水场地，二者结合，满足岛内用水需求。

十八溪：桂花溪、梧桐溪、青苔溪、腊梅溪、包谷溪、芭蕉溪、花椒溪、桃花溪、枇杷溪、山茶溪、芦竹溪、甜橙溪、栀子溪、紫薇溪、水芹溪、巴茅溪、黄葛溪、高粱溪。

4.2.2 现状问题

广阳岛作为长江上游面积最大的江心岛，在大开发前具有“九咀十八湾”的水文地理特征，滞蓄空间丰富，总滞蓄量最高可达59万m^3。大开发时期的平场整治破坏了岛上的天然水文过程，道路等市政设施建设更切断了原有水系，使得全岛九湖十八溪均遭到不同程度的干扰，并面临水脉不畅、存蓄不足、自净不良三大挑战。

（1）总体问题

1）水脉不畅

大开发时期的平场修路与市政基础设施建设，破坏了原有水系，切断了地表径流与湖塘之间的联系，导致溪流断流、湖塘孤立、水网破碎、水系统的原真性与完整性被破坏、滨水与水下生态系统退化严重等问题。

广阳岛水体现状——水脉不畅

2）存蓄不足

广阳岛属亚热带季风性湿润气候，降雨年际、月际不均。大开发时期的毁塘填湖，导致大量湖塘、水田淤积，全岛调蓄能力降低至39万m^3，较开发前减少33%。大量径流因此直接排入长江，雨水资源利用率较低。

十八溪分布图

广阳岛水体现状——存蓄不足

3）自净不良

由于水体连通性差，且缺少清洁水源补充，岛上大量水体呈季节性干涸状态，致使水动力不足，水生生境逐步退化，自净能力濒临丧失。在地表面源污染与底泥内源污染的双重影响下，广阳岛水质普遍较差，局部水体水质低于地表 IV 类水标准。

广阳岛水体现状——自净不良

（2）分区问题

广阳岛十八条主要自然溪流根据受干扰程度与现状问题严重程度可划分为四类：

I类溪流，指形态基本完整，结构功能无退化风险的溪流，包括桂花溪、马桑溪、青苔溪、腊梅溪四条溪流；II类溪流，指形态相对完整，结构功能有退化风险的溪流，包括包谷溪、蘑菇溪、花椒溪、桃花溪四条溪流；III类溪流，指问题相对较轻，结构功能受损较轻的溪流，包括木耳溪、山茶溪、芦竹溪、甜橙溪、朴树溪五条溪流；IV类溪流，指问题相对较大，结构功能明显退化的溪流，包括紫薇溪、水芹溪、巴茅溪、黄葛溪、高粱溪五条溪流。

I类溪流位于广阳岛山地的密林中，具有原生植被完好、地形地貌完整的特征，长期以来罕有人迹，因此受干扰程度极低。这些溪流所在的山体冲沟虽然受到了高位湖塘与水量季节性变化的影响，但仍保留了完整的生态结构与健全的生态功能，是重要的生态保护对象。

II类溪流主要分布于广阳岛山地东侧，具有植被丰茂，溪塘丰富的特征。这些溪流受到的人为干扰主要来自大开发之前原住居民的各类活动，干扰烈度相对较低、受损程度相对较小，但仍具有较高的退化风险。主要问题是上游径流廊道阻滞与溪塘滞蓄功能受阻引发的溪流调蓄功能下降。

III类溪流位于广阳岛山地南侧，是原有村庄、梯田主要分布的区域。溪流上游谷地长期的住宅建造与农田开垦以及下游市政道路的修建阻断了径流廊道，导致水脉不畅，使原本常年流淌的山涧溪流转变为只有在雨季才能汇集溪水的间歇性溪流，严重影响了溪流的自净能力与雨洪调蓄能力。

IV类溪流位于广阳岛山地的西侧与东侧。西侧溪流受历史上露天采矿的影响导致上游出现地貌变化明显，植被退化严重，径流廊道受阻等较严重的问题；东侧溪流由于村庄建设、地貌复杂、道路修建等原因，出现了径流廊道中断、溪塘被毁较多等问题，上述问题显著影响了水脉通畅，降低了存蓄功能，导致溪流生态功能出现较严重退化。

4.2.3 理水措施

针对广阳岛水体水脉不畅、蓄水不足、自净不良的本底条件，采取引表蓄流、海绵净化、自然修复三项措施理水。具体利用ArcGIS 技术，模拟全岛地表径流方式，划分雨水分区，分析现状蓄水区域和潜在蓄水区域，恢复因大开发而被切割的水脉，再现自然水文循环过程，综合应用水资源、水

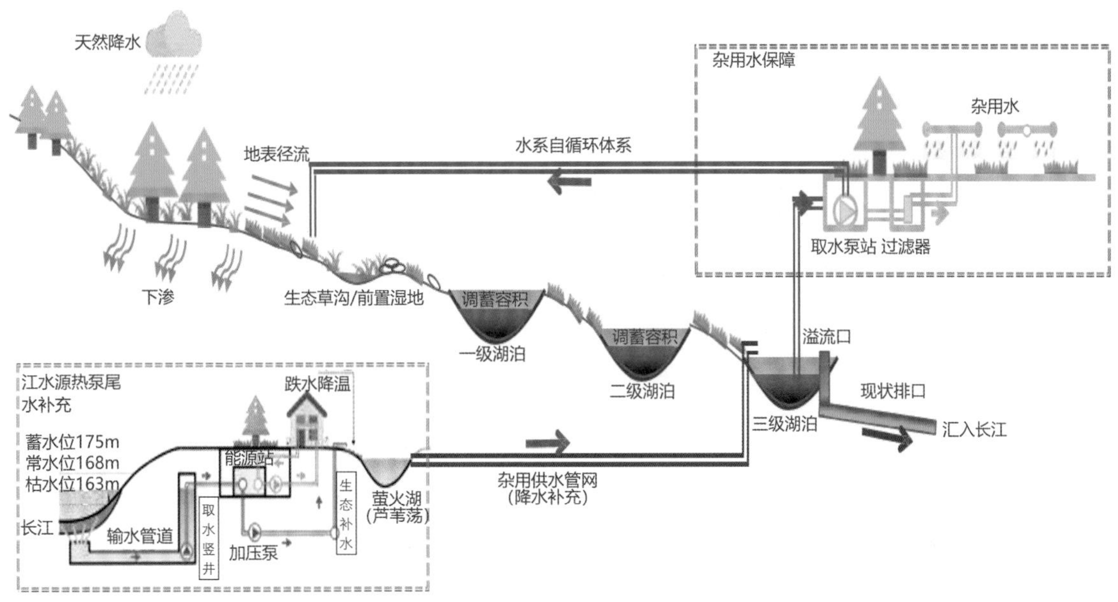

广阳岛水循环路径

生态、水环境相关技术，联通岛内水循环路径，还原岛内雨水自然积存、自然渗透、自然净化的能力，修复岛内九湖十八溪水系布局，实现“水秀”修复目标。

（1）引表蓄流

引表蓄流即针对岛内水脉不畅，存蓄不足的问题，以顺应自然的态度引导地表径流，存蓄雨水资源。首先通过 ArcGIS 技术模拟全岛地表径流路径，恢复因修路而被切割的十八溪及其他重要径流廊道。再依据山岭和地形划分汇水分区，在遵循自然汇水规律的前提下利用岛内湖塘湿地存蓄地表径流，最终实现雨水的自然流动、自然积存与自然渗透，再现自然水文循环过程。

（2）海绵净化

海绵净化即针对岛内自净不良的问题，采取纯生态、海绵化的手段净化水质。通过恢复湖塘水系的滨水与水下植物群落，提升水体的自净能力；通过栽植苦草等具有较强吸附能力的水生植物，解决富营养化问题；通过投放经过驯化培养的浮游动物，抑制水体藻类的生长，解决水体透明度问题，最终实现全岛水体的水质提升。

（3）自然修复

自然修复是在引表蓄流、海绵净化的基础上，以基于自然的解决方案进一步修复滨水与水下生境，再现水系统的原真性与完整性。通过丰富水下地形，为多样化的生境打下基础；在深水区选用耐弱光、植株高大的沉水植物，形成鱼类与微生物和谐共存的“水下森林”；在浅水区通过高草与食源植物的搭配，为鸟类、两栖类提供最佳栖息地，最终呈现“清水绿岸，鱼翔浅底”的理想场景。

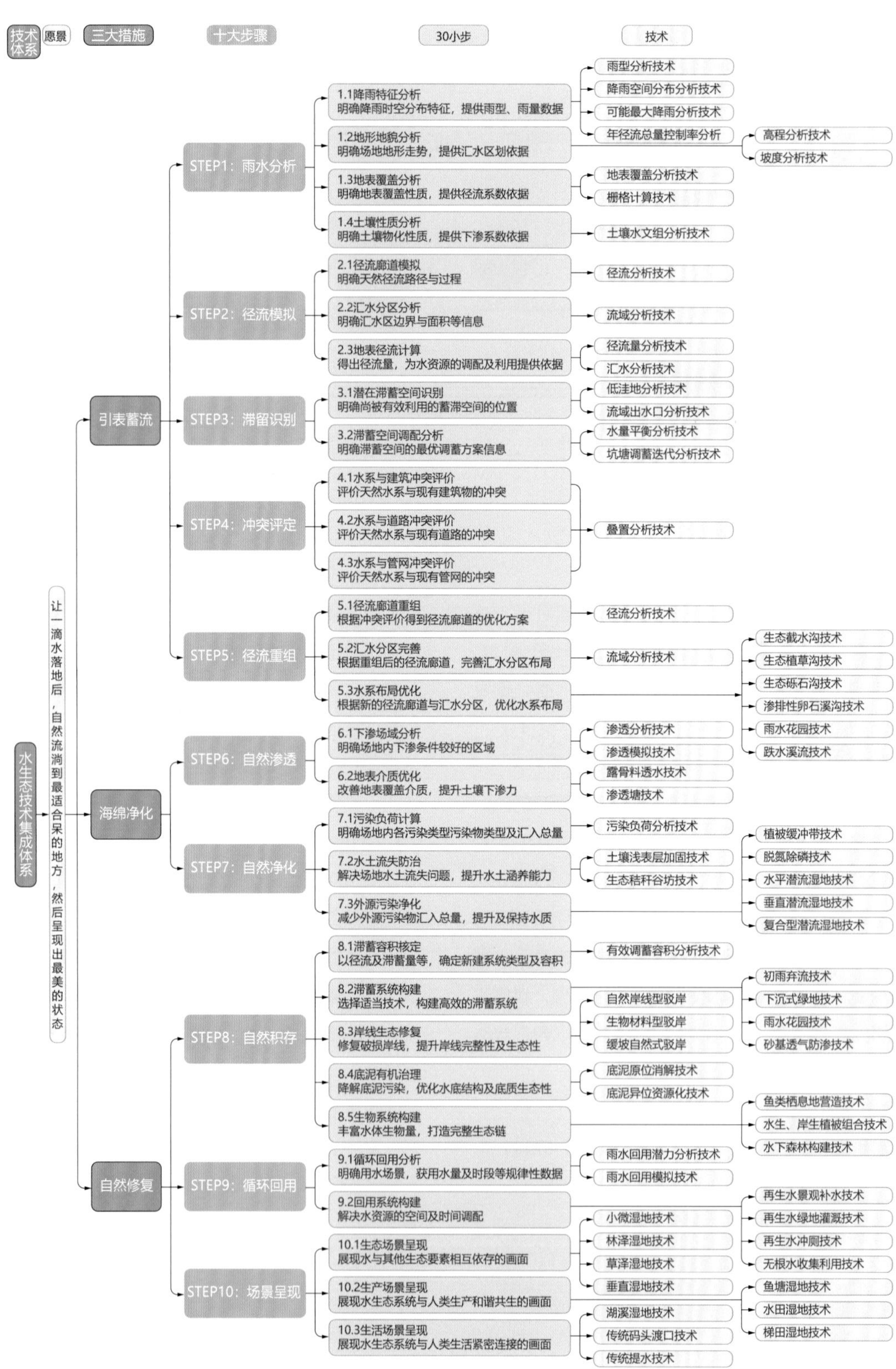

广阳岛水生态技术集成体系图

4.2.4 方法步骤

针对广阳岛水体水系本底条件，以水路疏通、水量蓄存、水质净化、水生态构建为目的，具体采取引表蓄流、海绵净化、自然修复三大核心措施，实现蓄水、净水、活水、用水的理水效果。

在三大措施指导下，广阳岛理水实施水生态技术集成体系。该技术集成体系遵循生态优先、场景呈现、绿色发展的指导框架，从“雨水分析、径流模拟、滞留识别、冲突评定、径流重组、自然渗透、自然净化、自然积存、循环回用、场景呈现”十大步骤出发，对每一个步骤进行科学分解，得出30个小步骤，并为相应步骤选择适宜的技术、产品及材料，其中尤以地表径流模拟、叠石径流、渗排性卵石沟、多级小微湿地构建、面源污染阻隔、透气防渗、硅砂底下蓄水、水下森林八个技术为核心，最终以科学生态的实施工法完成水生态建设，呈现出六水共治、人水和谐的生命场景。

（1）雨水分析

雨水分析指以降雨、地形、土壤等数据为基础，通过ArcGIS等技术手段，对全岛降雨特征及下垫面特征进行全面分析，对系列重现期设计降雨进行内涝积水模拟，为后续理水提供数据基础。

雨水分析具体包括“降水特征分析、地形地貌分析、地表覆盖分析、土壤性质分析”四个小步骤。其中降雨特征分析可明确降雨时空分布特征，为后续分析提供雨型、雨量数据；地形地貌分析可明确场地地形条件，为后续分析提供高程信息；地表覆盖分析可明确下垫面性质，为径流系数的确定提供依据；土壤性质分析可明确土壤下渗条件，为后续自然渗透提供依据。

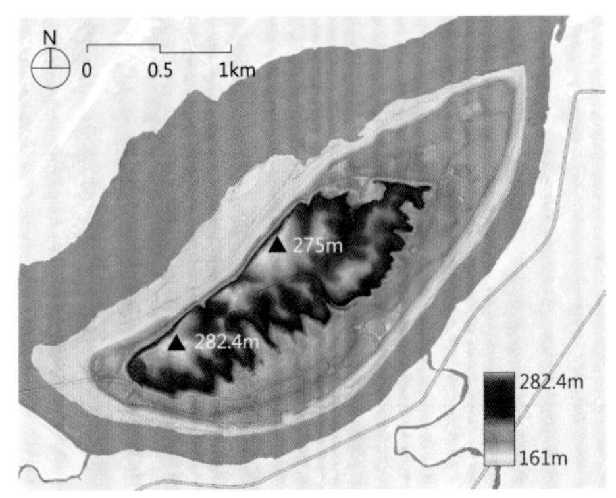

广阳岛地形地貌分析图

广阳岛全年水量平衡表

月份	水资源			杂用水需水量（万m^3）
	降水量（万m^3）	外排量	外排量	
1	16.58	0	0	6.46
2	12.30	0	0	7.01
3	27.28	0	0	8.42
4	52.95	6.77	0.64	9.06
5	47.07	2.33	0.17	9.94
6	116.07	62.84	46.03	10.12
7	20.33	0.32	0.02	13.37
8	217.69	161.36	142.46	13.14
9	29.42	12.2	5.86	9.98
10	44.93	3.94	0.75	9.55
11	9.63	0	0	6.82
12	8.56	0	0	6.32
合计	602.80	249.76	195.93	110.19

（2）径流模拟

径流模拟是以地形数据为基础，通过水文分析模拟全岛径流路径及汇水分区。径流模拟包括径流廊道模拟、汇水分区分析及地表径流计算三个小步骤。其中径流廊道模拟可明确天然径流路径；汇水分区分析可明确汇水区边界与面积等重要信息；地表径流计算得出降水径流量，为水资源的调配及利用提供重要依据。径流模拟可识别主要径流路径分布，为岛内水系设计提供重要依据；其中，较平坦地区的内涝积水在后续工程设计中应重点关注。径流模拟共识别出岛上的14个汇水分区，总汇水面积约5.15km^2。

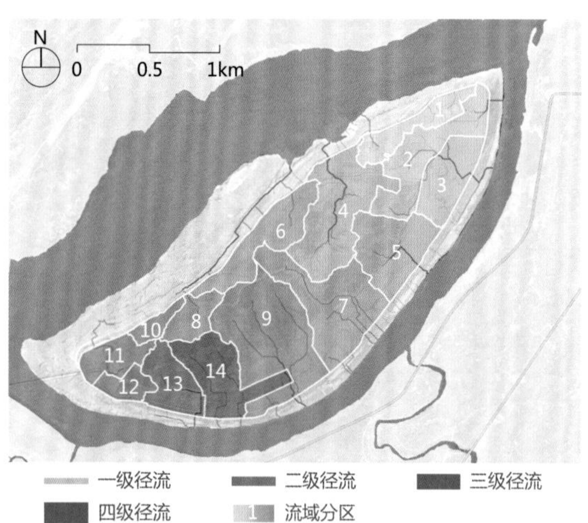

广阳岛汇水分析图

广阳岛汇水分区数据表

分区编号	汇水分区（hm^2）	年降水量（$万m^3$）	年径流量（$万m^3$）
1	45.9	40.76	14.10
2	29.05	33.97	33.10
3	68.33	79.87	10.92
4	22.55	26.37	29.90
5	61.66	72.09	28.40
6	45.7	68.45	16.60
7	27.9	40.00	15.40
8	36.08	37.23	6.90
9	28.88	16.58	6.20
10	12.91	14.97	31.80
11	65.8	76.67	12.10
12	25.06	29.31	12.14
13	38.59	45.12	8.90
14	7.2	21.44	14.10
合计	515.61	602.8	243.36

（3）滞留识别

广阳岛理水的重点除了要确保岛内主要湖塘、溪流等在丰水期的水量，满足农田、生活等用水需求，还要求枯水期、缺水地一样有水可用。滞留识别的目的既是为了解决广阳岛径流总量与蓄滞空间容量之间的矛盾，保证丰水期、多水地的集水、蓄水和需水场景的水资源调用，也是为了实现水资源在空间和时间上的调配平衡，解决广阳岛季节性、地域性水资源分配不均的问题。滞留识别包括潜在滞蓄空间识别及滞蓄空间调配分析两个小步骤，由此获得广阳岛蓄滞空间的分析结果。其中潜在滞蓄空间识别是通过淹没分析等手段明确尚未被有效利用的蓄滞空间位置，滞蓄空间调配分析则是为了明确滞蓄空间的最优调蓄方案。

广阳岛现状湖塘及调蓄空间分析结果

编号	调蓄湖塘名称	湖塘面积(m^2)
1	湖塘1	1420
2	湖塘2	4350
3	湖塘3	2500
4	湖塘4	1850
5	湖塘5	1000
6	湖塘6	1100
7	湖塘7	1500
8	湖塘8	650
9	湖塘10	2000
10	湖塘9（八戒湖）	5500
11	湖塘11	1400
12	湖塘12	1860
13	湖塘13	1600
14	湖塘14（枕羽湖）	4200
15	湖塘15	2000
16	湖塘16	1600
17	湖塘17	1362
18	湖塘18（丹田湖）	12400
19	湖塘19（戴胜湖）	54300
20	湖塘20（萤火湖）	18000
21	湖塘21	1500
22	湖塘22	1245
23	湖塘23	20820
24	湖塘24	4000

续表

编号	调蓄湖塘名称	湖塘面积(m^2)
25	湖塘25	2000
26	湖塘26	2600
27（小微湿地区）	包谷溪	376
	梯塘湿地	610
	蘑菇溪	1585
	梯田湿地	1404
	花椒溪	3447
	高粱溪	9905
	果林湿地	1285
	桃花溪（上游）	8375
	林间泡沼	679
	巴茅溪	225
28	湖塘28	2000
29	湖塘29	3500
合计		162800

（4）冲突评定

冲突评定是指在径流模拟与滞留识别的基础上，叠加现状广阳岛开发建设本底，判断自然径流廊道与滞蓄空间是否与现有建筑、道路等人工设施产生了空间上的冲突，以此为基础对相应设施进行适当的调整。冲突评定包括“水系与建筑冲突评价、水系与道路冲突评价、水系与管网冲突评价”三个小步骤。

（5）径流重组

径流重组是指在冲突评定的基础上，对广阳岛现有水系脉络进行重新规划及整理，适度调整径流走向、优化水网布局。径流重组包括“径流廊道重组、汇水分区完善、水系布局优化”三个小步骤。其中径流廊道重组是根据冲突评定结论进行径流廊道的优化；汇水分区完善是根据重组后的径流廊道，结合建设后地貌调整汇水分区；水系布局优化是根据新的径流廊道与汇水分区，优化整体水系布局。

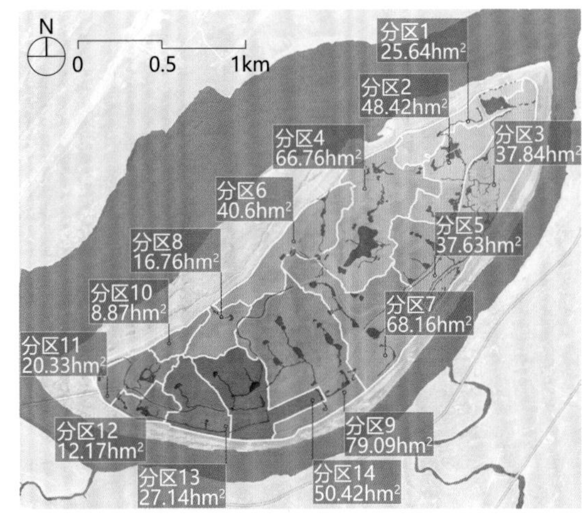

广阳岛设计后水网布局图

（6）自然渗透

自然渗透是指让降水通过地表介质自然下渗，直至水分饱和，多余水分则以径流形式汇集至岛内蓄水体中，起到涵养水源的作用。自然渗透包括下渗场域分析及地表介质优化两个小步骤。其中下渗场域分析是通过渗透能力分析与模拟明确场地内下渗条件较好的区域；地表介质优化旨在改善地表覆盖介质，提升土壤下渗能力。

（7）自然净化

自然净化是指在明确外来污染物的种类、总量及汇入路径的基础上，利用基于自然的解决方案，尽可能地将污染物隔绝、引走或降解，最大化减少污染物的输入，提升水体水质 。自然净化包括污染负荷计算、水土流失防治及外源污染净化三个小步骤。其中污染负荷计算可明确场地内各污染类型及汇入总量；水土流失防治旨在解决场地水土流失问题，提升水土涵养能力；外源污染净化以减少外源污染物汇入总量，提升及保持水体水质为主要目的。

（8）自然积存

自然积存是指在最大化减少污染物输入的基础上，对岛内自然水资源做到“应蓄尽蓄、用蓄有规”。自然积存包括“滞蓄容积核定、滞蓄系统构建、岸线生态修复、底泥有机治理、生物系统构建”五个小步骤：滞蓄容积核定是根据径流量及滞

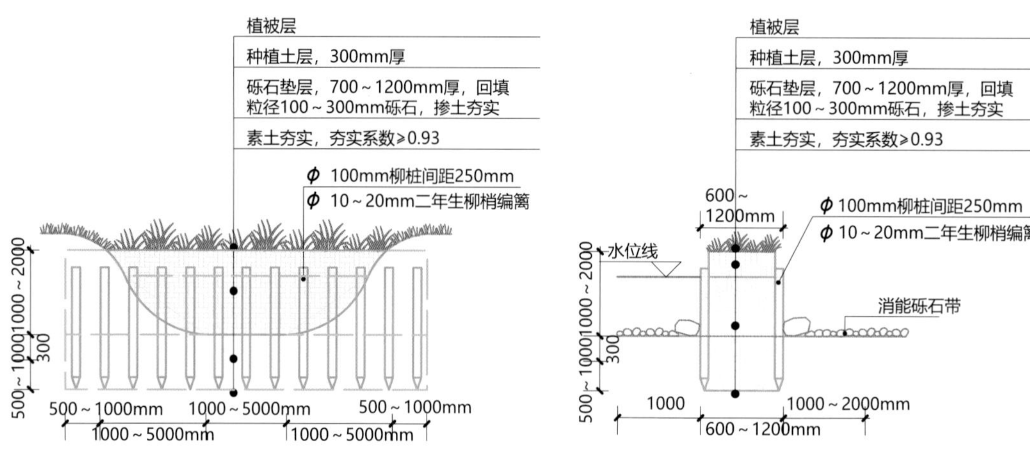

水土流失防治——生态秸秆谷坊技术示意图

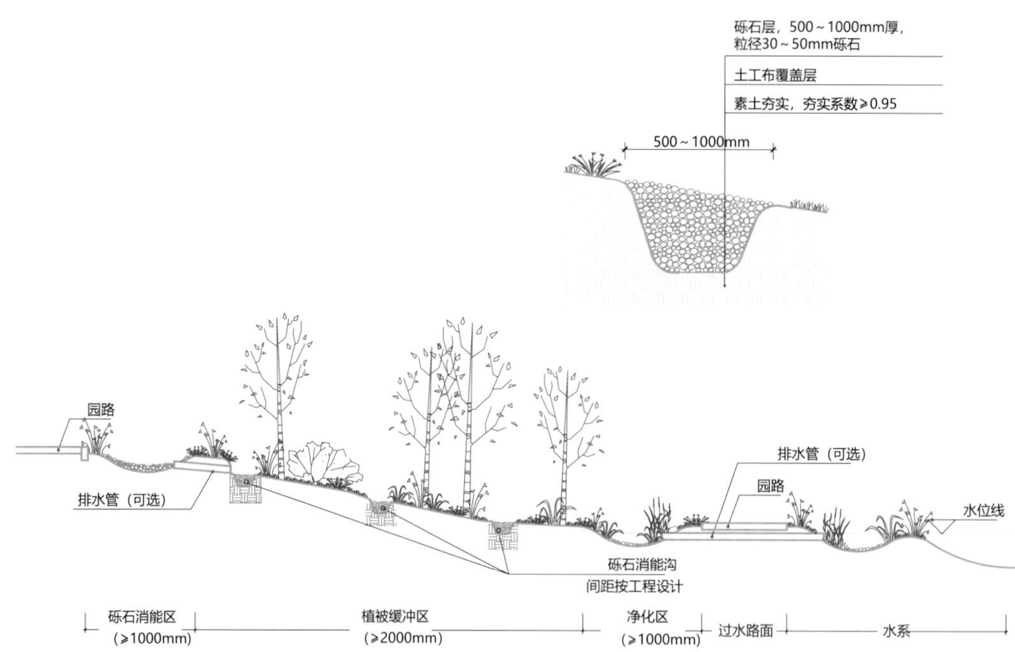

外源污染净化——a植被缓冲带技术示意图

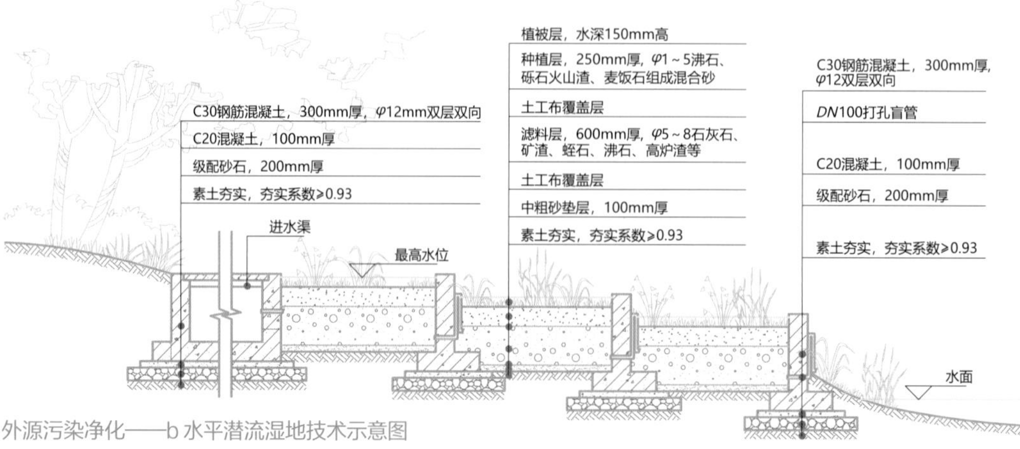

外源污染净化——b 水平潜流湿地技术示意图

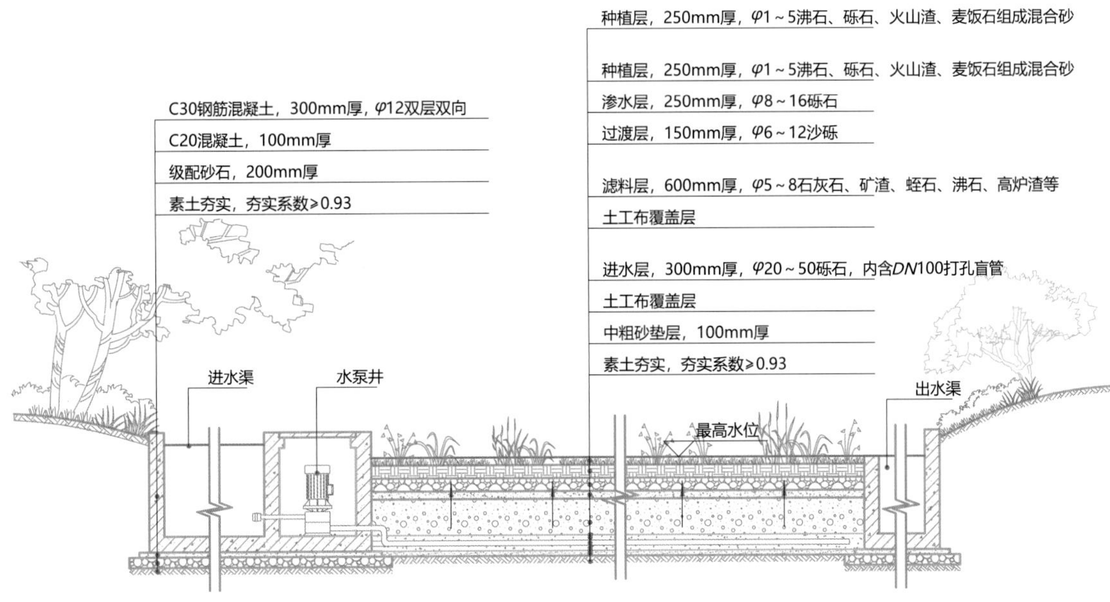

外源污染净化——c垂直潜流湿地技术示意图

蓄量的计算，核定新建滞蓄系统的容积；滞蓄系统构建是选择适当的技术产品，因地制宜构建高效的滞蓄系统；岸线生态修复指以生态的手法修复破损岸线，再现岸线的自然完整；底泥有机治理是通过降解底泥污染，优化水底结构，保障蓄积的水资源持续清澈；生物系统构建是在保障水量与水质条件的基础上，进一步改善生境，完善生态链，丰富水体生物量。

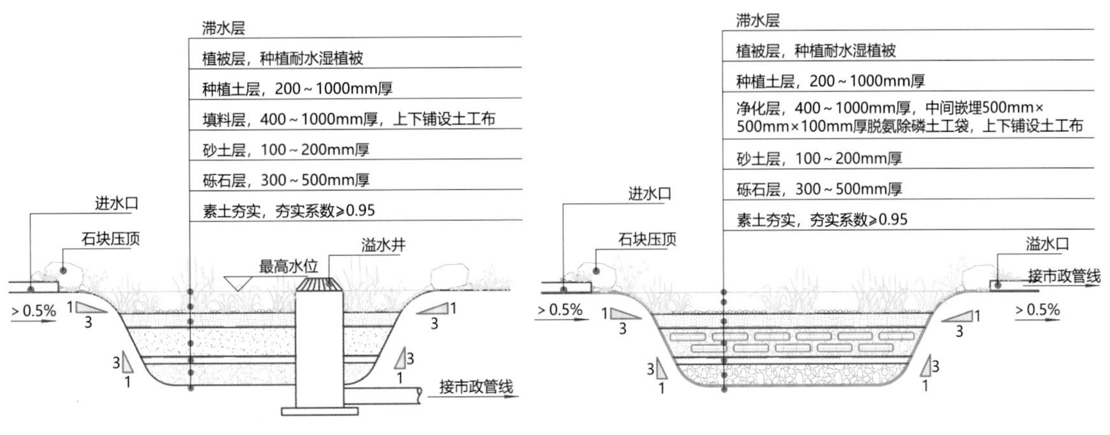

滞蓄系统构建——雨水花园技术示意图

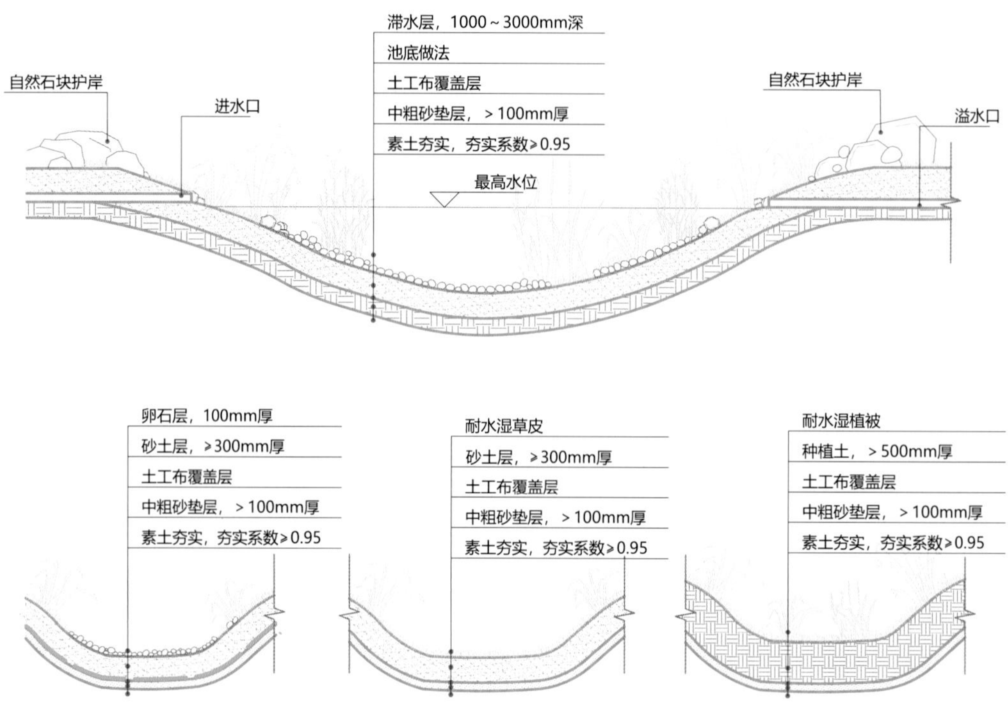

岸线生态修复——缓坡自然式驳岸示意图

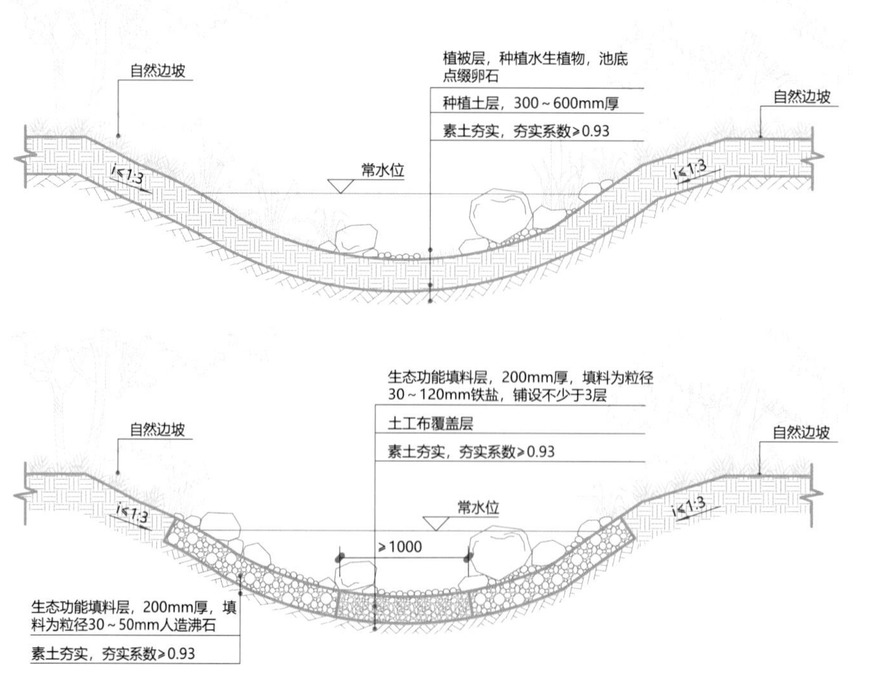

生物系统构建——水下森林技术示意图

（9）循环利用

循环回用是指在对广阳岛自然水资源进行汇集、净化、蓄存后，利用自然或人工等输送方式，将其循环调配至岛内的鱼塘、农田、果园、林地、草地等需水场景，提升水资源利用率。循环回用包括循环回用分析及回用系统构建两个小步骤：循环回用分析是基于可利用水量与需水量的分析，明确循环回用的水量分配与回用方式；回用系统构建则是结合用水场景的功能需求，选择适当的技术产品构建整体循环回用系统。

（10）场景重现

中国自古就有“傍水而居、依水而兴”的美好向往，广阳岛理水通过基于自然和人文的解决方案，在解决了水资源、水环境、水生态问题的基础上，也自然而然、自在而在地呈现了美好的生态场景、生产场景与生活场景。其中生态场景呈现以展现水与其他生态要素相互依存的画面为主；生产场景呈现以展现水生态系统与人类生产紧密连接的画面为主；生活场景呈现以展现水生态系统与人类生活和谐共生的画面为主。

4.3 营林

林是广阳岛生态系统的核心要素之一，是重要的生物栖息地与水源涵养地，也是食物链（网）最复杂的生态空间。“营好林”是维持广阳岛生态系统平衡与稳定、体现生态修复成效的关键。

4.3.1 基本类型

广阳岛营林根据设计范围和功能定位，分为近身风景林和远身生态林。

近身风景林包含B沿线两侧、山林步道两侧10~15m、主要溪流（山茶溪、芭蕉溪、甜橙溪）、主要湖塘（戴胜湖）、药谷、果园、小微湿地以及重要建筑（文化书院、国际会议中心、国宾酒店）周边。

远身生态林：以整个山地区域为设计范围，除去近身区域以外的营林区域，面积1875亩。

4.3.2 现状问题

广阳岛独特的地理、气候特点和长期以来的人类活动对岛内植物的种类和分布产生了显著影响。农业

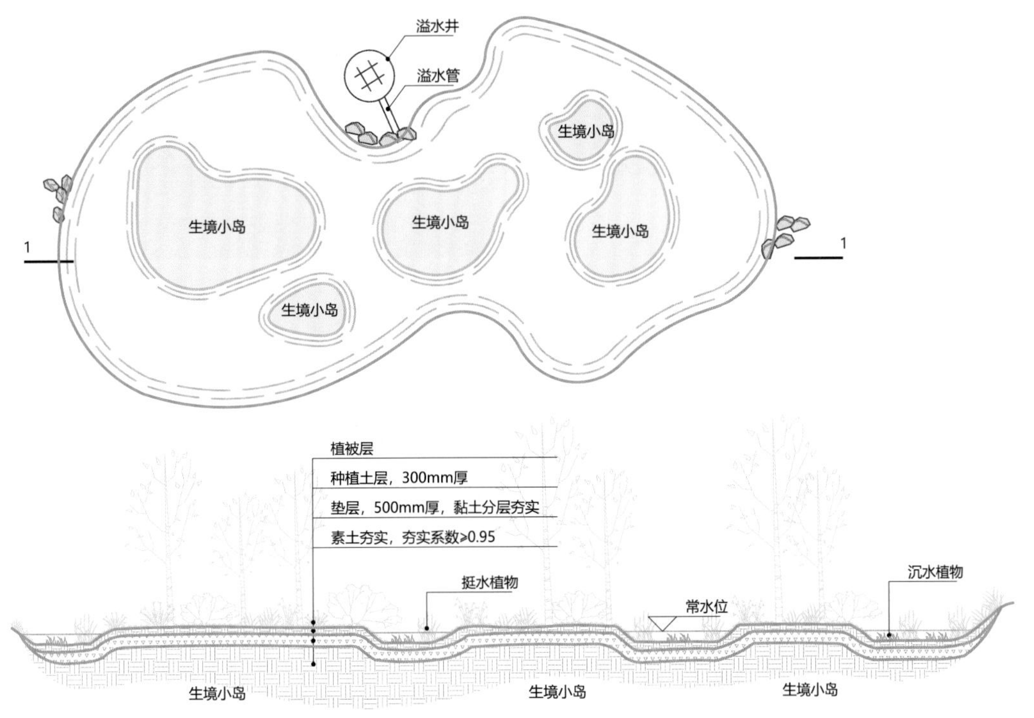

生态场景呈现——小微湿地技术示意图

生产时期形成了以小叶榕、慈竹、黄葛树、芭蕉、阔叶麦冬等宅旁植物为主的特色植物群落；大开发时期大量出现了苗圃林和以枇杷、柑橘为主的果林群落；当岛上的人类干扰活动基本停止后，传播性快、抗逆性强的次生林迅速扩张蔓延。特殊的自然本底和发展历史导致广阳岛的森林空间面临林相单一、林分失衡、林地破碎、林貌不佳四大问题。

（1）林相单一

广阳岛森林植被以落叶阔叶混交林为主，大开发时期原住居民迁出后，全岛迅速形成了以速生树种构树、刺桐为优势种的次生林。山谷、农田、荒地内出现了一年蓬、小蓬草、鬼针草、喜旱莲子草等18种入侵植物。速生树种的不断扩展和入侵植物的快速生长导致全岛林相相对单一。

广阳岛林地现状——林相单一

（2）林分失衡

广阳岛次生林郁闭度高，以葎草、葛藤、打碗花为主的林间植物缠绕乔木现象严重，侵占了大量空间，严重影响了其他植物生长。次生林郁闭度大，导致森林内部结构失调，林分失衡。

（3）林地破碎

大开发时期的平整场地建设破坏了部分天然林地，致使土地斑秃，原本连续成片的林地退化形成碎片化的分散布局。林地内部植物长势不一，生长良好的植物与长势较差植物、天然次生林与人工林相互穿插。林地布局松散，加重了林地的破碎化。

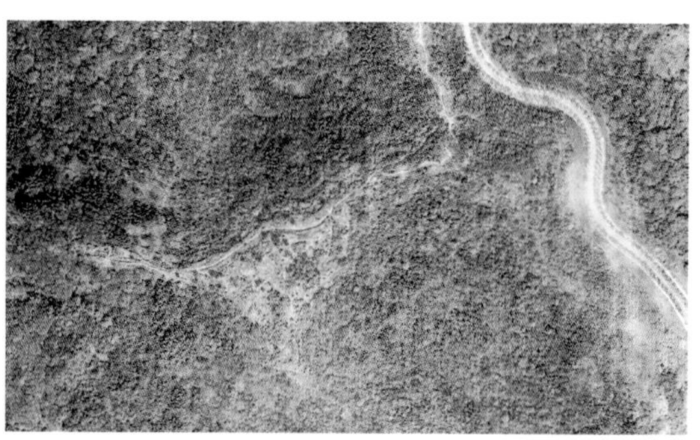

广阳岛林地现状——林地破碎

（4）林貌不佳

大开发后原住居民迁出，一些人造植被系统长期缺乏人工维护，长势逐步衰退；加之场地排水不畅、土壤板结、局部林木光照不足，导致大量林木出现了苗木衰老、树干空心、病虫害严重等问题，最终造成整体林貌不佳的结果。

广阳岛林地现状——林貌不佳

4.3.3 营林措施

针对广阳岛林地面临的四个主要现状问题，秉持尊重自然的态度，依据基于自然的解决方案理念，提出山林保育、林木增量、林貌提质三大营林策略，修复森林植被。

（1）山林保育

1）划定保育区

通过将林冠交集范围、消落带非干扰区，以及截至2020年保留的果林边界、苔藓主要分布区、道路非干扰区等范围进行叠加，基本划定广阳岛的营林的保育区范围。保育区实施以“封”为主、封育结合的管理措施，定期清除长势差的植物或干扰植物群落正常发育的植物；同时。限制人类活动，避免过多的人为干扰，以促进森林正向演替，达到自然恢复的目标。

根据现状林地的功能、价值、长势、林分等，可将保育区划定为一般控制区和严格控制区，并分别制定不同的保育措施。严格控制区是具有重要生态价值的区域和人为干预较少的区域。一般控制区是指在山地森林生态区范围内，严格控制区以外，市政道路向两侧宽5m的范围、登山步道向两侧宽3m的范围所形成的围合区域。

2）林地抚育

林地抚育主要包括优质“人工林保育、低质林木疏伐、枯死草木安置”三个部分。

① 优质人工林保育

广阳岛营林对慈竹林、枇杷林、秋枫林、小叶榕林等优质的现状人工林予以充分保留，并采取间伐抚育、苗木复壮等措施对保留的优质人工林实施保育。间伐抚育主要伐除现有植被群落上层或侧方遮挡阳光的低质林木（如构树）与林间植物（如菟丝子、葎草）等，从而打开林窗，改善保留林木的生长条件。苗木复壮主要采用土壤改良技术、喷灌技术、病虫害防治技术等对林木进行管护；广阳岛营林因地制宜，因树而异，采取不同的措施进行单株林木及总体林木的复壮。

② 低质林木疏伐

广阳岛的低质林木以构树为主，低质林疏伐首先以样方调查法对现状构树的分布及生长状况进行研究，再提出科学合理的疏伐措施。样方调查以木耳溪、山茶溪和甜橙溪3条溪谷为典型样地，结果显示，山地植被群落均以构树为绝对优势种，占群落中木本层个体总数的1/2以上，胸径≥21cm的个体开始出现空心现象，且随树龄增加空心率逐渐增大，并伴随出现虫蛀现象，因此，低质的构树对广阳岛的生态效益和风景质量存在巨大的潜在威胁。

以样方调查为依据，重点分析林龄与冠幅、胸径与冠幅、高度与冠幅之间的关系，制定广阳岛低质、低效构树疏伐的方案：最佳保留数量为约5株/100m^2，同时疏伐非陡坡区域的幼龄树、虫蛀树以及长势衰退的大龄树。

③ 枯死草木安置

对于营林抚育过程中产生的枯叶、枯木，遵循就地处理、循环利用、生态环保的原则进行安置。通过栖木利用技术、整木整枝防腐再利用技术对外形完整、相对坚固的枯木、枯枝进行再利用，通过生物沤肥还林技术对其余的枯叶、枯枝、枯木加以利用。栖木利用技术是指利用枯枝、枯木搭建昆虫旅店、本杰士堆、鸟类栖木、两栖爬行类栖息地，最大程度发挥生态功能与科普功能；整木整枝防腐再利用技术是指就地取材，将枯木、枯枝用于围栏、篱笆、生态铺装的建造实施，最大程度减少资源浪费。生物沤肥还林技术是指将林间枯叶、枯枝、枯木粗加工并就地堆积，进行腐熟沤肥，作为营林的林木肥料，实现资源的循环利用。

（2）林木增量

林木增量主要针对近身尺度空间进行，将近身尺度空间分为“路边、水边、田边、房边、山脚边”五类（“五边”），针对不同空间类型采取相应的技术措施。

① 路边空间：路边植物应注重植物颜色的季相变化，也可兼顾嗅觉体验与遮阴需求，选择气味宜人、冠大荫浓的植物种类。对不耐日晒的植物，应在夏季做好植物遮阴，防治晒伤；同时，可采用塑穴加固点缀栽植技术在主要道路两侧栽植点景树，协调软质景观与硬质景观。

② 水边空间：缺少湿生、水生植物的水边裸地可采取相应技术措施进行修复，如利用湿地林木栽植技术、塑穴加固点缀栽植技术进行水系丰林；补充栽植湿生植物组团，如护岸植物、湿生植物、水生植物；补充栽植适宜鸟类栖居的植物，如垂柳、乌桕等；以金鱼藻、菹草等营造水下森林，形成生态自然、生物多样性丰富的湿地景观。

③ 田边空间：针对现有田退、田荒、田野体验感缺失的田边区域，可通过点缀典型乡土植物增加亲切感与氛围感，通过点植大树（如乌桕、黄葛树），还原劳作休息场景，呈现原生态巴渝乡村田园风景。

④ 房边空间：主要指原住居民废弃宅旁的区域，大部分房边空间会分布少量的慈竹、枇杷、花椒（Zanthoxylum bungeanum）、芭蕉等，围绕这些植物补植乡土植物可呈现原乡宅旁风景，强化乡愁体验。

⑤ 山脚边空间：此类空间大多存在区域狭窄、坡坎裸露的问题，应选择护坡固土植物、彩叶植物对崖壁进行覆绿，同时可为动物提供栖息地。

（3）林貌提质

林貌提质主要针对远身尺度空间进行，以乡土植物为本底，通过增加珍贵树种、防火树种、食源植物、蜜源植物等提高林分质量，提升生物多样性，增强生态系统稳定性，增大林木蓄积量。林貌提质可分为近期林貌提质和远期林貌提质，分别采取相应的措施予以实施。

1）近期林貌提质

近期林貌提质充分考虑植物群落种内和种间竞争，以乡土植物为主，兼顾植被的生态性和风景性，通过广泛种植适生树种建立相对稳定的乡土植物群落。

近期林貌提质主要采用组团式配植的植物群落配置方式，结合路边、水边、田边、房边、山脚边等场景的植物群落特征，种植金银花、野蔷薇、杜鹃、凤仙花、缫丝花、野百合、田野水苏、半边莲等灌草植物；水杉、中山杉、黄葛树、香樟、秋枫、无患子、小叶榕、乌桕、杜英、银木荷、广玉兰、苦楝、朴树、枇杷、柿等乔木。

2）远期林貌提质

远期林貌提质主要包括林分优化、生境构建和植物风貌塑造三个方面的内容。

① 林分优化

主要通过增植银木荷、麻栎、桢楠、桂花等防火树种，以及南川木菠萝、北碚榕、香樟等珍贵、高价值树种，提高林地质量，改善林分结构。

② 生境构建

针对广阳岛山地、平坝、消落带湿地不同区域的生境营造需求，构建不同的植物群落。

山地区以林地为主，植物多样性丰富，乔、灌、草植物种类繁多，鸟类栖息地、食源地需求明显。以麻雀、金翅雀、棕头鸦雀、金腰燕等林鸟为目标物种，选择黄葛树、小叶榕、桂花、乌桕、朴树、山茶、南天竹、杜鹃、麦冬等植物构建植物群落。

平坝区以农田为主，植被以农作物、果树为主，两栖类、昆虫类动物较多，如中华蟾蜍、饰纹姬蛙、小弧斑姬蛙、萤火虫等。群落构建以农作物为主，选择香樟、蓝花楹、银杏、杨梅、柚、芭蕉、枇杷、水烛、芦苇、火炭母、地果等构建群落。

消落带湿地是雁鸭类、鸻鹬类、鹭类等游禽，涉禽和鱼类，两栖类以及鳞翅目昆虫的重要栖息地，需要无干扰的宽阔水面及丰富的水生植物。在现状植被的基础上，增加慈竹、枫杨、五节芒、牛鞭草、芦苇、卡开芦、狗牙根等植物，营造独特的湿地植物群落。

③ 植物风貌塑造

遵循保护现状生境、减少人工干预、恢复原乡植被风貌的原则。山地区植物群落以针阔混交林为主，可在此基础上丰富针叶树与阔叶树植物种类，提升植物多样性。针叶类乔木可选择马尾松、水杉、中山杉等；阔叶类乔木可选择小叶榕、黄葛树、香樟、桢楠、乐昌含笑、银木荷、黄山栾、天竺桂等。平坝区植物群落以黄葛树、香樟、广玉兰、杨梅、柚等常绿阔叶林为主，可在溪谷区适量增加枫香、鸡爪槭、乌桕等彩叶树种，丰富季相。消落带湿地区植物群落以疏林、林泽湿地、草泽湿地为主，可栽植水杉、中山杉、芦苇、蒲苇、菖蒲、旱伞草等，增加植物种类，丰富植被层次。

4.3.4 方法步骤

广阳岛生态修复营林通过“定性、定貌、定式、定景、定种、定量、选树、挖树、运树、种树、修树、养树”十二大步骤完成。

（1）定性

定性指首先确定营林地的地理特性和生物特性。地理特性重点研究营广阳岛主要林地与周边区域的自然地理条件，包括地形地貌、溪流山塘、日照降水等要素；生物特性包括植被分布、群落结构、优势植物、主要动物等方面。广阳岛作为陆桥岛屿，生态系统简单，地理隔离不明显。建群乔木种类单一，以构树、刺桐为主；草本层植物占较大优势，鬼针草、一年蓬等入侵植物对本身就脆弱的岛屿植被生态系统造成了巨大影响。森林空间动物种类丰富，共310种，鸟类和两栖爬行珍稀物种较多。

（2）定貌

定貌指基于地理特性与生物特性的研究，通过分析本底植被特征，确定森林的外貌。林貌结构按照树种组成可划分为纯林和混交林，纯林包括针叶林和阔叶林，混交林包括针叶混交林、阔叶混交林和针阔混交林。广阳岛地处长江上游，主要植被类型属于中亚热带常绿阔叶林，因此广阳岛营林的总体风貌定位是常绿阔叶林风貌。

（3）定式

定式指依据森林外貌，确定营林的林木种植形式。广阳岛营林根据植被本底特征、功能需求、风景营造，以近自然式的营林方式为主。近自然营林以模仿自然为目标，筛选性状良好、功能突出的植物，以延续岛内群落、服务生态需求为基础，对标周边山体群落，选用异龄、复层、混交的手法构建近自然异龄林、近自然混交林、近自然复层林三种类型的森林植被，形成完整的近自然森林体系。

异龄是指在林缘散点式栽植大规格乔木和灌木，在背景林栽植小规格纯林或混交林，构建近自然异龄林的营林方式；复层是采用同种不同规格纯林复层、不同品种乔木复层、乔木与灌木复层三种方式构建近自然复层林的营林方式；混交是通过常绿与落叶混交、慢生树与速生树混交、不同色系秋色叶树混交、不同花期树种混交构建近自然混交林的营林方式。

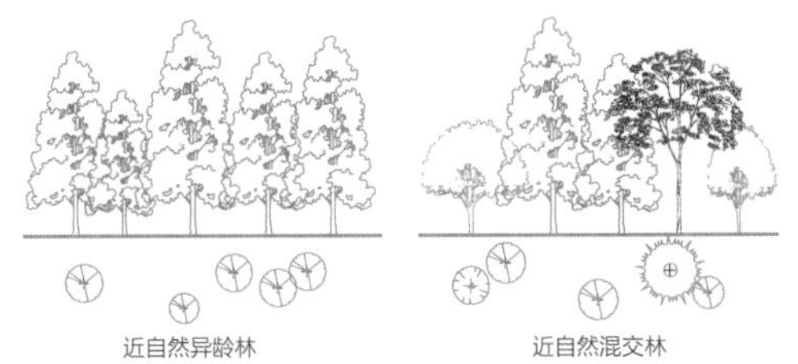

近自然异龄林及近自然混交林示意图

（4）定景

定景指确定营林营造的场景，包括大尺度森林景观和小尺度空间设计两部分内容。

大尺度森林景观营造侧重于景观的长期稳定性，以大尺度、大色块为特点，注重植被的生态功能；小尺度空间设计更加精细，以近身视觉场景为主，注重意境的营造。广阳岛远期林貌提质以营造大尺度的森林景观为最终目标，以秋枫、杜英、天竺桂为基调树种，搭配山茶、映山红、乌桕等观花观叶植物，打造山地四季风景林；以香樟、天竺桂为基调树种，搭配枫香、乌桕、水杉等林团，打造平坝秋色叶林。小尺度空间设计主要目标是营造近身生态空间的林地场景，通过“五边”等小尺度空间的植被营造，采用大树点植、果树群植、花灌片植的种植方式，恢复原乡田园植物风貌。

（5）定种

定种指树种选择。定种主要通过人工调查、激光Lidar技术等进行苗木库的初步调研，结合周边地区苗源供应进行树种扩充，最后通过功能需求分析、优化组合方法筛选目标植物库。

通过初步调研，对营林区的自然地理因素、生活生产因素、植被本底状况等进行分析，全面了解植被生长的自然环境及植物种类分布；通过收集历史资料，研究不同时期的优势植物种类变化，分析本区域的植被群落演变规律，从岛内原有树种中筛选最优营林植物种类。通过近地对标方法，对标古树名木、公园植物种类、民俗文化中的植物、食源蜜源植物种类进行收集、筛选、对比，汇集形成适合广阳岛生态修复营林的树种资源库。

① 周边古树名木

古树具有典型的本土乡野特征、优良的遗传组成以及出色的本地环境适应性，古树物种库为城市绿化提供了较好的选择，可以改善城市绿化质量，维持城市生物多样性。此外，古树树种丰富的实用及文化价值有助于加强人们与自然历史的联系，促进城市的自然保护。古树名木的树种选择，可按照圈层由近及远、由小到大进行调查筛选，如广阳岛周边区县、重庆市、西南地区、长江流域乃至全国等尺度，筛选出适合广阳岛栽植的树种。

② 公园植物种类

广阳岛周边城市公园、森林公园内的植物能够反映出本区域成熟的植物品种运用及典型的群落构成模式，为同科属、相似生境、同色系等群落的构建提供了可靠的基础资料。以重庆市南山植物园、重庆市园博园、鸿恩寺等为典型案例，对多个公园的植被类型及品种进行了调查，筛选出适合广阳岛应用的植物品种。

③ 民俗文化植物

巴渝地区的历史文化源远流长，从古至今一直延续。“巴”指夏商周时期，以巴族部族为主的濮越系族，其征服并融合长江、乌江和嘉陵江流域的土著部族构成的奴隶制部族联盟，最终形成了巴国；“渝”源自嘉陵江的古称“渝水”，公元581年，隋文帝改巴郡为渝州，自此“渝”成为重庆市的简称。巴渝地区以山为主，山水资源丰富，形成了一个相对独立的文化区。黄葛树是重庆地区极具地域特色的乡土树种，作为行道树、观赏树等栽植在城区，具有浓郁的山城气息，其盘根错节的裸露根部及抗逆的顽强生命力，是重庆人民历史精神文化传承的典型象征。其他具有深厚文化底蕴的常见乡土树种有小叶榕、香樟、水杉、桂花等。

④ 食源蜜源植物

在保护广阳岛现有植被的同时，可筛选、融入食源植物、蜜源植物、药用植物、湿地植物等具有不同生态功能的植物，为生物多样性创造条件。可重点选择具有四季花果丰富、花果颜色艳丽、花量大、蜜量大、芳香浓等特征的食源、蜜源植物，吸引鸟类、昆虫等。

（6）定量

定量指对营林指标和参数进行量化。营林的主要参数包括常绿树与落叶树的比例、乡土树种与外来树种的比例、森林覆盖率、林地郁闭度、不同分段时间的林木蓄积量等。广阳岛营林根据场地特征与功能需求，确定常绿树与落叶树比为6：4，乡土树种与外来树种比为9：1，林木郁闭度初期为0.4，森林覆盖率达70%以上。经测算，广阳岛整体补植树种林木蓄积量79~125.7m^3，修复5年后补植树种蓄积量将增加200~300m^3。

（7）选树

选树包括树木品种选择和树苗类型选择。树种选择主要针对生态公益林中的水土保持林、水源涵养林、护岸林、农田牧场防护林。

1）树木品种选择

水土保持林的树种选择应从三个方面考虑，即应选择适应性强、根系发达、固土力强的深根系树种；选择能以根蘖和压条繁殖，具有匍匐茎、能保护土壤的树种；选择耐瘠薄、抗干旱的树种。

水源涵养林的树种除了符合水土保持林树种选择的要求外，还要求树体高大、冠幅大、寿命长、生长状况稳定且抗性强。

护岸林树种选择根系发达、固土效果好，抗侵蚀、耐水湿水淹、耐盐碱，防土壤次生盐渍化的树种。

农田牧场防护林选择根深、树冠较窄，不易风倒、风折，与防护对象协调共生关系好，与作物、牧草等无共同病虫害或其中间寄生的树种。

2）树苗类型选择

树苗类型可分为“土球苗、裸根苗、容器苗”三大类。三种树苗的通用标准为树冠完整丰满，冠径最大值与最小值的比值宜小于1.5，冠层和基部饱满度一致；植株主干挺直、树皮完整；枝干紧实；植株分枝均匀、有韧性、苗茎直立、不分杈、无徒长现象；分枝点和分枝形态自然、比例适度、生长枝节间比例匀称、侧枝生长均匀；顶芽粗大、坚实，叶型标准匀称，叶片硬挺饱满、颜色正常；地径或胸径达到设计要求，根系发达，主根短而直，侧根伸展均匀，须根较多，地上地下部分保持均匀比例；叶片无明显蛀眼、卷蔫、萎黄或坏死，危害程度不超过树体的5%~10%。

（8）挖树

挖树包括“挖树前准备、挖树、打包”三部分。

挖树前的准备包括号苗、建卡编号、浇水及排水、疏枝叶、捆拢、断根缩坨。

挖树包括人工挖苗和机械挖苗。人工挖苗适用于规格较小的土球苗和裸根苗。挖出的土球苗需保证土球完整、光滑。挖裸根苗时，以胸径的4~6倍为半径画圆，于圆外垂直下挖一定深度，切断侧根，之后从一侧向内挖，切断粗根，放倒苗木，拍打外围土块，对劈裂根进行修剪及伤口处理。机械挖苗应保留较多根系，且根系长度应符合要求，带土球苗木应保证土球完好，表面光滑，包装严密，底部不漏土。

打包样式分为“井字式、五角式、橘子式”。井字式和五角式打包均适用于黏性土、运距不远的落叶树或总重量在1t以下的常绿树。上述情况以外的苗木用橘子式打包，或在橘子式的基础上再加用井字式或五角式打包加固。

（9）运树

运树包括“运输前准备、运输、卸车”三部分。

运输前准备需要保证待运苗品种、规格、数量、质量等符合设计要求，运苗装车前要仔细核对苗木品种、规格、数量、质量等，凡不符合要求的，应要求苗圃方予以更换。运树中注意行车平稳，尽快运达，注意长途运苗时经常给树根洒水，中途停车应停于遮阴处。苗木运到后需要及时卸车，轻拿轻放，不要伤苗。卸车后通过喷水等方式及时给苗木补水，不能立即栽植时需及时假植。

（10）种树

种树包括“整地、放线、挖穴、排水、施基肥、栽植、做树耳、做支撑、浇水”九个步骤。

1）整地

整地是指栽植苗木前，清理有碍苗木生长的地被物，如砂石、瓦块、砖头等；为了满足苗木栽植初期的保水需求，可同时进行翻耕并准备栽植穴。广阳岛营林地多为山地，多采用块状整地法，规格为1m × 1m或0.6m × 1.7m，整地时打碎土块、垡块，拣净石块等杂物。

2）放线

放线主要分片林放线、单株放线两大类。广阳岛生态修复营林的苗木栽植以设计图纸为依据，确定树种、数量后实施放线。放线应注重美感体现，片林放线应注意层次，形成优美的林冠线；孤植树放线需考虑树形与周边环境的关系，确定位置与观赏面方向；片林内植物需配置自然，切忌呆板，避免平均分布、距离相等，邻近几棵树不可呈机械几何图形（如等边三角形）或一条直线。

D-D 土球苗挖掘

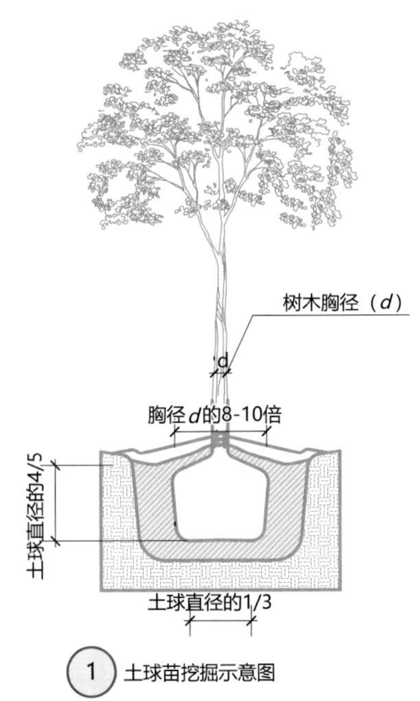

① 土球苗挖掘示意图

D-E 裸根苗挖掘

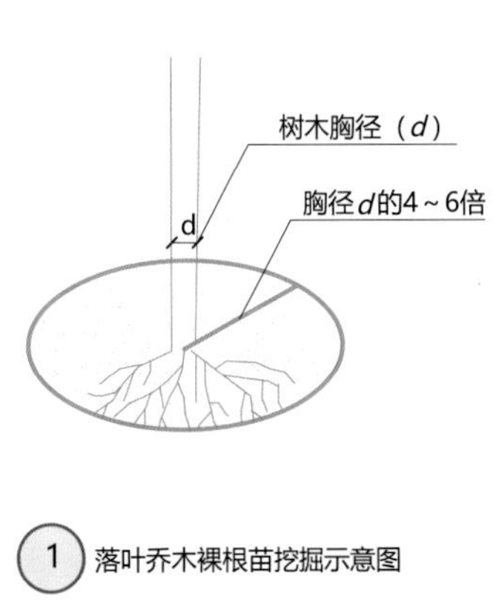

① 落叶乔木裸根苗挖掘示意图

① 灌木裸根苗挖掘示意图

挖树示意图

TC:全冠大苗木运输技术

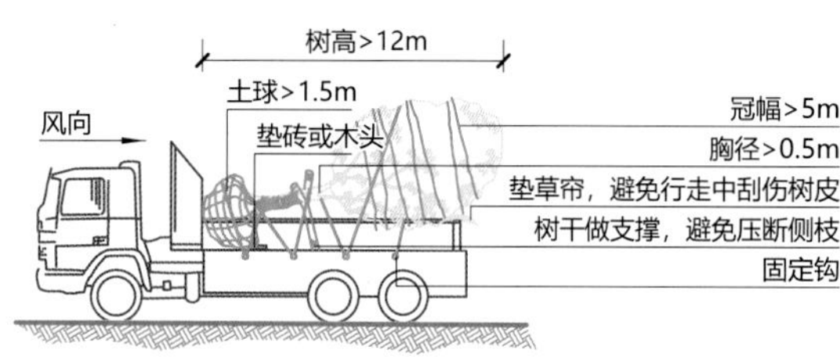

全冠乔木的运输与保护

TG常绿乔木运输技术

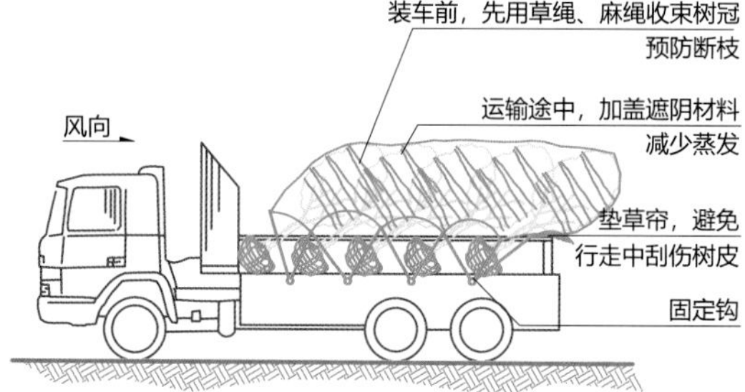

常绿乔木运输与保护

注：可将小灌木少量装车与乔木一同运输

TA:落叶乔木及灌木运输技术

装车前，先用草绳、麻绳收束树冠
预防断枝
风向
运输途中，加盖遮阴材料
减少蒸发
垫草帘，避免
行走中刮伤树皮
固定钩

小乔木的运输与保护

TC冷库运输技术

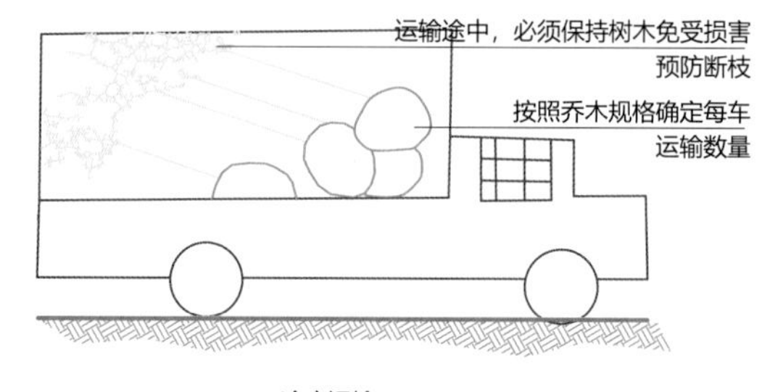

冷库运输

运树示意图

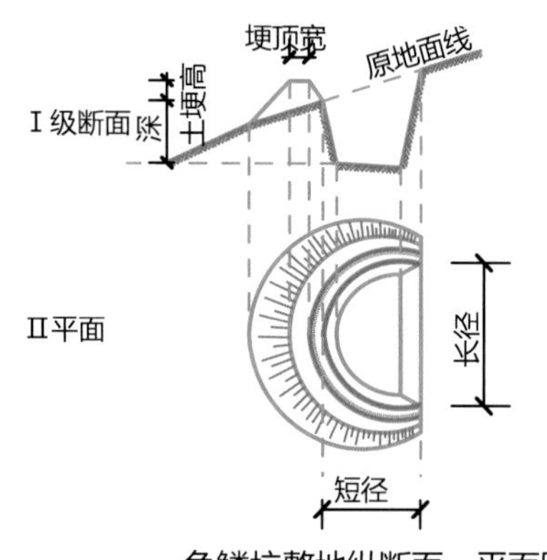

鱼鳞坑整地纵断面、平面图

埂宽40cm
田面宽度
2m
埂高50cm
栽植穴深度80cm
坡度15°～25°
栽植穴宽度80cm

水平沟整地尺寸图

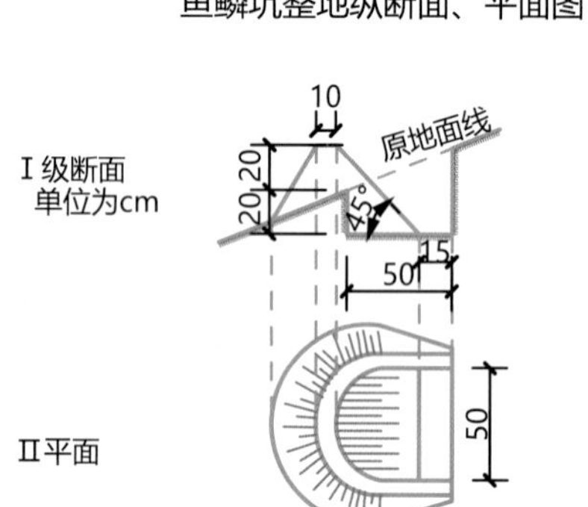

反鱼鳞坑整地纵断面、平面图

水平沟整地剖面图

水平沟整地平面图

注：沟长根据现场情况确定，不小于3m

整地示意图

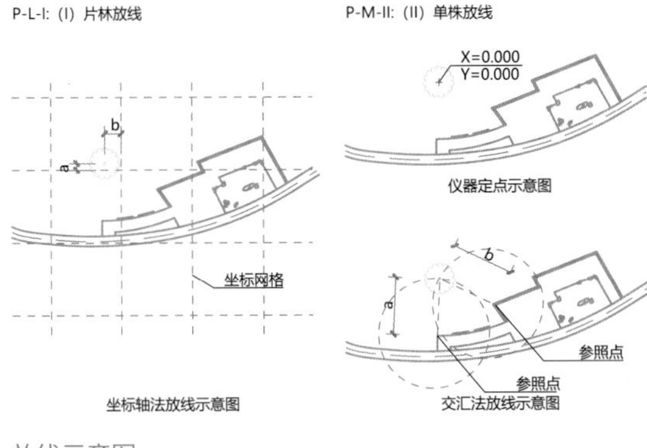

放线示意图

3）挖穴

挖穴包括人工挖穴和机械挖穴。挖穴时，应根据苗木规格确定穴的尺寸，穴直径比土球直径或根系直径大40cm左右，穴的深度一般是坑径的3/4~4/5；如需换土则要加大树穴尺寸；穴壁应上下垂直，保证穴的上口下底大小一致。广阳岛山地区以人工挖穴为主，平坝区以机械挖穴为主。

4）排水

树穴排水主要有排水管埋设+砂石垫层法和砂石垫层法。排水管埋设+砂石垫层法主要通过铺设碎石及管径10cm的环形软式透水管进行排水。广阳岛的树穴主要运用砂石垫层法，在树穴底部铺设碎石结合110PVC管观察孔进行排水、监测和管控。

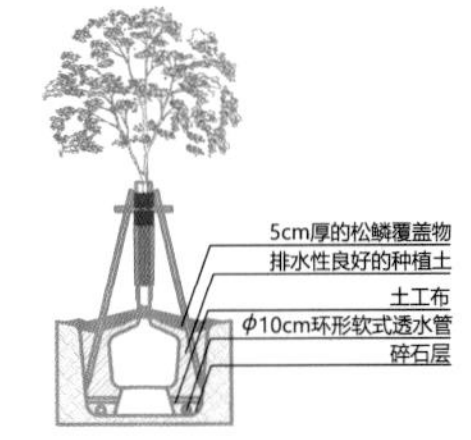

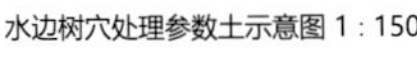
水边树穴处理参数土示意图 1：150

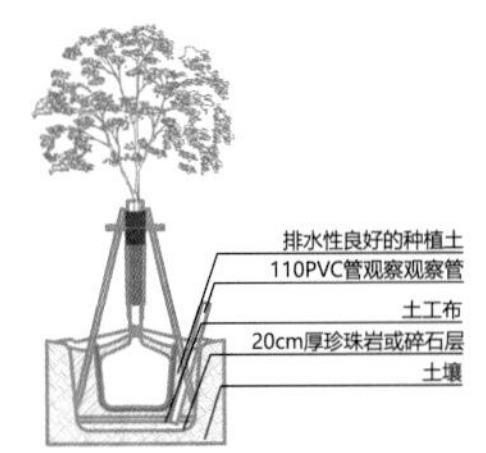

砂石垫层法排水示意图 1：150

排水示意图

5）施基肥

基肥主要指充分腐熟的有机肥，主要类型包括堆肥、家畜粪尿与厩肥、饼肥及糟渣肥、家禽粪类、草炭和腐殖酸类肥、杂肥类等。广阳岛植物施肥以草炭及家畜粪尿为主，在树木栽植前施用，使用时将基肥与土壤拌匀，均匀铺在穴底。

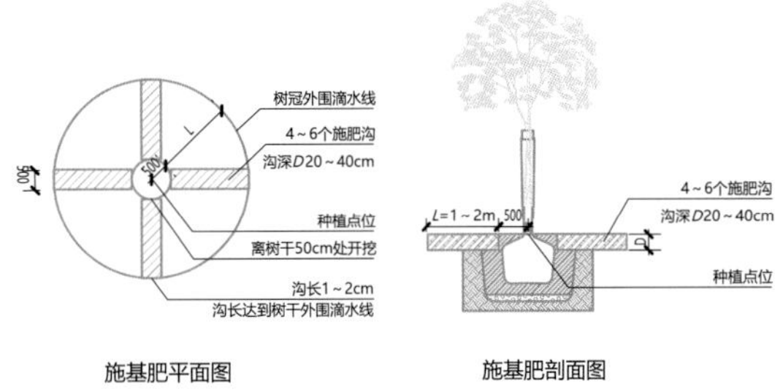

施基肥示意图

6）栽植

树木栽植前应进行疏枝叶，减少水分蒸发，并轻修剪运输途中出现损伤的枝条。广阳岛的树木栽植周期长、范围广，部分树木不得不在春末夏初进行栽植，为了提高成活率，施工中采取了树木遮阴、树木裹干保湿、树冠喷雾等措施。

7）做树耳

树耳俗称“水圈”或“树堰”，是树木栽植后在树根周围堆土形成的一圈围堰，堆成后需用工具拍实，防止水溢出。根据适用地域可分为高树耳、平树耳、低树耳。高树耳一般高出地面20cm左右，适用于年平均降雨量大于900mm的南方多雨地区。平树耳高度与周围地面持平，通常当做临时树耳，以利于浇水，缓苗后，拆树耳平土，与草坪顺接，适用于年平均降雨量150~700mm的北方大部分地区。低树耳下沉80~100mm，以利于储存水分，树耳边缘切齐，以草坪满铺，适用于干旱少雨、年平均降雨量小于100mm的地区。广阳岛乔木栽植以高树耳为主，栽植后，临时高台种植，保证浇水养护；缓苗成活后，填沙铺草，与周围顺接。

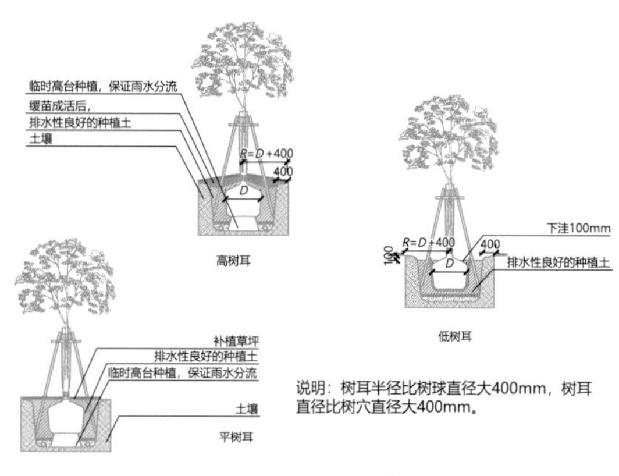

做树耳示意图

8）做支撑

做支撑是为了防止大苗木被风吹倒，支撑的形式主要有十字支撑、扁担撑、三角撑、单柱撑，视树种、数目规格、立地条件而定。支撑高度为树高的1/3~1/2，支柱与树干之间应加软垫，如草绳、麻袋片、棕皮、破草席等柔软材料。支撑与树木扎缚后树干必须保持垂直。支撑下埋深度应大于30cm，视树种、规格和土质而定，严禁打穿土球或损伤根盘。广阳岛树木支撑材料主要为杉木杆，风口或边坡的大型点景树选用大型镀锌钢管，保证支撑的稳定性。

9）浇水

浇水的目的是促进苗木定根，使苗木枝条伸展，根深叶茂，生长旺盛。主要分为树堰浇水和插管浇水，广阳岛树木浇水以树堰浇水为主。

（11）修树

修树指对受伤枝条和栽植前修剪不够理想的枝条进行复剪，应剪掉弱芽、弱枝，留下饱满的壮芽；此外，修树还广泛应用于广阳岛营林过程中的现状林抚育。基于大量的修剪工作，总结了修树三步法。第一步：环视待修剪的树一周，观察树势，确定修剪树形；第二步：查看病害枝、残弱枝、平行枝、枯死枝、内向枝情况，制定修剪计划；第三步：实施修剪。

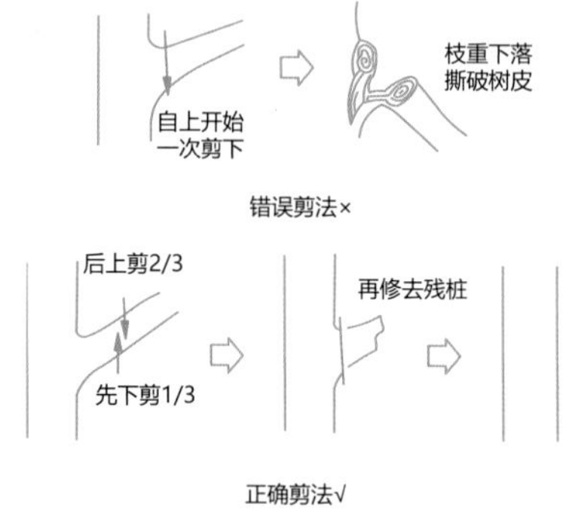

修树示意图

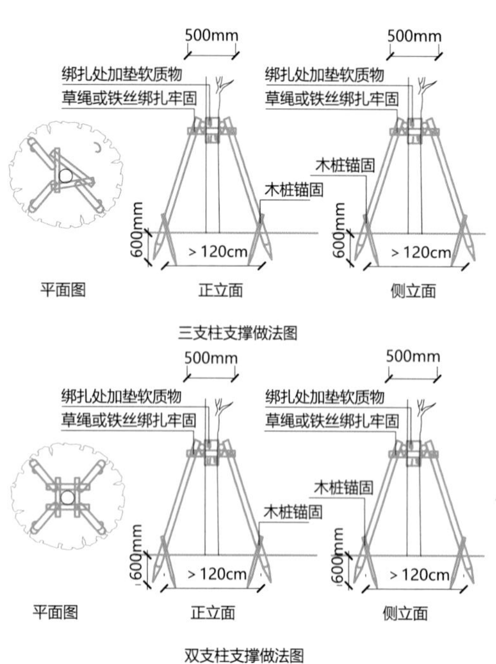

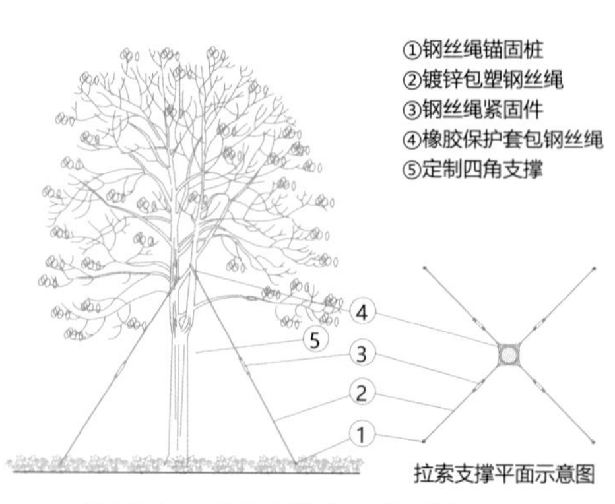

做支撑示意图

（12）养树

养树主要指后期树木养护，包括灌溉、施肥、排涝、防寒四种措施。

1）灌溉

灌溉分为新栽苗木的灌溉和已栽植成活苗木的灌溉。新栽苗木早期成活阶段应勤浇水，浅根性树种（如小叶榕）或者树根覆土较浅的树种应加厚树根培土。已栽植成活苗木应根据土壤“墒情”及时灌溉，且保证水量适宜，既要浇透又不可水分过多，以防底土过湿而影响植物根系生长。

2）施肥

施肥时应注意有机肥与无机肥配合施用，无机肥应测土施肥，注意养分合理配比。肥料用量依据树种、土壤、肥料种类及物候期酌情确定。以广阳岛山地区为例，现状土壤存在肥力低、缺氮、少磷、少钾的现象，为提高土壤肥力，应增施有机肥4.5kg/m^2。

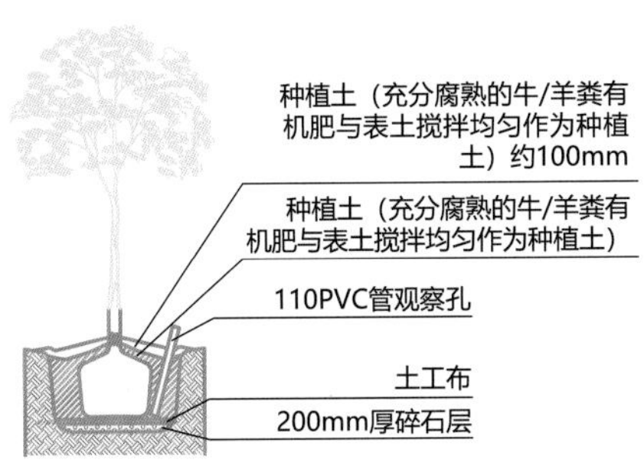

穴施法示意图 1：200

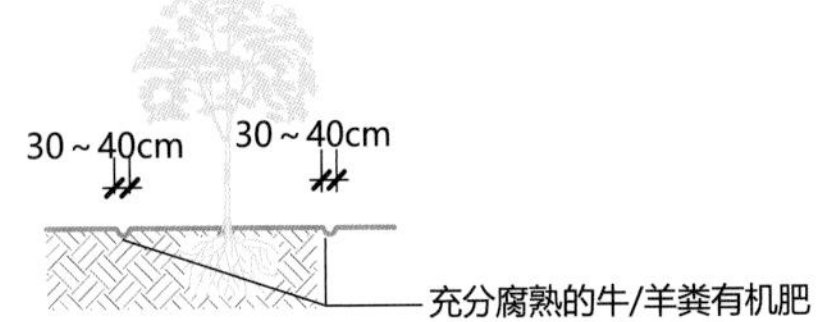

环施法示意图 1：300

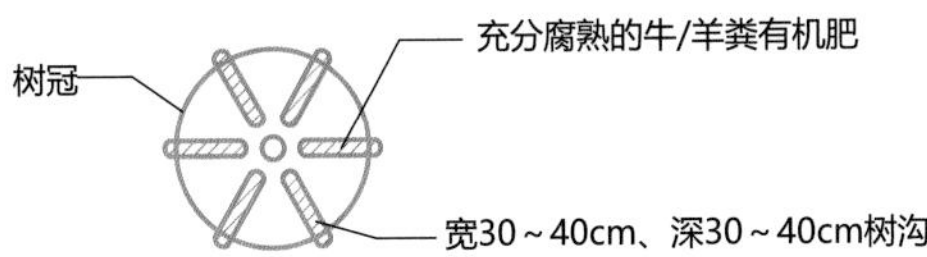

放射状树沟施平面示意图 1：300

施肥示意图

3）排涝

目前最常用的排水方式是地面排水，主要通过道路、铺装广场等汇聚地面雨水。广阳岛设计了完整的海绵措施，在道路边缘及汇水集中的区域设计了植草沟、雨水花园等生态设施进行雨水收集与利用，显著降低了雨涝风险。

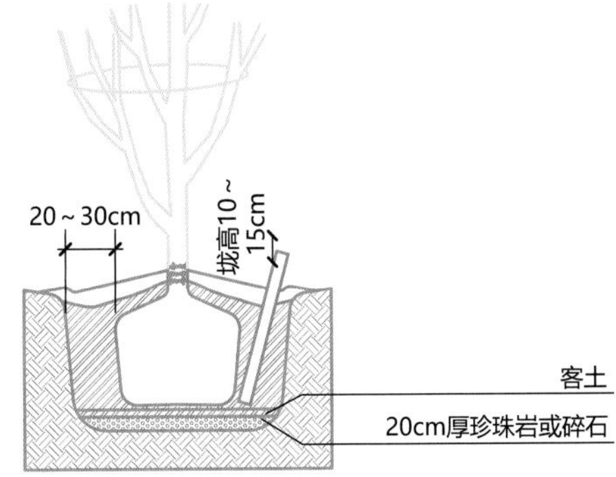

排水示意图

完成地面
用当地土做表土
营养土与根部充分接触
压紧当地土壤形成稳定结实的基础
当地土壤
PPR管或PVC管100mm放置在底层用作排水

暗管排水示意图

排涝示意图

4）防寒

为预防异常天气，广阳岛的防寒主要措施包括灌冻水、根部培土、架风障、裹干等。灌冻水指晚秋树木进入休眠期到土地封冻前，应灌足一次冻水。根部培土指冻水灌完后结合封堰，在树根部起土堆。架风障适用于新植小树和乔木类。裹干措施适用于在冬季湿冷之地种植的不耐寒树木。

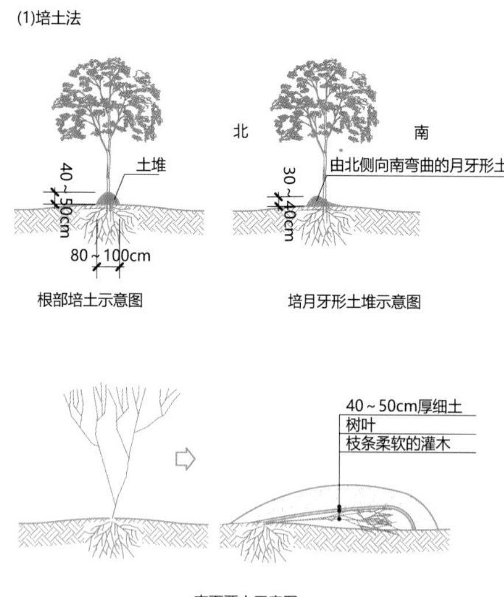

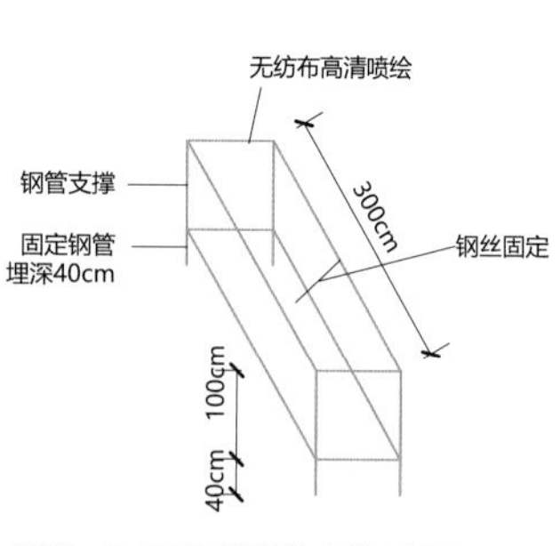

防寒示意图

4.4 疏田

疏田是以不同农田为对象，根据水、肥、气、热、微生物等基本要素在农田生态系统中的作用，综合运用“田”“土”“水”三大要素，坚持将现代科技与传统农耕技艺结合，构建生态农田、发展生态农业的技术措施。

4.4.1 基本类型

广阳岛疏田依据灌溉条件、耕作条件、作物类型，分类梳理水田、旱地、果园三种农田用地类型，对功能退化、生境受损的农田生态系统进行系统修复。

水田主要集中在平坝区高峰梯田区域，灌溉水源充足，地形坡度介于2°～6° 之间，但面积占比最小。旱地主要集中在平坝区好大一块田区域。地块内无水源，高程约为189.2m到199.05m，高差约10m，整体西高东低。地块内大部分坡度低于8%，地形总体平缓，生态修复前基本荒芜，植被以杂草为主，原生生境总体野化。

果园主要包括高峰果园与宝贝果园两处地块。宝贝果园位于平坝区，海拔为188m到195m之间，高差约7m，整体西高东低，大部分区域坡度小于8%，地形总体平缓，局部凹凸不平。高峰果园位于山地区，西侧片区海拔196m到255m，最大高差59m，园地高差23m，坡度大多在7°～17° 之间；东侧片区海拔217m到266m，最大高差49m，坡度大多在4°～13° 之间。两处果园在生态修复前均无稳定灌溉水源，只能依赖天然降水。

4.4.2 现状问题

广阳岛曾经是一个以蔬菜、水果种植为主的传统农业岛，生态修复前共保留农田233hm^2（约3500亩）。大开发导致农田环境组分和生物组分都遭到了不同程度的破坏，农田生态系统功能退化，主要问题包含土壤、水源、种植三个方面。

（1）土壤问题

平坝区和山地区农田地块主要土壤类型为紫色页岩土，土壤分布不均，土壤厚度差异较大；由于大开发时期的破坏，导致土壤有机质含量较低，总体土壤较薄。

平坝区农田以风化紫色页岩土为主，受大开发时期工程建设影响，地表起伏变化大、耕作土层厚薄不一，最薄处仅10cm左右，较厚处可达100cm以上；透气排水性差，土壤瘠薄。山地区以紫色土为主，土层厚薄不一，较薄处仅10～20cm，较厚处可达100cm以上；土壤质地黏重，受常年偏施化肥的影响，板结现象明显，透气性差，土壤偏碱性，营养失调。

广阳岛农田现状——土壤瘠薄

（2）水源问题

全岛农田水资源供需不平衡，主要农田地块均没有可靠稳定的水源，仅依靠天然降雨；现有水塘水质较差，水环境退化严重；排水沟数量少，淤积多，排水不通畅。

山地区农田无稳定灌溉水源，仅依赖天然降水灌溉，共保留水塘6处，总蓄水量约为9200m^3，但多数水质较差、富氧化严重，水流不畅，水生植被单一；部分排水设施淤积，排水不通畅。平坝区农田无稳定水源，原有排水设施损坏严重，无法正常发挥功能。

广阳岛农田现状——供排不畅

（3）种植问题

山地农业区群落结构单一，种植品种少，生物多样性低。高峰果园周边植被以杂生植物为主，次生林及人工林约占果园面积的49%，原生生境总体野化；果园内共有果树6600余株，树龄大部分在30～40年之间，健康树比例约30%；果树品种以柑橘、脐橙为主，品种相对单一，病虫害高发，区域生境生物多样性低。平坝区农田植被以杂草为主，荒地较多，仅“好大一块田”部分区域种植有油菜花。

广阳岛农田现状——农田撂荒

4.4.3 疏田措施

疏田强调对“田”“土”“水”三大要素的综合运用，是跨学科、多技术的系统工程，也是传统农耕智慧与现代科技多样性运用的集成。广阳岛疏田以“适地适田、润土润田、耕地作田”为策略，改良土壤环境、培育土地肥力、改善水体生态，优化农作物生长环境、提高农田利用水平、提升农田生物多样性。

（1）适地适田

适地适田即根据农田及作物类型及特点，因地制宜提升耕地地力。适地适田应以农田的区域分布和作物的选择为依据，充分利用作物的特点，选择适合的地力提升技术。选择的技术与立地条件及作物品种相适应，充分保护和利用当地的地形地貌、优质作物品种，形成最佳栽培区。

（2）润土润田

润土润田即根据农业工程、景观生态学原理，采用果园生草、水肥一体、节水灌溉、种养循环等技术措施，增强对农田中水、肥、气、热的调节能力，使农田节水节肥、健康高效、绿色生态，进而提高农田的综合生产力。

（3）耕地作田

耕地作田即根据海拔高度、地形地貌、土壤条件、水源条件、降雨量、日照等地理和气候特点确定作田类型、地块规模，通过合理归并和适度平整、坡耕地田坎修筑等方法，实现农田空间格局与景观形态的调整与优化。

4.4.4 方法步骤

（1）土地整理

土地整理是针对低效利用、不合理利用、未利用以及生产建设活动和自然灾害损毁的土地进行综合整治，以土地利用的平面布局调整为主，以增加有效耕地面积，提高土地利用率和产出率，改善农业生产条件和生态环境。

（2）土壤改良

疏田的土壤改良技术主要包括测土配方施肥、蚓肥耦合技术、秸秆还田技术、深耕深松改良等四项主要技术，涉及平坝区“好大一块田”、宝贝果园，山地区高峰果园、甜橙溪药王谷等地块。

1）土壤改良技术

① 测土配方施肥

测土配方施肥是以土壤测试和肥料田间试验为基础，根据作物需肥规律、土壤供肥性能和肥料效应，调整施肥策略，实现合理施肥的技术措施。2020年全岛采集农田土壤样品28个，速效钾、速效氮、速效磷、有机质以及土壤酸碱度等土壤基础营养数据进行了检测，并将数据信息填入数据记录表，建立果园、大田土壤信息数据库。在施肥的过程中以作物的产量指标为基准，根据检测土壤基础营养数据，明确农作物生产以及土壤所需要的化肥量。同时，充分考虑到不同作物对不同肥料的利用率，科学决定肥料配比和使用量。

② 蚓肥耦合技术

蚯蚓粪有机肥可以有效修复被污染土壤和改善土壤肥力，提高土壤中细菌和真菌等特有物种的数目，并且能够提高其多样性指数。广阳岛蚓肥耦合技术改良土壤的方案为：针对施用有机肥、秸秆还田的田块，每亩施用1t蚯蚓粪、引入5~10kg蚯蚓，实施后土壤孔隙度、透水性、通气性和持水性明显改善。

③ 秸秆还田技术

秸秆还田不仅能改善土壤结构，增加土壤有机质，而且可以促进微生物活动和作物根系的发育，还

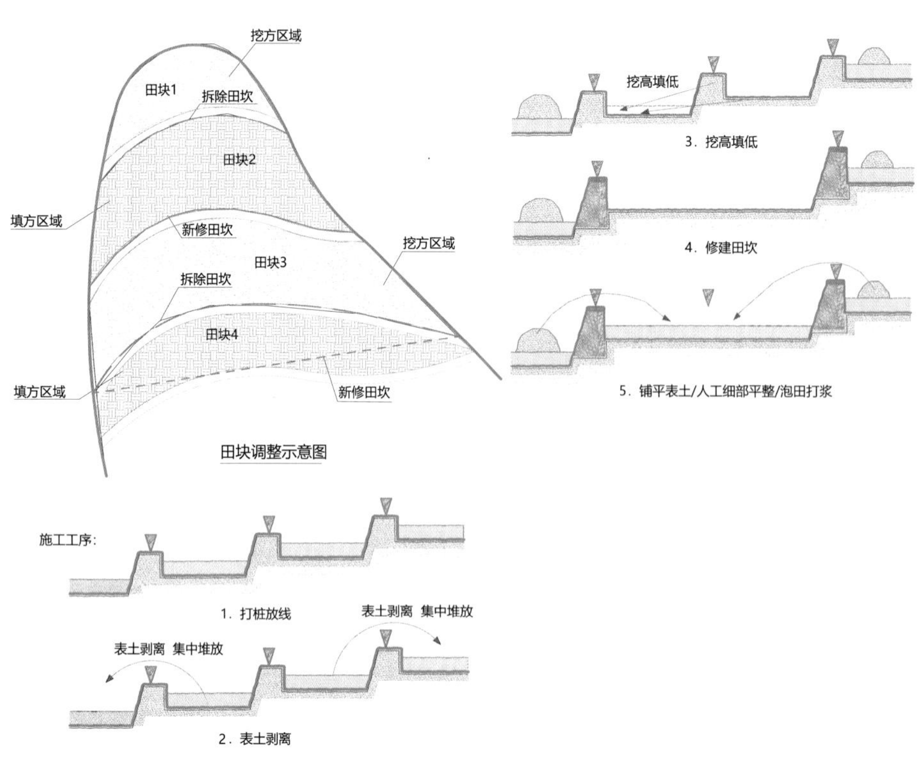

土地整理流程图

能提高土壤保蓄能力。该技术主要应用于广阳岛“好大一块田”的油菜及高粱等农作物秸秆的处理。采用秆机械翻埋将秸秆还田技术，改善农田土壤理化性质和团粒结构，提升土壤耕作层氮素含量，实现生态农业的良性循环。具体技术路径为：机收油菜留高茬→秸秆粉碎灭茬（秸秆粉碎机粉碎作业）→机械深翻→灌水泡田→旋耕平地、抛洒秸秆腐熟菌剂→高粱直播。2021年秸秆机械还田42t，实现了秸秆资源化利用，改善了大田土壤品质。

④ 深耕深松改良技术

机械深松技术采用机械进行土壤翻松，通过机械力协调土壤中的水分、土壤颗粒、营养物质、空气的比例等各因素之间的矛盾，提升土壤的保墒功能。针对广阳岛农田土石相间、生土裸露、肥力贫瘠、耕层深浅不一等问题，深耕深松厚度应达到30cm，并耙碎耧平，以此加大风化作用面积，提高土壤物理风化速度，同时促进土壤氮、磷、钾及中微量元素的释放，加快形成结构良好、蓄水保墒的良好土体。通过以上工程措施、化学措施、生物措施多种手段进行土壤改良、培肥土壤，广阳岛土壤肥力得到了明显提升。

2）地块土壤改良

① 好大一块田

油菜移栽前：清理地表杂石→客土（30cm）→施用有机肥（1t/亩）→旋耕→施用蚯蚓（15kg/亩）；油菜收获后：取样测土→继续采取物理改良措施、生物改良措施及养分平衡技术对土壤进行持续改良（油菜收获取样测土后，编制土壤改良方案，继续施用蚯蚓粪肥、腐熟牛粪、羊粪及秸秆肥等改良土壤）。

② 宝贝果园

Ⅰ果树种植区

清理地表杂石→开挖壕沟（2m×1m）→底部回填素土30cm→有机肥（3.59t/亩）、硫黄粉（168kg/亩）和表土混合施用或分层回填→表土回填→秸秆还田（同时加500g/亩菌剂）→施用蚯蚓（15kg/亩）→取样测土→持续改良。

Ⅱ果树外种植区乔木（点缀景观果树）区

清理地表杂石→开挖定植穴（直径1.5～2m）→底部回填素土30cm→有机肥（100kg/棵）、硫黄粉（5kg/棵）和表土混合施用或分层回填→表土回填→施用蚯蚓（15kg/亩）→取样测土→持续改良。

③ 高峰果园

Ⅰ原有果林

中耕松土（10～25cm深）→冬季施肥（重肥坑，50kg/棵）→施用蚯蚓（15kg/亩）→ 取样测土→持续改良。

Ⅱ补栽果林

测定值点→开挖定植穴（直径1.5～2.0m，深0.8～1.0m）→施机肥改土（有机肥和表土充分拌合或者分层回填，50kg/棵）→施用蚯蚓（15kg/亩）→取样测土→持续改良。

④ 甜橙溪药王谷

Ⅰ西侧

清除杂草→翻土复垦（30cm）→修复田埂→取样测土→持续改良。

Ⅱ东侧

清理地表杂石→异地客土（30cm）→施用有机肥（1t/亩）→取样测土→持续改良。

（3）节水灌溉

根据作物种类、地形地貌、展示方式、水源条件等因素，因地制宜确定各区域灌溉方式。灌溉技术包括地埋滴灌、移动式喷灌和人工灌溉。同时，广阳岛综合采取管道输水、畦田改造、水稻控制灌溉、旱作物非充分灌溉、节水栽培、耕作保墒、化学保水剂、节水抗旱作物品种选育等节水灌溉技术集成体系，广泛应用于各农田地块。节水灌溉技术实施后农田水资源循环系统得到了重建，实现了节水增产效益与生态效益的协调统一。

1）地埋滴灌

① 技术介绍

节水灌溉技术主要采用地埋式精准滴灌技术，是在地表滴灌技术基础上研发出的一种适宜于多年生农作物生产的灌溉技术，具有节水、节劳、减少面源污染、精准灌溉、景观效果佳五大特点。广阳岛引进以色列地埋式精准灌溉技术，融合5G、Lora 等无线通信技术，将气象站、土壤墒情传感器、土壤养分传感器采集的实时数据，上传至智慧灌溉云平台进行分析、处理，制定针对性的灌溉策略。然后通过物联网监控平台将控制指令发送至自动施肥机、灌溉泵、太阳能电磁阀等终端设备，实现水肥一体化精准灌溉。

② 技术实施

以宝贝果园技术示范为例介绍技术实施：根据区域土壤养分含量，以及龙眼、荔枝、脆李、柠檬等果树的需肥规律和特点，将可溶性固体或液体肥料，配兑成肥液并注入灌溉，借助压力系统，通过可控管道系统供水、供肥，待水肥相融后，水肥通过管道和地埋毛管上的灌水器缓慢渗入附近土壤，再借助毛细管作用或重力扩散到整个作物根层。

具体示范内容：在水肥一体设备间内设置加压系统、肥料配比系统、一二级过滤系统，按照确定的肥料与灌溉水配比参数，通过地埋的110mmHDPE主管道、90mm或63mmHDPE支管道输送至田间，末端每行铺设两条地埋毛管，毛管布设在新栽果树树冠滴水线附近，并在毛管上每隔0.5m安装一个灌水器，灌水速率1.84mm/h，地头最小允许压力7.0m。引进世界最先进的以色列压力补偿地埋滴灌管与过滤装备，以及营养液自动配比、土壤在线监测、恒压变频灌溉、精准施灌和无线远程控制等成套技术与装备，按照确定的肥料与灌溉水配比参数，通过地埋的110mmHDPE主管道、90mm或63mmHDPE支管道输送至田间，末端每行铺设两条地埋毛管，毛管布设在新栽果树树冠滴水线附近，并在毛管上每隔0.5m安装一个灌水器，灌水速率1.84mm/h，地头最小允许压力7.0m。该技术肥效快，养分利用率高，可以大幅减少肥料以及农药等的使用量，同时，管道地埋的方式便于田间机械化作业的开展。

2）移动式喷灌

采用绞盘式喷灌机实施移动式灌溉。绞盘式喷灌机由喷头车和绞盘车两部分组成，压力干管或移动式抽水机供给水源。喷头车车轮间距一般可以调整，与作物种植间距协调适应。工作时，喷头车和绞盘车分离，喷头车进入作物行间，自动前进，进行移动喷灌。使用缺点是：喷头车和喷灌机较笨重，需要拖拉机牵引。

3）人工浇灌

在灌溉区域内道路旁埋设管道，间隔一定距离布置快速取水阀，取水阀埋入地下不影响景观环境。用取水钥匙（杆）插入取水阀体中即出水，接上软管后进行人工浇灌。使用完毕后拔出取水钥匙，阀门自动关闭。

（4）良种良法

1）好大一块田

在好大一块田采取油菜高粱轮作的栽培模式，充分利用农田资源，实现农田高效利用。

好大一块田农作物栽植计划表

序号	作物名称	品种	种植时间	收获时间	备注
1	油菜	庆油3号	10月	4月	株行距25cm×35cm
2	高粱	晋渝糯3号	5月	8月	株行距25cm×55cm
3	红薯	—	4~5月	9~10月	株行距40cm×60cm

2）宝贝果园

在宝贝果园选用优良的柠檬、荔枝、龙眼、脆李品种，采用宽行起垄栽培模式，分区进行种植。行宽5m，垄面宽2m，垄高30-40cm；定植密度采用株行距4m×5m，每亩可栽植果树约33株。

宝贝果园栽植果树统计表

序号	种植区位	品种	种植面积	种植棵数	备注
1	柠檬园	尤力克	16亩	527	到场后修剪，品质良好，无病虫害，长势正常
2	荔枝园	妃子笑	19亩	808	
3	龙眼园	储良	48亩	1185	
4	脆李园	巫山脆李	23亩	753	

3）高峰果园

高峰果园历史悠久，所产华盛顿脐橙曾经获得“农业部优质农产品”等称号。2006年以来，因果园缺乏管护，病虫害问题严重，造成大量柑橘死亡。为传承广阳岛历史文脉，通过移栽、补种、高接换种，扩大了华盛顿脐橙的种植面积，延续了良种基因。新栽植果树的定植密度采用株行距3m×4m。

4）甜橙溪药王谷

分区依托科普讲堂打造以研学科普为主的药田，展现中医药文化和中药康养。

（5）绿色防控

全岛农田主要推广频振式杀虫灯诱杀技术太阳能杀虫灯诱杀技术。在田间安装一盏杀虫灯的标准设置，灯高（距离地面）1.5～2m，开灯时间为3～10月，每晚8点开灯到次日早6时关灯。通过示范区观察，明确诱杀害虫种类。监测诱杀效果。推广应用柑橘以螨治螨技术。以螨治螨就是通过人工在柑橘园释放胡瓜钝绥螨，以胡瓜钝绥螨来控制柑橘红黄蜘蛛及锈壁虱。防治效果达到70%以上，减少农药用量10%～15%，挽回产量300kg/亩。

中药材栽植统计表

序号	中药材名称	规格		种植时间	收获时间	备注
		高度（cm）	冠幅（cm）			
1	黄栀子	60	60	11~3月	8~9月	株行距1.5m×1.5m
2	佛手	80	—	3~4月	9~10月	株行距2m×2m
3	茉莉	30~40	—	9~10月	4~5月	株行距60cm×60cm
4	牡丹	60	—	11~3月	11~12月	株行距30cm×50cm
5	白芍	60	—	11~3月	11月	株行距30cm×50cm
6	杭白菊	20	—	4~5月	11月	株行距40cm×40cm
7	金丝皇菊	20	—	4~5月	11月	株行距40cm×40cm
8	迷迭香	20~30	15~20	11~4月	6~8月	株行距30cm×30cm
9	连翘	35	20	11~3月	7~10月	株行距1.5m×1.5m
10	藏红花	—	—	5~6月	11~12月	球根，株行距15cm×15cm

绿色防控技术统计表

地块	品种	果园管护	物理防治	生物防治
好大一块田	油菜	开沟排水 清除病叶老叶	色板 频振式杀虫灯	瓢虫 蚜虫蜂 食蚜蝇
	高粱	翻耕土地 处理秸秆 清除杂草 合理水肥管理	频振式杀虫灯 色板诱杀 性诱剂诱杀	释放寄生蜂、赤眼蜂 捕食性天敌等
宝贝果园	柠檬	合理修剪 勤除杂草 清洁园地 消灭病虫寄主	糖醋液 黑光灯 性诱剂等	释放捕食螨 寄生蜂等
	果园	剪除病虫枝冬季清园	草把 灯光 色板	在3月至4月时，释放瓢虫； 在4月至5月释放捕食螨
	荔枝	采果后修剪清园冬季清园	用诱虫灯 色板	3月初至4月初，释放平腹小蜂
	龙眼	选择抗性品种	性诱剂 灯光	3月初至4月初，释放平腹小蜂
高峰果园	脐橙	树干涂白 防止成虫产卵	树冠喷药诱杀挂毒饵 杀虫灯 性引剂	释放蛀姬蜂 肿腿蜂防治天牛

（6）资源循环

广阳岛疏田依据作物种类、田面条件、农田环境等特征，采取秸秆全量机械还田技术、剪枝基质配方技术、落果酵素技术、蚯蚓过腹技术、粪（秆）-蚓-肥-作物耦合技术等，实现资源的循环利用，减少了污染物的排放及各类肥料的使用。

1）秸秆全量机械还田技术

对好大一块田221亩农田进行面源污染防控源头减量，推广机械粉碎还田技术。油菜、高粱秸秆每年总量约100～150t。油菜、高粱机械收割后，直接机械粉碎、翻耕还田，可结合微生物菌剂抛洒，提高腐熟效率。

2）剪枝基质配方技术

对宝贝果园、高峰果园共计389亩果园采取剪枝基质配方技术。据测算，果园每年剪枝秸秆总量约15～30t，采取人工剪枝、机械粉碎（粒径小于2mm）的方法处理剪枝秸秆，之后堆肥30～40天。堆肥产品与蚯蚓粪、珍珠岩等基料混合（基质30%，蚯蚓粪20%，土壤20%，蛭石10%，珍珠岩20%），用于花田1.2万株（包）花卉、苗圃、食用菌的栽培。

3）落果酵素技术

对宝贝果园、高峰果园共计389亩果园的烂果进行收集，按3（落果）：1（红糖）：10（水）的比例混合，添加微生物菌剂，经厌氧发酵90天后产成棕色液体（酵素）。酵素是天然的有机肥料，可以改善土壤环境，促进植物生长，抑制害虫生长发育，对农业和水生生态环境具有强势的改良和修复作用。

4）蚯蚓过腹技术

采用蚯蚓过腹转化技术处理牛粪及园区秸秆堆沤产物，年产蚯蚓0.4～0.6t，蚓粪16～25t，年改良土壤10～20亩。蚯蚓工厂200m^2，单层建筑，高3.3～4.2m，结构形式为轻钢结构+柱下独立基础；集成示范隧道式蚯蚓养殖机、立体式蚯蚓养殖装置等设备，实现蚯蚓养殖全程机械化。

5）粪（秆）—蚓—肥—作物耦合技术

广阳岛坚持以地定畜，以种定养，按照牧态容量配置耕地、以土地消纳粪污能力确定养殖规模，在胜利草场采取“粪（秆）—蚓—肥—作物”耦合技术体系，对牛粪、羊、马等畜禽养殖废弃物进行资源化利用。全岛牧草区养殖奶牛10头，山羊15只，马3匹，少量鸡、鸭。产粪量为奶牛30kg/d，山羊1.5kg/d，马10kg/d。总计日产粪便量352.5kg/d。油菜秸收集后，粉碎粒径小于2cm，与尿素混合后堆肥20~25天，最后与牛、羊、马等畜禽粪便混合用于蚯蚓养殖。预计年产蚯蚓粪约50t，年节约化肥10t，每年可改良农田土壤约1.67hm^2（25亩），土壤有机质含量每年平均提升0.2%。以蚯蚓粪中含有机质60%计算，每年50t的蚯蚓粪施加可减少约25t的二氧化碳当量排放。形成了种养循环模式，实现农业有机废弃物的全收集、全处理、全利用、零排放的“三全一零”目标。

（7）智能监测

广阳岛农业主要包括粮油、果树、蔬菜、中药材、牧草等五大板块，智能监测采用基于“生态化、省力化、智慧化”理念，按照“产前、产中、产后”一体化要求，根据产业规模及山地农田特点，符合广阳岛作业场景的国际先进智能装备。

以好大一块田为例，采用了多种指挥系统，充分体现智慧农场理念，实现了本地块的生态化、省力化及智慧化，采用的智慧果园监测系统包括：

① 数据采集系统：土壤墒情、虫情、气象信息采集；

② 视频监控系统：视频采集为认养系统、溯源系统提供素材；

③ 水肥一体化智慧灌溉云系统：远程监测控制水肥一体化系统，参数设置，任务管理；

④ 农业标准化生产管理系统：基地管理系统、人员管理系统、种植管理系统、生产日志、物料管理系统、供应商管理系统、生产手册、病虫害库等；

⑤ 农产品可视化溯源系统：用于实现岛上果园供应链各环节关键溯源信息的录入、监测和溯源，实现基地全面实施环境保护、投入品、种植、产品包装等技术标准；

⑥ 果蔬认养管理系统：集成用户认养系统、用户种养管理系统、可视化溯源系统等，实现广阳岛内田园、果园、菜园网络认养；

⑦ 智能虫情测报系统：智能虫情测报系统利用现代光、电、数控集成技术，实现了虫体远红外自动处理、传送带配合运输、整灯自动运行等功能。

4.5 清湖

广阳岛生态修复的清湖策略基于广阳岛湖泊本底条件，以生态学基本原理和最优价值生命共同体理论为指导，以实现“清水绿岸、鱼翔浅底”的“湖净”目标为总体愿景，采用“湖底清理、湖岸修复、湖水净美”三大措施，实现从底泥到岸线，再到水体三个层面的系统修复、综合治理及场景呈现，在满足生物多样性需求的同时，满足人民对于美好生活的需要。

4.5.1 基本类型

广阳岛大开发前通过湖塘、鱼塘、水田等实现蓄滞功能，蓄水空间面积约190hm^2，大开发后蓄水空间遭到严重破坏，蓄水湖塘仅剩11hm^2。因此广阳岛清湖以恢复自然湖塘、适度增加人工湖塘为主，共形成九处湖塘，扩大广阳岛蓄水空间，提高广阳岛水资源储备量。

九湖：雁鸭湖、白鹭湖、戴胜湖、鸳鸯湖、喜鹊湖、斑鸠湖、枕羽湖、文鸟湖、云雀湖。

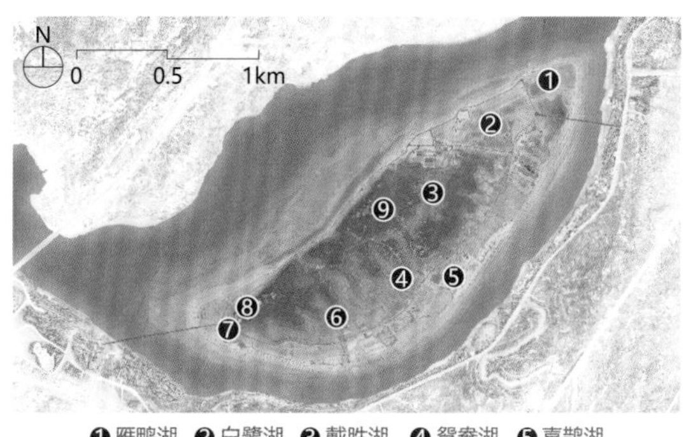

广阳岛湖塘分布图

4.5.2 现状问题

广阳岛大部分湖塘原为人工挖掘的蓄水池与鱼塘，大开发时的平场建设、挖山填湖导致大量湖塘都被填埋或破坏，现存的湖塘多面临湖底淤积，容量减少；岸线杂乱，生境退化；自净不足，水质不佳三大问题。戴胜湖、萤火湖、丹田湖等三个大型湖泊问题尤为突出。

（1）总体问题

1）湖底淤积，容量减少

大开发时期的挖山填湖显著减少了广阳岛上湖泊的调蓄容积，常年的水土流失与面源污染累积使本来较浅的湖底进一步淤积，底泥平均深度为0.6m，部分湖泊甚至基本丧失雨水滞蓄功能。据统计，大开发后全岛调蓄能力降低至39万m^3，较开发前减少33%。滞蓄能力的短缺导致湖塘承受污染负荷的能力降低，进一步引发了湖塘污染问题。

广阳岛湖塘现状——湖底淤积，容量减少

2）岸线杂乱，生境退化

大开发后的广阳岛湖塘岸线杂乱，滨水生境呈现退化的趋势。其中山顶堰塘多为鱼塘与蓄水塘，大开发后基本荒废，退化为生境单一的芦苇沼泽；溪谷湖塘多为季节性干塘，大开发后逐步退化为物种单一的杂草滩。

广阳岛湖塘现状——岸线杂乱，生境退化

3）自净不足，水质不佳

随着岛内水系的破坏与湖泊底泥的淤积，广阳岛湖塘面临面源污染和内源污染双重威胁。面源污染来自废弃农田与林地的地表径流，因截污不足导致湖塘面源污染。内源污染来自湖塘底泥释放，因自净不足导致湖塘内源污染。在双重污染威胁下，岛内湖塘水质不佳，总磷超标，经检测为地表V类水。

广阳岛湖塘现状——自净不足，水质不佳

（2）重点湖泊

1）戴胜湖

戴胜湖原为人工挖掘的鱼塘，经历大生产、大开发后，由多个鱼塘合并形成较大湖面，水面总面积3.58hm^2。存在的主要问题包括面源污染严重、内源污染显著、生境退化明显三个方面。戴胜湖的面源污染主要由降雨径流、泥沙输入、水土流失等原因导致，污染物以氮磷为主，水体富营养化趋势明显；内源污染则主要来自鱼塘底泥和输入沉积；生境退化主要体现在湖岸植被长势衰退与水生态系统退化两个方面。

2）白鹭湖

白鹭湖原为一片低洼地，是平坝区重要的雨洪调蓄空间，但由于泥沙淤积、面积减小等原因，雨洪滞蓄功能基本丧失，这也成为其面临的主要问题。

3）喜鹊湖

喜鹊湖原为一处深坑，其上游是岛上18条主要溪流之一的甜橙溪，是平坝区重要的雨洪滞蓄区。大开发时期这里的天然防渗功能遭到破坏，无法有效滞蓄雨水，造成了水资源的浪费；同时，植物长势也出现衰退，生境退化明显。

4.5.3 清湖措施

广阳岛清湖针对现有湖体“湖底淤积、岸线杂乱、水质不佳”的现状条件与问题，通过“湖底清理、湖岸修复、湖水净美”三大措施，实现从底泥到岸线，再到水体三个层面的系统修复、综合治理及场景呈现，实现“湖净”修复目标。

（1）湖底清理

湖底清理即针对广阳岛湖塘湖底淤积、容量不足、内源污染问题，对湖塘进行底泥清理，重建湖塘基底，降低湖底内源污染，保障水底生态系统健康。

（2）湖岸修复

湖岸修复即针对广阳岛湖塘岸线杂乱的问题，基于地表径流分析，减缓汇水冲刷，防范溢流侵蚀，径流分析，减缓汇水冲刷，防范溢流侵蚀，修复生态驳岸，保障湖岸生境稳定。

（3）湖水净美

针对水质不佳、自净不良、生境退化等问题，广阳岛清湖以基于自然的解决方案进行水质提升与滨水、水下生境修复，最终呈现“水清岸绿、鱼翔浅底”的优美场景。

4.5.4 方法步骤

广阳岛清湖采取“基底营建、内源控制、汇水消能、雨水排涝、生态护岸、水质提升、生境修复、水景

戴胜湖污染负荷统计表

戴胜湖	COD (t/a)	TN (t/a)	TP (t/a)	NH_3-N (t/a)
面源污染（t/a）	10.93	0.44	0.08	0.09
内源污染（t/a）	5.16	0.10	0.012	0.028
补水输入（t/a）	0.38	0.013	0.003	0.013
汇总（t/a）	16.469	0.554	0.099	0.126

营造”八个步骤，通过清理湖底、生态防渗、驳岸修复和净化湖水等水环境治理与生态修复技术，使湖塘具备积蓄雨水、农田灌溉、保护生物多样性、微污染自净的生态功能，并呈现清水绿岸、鱼翔浅底的生态风景。

（1）基底营建

湖塘作为地表蓄水主体，应具备相对稳定的保水透气能力。为此，广阳岛清湖在湖底微地形营造的基础上，充分应用基于自然的透气防渗砂技术，改善湖泊基底条件，在保证生态功能的前提下尽可能提升湖泊的存蓄能力。

部分湖泊的基底营建采用了透气防渗砂技术，在提升湖体防渗性的同时保证了基底的透气性。该技术利用砂基高效透水滤水的性能破解透水和滤水之间的矛盾，构建岛屿生态“海绵体”。采用透气防渗砂技术制成的透气防渗毯具有超疏水的特性，水的表面张力得到极大提高；同时，砂颗粒的孔隙仍可以使气体通过，兼顾了防渗性和透气性，从而使底部实现透气增氧，提高水中溶解氧含量，达到有效保护水质，避免水质恶化、水体黑臭的目标。透气防渗毯上层覆盖种植土，配置植物生长需要的养分和肥料，在植物栽种后一定时期内提供水分和营养，可提高植物的成活率，有效确保湖体生态系统的长期效益。

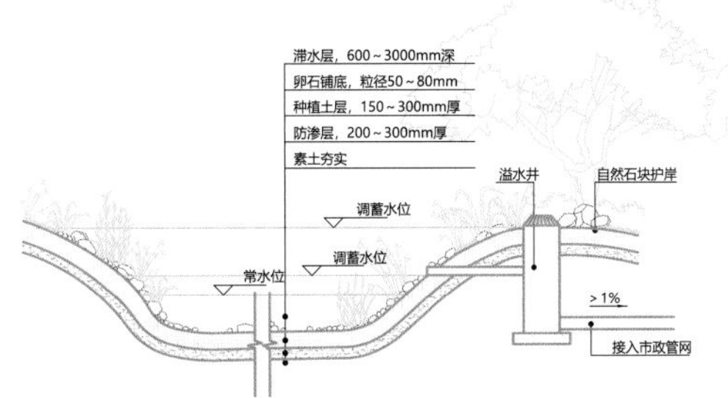

透气防渗调蓄塘示意图

（2）内源控制

内源控制针对广阳岛湖塘底泥的内源污染及可能存在的病原体等，采用基于自然的解决方案进行生态化控制，在解决内源污染的同时，不对周围环境造成二次污染。广阳岛清湖摒弃传统底泥消杀、机械清淤技术，以底泥原位消解技术、水下生态系统构建技术为核心实现底泥的资源化利用和生物降解。

1）底泥原位消解技术

底泥污染物原位消解技术以底泥降解生物砖为技术产品，在不清出水体底泥的条件下，以对水体最小扰动的方式，在水域原位对底泥污染物进行降解，最大程度地降低底泥对水体的污染。广阳岛清湖在湖中投加酶质生物砖，酶质生物砖为有益菌及生物酶压制成的块状物，生物砖进入污染底泥后，适度降解底泥中的有机物，避免有机物反释污染水体；抑制有害细菌的产生，增加底泥中有益菌群种类及密度，加速污染物的降解；促进底泥矿化，加速底泥矿化速度，减少底泥厚度；治泥的同时治水，提升水体透明度20%以上，继而消除底泥黑臭、上浮现象。

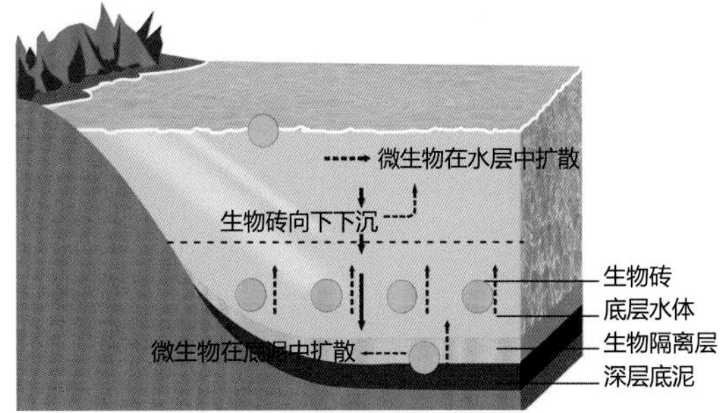

底泥原位消解技术示意图

酶质生物砖

2）水下生态系统构建

水下生态系统是整个水生态系统中的“生产者”，既要考虑生态平衡自净，也要考虑本系统对外来污水的净化效力及景点的分布，一般水下森林的覆盖率达到水域的80%以上，代表整个水生态系统的稳定和水生态自净能力的形成，在系统稳定的情况下，还可以处理一部分多余的污染。广阳岛清湖水下生态系统构建技术中，根据湖塘本底条件的差异，联合应用浮游植物食物链构建技术、有机碎屑食物链构建技术和沉水植物食物链构建技术。浮游植物食物链为浮游植物→浮游动物→杂食性鱼、滤食性鱼、底栖动物→肉食性鱼。有机碎屑食物链为有机碎屑→碎屑食性鱼、杂食性鱼、滤食性鱼、底栖动物→肉食性鱼。沉水植物食物链为沉水植物→草食性鱼→肉食性鱼。广阳岛清湖水下森林的构建技术中，选择遵循本土植物优先、适用优先、高效去除污染物优先、美化环境和经济效益突出的植物优先，利用植物对不同物质的吸收速率，将易吸收重金属的植物、易吸收有毒有害物质的植物和易吸收营养物的植物进行区域性交错种植，且暖季型和冷季型植物间隔种植。湖塘水体的深度不同，由浅至深依次分为“挺水植物区、高温季沉水植物区和低温季沉水植物区”三个水生植物区，根据不同种植区域选择不同的水生植物，确定种植数量、密度和规格，整体上互补共生，形成一个稳定的植物群落。

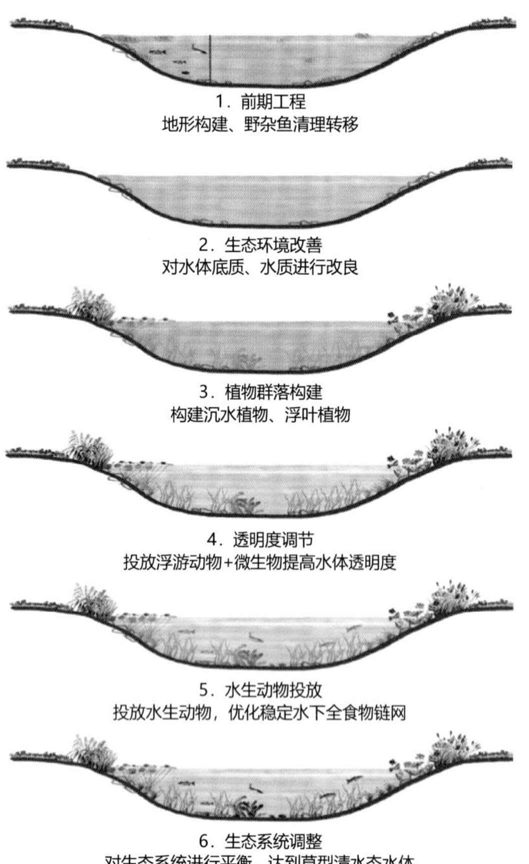

水生态系统构建流程图

（3）汇水消能

为防止或减轻水流对湖体岸线等的冲蚀，破坏，广阳岛清湖通过径流分析识别湖塘汇流通道与汇流关键点，在汇流强度较大的岸线区域，以自然手法设置消能坝，以此达到消耗、分散水流能量，保护湖体岸线的目的。

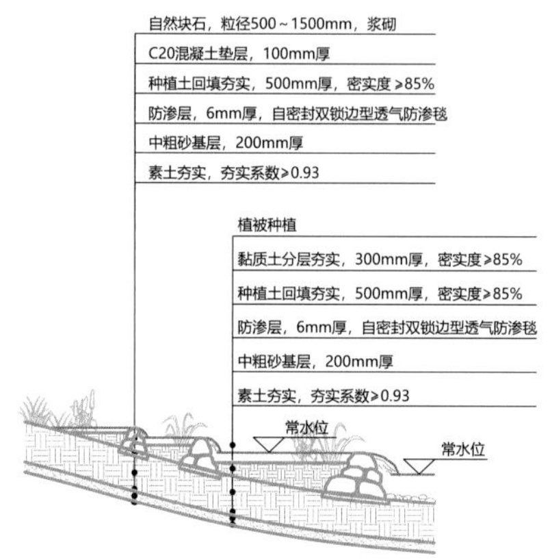

种植跌水消能示意图

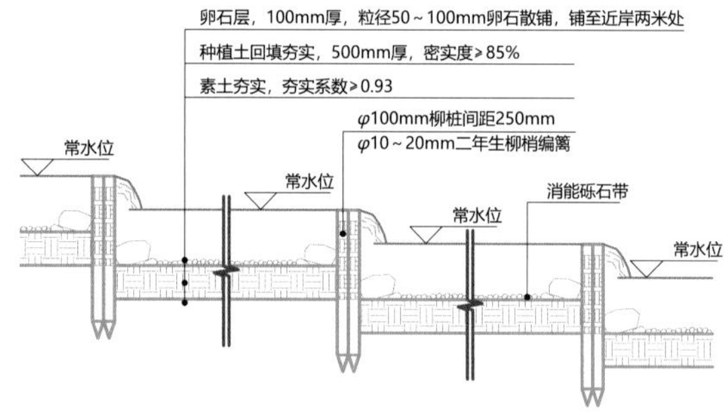

木桩跌水消能示意图

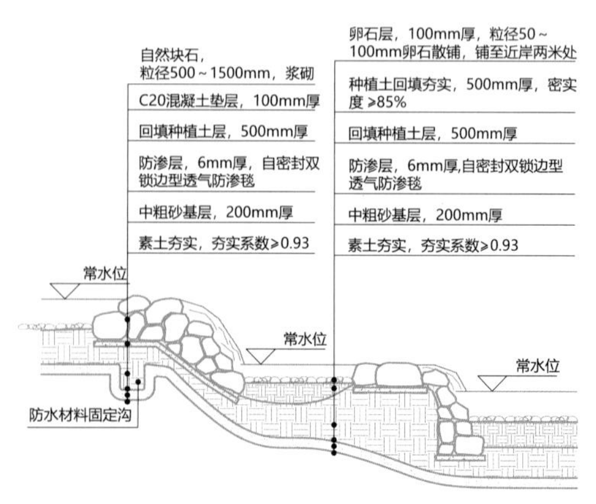

块石跌水消能示意图

（4）雨水排涝

雨水排涝主要应对极端降雨下的内涝，自流排涝为主，保障湖泊水动力条件，维持自然水循环过程；强制排涝为辅，解决广阳岛湖泊无自流条件下的应急排灌及防范护岸损毁等问题。

（5）生态护岸

针对广阳岛湖体岸线常见驳岸硬化、土壤裸露等问题，广阳岛清湖尽可能少地引入人工材料，采用当地卵石、木桩及乡土水生植物等自然材料，结合生态工法，修复驳岸系统，维护岸线的稳定与整洁，形成自然驳岸。

自然驳岸通过使用植物或植物与非生命植物材料的结合，减轻坡面及坡脚的不稳定性和侵蚀，恢复为自然河岸或具有自然河流特点的可渗透性驳岸，同时实现多种生物的共生与繁殖。广阳岛生态驳岸以植物群落构成，具有涵蓄水分、净化空气的作用，在植物覆盖区形成小气候，改善湖水周边的生态环境；形成丰富的浅滩植物群落，不仅是陆上昆虫、鸟类觅食、繁衍的乐土，进入水中的植物根系还为鱼类产卵、幼鱼避难、觅食提供了场所，形成一个水陆复合型生物共生的生态系统。同时，水生、湿生植物根系等为微生物的附着提供条件，使水中富含氧气。植物根系吸收和微生物分解可高效净化污水，增强了水体自我净化能力。广阳岛清湖自然驳岸配合种植多种植物，常水位以上种植喜湿、耐干旱的湿生林带、灌丛；水深0.3m 以下种植挺水禾本科湿生高草丛；水深0.3~0.9m种植睡莲科等浮叶植物；水深0.9~1.5m种植水下不显形的沉水植物，形成完整的生物群落。

（6）水质提升

湖体水质的长期保持，其根本在于污染物的输入量不高于水体对污染物的降解速度，即水体自净力大于水体的污染负荷。广阳岛清湖通过水下生态系统构建技术等基于自然的解决方案提升水体自净力，通过投放经过驯化培养的浮游动物，消化水体中的藻类、有机物和悬浮物，降低水体的pH值，抑制水体藻类的生长，解决水体透明度问题，最终确保污染物无法在水体中积累，避免水质恶化。

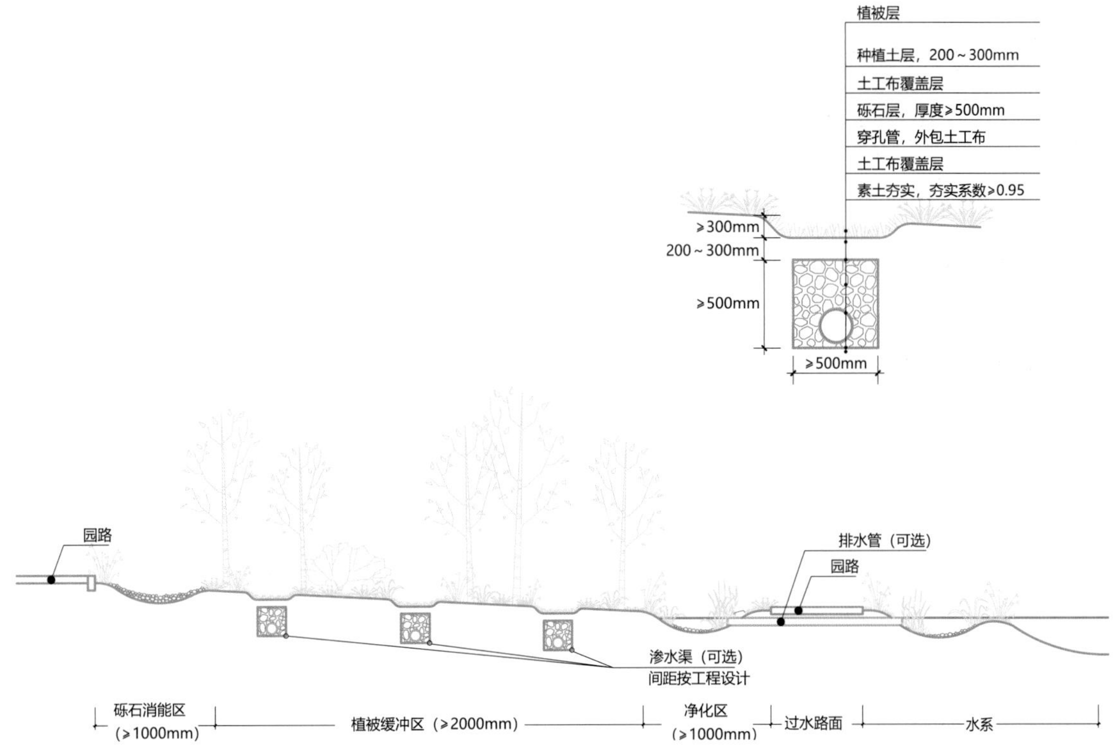

自然驳岸示意图

（7）生境修复

针对生境退化问题，广阳岛清湖在控制入侵物种的基础上，以道法自然的手段进一步修复本土滨水与水下生境。通过丰富的水下地形支撑水下生物多样性，形成稳定的水下生境。在深水区选用耐弱光、植株高大的净化型沉水植物，比如小茨藻、马来眼子菜、光叶眼子菜、龙须眼子菜等。浅水区选用经过驯化培育多年的四季常绿矮型苦草。根据水生植物的生长习性和立地环境特点，加强对有害生物的日常监测和控制，保障水下生境长期稳定和可持续发展。

（8）水景营造

完成基于生命共同体构建为目标的清湖措施后，通过在广阳岛上营造水体活力的动态意境、山水融合的静态意境、水景与植被动静结合的艺术氛围，增加对水元素文化内涵的呈现，不仅能传承我国博大精深的传统文化，还能将东方美学的特点充分展现出来。

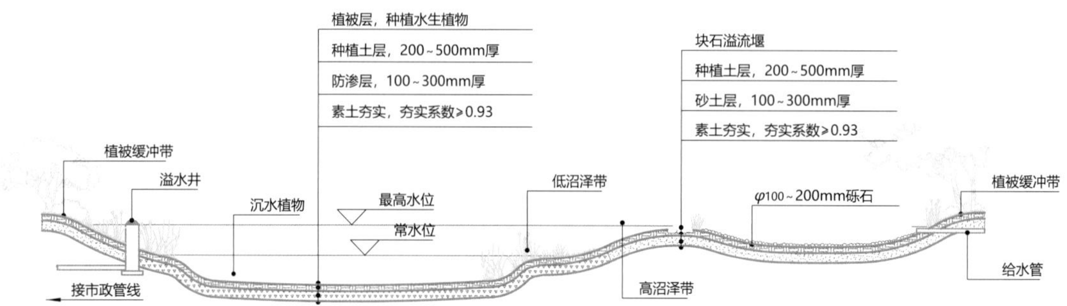

生境修复示意图

4.6 丰草

广阳岛生态修复丰草策略以岛内各类草地为对象，强调尊重自然、顺应自然的态度，以现状草地分布、类型、质量以及所处的地域条件为基础，在维护自然生态系统原真性、完整性的基础上，通过道法自然的自然恢复与大巧不工的生态修复，再现符合草地生态系统内在规律的草地风景。

4.6.1 基本类型

广阳岛现状草地主要以其他草地为主，主要分布在平坝区的荒草地和坡岸区的消落带湿地区域。除其他草地之外，落叶阔叶林、竹林、灌草丛/草丛、山地灌草丛、常绿阔叶林、人工植被（园林绿化）、人工植被（经果林）的等林下草地植被也是广阳岛丰草的主要内容。

山地灌草丛集中在龙头山及山下平坦区，植被覆盖率约15.07%；灌草丛/草丛集中在环岛消落带，覆盖率约36.69%；荒草地（包括沼泽地）集中在山下平坦区，植被覆盖率约17.94%。

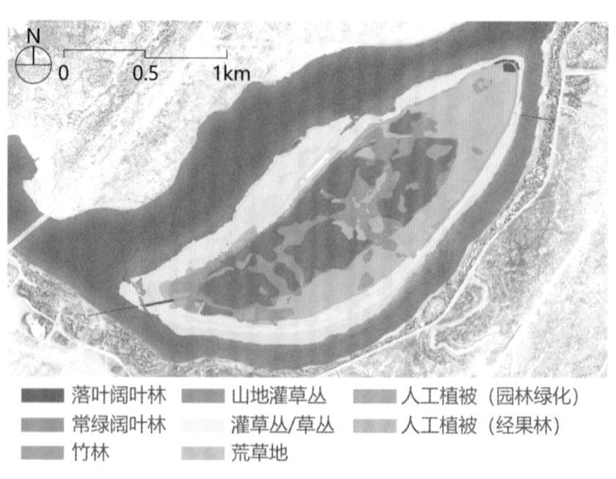

广阳岛植被类型分布图

4.6.2 现状问题

大开发时期的闲置撂荒与平场破坏，使广阳岛大面积的草地产生了不同程度的退化，面临“湿草退化、野草无序、外草入侵、基质瘠薄”四个方面的问题。

（1）湿草退化

湿地草本植物群落是广阳岛草地生态系统的重要组成部分，主要分布在环岛消落带区域及兔儿坪湿地区域。该区域受库区反季节水位涨落影响，大量植被都要遭受周期性水淹，植物生长受到干扰，群落结构相对单一，整体植被呈现逐年退化趋势。目前优势群落为自然次生灌草丛和草丛，包括四种典型群落：白茅群落、芦苇群落、芒群落、芦竹群落。

广阳岛草地现状——湿草退化

（2）野草无序

大开发后，广阳岛平坝区域原本丰产的田地、菜园都因撂荒逐渐退化，一部分成为裸岩、裸土；另一部分则演替为乡土野草群落。这些野草因缺乏管理而无序生长，不但无法形成较好的生态效益，反而影响了原生植物的生长，造成了物种的单一，也呈现出杂乱无序的群落外貌。

广阳岛草地现状——野草无序

（3）外草入侵

全岛草地入侵物种分布较广，主要为葎草、加拿大一枝黄花、鬼针草等。这些入侵植物繁殖能力极强，环境适应性广，生长不受控制，能在短时间内迅速侵占空间，给其他乡土植物的生存造成极大破坏。

广阳岛草地现状——外草入侵

（4）基质瘠薄

广阳岛常见土壤类型包括紫色土+沙壤、紫色土（土壤厚度10~20cm）、紫色砾石风化土（土壤厚度0~10cm）、风化紫色页岩、泥沙土五种。经调查发现，所有这些土壤类型目前均严重缺乏有机质，营养成分较差，难以支持乡土草本植物的正常生长。

广阳岛土壤成分面积与占比

土壤类型	面积/hm^2	占比/%
紫色土+沙壤	59.81	7.44
紫色土	269.00	33.45
紫色砾石风化土	51.60	6.42
风化紫色页岩	202.71	25.20
泥沙土	221.03	27.49
合计	804.15	100

4.6.3 丰草措施

本着“生态优先、因地制宜、适度扰动”三大原则，广阳岛生态修复针对“湿草退化、野草无序、外草入侵、基质瘠薄”四大问题，提出“适地适草、坡岸织草、平坝覆草”三项措施进行丰草。

（1）适地适草

适地适草是指在全岛地貌、微气候与土壤特性分析的基础上，进行必要的土壤改良，并根据不同区域土壤改良后的微环境特征，选择适宜的草本植物品种和近自然种植方式进行丰草。适地适草根据不同区域的环境条件有针对性地选择植物品种和种植方式，避免了简单粗放的草地恢复方式，充分利用了岛内不同生态空间的区域特征，最大程度发挥了草地的生态功能。

广阳岛土壤成分与重庆地区露地栽植土指标对比值

土壤类型	土壤肥力/（g/kg）				pH
	有机质	氮	磷	钾	
紫色土+沙壤	6.01	63.24	15.31	73.88	6.8
紫色土	3.99	80.85	3.12	110.66	6.7
紫色砾石风化土	4.54	43.89	4.54	104.08	7.0
风化紫色页岩	5.71	57.75	13.43	74.96	6.4
泥沙土	4.06	87.78	31.2	50.38	6.6
标准值	>10	>50	>5	>50	6.0~7.8

（2）平坝覆草

平坝覆草是针对大部分裸露、局部野草杂乱的平坝区域，以近自然的方式进行“覆草”。通过微地形塑造延续山形地势，进而结合不同功能需求，模仿乡土野生群落组合进行混播覆草。通过大规模种植油菜花、紫云英等乡土作物，再现原乡生产性景观；通过混播耐践踏冷暖季草种，形成具有游憩功能的草地；通过混播乡土牧草提升生物多样性，还原草场风貌。

（3）坡岸织草

坡岸织草是针对现状整体良好、局部退化的坡岸区域，以“编织”的手法进行扶野式丰草，其中高程17m以下的兔儿坪湿地和消落带湿地进行整体保护与自然恢复；高程175~183m的区域清理入侵植物，通过人工帮扶巴茅、白茅、芦苇等乡土草本促进演替；高程183~190m的区域则结合现状乔、灌木插空补植原有品种。

4.6.4 方法步骤

广阳岛丰草路径在丰草理念的大框架下，广阳岛生态修复结合适地适草、坡岸织草、平坝覆草三大措施，从实践中通过七步丰草路径，具体包括种质调查、场地研判、风貌规划、籽苗选择、整地改土、群落构建、养护育草七大步骤。

（1）种质调查

种质调查是广阳岛丰草的第一步，主要对岛内不同场地现有草种类型、草地群落进行本底调查，同时对适宜引种的草种进行综合研判。

经详细调研，发现广阳岛草本植物共185种，其中，一、二年生草本植物中84种，多年生草本植物101种。这些草本植物分布在不同的植物群落之中，主要包括湿生环境、中生环境、旱生环境。

湿生环境典型植被群落共九类，详见下表：

广阳岛湿生环境典型植被群落

类型	植被群落
1	火炭母+马唐+两栖蓼
2	慈竹+块茎苔草+求米草
3	刺桐+构树+小叶榕-芦苇
4	芦竹
5	桑树-紫麻-火炭母+鬼针草+葎草
6	白茅+金丝草+木贼+狗牙根+块茎苔草
7	构树-巴茅+火炭母+白茅+苔草
8	马唐-火炭母+蕨类+油麻藤
9	构树-淡叶竹+芭蕉+白茅+葎草+马唐

中生环境典型植被群落共六类，详见下表：

广阳岛中生环境典型植被群落

类型	植被群落
1	刺桐+香樟+枇杷-块茎苔草+地果+求米草
2	枇杷
3	刺桐+八角枫-清风藤-块茎苔草+地果
4	刺桐+枇杷+小叶榕+插田泡-马唐+麦冬
5	小叶榕+块茎苔草
6	慈竹-枇杷-花椒+紫苏

旱生环境主要植被群落共七类，详见下表：

广阳岛旱生环境主要植被群落

类型	植被群落
1	构树-白茅
2	葛藤+火炭母+紫马唐
3	接骨木-绞股蓝
4	柳树+刺桐-芦苇+火炭母
5	法桐-荚迷-芭蕉+蕨类+荩草
6	构树+楝树-白茅+地果+狗牙根
7	刺桐+构树-硬头黄竹-芭蕉+火炭母+五节芒+葎草

（2）场地研判

场地研判通过现场踏勘，充分了解草本植物的生长环境与生长状况，根据立地条件、植被生长情况、功能定位等划定自然恢复区与生态修复区，进而确定丰草活动的扰动程度和近自然群落的配置方式。划定的自然保护区与生态修复区因地制宜采取措施。

首先，应根据立地条件与草地生长状况，识别现状长势良好的乡土草本植物群落，划定为自然保护区。保护区内的草地应禁止人为干扰，实施自然恢复的策略，充分发挥植物群落的恢复能力，促进自然恢复。

其次，自然保护区外保存状态完好、退化程度较低、需要特定生长条件的草地，应采取最小人工干预，消除不利于草地发育和群落演替的生长条件；同时，给予必要的水肥条件，维持并促进原有植物群落和优势植物的良好长势。

最后，自然保护区外的其他区域，应遵循因地制宜、适度扰动的原则，根据现状问题与生态功能进行生态修复，实施群落梳理与植物补植。可采取清除入侵草种、松耙、浅耕翻、补播、施肥等浅介入的修复措施，改善乡土草本植物的生长条件；同时，可根据水源涵养、水土保持、水质净化、生物多样性提升等功能目标引入适宜草种并进行近自然种植与养护。

（3）风貌规划

风貌规划即根据场地生态环境特征与历史人文背景，确定整体风貌特色及不同区域的风貌特点。广阳岛草地风貌规划依据场地立地条件与功能类型不同，总体分为山地区、平坝区、坡岸区三大区。

山地区草本植被人为干扰较少，丰草以原始次生林与沟谷溪流为依托，根据现状植被、土壤条件、光照条件的不同，通过自然恢复与近自然补植的方式延续现状草本植被、丰富季相，补植耐瘠薄、耐阴地被，使之呈现山林野趣的整体风貌。

平坝区是人类活动干扰最多的区域，生态修复以疏林、农田、果林、牧场为特色，通过选择耐阴群落、缀花草坪、固氮植物、牧草等地被植物，将草地与生产、生活场景融合，整体呈现巴渝田园风貌。

坡岸区地被一方面须适应反季节消落的特殊环境，另一方面须满足鸟类、鱼类、两栖类等多种动物的栖息需求，应选择耐水湿、耐水淹、固土的地被植物，兼顾食源植物与鸟类栖息植物，营造集生态、科普、游憩于一体的特色群落，整体呈现湿地草海风貌。

（4）籽苗选择

籽苗选择即根据种质调查结果，结合场地特性与既定风貌，以参照生境为目标，选择合适的籽苗进行丰草。参照生境包括农田草型生境、河滩草型生境、平原林缘草地生境、观赏农田草型生境、阳坡疏林草地生境、湿地型生境、经济作物型生境等类型。以参照生境作为籽苗选择依据可确保不同生境的典型群落发挥各自的生态效益，呈现与原乡风貌契合、场地功能匹配的草地风景，如好大一块田选择油菜、高粱、黄豆、红薯、水芹菜、空心菜等作为主要作物，胜利草场以金牧粮草、黑麦草、白三叶、紫花苜蓿、牛鞭草等为主要牧草，药王谷则以佛手、木瓜、白芍、杭白菊、迷迭香、连翘等乡土植物为主。

（5）整地改土

整地改土主要通过微地形设计与土壤改良，为丰草提供良好的立地条件。

1）微地形设计

丰富的微地形可以创造立地条件的多样性，为喜阳、耐阴、耐湿、耐旱、耐瘠薄等不同植被提供赖以生存的微环境。广阳岛平坝区就因地貌单一而导致植被生境单一，因此，创造丰富的微地形对于改善立地条件、增加草地群落类型至关重要。丰草通过还原场地原有地貌，顺山就势塑造微地形，丰富地表凹凸起伏的变化，结合地表水系修复，在全岛范围内形成八种典型草地生境类型，分别是：灌草丛生境、阳坡密林型生境、阴坡密林型生境、疏林草地型生境、湖塘型生境、观赏农田型生境、河滩型生境、消落带湿地型生境，各类生境相互嵌套、彼此互通，形成有机的草地生态系统。

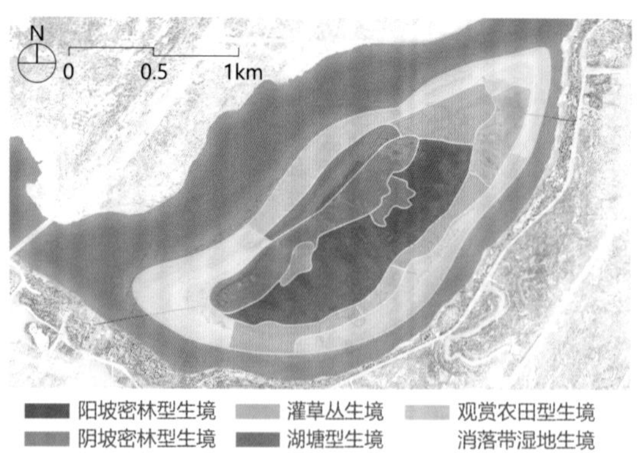

全岛典型生境平面布局图

2）土壤改良

良好的土壤条件是保证群落健康发展的基础条件，广阳岛丰草生态修复策略实施之前对全岛典型土壤进行检测，充分掌握了土壤的现状条件。在此基础上，根据不同区域的目标植被与生态功能，分别改良土壤的透气性、透水性、肥力和土壤结构。如西岛头区域主要为砂砾石和砂壤土，土壤改良重点解决有机质含量低，保水性差，土壤肥力不足等问题，并选择适生的耐瘠薄、耐干旱植被；粉黛草田区原有地势低洼，主要为黄壤土，土壤较贫瘠，土壤改良需重点解决原有土壤黏性大、有机质含量低等问题；生态修复示范地主要为黄壤土，土壤较瘠薄，土壤改良以客土回填为主，结合增施有机肥等措施，改善原有土壤有土壤结构差、机质含量低的问题，提高表层土的理化性质。

（6）群落构建

在整地改土的基础上，可根据既定风貌，采用适宜籽苗，构建草本植物群落。广阳岛丰草以长江上游亚热带常绿阔叶林群落中的草本植物群落为目标，应用岛上或地域内本土野草、野花品种，兼顾群落空间布局优化及动物栖息地营建，修复在地优势物种复合群落。

1）群落布局优化

广阳岛丰草以优势物种在复杂水平空间上的三种基本布局形式为依据优化群落结构。根据植物生长特性模拟物种在空间上的自然分布特征，形成从“留白”到“散布”到“集群”的植物渐进式布局模式。

植物的随机分布模式。随机分布增加了植物单品种在水平空间出现的偶然性，同种个体的相对位置没有必然的联系。该布局方式多应用于岛外引进的同地域型植被，使其扩大生长随机度、广泛度，以人为的方式促进群落结构优化。

植物的集群组团分布模式。集群布局即按照一定的间距范围分布，形成簇生或多集群的随机分布，即“家族式分布”，应用在自生型的植被中。比如巴茅、白茅、慈竹等乡土植被母株散落呈现家族式分布的特点，而随着时间的推移，簇生的异龄化优势逐渐体现，从而促进群落丰富。

植物的嵌套分布模式。嵌套分布即多种间以相互嵌套的形式分布。此种重构方式保证了能够提高各种源植被的生存概率，多用于微地形塑造区域或山坡平缓区域。此种布局的植物播种或栽植不适宜于匍匐型或生长迅速的植被，以免造成单品种优势的过大规模，从而降低整体群落抵御风险的能力。

2）动物栖息地营造

形成良好的动物栖息地是草地群落构建的关键目标之一。广阳岛丰草以微地形设计为基础，以乡土草本植物为材料，通过近自然的群落组合模式，进行动物栖息地的协同设计。

在山林区域，利用巴茅、白茅、矮蒲苇等高草丛为小型鸟类和雉鸡类提供隐蔽场所；在花田、农田区域，利用花期持久、花大繁密、色彩鲜艳且蜜源丰富的开花植被与粮油植物搭配，作为昆虫的蜜源地及鸟类的食源地；在小微湿地区域，利用芦苇等高草丛营造温暖湿润、草木茂盛而又形态多样的生境，为萤火虫提供栖息场所；在消落带湿地与湖塘水岸，通过曲折宽阔的水陆岸线形成生态交错区，利用多层次矮草和水生草本植物，结合小块石、枯树桩、小沙洲为鸟类、两栖类提供栖息环境；在丰茂的草地中，改良土壤以促进土壤的物理结构异质化，便于昆虫从土壤中获取微量元素，也有助于微生物的繁衍。

（7）养护育草

养护育草是广阳岛丰草不可或缺的一环。广阳岛丰草的养护以低成本、低维护、可持续为特色，促进草本植物群落的正向演替。栽植后的前期养护需要盖土、浇水，必要时设遮阴棚，防止日灼失水，保持草种的湿润度，保证草本植物的正常生长。栽植后视季节气候，根据植物习性和墒情及时浇水，一般地被采取“不干不浇，浇则浇透”的原则。扦插苗单品种苗木大面积栽植成活后，育草重点为前期抚育阶段的杂草清除；原生地被，混播、混栽及近自然地被群落栽植区域不进行除草，体现适度的野趣。

为防止土壤板结对地被植物生长的影响，保证在养护期内每月进行一次松土，松土应在土壤不过分潮湿的条件下进行。栽植后应视苗木生长状况进行施肥，通常采用撒肥，施肥后浇水。此外，必不可少的病虫害防治工作应贯彻养护全周期。宿根植物在生长季节应根据株高、花期适当进行短截和摘心以促使分枝和分蘖，使冠丛丰满并增加开花量；作为人们亲近自然的互动空间而存在的草坪应适时进行修剪，以最大化其综合效益。

4.7 润土

4.7.1 基本类型

广阳岛常见土壤质地包括以下几种：田园土、砂壤土（土壤厚度10～20cm）、风化土（土壤厚度0～10cm）、黏性土、淤泥等五种类型，以砂壤土（占比33.45%）和黏性土（占比25.21%）为主，土壤普遍缺乏有机质，土壤肥力较差，pH呈弱酸性。综合考虑广阳岛土壤情况及生态修复需求，润土目标为如下几大类：

4.7.2 现状问题

广阳岛曾经是一个以蔬菜、水果为主的传统农业岛，经过大开发后，表层土壤组分和生物组分都遭到了不同程度的破坏。山地区常年施用化肥，造成土壤板结、营养失调；平坝区因大开发平场修路等建设影响，表层土壤受到严重破坏，土石相间、土壤贫瘠。

（1）泥土板结

山地区单一的施肥模式，导致土壤表层因缺乏有机质，结构不良，在灌水或降雨等外因作用下结构破坏、土料分散，而干燥后受内聚力作用使土面变硬，造成泥土板结。

广阳岛土壤现状——泥土板结

（2）沙土贫瘠

平坝区因大开发对场地进行了清表，严重破坏了表层土壤，留下以沙土为主的迹地，土壤肥力低下，且长期撂荒。

广阳岛各类种植土润土目标

<table>
<tr><th rowspan="2" colspan="2">植生土地</th><th rowspan="2">土层厚度cm</th><th colspan="3">物理指标</th><th colspan="6">化学指标</th></tr>
<tr><th>容重g/cm^3</th><th>通气孔隙度%</th><th>石砾含量%</th><th>pH</th><th>全盐量%</th><th>有机质g/kg</th><th>水解性氮mg/kg</th><th>有效磷mg/kg</th><th>速效钾mg/kg</th></tr>
<tr><td rowspan="2">乔木</td><td>深根</td><td>≥200</td><td rowspan="5">≤1.35</td><td rowspan="5">5~8</td><td rowspan="5">≤20（粒径≤5cm）</td><td rowspan="5">6.5~8.5</td><td rowspan="11">≤0.12</td><td rowspan="5">≥10</td><td rowspan="5">≥60</td><td rowspan="5">≥10</td><td rowspan="5">≥100</td></tr>
<tr><td>浅根</td><td>≥100</td></tr>
<tr><td rowspan="2">灌木</td><td>高度≥50cm</td><td>≥60</td></tr>
<tr><td>高度<50cm</td><td>≥45</td></tr>
<tr><td colspan="2">竹类</td><td>≥50</td></tr>
<tr><td colspan="2">多年生花卉</td><td>≥40</td><td rowspan="2">≤1.2</td><td>10~12</td><td rowspan="6">≤20（粒径≤2cm）</td><td>6.5~7.5</td><td>≥25</td><td>≥150</td><td>≥20</td><td>≥130</td></tr>
<tr><td colspan="2">一、二年生花卉</td><td rowspan="5">≥30</td><td>8~10</td><td rowspan="2">6.5~8.5</td><td>≥15</td><td>≥100</td><td>≥15</td><td>≥120</td></tr>
<tr><td colspan="2">草地</td><td>≤1.35</td><td>5~8</td><td>≥10</td><td>≥60</td><td>≥10</td><td>≥100</td></tr>
<tr><td colspan="2">水田</td><td rowspan="2">≤1.2</td><td>12~14</td><td rowspan="2">6.5~7.5</td><td>≥40</td><td>≥400</td><td>≥30</td><td>≥300</td></tr>
<tr><td colspan="2">旱田</td><td>15~22</td><td>≥30</td><td>≥300</td><td>≥30</td><td>≥260</td></tr>
</table>

广阳岛土壤现状——沙土贫瘠

广阳岛土壤现状——石土径粗

（3）石土径粗

平场修路产生的废土废渣及石块未完全清运，在平坝区的农田区域散布，经过风化形成土石相间的地表土层，因风化时间短，石土径粗，不适宜植物及农作物生长。

4.7.3 润土措施

针对广阳岛泥土板结、沙土贫瘠、石土径粗等本底条件，采取“生物改良、化学改良和物理改良”三项措施，实现土壤物理性质、化学性质、生物性质的全面提升，实现“土肥”修复目标。

（1）生物改良

生物改良是利用生物的某些特性用以适应、抑制或改良岛内被重金属污染土壤的措施。选种抗性作物，如玉米的耐镉力强，且有拒吸收六价铬的能力，马铃薯、甜菜、萝卜等对镍有较高的抗性。

（2）化学改良

化学改良是通过施用化肥和各种土壤改良剂等提高土壤肥力，改善土壤结构，消除土壤污染等。施用化学改良剂可以改变土壤的酸碱度、土壤溶液和土壤吸收性复合体中盐基的组成等。常用的化学改良剂有石灰、石膏、磷石膏、氯化钙、硫酸亚铁，硫黄、硫酸、腐殖酸、腐殖酸钙等。

（3）物理改良

物理改良是通过相应的农业、水利等措施，改善土壤性状，提高土壤肥力。具体包括：1）土壤水利改良，建立农田排灌工程，调节地下水位，改善土壤水分状况，排除和防止沼泽化和盐碱化；2）土壤工程改良，如运用平整土地，兴修梯田，引洪漫淤等工程措施，改良土壤条件；3）增施有机肥，运用各种生物途径（如种植绿肥），增加土壤有机质以提高土壤肥力，或营造防护林防治水土流失等；4）土壤耕作改良，通过改进耕作方法改良土壤条件。

4.7.4 方法步骤

以“留土固土，改土肥土，适地适植，增产增收”为目的，针对广阳岛土壤“耕作层薄，黏性较高，肥力较差”的本底条件，地上动、植物的生长需求，采取识别土质、检测土项、松土清杂、土壤消杀、透气保水、肥力提升、深耕深翻和绿色营护八个步骤，实现土壤物理性质、化学性质、生物性质的全面提升，满足生物多样性需求的同时，满足人民对于高质量的生态发展、高品质的美好生活的需要。

（1）识别土质

广阳岛润土通过现状识别、采样分析等方式，确定土壤类型、物理指标、化学指标、生物指标等，明确土壤现状，制定润土目标。

（2）检测土项

广阳岛润土针对具体的土壤场地现状及未来用地方向，对土壤物理性质、化学性质、生物性质等进行定量分析，为后续润土工作提出翔实的数据基础。具体的测定项目包括物理性指标、化学性指标和生物学指标三类。物理性指标包括土壤质地、土层和根系深度、土壤容重和渗透率、田间持水量、土壤持水特征、土壤含水量；化学性指标包括有机质、速效钾、水解氮、有效磷、pH值、电导率等；生物学指标包括土壤上生长的植物、土壤动物、土壤微生物。

（3）松土清杂

广阳岛润土对现有表层土壤进行清理，清除地表20cm厚土壤中2cm以上杂石、建筑垃圾等，在项目区低洼处挖坑并集中深埋，并回填土覆盖，覆土厚度应大于30cm；对耕作层较薄的场地，在广阳岛周边区域取理化性质较好的种植土耕作层（0~20cm）土壤，回覆到润土场地，增厚土层，回填厚度30cm，回填土中大于2cm杂石应进行清理。

广阳岛松土清杂示意图

（4）土壤消杀

广阳岛润土利用药剂法、日光法、高温法、冷冻法等方法高效快速杀灭土壤中真菌、细菌、线虫、杂草、土传病毒、地下害虫、啮齿动物等，很好地解决植物病虫害及高附加值作物的重茬问题，并显著提高作物的产量和品质。

（5）透气保水

广阳岛润土利用机械翻耕、物料混合等方式改善土壤物理性质，提高土壤空气通透性，并使土壤具备一定的保水性，创造植被生长有利条件。秸秆还田或施用有机肥后，将蚯蚓均匀撒入地表，引入蚯蚓后，蚯蚓以有机肥、秸秆、动植物残体等为食料，并不断向纵横方向钻孔打洞，排泄粪便，可以改善土壤结构和物理特性——孔隙度、透水性、通气性和持水性等，同时由于蚯蚓的活动，使深层土不断地翻到表层，可加速土壤熟化，形成良好团粒结构。

（6）肥力提升

广阳岛润土向土壤中施以适量有机肥［利用羊粪、牛粪为原料生产的有机肥，具体参数应符合《有机肥料》（NY525—2012）要求］。施用时先将有机肥均匀撒在地表，然后采用旋耕机旋耕一遍，通过旋耕机旋耕使之与表土充分混合。根据岛上统筹，适时种植豆科作物，并粉碎还田，持续改良土壤。

（7）深耕深翻

广阳岛润土针对土地过度耕种、土壤板结、孔隙度减少，通透性差等问题，通过深耕深翻破除深层土壤板结、打破板结硬化的犁底层、促进上下层土壤的沟通交换，在进行土壤深耕深翻时，大部分农田土壤进行25～35cm的深翻深耕即可，不可超过40cm，该深度足以满足作物生长的需求。

广阳岛深耕深翻示意图

（8）绿色营护

广阳岛润土通过种植绿肥、投放土壤动物、施用有益微生物等生态手段，实现持续改善土壤性状，提高土壤肥力，为农作物创造良好土壤环境条件的目的。

4.8 弹路

广阳岛生态步道规划建设直接影响广阳岛生态修复工程各功能空间的划分是否合理、人流交通是否畅通、风景的组织是否合理等，对生态修复项目的整体规划有着举足轻重的影响。

4.8.1 基本类型

全岛道路分为“保留机动车道、康体运动道路、村坝原乡道路，田间野趣道路”四类。

4.8.2 现状问题

（1）步道与地形结合不足

广阳岛大开发时期建设的环岛滨江步道和中干道及环岛路等岛内主干道路，对岛上地形破坏较严重，人工痕迹明显。其他步道的道路选线与地形的结合考虑不足。

（2）步道存在水毁风险

183环岛滨江步道作为建设在广阳岛10年一遇洪水位黄海高程183m标高上的步道，是环岛的主要步行道路。由于经常受长江水位上涨影响，此道路存在水毁路段且路面铺装坑洼不平，已无法全线贯通。

（3）步道生态干扰较大

岛内遗存的步道基本为柏油路面、混凝土路面和花岗岩铺装路面。其中中干道及环岛滨江步道对场地割裂作用明显，对生态系统的干扰较大。

（4）步道连续性不足

广阳岛平坝区在大开发时期，仅修建了中干道、环岛路等主干路网，全岛各区地块内部的步道基本缺失。山地区现存少许原住居民自发建设的步道，如今也破败不堪，基本不能正常通行。

环岛滨江步道现状

(5) 步道舒适性、安全性较差

大开发前岛内原住居民自发建设的原乡路网缺少安全服务设施（护栏、路肩等），且路面管护状况不佳。中干道及环岛路通行条件虽相对较好，但车行路面较宽并且缺少慢行系统。环岛滨江步道路面坑洼且花岗岩材质路面遇水易湿滑。

(6) 步道原乡风貌缺失

在平坝区及坡岸区，现存路网仅有环岛滨江步道、中干道、环岛路。此区域大开发痕迹明显，道路原乡风格缺失，与全岛生态风貌极不协调。

坡岸区步道现状

4.8.3 弹路措施

基于“弹路”的总体理念，广阳岛生态修复按照“具有原乡风貌的生态风景道”建设目标，总结形成生态步道规划建设的“选路三步骤”，助于达成工程各参建方之间“便交流、易操作、好把控”的项目管理目标。

(1) 定功能

广阳岛生态修复将全岛道路分为“保留机动车道、康体运动道路、村坝原乡道路、田间野趣道路”四类。

机动车道：在满足岛内消防、养护等基本行车功能的前提下，最低程度保留原有中干道、环岛路等柏油道路；对原有道路的排水系统、路面材料等进行生态化改造，使用环保路面，增加道路生态草沟等海绵城市设施。

康体运动道路：利用原有中干道、环岛路等柏油道路，通过合理规划路线、更换路面材料、路面美化、设置自行车驿站等慢行设施建设，使原有的车行柏油道路，转变为舒适、安全、生态的慢行道路系统。

村坝原乡道路：通过大量现场踏勘，整理原有山村小路，结合生态修复节点，规划设计以恢复原乡风貌为主题的村坝原乡道路。在恢复乡土风貌的同时，注重技术创新，对传统土路进行材料和工艺优化，增强原乡道路的耐用性和安全性。

田间野趣道路：结合田边、水边、林缘等乡村风貌空间，设计田间小路、田埂等。利用石块、黏土、碎石、木桩等乡土材料和夯土等传统工艺，采用“小尺度”“随机化”的设计布局方式，突出步道的生态、野趣。

(2) 相环境

道路设计需考虑每个路段所处环境，做到道路结构适应环境条件，道路面层符合环境特征，从而使每一条路、每一段路做到最大程度功能与风格统筹兼顾。广阳岛生态步道的环境分为水边、水上、山间、环山、山脚、平地、平田、梯田等。各区域环境条件不同，有针对性地进行系统性道路设计的面层设计及工艺选择，以期使每段生态步道与其所处环境风貌相融合、道路结构相适应。

(3) 选材料

根据生态要求、面层效果、承载能力等综合对比，广阳岛生态步道主要选用“泥结路、泥沙路、沙土路、沙子路、沙石路、石子路、老石板路”七种生态路面。垫层、基层等材料的选择注重生态性、经济性，面层材料的选择更注重原乡风貌和生态工法的运用。

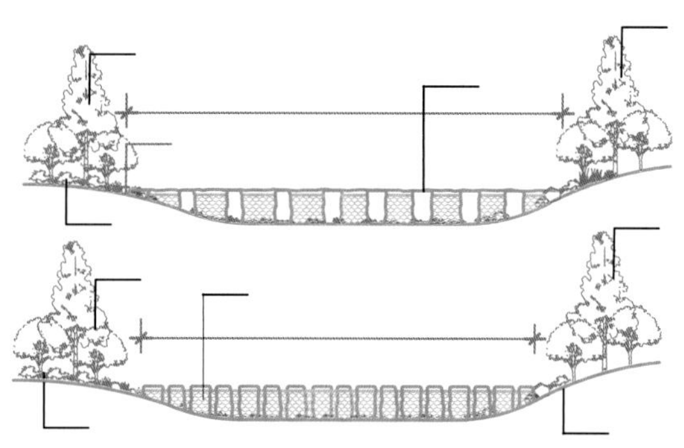

过水道路断面示意图

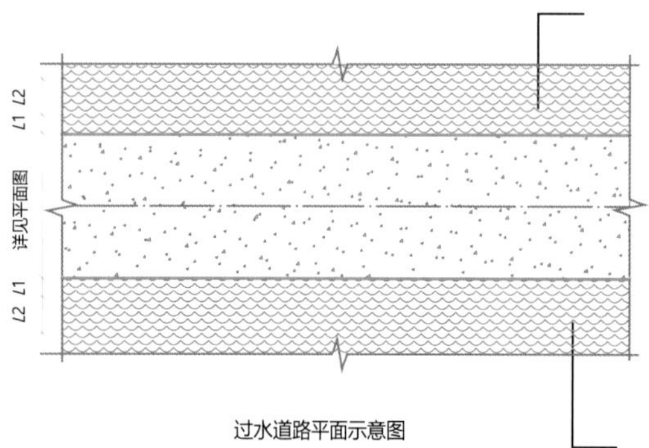

过水道路平面示意图

水上道路示意图

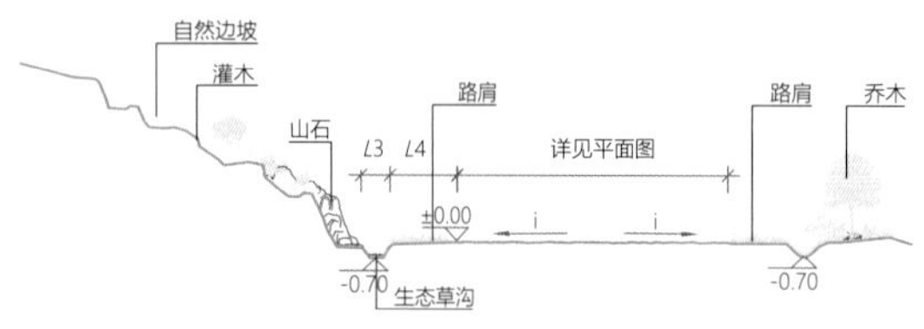

崖脚道路断面示意图

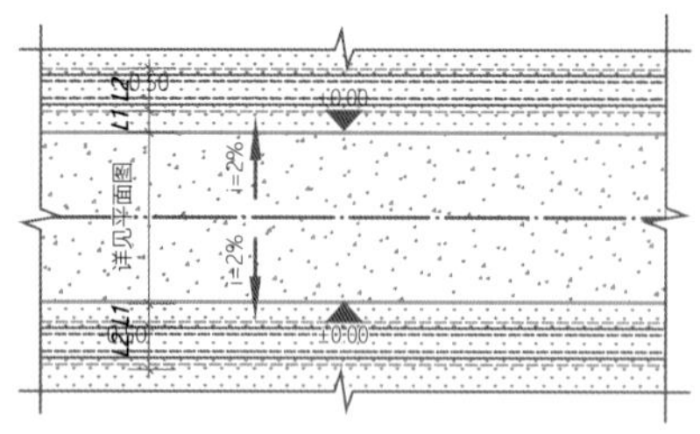

崖脚道路平面示意图

注：1. 道路宽度根据场地平面设计宽度进行调整；
2. $L1$为300～500宽土路肩，素土夯实；
3. $L2$为500～1000宽土路肩，素土夯实

山脚道路示意图

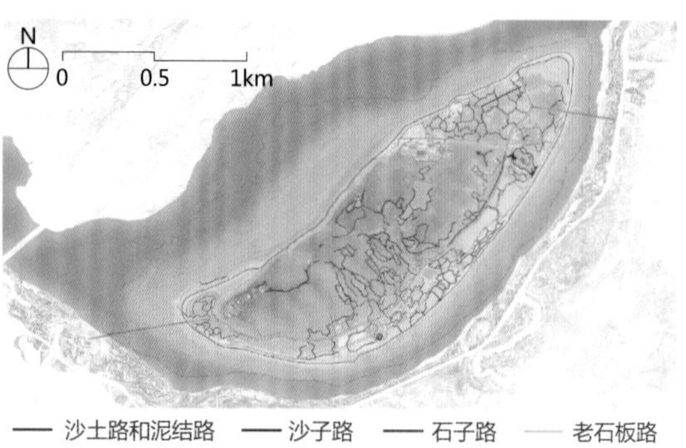

生态路面铺设布局图

4.8.4 方法步骤

广阳岛生态修复的生态步道建设统筹考虑设计、建造与后期管理维护各阶段，创新总结形成“实施十一步”，规范建设过程、保障实施质量，实现最小干预的生态步道营建过程。

（1）道路选线

道路选线是指基于道路定型结论，通过实地踏勘明确道路现状、地形地貌、沿途风景，并结合生态适宜性分析，确定道路选线，优化道路沿途节点设置方案。在重视踏勘利旧、贯彻择优避险原则的基础上，充分发掘沿途风景节点，以期达到“自然而然但意料之外”的风景呈现效果。

（2）断面选型

断面选型是指步道的横断面及纵坡的分析与设计。步道纵坡设计参照沿线地形，基于步道选线方案进行设计。由于地形或基底条件限制，步道纵坡坡度无法达到公园设计规范相关规定时，应设置扶手、栏杆、挡墙等设施，保证人员通行安全。步道横向设计是根据道路的用途，结合当地的地形、地质、水文等自然条件确定横断面的形式、各部分的结构组成和几何尺寸。生态修复中步道横断面设计主要从路面排水效率、行人使用舒适度，与场地地形、边沟设施等结合进行研究，做到舒适、自然、安全、生态。广阳岛步道生态修复过程中，整体路面采用抛物线形横断面，结合路侧排水生态草沟，形成“大横坡+路侧草沟”的道路排水体系。此体系中，道路横坡由道路中心线向路肩越来越大，能够最大程度减少雨水在路面

的停留时间，同时减少雨水对路面的冲刷和对路基的浸泡。

（3）路槽开挖

道路路槽和管线沟槽的开挖，需在现状管线调研基础上，统筹管线与道路进行设计。路槽与沟槽的统筹施工，是施工工序合理化的基本要求，能够避免二次开挖对路基质量造成的不良影响。广阳岛步道的路槽施工，大量采用“管网BIM 系统构建与利用”技术，在生态敏感区以及地下管线较复杂区域内施工作业时，采用“人机协同”进行精准、微创的施工，把施工作业对现状生态环境及管线的干扰度降到最低。

（4）管线铺设

广阳岛生态修复尽量减少管线路由，合理设置检查井等附属设施，合理规划、统筹安排同类管线共管共沟施工，最大程度控制管线施工对环境基底的破坏。

（5）整平夯实

广阳岛生态步道建设的整平夯实遵循先轻后重、先慢后快、先静后振、由低向高、胎迹重叠的原则。对于松软地基要做好加固或换填处理工作，而黏土可直接夯实，无须换填或添加嵌缝料。施工过程及时对横断面坡度和纵断面坡度进行检查，对流入路基的地下水、涌水、雨水等用暗渠、侧沟等排除。

（6）垫层铺筑

广阳岛生态步道建设使用的垫层可分为透水性垫层和稳定性垫层两大类。透水性垫层是由松散的颗粒材料如砂、砾石、碎石、炉渣、片石等构成。透水性垫层对材料的要求不高，但对水稳性、隔热性和吸水性要求较高。稳定性垫层是由整体性材料如石灰土或石灰煤渣土等构成。在透水性垫层中，“透水铺装生态砂反滤层技术”被广泛应用于砂基透水道路的建造中，这类垫层有较大的空隙，能切断毛细水的上升，冻融时又能蓄水、排水，可减少路面的冻胀和沉陷。另外，在雨季地下水位较高地段，优先选用石灰土垫层，这类垫层成型后强度高，还有良好的水稳性和冻稳性，可以减少翻浆和冻胀的危害。

（7）基层铺筑

广阳岛生态步道以原乡风貌的沙土路和泥结路为主，无机结合料稳定材料作为基层材料，被大量选用。无机结合料稳定材料的刚度介于柔性路面材料和刚性路面材料之间。以此材料修筑的基层或底基层亦称为半刚性基层或半刚性底基层。半刚性基层的优点是强度比较高（且强度还会随着其自身龄期的增长而增强），稳定性好，抗冻性能强，结构本身自成板体。

（8）结合层铺筑

道路结合层的质量好坏，一定程度上会影响道路面层效果。结合层需要保证粘结度并控制平整度。广阳岛生态步道建设主要采用界面结合剂涂刷技术对原有路面进行界面处理。

（9）面层铺筑

广阳岛生态步道修复中的面层较多采用土、砂、砾石（或碎石）的稳定混合料。在施工时，使用植草道路混播草籽碾压技术，打造多条植草步道，使步道与自然环境更加融合，降低对斑块的分隔作用。

（10）设施配套

生态步道的附属设施包括“护栏、路肩、边沟、边坡、路缘石、生物廊道、服务设施、安防设施”等。在广阳岛生态步道附属设施建设过程中，各类设施的设计、建造，都需要尽量保证生态廊道有效性，加强其连续性，形成生态廊道网络，提升生态修复区域生态系统质量和稳定性。

（11）路面养护

生态步道会因直接承受交通荷载的作用以及气候、水文等自然因素的影响而损坏。因此，必须采取预防性、经常性的保养和修理措施，以保持路面平整完好、横坡适度、排水畅通、强度充分和防滑等性能，有计划地对路面进行改善。针对广阳岛步道建设中大量采用的泥结路和沙土路，设计方与建设方一同研究并形成了一套行之有效的“添砂、扫砂、匀砂”沙土路路面养护技术。

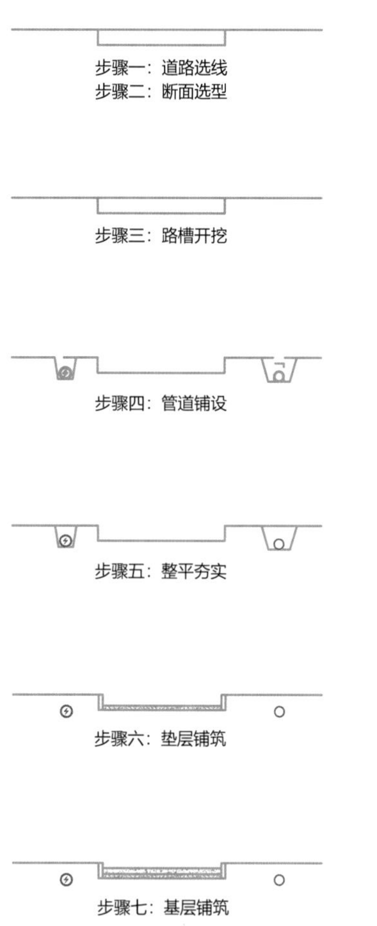

道路铺设示意图

4.9 生物多样性提升

广阳岛生物多样性提升以岛上主要指示物种为研究对象，根据指示物种的习性，识别核心栖息地，预测主要生态空间，构建涵盖山地、平坝、消落带湿地的生物栖息网络，因地制宜制定相应的提升措施。

4.9.1 基本类型

广阳岛生物多样性可划分为“遗传多样性、物种多样性、生态系统多样性”三个层次。从不同生物界的层面来说，生物多样性也包括“植物多样性、动物多样性、微生物多样性”三种类型。

（1）层级分类

1）遗传多样性

遗传多样性是岛内所有生物携带的遗传信息的总和。在生态修复前。岛内共有植物383种，动物310种，他们共同组成了广阳岛原有的遗传信息库。通过多样性提升措施，广阳岛的植物由原来的383种恢复到500余种，动物由原来的310种增加到345种，遗传多样性得到了显著提升，并且随着岛内生态系统的进一步恢复，遗传多样性还会进一步提升。

2）物种多样性

广阳岛物种类型丰富，植物种类繁多，主要集中于山地区，滨水湿生植物较少，岛内记录的现状植物共383种，共94科277属。动物以鸟类、鱼类居多，两栖爬行类稀缺，数量共6类310种。

3）生态系统多样性

广阳岛是典型的陆桥岛屿，边缘明显、景观格局清晰、周围基质均为水。全岛分为“山地、坪坝、坡岸、消落带”四大类型，包括“林地生境、灌草丛生境、消落带湿地生境、农田及草地生境”四大典型生境类型。各生境内又因微地形、微气候的不同，产生了各种小生境。如林地生境就包含“落叶阔叶林、常绿阔叶林、竹林”等生境，农田及草地生境包含了“经果林、旱地、水田、牧草地”等生境，生态系统多样性较高。

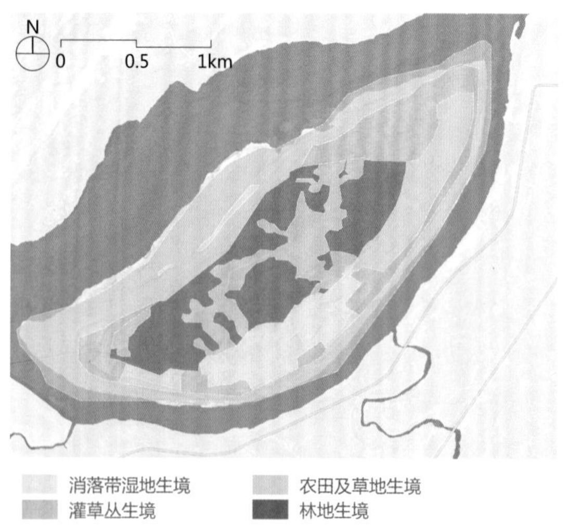

广阳岛现状生境分布

（2）物种类型多样性

广阳岛生物多样性指岛内所有的植物、动物和微生物以及所有的生态系统及其形成的生态过程。可划分为“植物多样性、动物多样性、微生物多样性”。

1）植物多样性

植物多样性是生物多样性中以植物为主体，由植物、植物与生境之间所形成的复合体及其与此相关的生态过程总称。广阳岛原有植物383种，其中乔木82种，灌木73种，竹类17种，草本185种，草质藤本植物5种，木质藤本10种，水生植物11种。

2）动物多样性

广阳岛动物种类共计6类310种，包括鸟类44科124种，鱼类17科82种，两栖类4科8种，爬行类3科10种，兽类6科11种（包括野猪等大型兽类）；昆虫51科75种。

3）微生物多样性

广阳岛微生物多样性主要指土壤微生物的多样性。微生物对土壤生态系统的物质转化、能量循环和肥力保持起着重要作用。岛内土壤微生物数量通过采用深耕深松、秸秆还田、生物防治等技术得到了明显改善。

4.9.2 现状问题

广阳岛拥有滨水、农田、湖塘、森林、山地等多种生境，2006年开始的大开发对生态环境破坏严重，对生物多样性产生了显著的负面影响，导致了“生境破碎退化，外来入侵严重，滨水生物稀少”三大问题。

（1）生境破碎退化

栖息地破坏和片段化，会导致动物栖息地被包围和孤立，使动物丧失赖以生存的生境。广阳岛大开发主要针对坪坝和湿地地区，除山地区域相对完整外，坪坝及部分湿地生境被大规模破坏，形成大小不等、互相隔离的小斑块生境。

（2）外来入侵严重

广阳岛外来入侵以植物入侵为主，大开发后被破坏的区域经过自然演替形成现状次生林，构树等速生入侵树种成为优势树种；同时，一年蓬、葎草、小蓬草、鬼针草等草本植物也广泛入侵到山地、平坝和消落带湿地的大部分区域，由于其适应性强、长势快，蔓延趋势难以控制，对本地物种的压制或排挤十分明显，已经导致部分区域形成单优势种群，危及岛内物种生存，最终导致生物多样性降低。此外，消落带湿地部分区域偶见成丛的加拿大一枝黄花，且分布范围有不断蔓延的趋势，可能会对岛内植物群落构成潜在的威胁。

（3）滨水生物稀少

植被层面，广阳岛乔木与草本植物最多，水生植物稀少。其原因在于现存自然植被由于人为开发，已退化至山地区域，依托山地生长的乔灌木居多；而滨水区破坏严重，水生植物数量急剧减少。动物层面，栖居山林的鸟类和栖居水域的鱼类居多，而滨水物种如两栖类、爬行类稀少，这与开发建设填塘断溪、破坏滨水生境有直接关系。

4.9.3 生物多样性提升措施

针对广阳岛生境破碎退化、滨水生物稀少、入侵严重等岛屿生态系统生物多样性面临的主要挑战，结合岛屿多样、独特、稳定性差的生物多样性特征，提出广阳岛生物多样性提升六大措施。

（1）识别关键生境，聚焦重点斑块廊道

生物多样性提升通过对广阳岛进行生物适宜性、迁徙阻力、林地适宜性分析，识别关键栖息地和迁徙廊道，总结出适宜广阳岛生物栖息的主要生境群落类型和关键迁徙廊道。

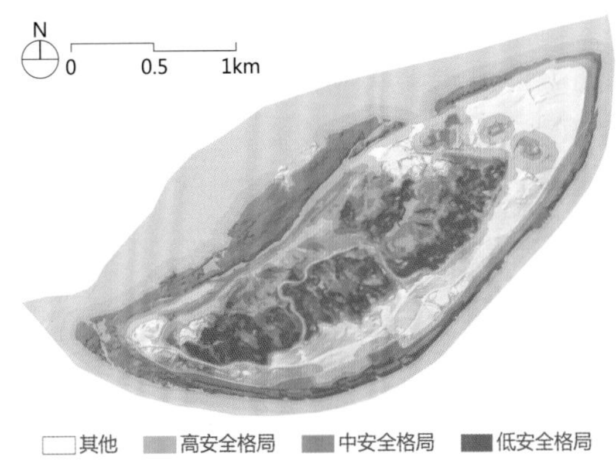

生物栖息地安全格局

（2）清除入侵物种，恢复系统平衡

广阳岛内入侵物种包括入侵树种和入侵草本两部

分。需及时清除，以遏制生物多样性进一步丧失，并进行日常巡检，加强入侵物种的监测管理。

（3）保护珍稀物种，修复适宜栖息地

广阳岛生物多样性提升首先须保证岛内当前的珍稀濒危物种的生存及延续，避免多样性进一步下降。广阳岛目前有多种鸟类（如中华秋沙鸭、白琵鹭、鹮鹛等）、鱼类（胭脂鱼、短身白甲鱼等）是珍稀、濒危物种，须重点修复适宜生境以降低该类物种灭绝风险；两栖爬行类在大开发过程中遭到毁灭性打击，亟须通过修复栖息地，恢复其原有种类、数量，避免在岛内灭绝，降低岛内的生物多样性。

（4）引入物种，提升食物链复杂度与稳定性

当前广阳岛食物链存在四个营养级。植物位于食物链底层，是第一营养级；食草类属于第二级；黑鸢与黄鼬处于食物链的顶层，是第四营养级；食虫（鱼）鸟、爬行类、两栖类处于中间层，即第三营养级，由于两栖爬行类赖以生存的滨水生境遭到破坏，该营养级是目前数量降低最严重的层级，因此，需要适当引入安全性高、适应性强的鸟类和两栖爬行类物种补充该营养级的物种数量。

（5）制定管控导则，降低人为干预

在采取相应措施的同时，应制定广阳岛生物多样性管控导则，制定负面清单，规范岛内各类活动，尽可能减少人类干预的负面影响，促进生态系统恢复和生物多样性提升。

（6）建立监测预警系统，实行动态保护

为保障生物多样性健康可持续发展，应同步建立广阳岛生物多样性监测与预警系统。实施监测岛内生物多样性的变化，为各类保护、管控措施及时提供反馈。

4.9.4 方法步骤

基于生物多样性提升的六大措施，可将生物多样性提升的步骤划分为十步，分别是：

（1）筛选焦点物种

根据物种的稀有、特有性，受威胁状态，生态位，代表性和典型性等各方面特征，广阳岛选取鹭类、雁鸭类、鹮鹛类等岛内代表性鸟类以及鱼蛙类和爬行类作为焦点物种。

（2）识别核心生物栖息地

广阳岛主要生境群落类型为密林生境、疏林生境、湖塘生境、农田生境、河滩生境。

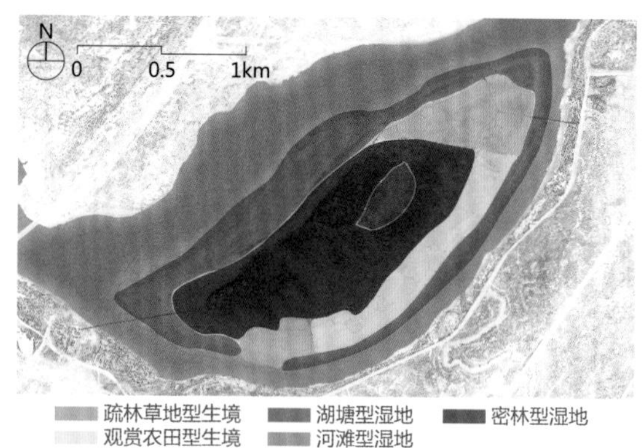

广阳岛五大生境分布图

1）密林生境

密林生境分布于岛中部丘陵山地。由于优势树种为入侵树种，大量繁殖占据了有限空间，导致林相单一，品相较差。该类生境需要疏伐构树，清理入侵种，为其他本地植被留出生存空间。

2）疏林生境

疏林生境分布于山地与坪坝过渡区。该生境同样存在构树入侵蔓延问题，但构树是多种小型动物的食源植物，清理时需补植本土食源树种，避免集中清理影响动物觅食。

3）湖塘生境

湖塘生境包括山地区的戴胜湖，以及岛内散布的坑塘水域。由于大开发，现有湖塘填塞、水体恶化，岛内两栖类数量较少，昆虫缺乏天敌，虫害风险高。需重点修复水体，为两栖爬行类提供栖息环境；同时引入适宜的鱼类、两栖类物种，增加物种丰富度，抑昆虫数量，提升食物链稳定性。

4）农田生境

农田生境位于消落带以上、龙头山以下坪坝区与坡岸区。农田生境人工痕迹较高，主要威胁为入侵杂草（葎草、一年蓬等）及虫害风险。该类生境需要定期清除杂草，同时考虑引入食虫鸟等害虫天敌，降低虫害风险。

5）河滩生境

河滩生境分布于消落带及兔儿坪湿地滩涂地区。

由于三峡库区在秋冬（候鸟来此越冬之时）时期蓄水，导致低处滩涂湿地被淹没，迁徙候鸟的觅食地萎缩；加之岛内新增的排水箱涵干扰水流，不利于鱼蛙产卵，鸟类食源也相对减少；此外入侵草本长势过盛，导致河滩生境单一，食源植物匮乏，不利于生物多样性的提升。该类生境需清理入侵草本，增加本地食源植物；结合微地形改造，增加坑塘、内湾、出露小岛等方式，改善鱼蛙产卵地质量，增加鸟类觅食区域，营造健康的生境基底。

（3）建立外围缓冲区

针对密林、疏林、湖塘、农田、河滩五大生境类型，采取相应的缓冲保护措施。例如，在密林、疏林外围增加灌草丛，降低人类活动对林地的干扰；在农田、湖塘周围增加植被缓冲带，拦截径流中的污染物，减少土壤侵蚀，减轻土壤及水体污染；在河滩靠近人类活动的区域增加高、灌丛，降低人类活动对生境的干扰。缓冲区的形式、宽度应根据环境条件和功能因地制宜设置。

（4）连通生物廊道

广阳岛关键迁徙廊道共18条，均为连江接山的18条溪流廊道。利用西岛头、东岛头、铜锣湾沿线及岛内溪流形成多条生态廊道，连接山地、坪坝与滨江消落带，作为生物迁徙的廊道。由于开发建设主要针对于坪坝区，导致该片区的水系植被退化严重，廊道被切断，山地与滨水无法连接，形成了多个“生境孤岛”，不利于种群延续。通过补植乔木、连通水系等方式，构建生物廊道，在岛内实现物种的自由迁徙。

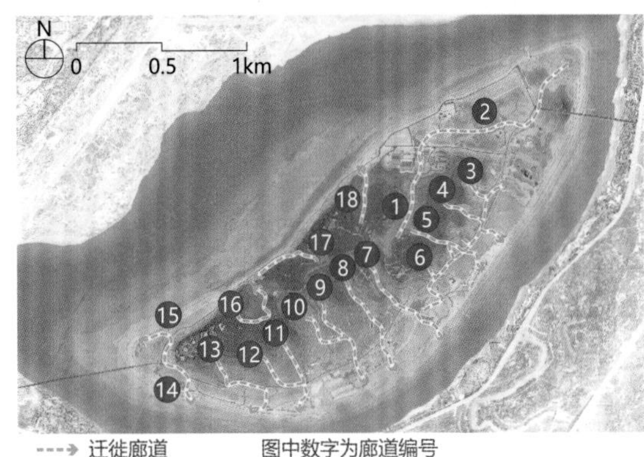

广阳岛生物迁徙廊道分析图

（5）清除入侵物种

1）清理入侵树种

主要方法为抚育间伐＋逐步更新。入侵树种主要为构树，同时也是广阳岛绝对优势种。构树属于典型的r-对策种，能一次性产生大量的繁殖体占据有限的空间，表现为小径级个体密度与幼苗密度均相对较高。同时，构树生长迅速，能快速成林，可能会抑制其他物种对资源的获取。随演替进行，这种入侵式的更新模式对本土

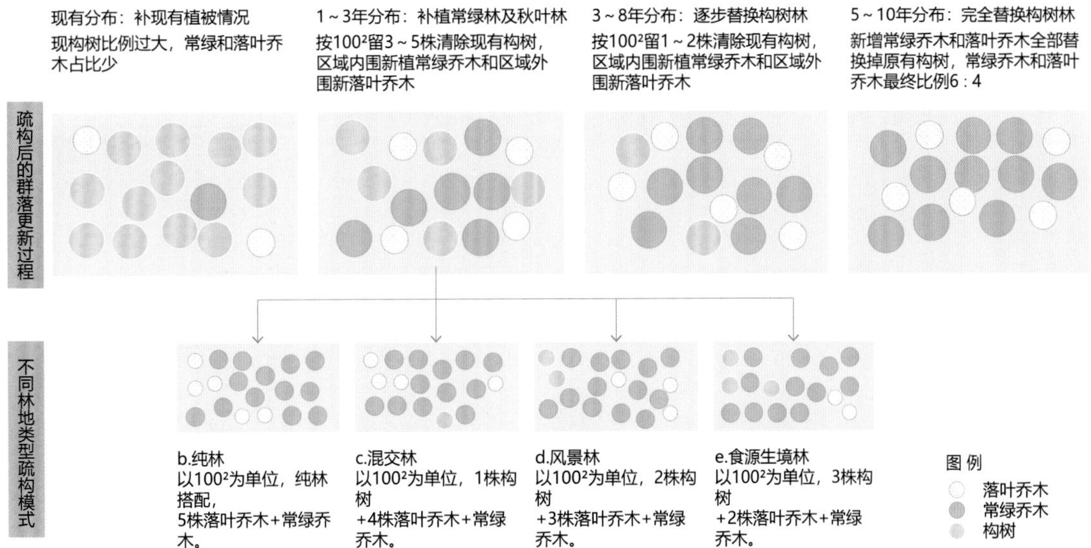

广阳岛疏构技术示意图

物种的生长和繁殖造成了极大威胁，群落多样性趋于单一化，从而导致整体群落物种多样性降低，因此，对广阳岛的构树施以人为抚育管理势在必行。此外，调查发现，胸径（DBH）≥21cm的个体开始出现空心现象，且随年龄增加空心率逐渐增大，并伴随出现虫蛀现象，由此可以看出构树在景观安全和生态效益方面均存在巨大的潜在威胁。因此，急需对高密度的构树林进行抚育间伐，以调整部分林木个体生长的空间，改善林木生长环境，促进其他树种生长，从而提高森林群落的物种多样性和森林的生态服务功能。

从空间角度考虑，构树的清理方式采用抚育间伐模式。通过对样本的林龄、胸径、高度与冠幅的指数关系分析，间疏构树以4.67株/100m^2（约5株/100m^2）为间伐的最佳保留株数。此外进行构树间伐时：①针对病虫害个体进行重点清除；②挑长势较差（半枯、枯立木、叶片发黄等）的个体进行砍伐，留下健康个体；③对成熟个体间伐的同时，清除树幼树和幼苗，对林下阳生性草本植物和藤本植物进行同步清理，保留能成长到冠层的乔木树种幼树和幼苗，如天竺桂等。

从时间角度考虑，构树清理采用逐步更新策略。因为构树是食源树种，贸然集中清理会导致动物食源不足。因此采用逐步更新的方式，从道路两侧逐片更新，疏伐后栽植其他食源树种，满足动物的觅食需求。

2）清理入侵草本

重点清理消落带入侵草本植物，避免蔓延。广阳岛的入侵草本主要有三种，分别是葎草、加拿大一枝黄花、鬼针草。其主要分布于消落带及坪坝地区。由于草本入侵是通过上游草种混入长江，顺着水流登陆，因此清理工作以消落带作为重点，定期清理，避免其进一步蔓延至坪坝与山地区。

（6）典型栖息生境修复

通过分析珍稀濒危程度、岛内分布状况生境代表性，来评估岛内具有代表性的指标物种，最终筛选五大代表性物种栖息地：①鹭类（白琵鹭）觅食地；②雁鸭类（中华秋沙鸭）觅食与筑巢地；③鹡鸰类觅食与筑巢地；④鱼蛙类产卵地；⑤爬行类栖息地。具体修复步骤为，首先通过文献研究结合现场观测目标物种生活习性，从食物选择、庇护需求、场地喜好等角度总结目标物种栖息地关键特征指标，并以此评估广阳岛目标物种栖息地现状条件，找出短板，提出针对性修复措施。

1）鹭类觅食地营造

结合文献与现状观察，发现鹭类主要以甲壳类、软体动物、水生昆虫以及小鱼、蛙、蝌蚪和蜥蜴等动物为食，水岸坡度须小于10°，有石块、栖木等可驻足空间，且鹭类的跗距约0.3m，水域过深不利于鹭类觅食。因此鹭类觅食地以浅水区水深不宜超过0.3m的坑塘、内浩（适宜鱼类）及滩涂（适宜甲壳、水生昆虫）等为佳。现状鹭类觅食地坑塘少，连通性不足，缺少可供鱼虾及水生昆虫生存的空间，导致食

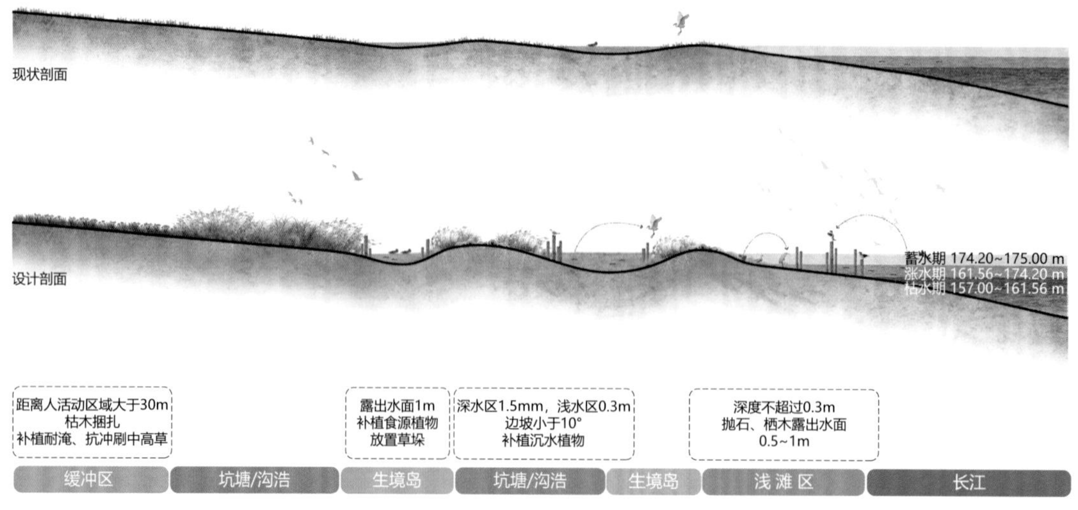

鹭类觅食地营造剖面图

源不足；且蓄水期空间狭小，鹭类觅食及驻足的空间不足。基于对鹭类栖息地的研究，通过增加浅水区小于0.3m、边坡小于10° 的沟浩、坑塘、滩涂，增加鱼虾的生存空间；补植耐淹、抗冲刷的中高草为鹭类提供隐蔽觅食环境；增加抛石、栖木，为鹭类提供驻足休息场地，提升鹭类觅食地的食源数量及空间。

2）雁鸭类栖息地营造

雁鸭类食源分为动物性食源、根茎叶类植物性食源、籽实类植物性食源，因此需具备适合水生植物、小鱼生长的坑塘、沟浩和适合小鱼、甲壳类动物、水生昆虫等生存的滩涂；同时雁鸭类对觅食安全要求较高，喜欢相对封闭、有高草遮蔽的水湾，且与人的距离在30m以上；此外雁鸭类腿短，要求水岸坡度一般小于5° ，且有可驻足的石块、栖木等空间。

现状雁鸭类觅食地滩涂和浅水区少，可供鱼、虾等雁鸭类食源生存的生境不足，且驻足空间规模小，分布过于集中。基于对雁鸭类栖息地的研究，通过增加边坡小于5° 的沟浩、坑塘，浅水区不超过0.3m的滩涂为雁类提供食源；补植耐淹、籽实类植物如芦竹、狗牙根、芦苇、雀稗等，提供庇护与籽食源；增加抛石、栖木、枯木捆扎、草垛等驻足空间。

3）䴙䴘类栖息地营造

䴙䴘类食源分为动物性食源、杂食性食源，因此需具备挺水、沉水植物类型丰富多样的浅滩生境以及芦苇等高草遮挡的开阔水面。同时䴙䴘对觅食安全要求较高，喜欢植株高而稀疏的植被，以便隐蔽且易于发现天敌，且与人的距离在50m以上。

现状䴙䴘栖息地缺少水流稳定、适合水生植物生长的浅水水湾，䴙䴘营巢地不足；滩涂地植被稀疏，缺少保障觅食安全的遮蔽空间。基于对䴙䴘栖息地的研究，在水流稳定的河湾增加浅水滩地，补植稀疏高草，提供良好筑巢地，增加抛石以便䴙䴘驻足觅食。

4）鱼蛙类产卵地营造

鱼蛙类产卵地对水湾的几何形态、涨水条件及水动力状况均有要求，喜好弯曲型水湾，因其具有深潭浅滩生境，水生植物丰富，同时水流交换频繁，营养物质和氧气充足；此外还需来回交替的涨水过程，稳定的水流量和水速可刺激产卵，水速保持在0.7~1.3m/s最为适宜，且深水区不小于1.5m。

现状鱼蛙类产卵地岸线坡度大，箱涵出口冲刷强，不适宜鱼蛙产卵，且水流流速较高，不适宜水生植物生长，缺乏营养环境。基于对鱼蛙产卵地的研究，在箱涵出口冲刷明显处，增加基塘（基塘宽为20~50m，长度约30~50m，深度0.5~1.0m不等，塘基宽度80~120cm，塘基高出塘的水面30~40cm）减速消能，为鱼蛙类提供稳定水流。在近水区域增加深潭浅滩，补植狗牙根、牛鞭草、芦苇和白茅。

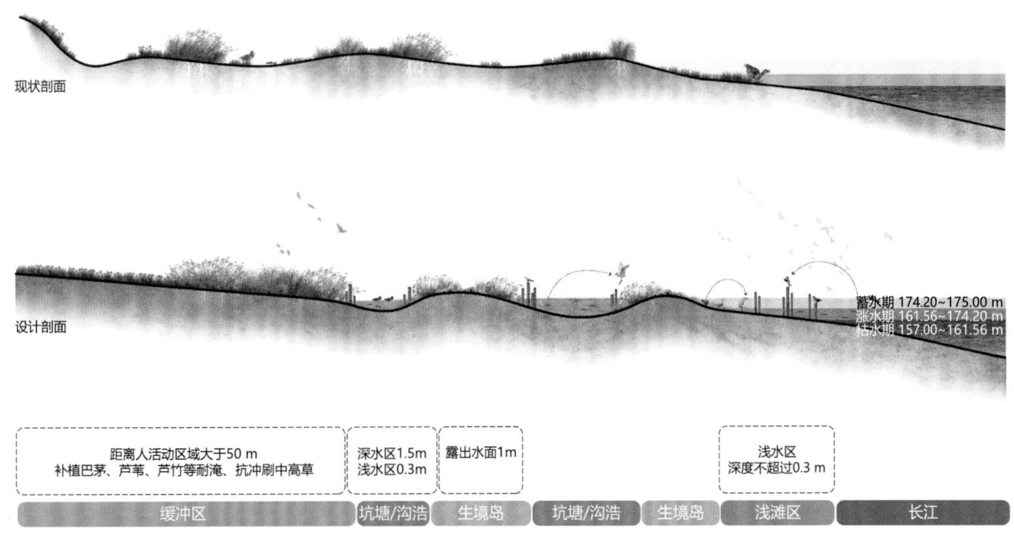

雁鸭类觅食地营造剖面图

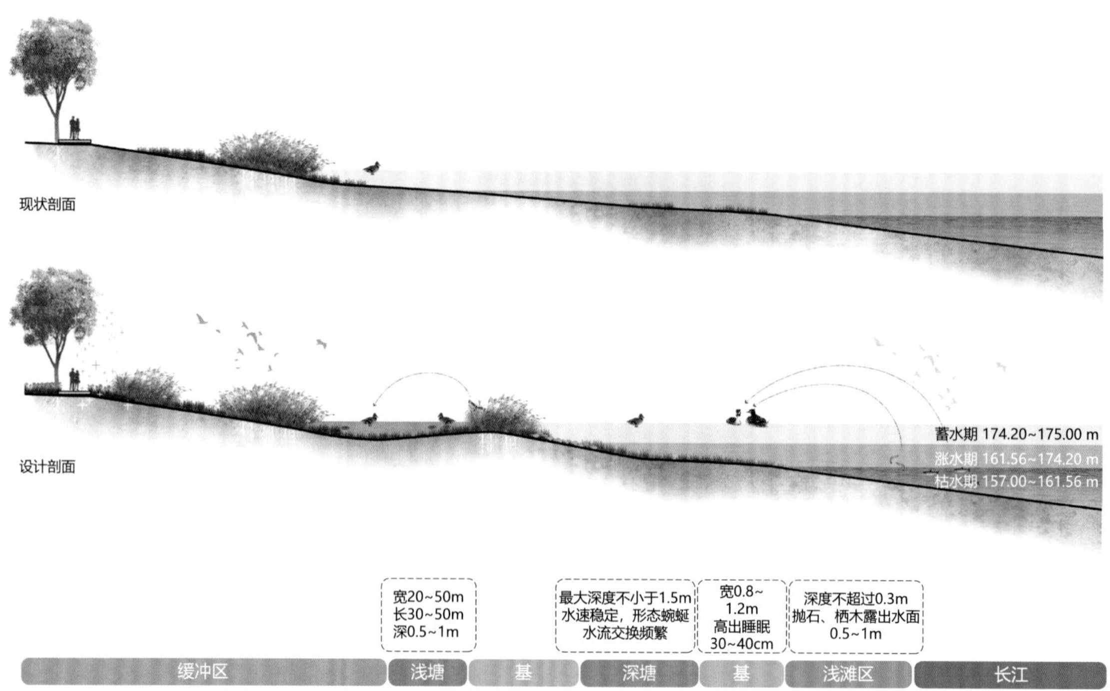

鹇鹈类觅食地营造剖面图

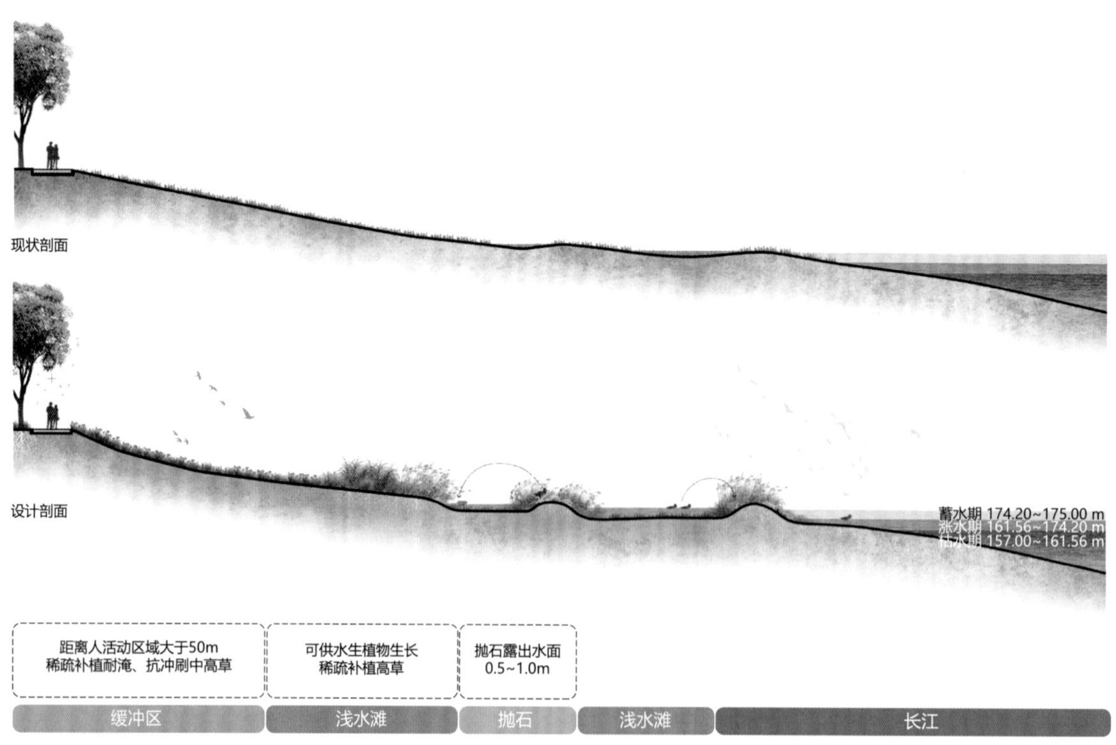

鱼蛙类觅食地营造剖面图

5）爬行类栖息地

爬行类主要关注蛇类生境，其栖息环境与人类活动区域有重叠，需采取适度驱离措施，协调蛇类生存与游人安全。具体措施包括在步道两侧1m处种植矮草（如狗牙根、结缕草、黑麦草、高羊茅等），其自然生长高度小于20cm，可让蛇暴露，提人避让；1m外种植防蛇植物，如野决明（叶柄基部腺体释放芬芳，蛇对其较敏感）、凤仙花（根茎叶含有硫化物，蛇对其较敏感）、重楼（微毒，可释放刺激性化合物，有一定驱蛇作用）等，驱赶蛇远离步道。

生物防蛇措施

（7）引入适宜物种

开发前岛内有大量食虫鸟、鱼类、蛙类及蛇类、黄鼬等捕食昆虫及老鼠，因此鼠害和虫害得到有效控制，开发后大量滨水生境遭到破坏，捕食虫鼠的爬行类、两栖类及部分兽类数量降低，产生鼠害及虫害的风险大幅提升；同时中间层级的减少，导致猛禽及大型兽类缺乏足够的食物，从而出现生存危机。因此需要针对性引入与环境相适应的物种，如叉尾斗鱼、鳑鲏、红腹锦鸡等，不仅可以提升食物链复杂度和抗干扰能力，还可以提升观赏性。

（8）制定管控导则

广阳岛生物多样性管控导则分为植物管控导则与动物管控导则两大类，共八个方面。

1）植物管控导则

共涉及以下方面：①严格保护现有林地，禁止新建、改建或者扩建度假村、酒店、商品房等房地产开发项目，或者非公共事业用途的建筑物、构筑物和设施；②禁止修建宽度大于7m的道路；因重大基础设施确需建设，相关部门应组织专家进行论证，并报上级政府审批；③改善植被群落组分结构，在关键部位引入或恢复乡土植被斑块；④避免城镇开发建设，低干预的人工建设避开水土流失、潜在径流廊道等生态敏感区。

2）动物管控导则

共涉及四个方面：①全岛禁渔、禁捕。严禁在岛域内捕捞鱼类，猎杀或捕获鸟类及其他动物，确保现有物种种群稳定发展，避免出现种群崩溃现象；②减少人类活动对动物的干扰。在动物繁殖、迁徙或越冬等季节，设立禁入区，减少旅游、基建等活动对动物的惊扰。规范物业管理部门在开展日常巡逻、江面清漂等工作的时间、路线、着装等各个环节，让动物适应管理人员；③严禁在园林维护和农田耕作时使用对动物有害的农药，避免动物死亡；④控制野猪数量。广阳岛野猪数量约6~8头，主要生活在林地区域，也到林地边缘的农田和灌丛寻找食物。野猪在广阳岛上没有天敌，鉴于野猪对农田作物的破坏，以及对人类产生的安全威胁，若野猪过度繁衍，有可能产生猪害，必须加以控制。

（9）建立动态监测预警机制

为保障生物多样性健康可持续发展，同步建立广阳岛生物多样性监测与预警系统。

1）构建基础数据库

建设覆盖广阳岛全岛范围的生态环境条件、生物物种组成及分布、气候状况、社会经济等信息在内的基础数据库。

2）采用先进监测技术

与相关技术机构合作，运用遥感技术与物联网技术，提高检测的效率，包括对原有基础数据的实时收集与更新，数据可视化展示。数据“可视化”展示体现在两个方面：①在数据收集方面，利用遥感技术、定期人工目测、自动化仪器观测等手段实时采集物种的分布及种类信息；②数据可视化方面，将物种数量变化、分布状况实现等信息进行简单易懂的可视化展示。

3）发布监测评估报告

在系统分析广阳岛生物多样性监测信的基础上，制定广阳岛生物多样性预警系统，定期发布评估报告，为后续生物多样性保护提升及适当干预提供全面翔实的科学依据。

GREEN ECOLOGICAL
CONSTRUCTION
GUIDELINES

绿色生态
建设指引

第五章

广阳岛最优价值生命共同体指标体系

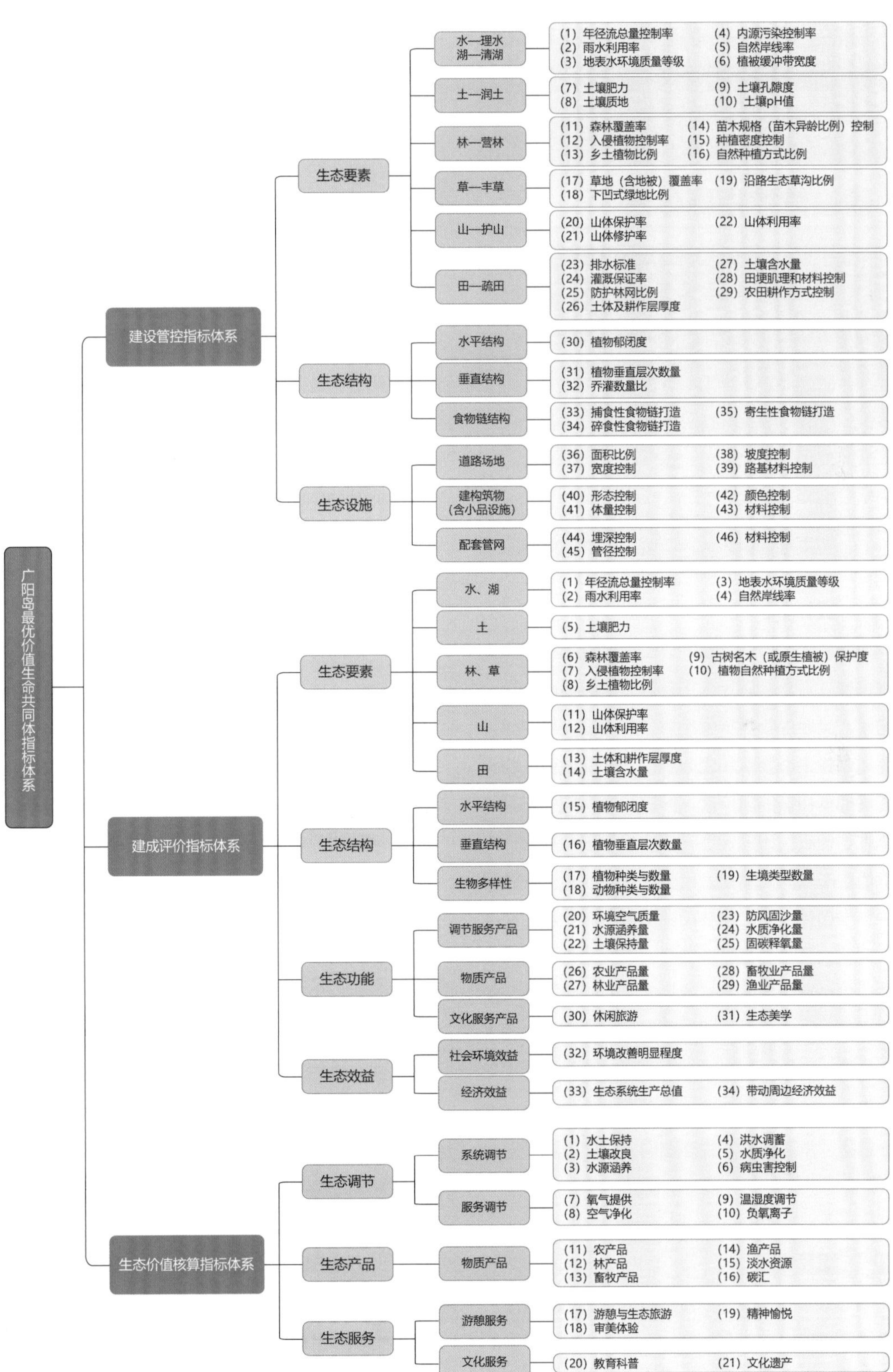

广阳岛最优价值生命共同体指标体系
建设管控指标体系
生态要素
水—理水 湖—清湖
(1) 年径流总量控制率
(2) 雨水利用率
(3) 地表水环境质量等级
(4) 内源污染控制率
(5) 自然岸线率
(6) 植被缓冲带宽度
土—润土
(7) 土壤肥力
(8) 土壤质地
(9) 土壤孔隙度
(10) 土壤pH值
林—营林
(11) 森林覆盖率
(12) 入侵植物控制率
(13) 乡土植物比例
(14) 苗木规格（苗木异龄比例）控制
(15) 种植密度控制
(16) 自然种植方式比例
草—丰草
(17) 草地（含地被）覆盖率
(18) 下凹式绿地比例
(19) 沿路生态草沟比例
山—护山
(20) 山体保护率
(21) 山体修护率
(22) 山体利用率
田—疏田
(23) 排水标准
(24) 灌溉保证率
(25) 防护林网比例
(26) 土体及耕作层厚度
(27) 土壤含水量
(28) 田埂肌理和材料控制
(29) 农田耕作方式控制
生态结构
水平结构
(30) 植物郁闭度
垂直结构
(31) 植物垂直层次数量
(32) 乔灌数量比
食物链结构
(33) 捕食性食物链打造
(34) 碎食性食物链打造
(35) 寄生性食物链打造
生态设施
道路场地
(36) 面积比例
(37) 宽度控制
(38) 坡度控制
(39) 路基材料控制
建构筑物（含小品设施）
(40) 形态控制
(41) 体量控制
(42) 颜色控制
(43) 材料控制
配套管网
(44) 埋深控制
(45) 管径控制
(46) 材料控制
建成评价指标体系
生态要素
水、湖
(1) 年径流总量控制率
(2) 雨水利用率
(3) 地表水环境质量等级
(4) 自然岸线率
土
(5) 土壤肥力
林、草
(6) 森林覆盖率
(7) 入侵植物控制率
(8) 乡土植物比例
(9) 古树名木（或原生植被）保护度
(10) 植物自然种植方式比例
山
(11) 山体保护率
(12) 山体利用率
田
(13) 土体和耕作层厚度
(14) 土壤含水量
生态结构
水平结构
(15) 植物郁闭度
垂直结构
(16) 植物垂直层次数量
生物多样性
(17) 植物种类与数量
(18) 动物种类与数量
(19) 生境类型数量
生态功能
调节服务产品
(20) 环境空气质量
(21) 水源涵养量
(22) 土壤保持量
(23) 防风固沙量
(24) 水质净化量
(25) 固碳释氧量
物质产品
(26) 农业产品量
(27) 林业产品量
(28) 畜牧业产品量
(29) 渔业产品量
文化服务产品
(30) 休闲旅游
(31) 生态美学
生态效益
社会环境效益
(32) 环境改善明显程度
经济效益
(33) 生态系统生产总值
(34) 带动周边经济效益
生态价值核算指标体系
生态调节
系统调节
(1) 水土保持
(2) 土壤改良
(3) 水源涵养
(4) 洪水调蓄
(5) 水质净化
(6) 病虫害控制
服务调节
(7) 氧气提供
(8) 空气净化
(9) 温湿度调节
(10) 负氧离子
生态产品
物质产品
(11) 农产品
(12) 林产品
(13) 畜牧产品
(14) 渔产品
(15) 淡水资源
(16) 碳汇
生态服务
游憩服务
(17) 游憩与生态旅游
(18) 审美体验
(19) 精神愉悦
文化服务
(20) 教育科普
(21) 文化遗产

广阳岛最优价值生命共同体建设按照建设指标（简称指标）体系进行建设过程管控，按照评价指标体系进行建成后自我评价，按照价值核算指标体系进行生产品价值核算。

5.1 建设管控指标体系

广阳岛最优价值生命共同体的建设指标体系是立足于其自身陆桥岛屿的地理特征及其生态系统的内在机理和演替规律，按照满足生物多样性需求和满足人民美好生活需要两个核心价值要求，分三级指标体系对在生态保护、修复、建设过程中所采用的技术、产品、材料和工法进行数字化管控，确保最优价值生命共同体在建设过程中不走样。

5.1.1 一级指标

广阳岛最优价值生命共同体一级建设指标围绕满足生物多样性需求和满足人民美好生活需要两个核心价值构建。满足生物多样性需求，在建设过程中保护和修复岛内各生态要素和生态结构，修复退化生物栖息地，增加食物链的复杂度，维护陆桥岛屿生态系统的完整性、健康性和稳定性，使广阳岛生命共同体处于高价值生态区间。满足人民美好生活需要，在建设过程中科学优化岛内山水林田湖草各生态要素的空间布局、调整水平和垂直结构关系、巧妙布置必需的生态设施，形成高效的生态系统和优美的风景画面，能更好地为人民提供优质生态产品的物质需求和优美生态环境的精神需求，使广阳岛生命共同体处于全局最优价值点。因此，广阳岛最优价值生命共同体一级建设指标包括“生态要素、生态结构、生态设施”三个方面。

5.1.2 二级指标

广阳岛最优价值生命共同体二级建设指标是对“生态要素、生态结构和生态设施”三个一级指标的分解和落实。生态要素方面，根据广阳岛生态本底的构成要素，可以分解为“山、水、林、田、湖、草、土”七个二级指标，分别对应“护山、理水、营林、疏田、清湖、丰草、润土”七个建设策略，是影响广阳岛生命共同体价值的关键性要素，对应着“水、森林、草地、山地、农田、土壤”七大生态系统，保障广阳岛生命共同体各系统的生态安全。生态结构方面，根据陆桥岛屿生态系统的结构特征，可以分解为“水平结构、垂直结构、食物链结构”三个二级指标，反映着广阳岛生命共同体中各子系统的时空分布和物质、能量循环转移的途径，维持生态系统的稳定，满足生物多样性需求。生态设施方面，根据广阳岛生态产业化、产业生态化和满足人民美好生活需要所必需的服务设施，可以分解为“道路场地、建构筑物（含小品设施）、配套管网”三个二级指标，是发挥广阳岛生命共同体的多重生态系统服务功能，满足人民美好生活需要的重要保障。

5.1.3 三级指标

广阳岛最优价值生命共同体三级建设指标是在建设过程中，能用图纸、文字或数据表达和衡量的46项最具体指标，是第二级主要控制方面的具体表现，包括“生态要素指标、生态结构指标和生态设施指标”三个方面。其中，核心指标包括“雨水利用率、地表水环境质量等级、土壤肥力、森林覆盖率”4项。引导指标包括“自然岸线率、植被缓冲带宽度、乡土植物比例、苗木规格（苗木异龄比例）控制、种植密度控制、自然种植方式控制、山体利用率、田埂肌理和材料控制、农田耕作方式控制、植被垂直层次数量、乔灌数量比、道路面积比例、道路宽度控制、道路坡度控制、建构筑物形态控制、建构筑物体量控制、建构筑物颜色控制、建构筑物材料控制”18项。一般指标包括“年径流总量控制率、内源污染控制率、土壤质地、土壤孔隙度、土壤pH值、入侵植物控制率、草地（含地被）覆盖率、下凹式绿地、沿路生态草沟比例、山体保护率、山体修复率、农田排水标准、农田灌溉保证率、农田防护林网比例、土地及耕作层厚度、土壤含水量、植物郁闭度、捕食性食物链、碎食性食物链、寄生性食物链、路基材料控制、管网埋深控制、管网管径控制、管网材料控制”24项。

广阳岛最优价值生命共同体建设指标体系

一级指标	二级指标	三级指标	建设目标数据	建设目标价值评价		
				中	高	优
生态要素	水—理水湖—清湖	年径流总量控制率	92%	60%~75%	75%~85%	>85%
		雨水利用率（核心指标）	15%	5%~10%	10%~20%	>20%
		地表水环境质量等级（核心指标）	III类	<IV类	III类~IV类	>III类
		内源污染控制率	95%	60%~75%	75%~90%	>90%
		自然岸线率（引导指标）	99%	70%~75%	75%~90%	>90%
		植被缓冲带宽度（引导指标）	>3m	<1m	1~3m	>3m
	土—润土	土壤肥力（核心指标）	3级	4级	3级	2级
		土壤质地	壤土	砂土	黏土	壤土
		土壤孔隙度	26%	25%~30%	30%~50%	>50%
		土壤pH值	7	6.5~6.8/7.6~7.9	6.9~7.1/7.3~7.5	7.1~7.2
	林—营林	森林覆盖率（核心指标）	71%	30%~60%	60%~85%	>85%
		入侵植物控制率	95%	<80%	80%~100%	100%
		乡土植物比例（引导指标）	97%	50%~75%	75%~90%	>90%
		苗木规格（苗木异龄比例）控制（引导指标）	2	1	2~3	>3
		种植密度控制（引导指标）	233	150~200株/hm^2	200~260株/hm^2	≥260株/hm^2
		自然种植方式比例（引导指标）	95%	50%~70%	70%~90%	>90%
	草—丰草	草地（含地被）覆盖率	41%	30%~40%	40%~50%	>50%
		下凹式绿地比例	7%	3%~5%	5%~8%	>8%
		沿路生态草沟比例	86%	70%~80%	80%~90%	>90%
生态要素	山—护山	山体保护率	95%	70%~85%	85%~95%	>95%
		山体修护率	98%	50%~75%	75%~95%	>95%
		山体利用率（引导指标）	40%	10%~15%	15%~30%	>30%
	田—疏田	农田排水标准				
		农田灌溉保证率	75%	40%~60%	60%~80%	>80%
		农田防护林网比例	85%	60%~70%	70%~85%	>85%
		土体和耕作层厚度	>40cm	<30cm	30~40cm	>40cm
		土壤含水量	15%	19%~25%	16%~18%	12%~15%
		田埂肌理和材料控制（引导指标）	85%	50%~70%	70%~90%	>90%
		农田耕作方式控制（引导指标）	80%	60%~70%	70%~90%	>90%

续表

<table>
<tr><th rowspan="2">一级指标</th><th rowspan="2">二级指标</th><th rowspan="2" colspan="2">三级指标</th><th rowspan="2">建设目标数据</th><th colspan="3">建设目标价值评价</th></tr>
<tr><th>中</th><th>高</th><th>优</th></tr>
<tr><td rowspan="6">生态结构</td><td>水平结构</td><td colspan="2">植物郁闭度</td><td>0.6</td><td>0.3~0.5</td><td>0.5~0.7</td><td>>0.7</td></tr>
<tr><td rowspan="2">垂直结构</td><td colspan="2">植物垂直层次数量（引导指标）</td><td>3层</td><td>2层</td><td>3~4层</td><td>>4层</td></tr>
<tr><td colspan="2">乔灌数量比（引导指标）</td><td></td><td><1:6</td><td>6:1~1:1</td><td>1:1~1:6</td></tr>
<tr><td rowspan="3">食物链</td><td colspan="2">捕食性食物链打造</td><td>3条</td><td>2~3条</td><td>3~4条</td><td>>4条</td></tr>
<tr><td colspan="2">碎食性食物链打造</td><td>6条</td><td>3~5条</td><td>5~8条</td><td>>8条</td></tr>
<tr><td colspan="2">寄生性食物链打造</td><td>4条</td><td>2~3条</td><td>3~4条</td><td>>4条</td></tr>
<tr><td rowspan="14">生态设施</td><td rowspan="7">道路场地</td><td colspan="2">道路面积比例（引导指标）</td><td>4.8%</td><td>4.8%</td><td>5%~8%</td><td><5%</td></tr>
<tr><td rowspan="4">道路宽度控制（引导指标）</td><td>人行步道宽度</td><td>1~2m</td><td>>3m</td><td>2~3m</td><td>1~2m</td></tr>
<tr><td>电瓶车道宽度</td><td>3.5m</td><td>>5m</td><td>3~5m</td><td>2~3m</td></tr>
<tr><td>跑步道宽度</td><td>2.5m</td><td>>5m</td><td>3~5m</td><td>2~3m</td></tr>
<tr><td>骑行道宽度</td><td>2.5m</td><td>>6m或<1m</td><td>3~6m</td><td>1~3m</td></tr>
<tr><td colspan="2">道路坡度控制（引导指标）</td><td>2%</td><td>10%~8%</td><td>8%~3%</td><td>3‰~3%</td></tr>
<tr><td colspan="2">路基材料控制</td><td>85%</td><td>70%~80%</td><td>80%~90%</td><td>>90%</td></tr>
<tr><td rowspan="4">建构筑物（含小品设施）</td><td colspan="2">形态控制（引导指标）</td><td>5m</td><td>>10m</td><td>6~10m</td><td><6m</td></tr>
<tr><td colspan="2">体量控制（引导指标）</td><td>120m²</td><td>>500m²</td><td>200~500m²</td><td><200m²</td></tr>
<tr><td colspan="2">颜色控制（引导指标）</td><td>3种</td><td>>4种</td><td>4种~3种</td><td><3种</td></tr>
<tr><td colspan="2">材料控制（引导指标）</td><td>90%</td><td>20%~30%</td><td>30%~50%</td><td>>50%</td></tr>
<tr><td rowspan="3">配套管网</td><td colspan="2">埋深控制</td><td>2m</td><td>≥0.7m</td><td>0.7~1.2m</td><td>>1.2m</td></tr>
<tr><td colspan="2">管径控制</td><td>100%</td><td>90%~95%</td><td>95%~100%</td><td>100%</td></tr>
<tr><td colspan="2">材料控制</td><td>100%</td><td>90%~95%</td><td>95%~100%</td><td>100%</td></tr>
</table>

（1）生态要素指标

生态要素中“山、水、林、田、湖、草、土”7个构成要素分解为29个三级指标，包含4个核心指标、9个引导性指标和16个一般性指标。

1）年径流总量控制率

广阳岛生态修复通过《海绵城市建设技术指南——低影响开发雨水系统构建（试行）》（以下简称“《指南》”）、《重庆市主城区海绵城市专项规划》和基于广阳岛本底资源的潜力模拟三个方面综合确定年径流总量控制率指标。

根据《指南》要求，广阳岛属于控制分区Ⅲ区，年径流总量控制率范围为75%~85%；根据《重庆市海绵城市规划与设计导则》要求，广阳岛年径流总量控制率范围为80%~90%；在现状土地利用类型、水域面积率等的基础上，通过调整布局低影响开发设施等的规模和面积等，利用SWMM模拟出海绵城市建设后的年径流总量控制率可达到87%；结合上述三个方面，综合确定广阳岛年径流总量控制率为87%~90%。

2）雨水利用率

广阳岛生态修复以各生态设施和规划设计水体的需水量为核算基础，综合雨水径流收集区域、收集量数据和实施效果效益，综合确定雨水利用率为15%。

3）地表水环境质量等级

广阳岛周边水域是鱼类的天堂，是我国特有鱼类和经济鱼类的重要分布水域，分布有索饵场、产卵场和越冬场。因此，按照《地表水环境质量标准》(GB3838—2002)要求，地表水环境质量等级需达到Ⅱ类。

4）内源污染控制率

广阳岛生态修复通过对湖塘进行底泥清理，重建湖塘基底，降低湖底内源污染，净化进入湖泊中的营养物质，保障水底生态系统健康，使内源污染控制率达到95%。

5）自然岸线率

广阳岛生态修复以基于自然的解决方案，恢复岛内九湖十八溪岸线自然形态，确保自然岸线率不低于99%。

6）植被缓冲带宽度

广阳岛生态修复结合国内外学者关于植被缓冲带研究，确定岛内溪流两侧植被缓冲带宽度不小于15m，确保泥沙拦截率80%以上，总磷拦截率达到50%。

7）土壤肥力

广阳岛生态修复土壤肥力以有机质作为主要衡量指标，根据全国第二次土壤普查养分分级标准，按照高标准农田建设要求，土壤肥力等级定为三级。

全国第二次土壤普查养分分级标准

项目	级别	土壤
有机质（g/kg）	一级	>40
	二级	30~40
	三级	20~30
	四级	10~20
	五级	6~10
	六级	<6

不同生态目标提出的沿河绿带宽度

功能	发表时间（年）	宽度（m）	说明
水土保持	1986	18~28	截获88%的从农田流失的土壤
	1986	30	防止水土流失
	1987	80~100	减少50% ~70%的沉积物
	1991	23~183.5	控制沉积
	1977	30	控制养分流失
防治污染	1984	16	有效过滤硝酸盐
	1986	30	过滤污染物
	1989	30	控制磷的流失
	1990	30	控制氮素
	1977	30	增强低级河流河岸稳定性
其他	1986	31	产生较多树木碎屑，为鱼类繁殖创造多样化的生境
	1987	11~200	为鱼类提供有机碎屑物质
	1987	15	控制河流浑浊

8）土壤质地

广阳岛生态修复根据岛内作物生长在土壤通气、保肥、保水状况等方面的需求，确定岛内土壤改良以壤土为主。

9）土壤孔隙度

广阳岛生态修复通过增施农家肥、牲畜粪类、绿肥类等有机肥，向土壤中增添些沙子，对土壤进行改良，改善土壤结构，使土壤孔隙度达到26%。

10）土壤pH值

广阳岛生态修复通过合理种植、增施有机肥、种植绿肥等措施，改良土壤酸碱度，使得岛内农田种植土壤酸碱度维持在7左右。

11）森林覆盖率

广阳岛设计前森林覆盖率约39.5%，空间潜力模型模拟确定未来森林覆盖率可达65%~73%，国家森林城市要求森林覆盖率达到35%，重庆森林覆盖率达52%，相关学术研究（Macfee、Radford等）合理的森林覆盖率约40%~70%。综合以上数据，确定广阳岛森林覆盖率目标值确定为65%~73%。

12）入侵植物控制率

广阳岛生态修复通过抚育间伐＋逐步更新的措施，改善树种配比，降低入侵种比例，使入侵植物控制率不低于95%。

13）乡土植物比例

广阳岛生态修复通过退化林提质中提升乡土树种比例、补种乡土珍贵树种等方式，提升乡土树种种类及数量，使得乡土植物比例不低于97%。

14）苗木规格（苗木异龄比例）控制

广阳岛生态修复在苗木选择方面，控制幼苗、青壮苗比例，速生、慢生比例，让苗木生长环境接近自然状态，控制比例为2。

15）种植密度控制

广阳岛生态修复在苗木种植过程中，根据气候特征、苗木类型，合理选择种植密度，广阳岛种植密度控制在233株/hm^2。

16）自然种植方式比例

广阳岛生态修复以自然种植方式为主，遵循近自然营林的原则，自然种植方式比例控制在95%。

17）草地（含地被）覆盖率

广阳岛生态修复通过土地整治、撒播草种、后期养护等措施，在宜草地区种植草地，将草地覆盖率提升至41%。

18）下凹式绿地

广阳岛生态修复通过对现有绿地进行海绵化改造，或在适宜位置新增下凹式绿地，提升其滞蓄净化雨水的能力，广阳岛的下凹式绿地比例不低于7%。

19）沿路生态草沟比例

广阳岛生态修复在道路两侧将部分排水沟改为生态草沟，以提升景观效果，净化道路面源污染，广阳岛的沿路生态草沟比例不低于86%。

20）山体保护率

广阳岛生态修复通过将山体纳入保护范围，并制定管控导则，定期巡护等方式，保护现有山体，广阳岛的山体保护率不低于95%。

21）山体修护率

广阳岛生态修复通过生态固坡、土壤修复、补种植被等方式，对破损山体进行针对性修复，将山体修复率提升至98%。

22）山体利用率

广阳岛生态修复按照轻梳理、浅介入原则，在保护与修复山地的基础上，利用现状道路、建筑及其他设施，使得山体利用率达到40%。

23）农田排水标准

广阳岛生态修复通过疏通灌渠、铺设暗管、增加排灌设备等方式，改善农田排水条件，使得广阳岛农田排水设计暴雨重现期达到10年一遇，1~3d暴雨，3~5d排至作物耐淹水深。

24）农田灌溉保证率

广阳岛生态修复通过疏通灌渠、铺设暗管、增加排灌设备等方式，改善农田灌溉条件，使得广阳岛农田灌溉保证率达到75%。

25）农田防护林网比例

广阳岛生态修复通过对现有防护林进行改造提升、增补缺失林地，构建完善的防护林网体系，使得广阳岛农田防护林网比例不低于85%。

26）土体及耕作层厚度

广阳岛生态修复通过松土、腐肥等方式，提高土壤层厚度，改善土壤理化性质，将土壤层厚度提升至40cm。

27）土壤含水量

广阳岛生态修复通过草本覆盖、保水剂、施用有机肥等方式，改善土壤结构，增加土壤含水量至15%。

28）田埂肌理和材料控制

广阳岛生态修复通过梳理农田田埂肌理，采用地方乡土材料和地方智慧，改善岛内农田品质，使得广阳岛田埂肌理和材料控制达到85%。

29）农田耕作方式控制

广阳岛生态修复通过保护性耕作、深耕等方式，代替传统耕作，以减少土壤中碳流失，增加肥力，使得农田耕作方式控制率达到80%。

（2）生态结构指标

生态结构中“水平结构、垂直结构、食物链结构”分解为6个三级指标，包含2个引导性指标，4个一般性指标。

1）植物郁闭度

广阳岛生态修复通过对宜林地、长势不佳林地进行生态修复，疏伐枯死树种，增加慢生乡土树种，将广阳岛植物郁闭度提升至0.6。

2）植物垂直层次数量

广阳岛生态修复通过增加植物群落，构建乔-灌-草三层垂直结构，形成更为稳定的植物生态系统。广阳岛植物垂直层次数量提升至3层。

3）乔灌数量比

广阳岛生态修复通过增加乔木数量，改善乔灌比，使得广阳岛乔灌数量比为1：1~1：6。

4）捕食性食物链

广阳岛生态修复通过修复鸟类、鱼类、两栖类等动物栖息地，丰富动物种类，广阳岛打造不少于三条捕食性食物链，提升食物链稳定性。

5）碎食性食物链

广阳岛生态修复通过修复鸟类、鱼类、两栖类等动物栖息地，丰富动物种类，广阳岛打造不少于六条碎食性食物链，提升食物链稳定性。

6）寄生性食物链

以大生物为基础，由小动物寄生到大生物身上构成的，广阳岛打造不少于四条寄生性食物链。

（3）生态设施指标

生态设施中“道路、建构筑物（含小品设施）、配套管网”分解为11个三级指标，包含7个引导性指标，4个一般性指标。

1）道路面积比例

广阳岛生态修复通过利用改造原有步道，降低原有市政路面积，降低道路对生态的破碎化影响，广阳岛道路面积比例不高于4.8%。

2）道路宽度控制

广阳岛生态修复通过对各类道路宽度进行控制，以降低对生态环境、生物迁徙的干扰，广阳岛韧性步道宽度约1~2m，电瓶车道宽度为33.5m，跑步道宽度为2.5m，骑行道宽度为2.5m。

3）道路坡度控制

广阳岛生态修复通过控制道路坡度，以协调雨水排放和通行便利的关系，最终确定坡度控制在2%左右。

4）路基材料控制

广阳岛生态修复的道路路基主要以透水路基为主，将路基材料控制率达到85%。

5）建构筑物形态控制

广阳岛建构筑物高度控制在5m。

6）建构筑物体量控制

广阳岛建构筑物体量控制在120m^2。

7）建构筑物颜色控制

广阳岛建构筑物颜色以灰色调为主，控制在3种以内。

8）建构筑物材料控制

广阳岛建构筑物材料以乡土材料、废弃材料等为主，控制在90%以上。

9）管网埋深控制

广阳岛管网埋深控制在2m。

10）管网管径控制

广阳岛管网管径控制率达100%。

11）管网材料控制

广阳岛管网材料控制率达100%。

5.2 建成评价指标体系

广阳岛最优价值生命共同体的建设指标体系是基于满足生物多样性需求和满足人民美好生活需要两个核心价值要求，以建设指标体系为基础，分三级指标体系对生态保护、修复和建设后陆桥岛屿生态系统的原真性、完整性、健康性以及生态功能、生态效益等方面进行综合评价，确保生命共同体在建成后能处于高价值生态区间和最优价值点。

5.2.1 一级指标

广阳岛最优价值生命共同体一级评价指标是以建设指标体系为基础，围绕满足生物多样性需求和满足人民美好生活需要两个核心价值进行评价。满足生物多样性需求的评价主要包括生态要素和生态结构两个层面，其中生态要素主要反映生命共同体建成后各子系统的健康程度；生态结构主要反映生命共同体建成后的整体稳定性，生态要素和生态结构重在衡量生命共同体是否处于高价值生态区间，以满足生物多样性需求；满足人民美好生活需要的评价主要包括生态功能和生态效益两个层面，生态功能主要反映生命共同体建成后所发挥的生态服务功能和提供的优质生态产品；生态效益主要反映生命共同体建成后所带来的环境效益、经济效益和社会效益，生态功能和生态效益重在衡量生命共同体是否处于全局最优价值点，以满足人民美好生活需要。

5.2.2 二级指标

广阳岛最优价值生命共同体二级评价指标是对生态要素、生态结构、生态功能和生态效益四个一级评价指标的分解和落实。生态要素方面，根据广阳岛建成后的生态要素构成，可以分解为“山、水、林、田、湖、草、土”七个二级指标，分别对应“护山、理水、营林、疏田、清湖、丰草、润土”七个建设策略的实施成效，反映着生命共同体中水、森林、草地、山地、农田、土壤六大生态系统的健康程度和价值高低。生态结构方面，根据建成后陆桥岛屿生态系统的结构特征，可以分解为“水平结构、垂直结构、生物多样性”三个二级指标，反映着生命共同体系统的整体稳定性和价值高低。生态功能方面，根据建成后广阳岛所能提供的生态功能，可以分解为“调节服务、物质服务和文化服务”三个二级指标，反映着生命共同体所提供的生态服务价值的高低和优质生态产品的数量。生态效益方面，根据建成后广阳岛所能产生的效益，可以分解为“环境效益、经济效益、社会效益”三个二级指标，反映着生命共同体对“两山”转化的促进作用。

5.2.3 三级指标

广阳岛最优价值生命共同体三级评价指标是在建成后能用数据测量、文字描述或直观感受的34项具体指标，是第二级指标的具体效果呈现，包含生态要素指标、生态结构指标、生态功能指标和生态效益指标四个方面。其中，核心指标包括雨水利用率、地表水环境质量等级、土壤肥力、森林覆盖率四项。一般指标包括年径流总量控制率、自然岸线率、入侵植物控制率、乡土植物比例、古树名木（或原生植被）保护度、植被自然种植方式控制、山体保护率、山体利用率、土体和耕作层厚度、土壤含水量、植被郁闭度、植被垂直层次数量、植物种类与数量、动物种类与数量、生境类型数量、环境空气质量、水源涵养量、土壤保持量、防风固沙量、水质净化量、固碳释氧量、农业产品量、林业产品量、畜牧业产品量、渔业产品量、休闲旅游、生态美学、环境改善明显程度、生态系统生产总值（GEP）、带动周边经济效益30项。

广阳岛最优价值生命共同体评价指标表

<table>
<tr><th rowspan="2">一级指标</th><th rowspan="2">二级指标</th><th rowspan="2" colspan="2">三级指标</th><th colspan="4">价值评价等级</th></tr>
<tr><th>低</th><th>中</th><th>高</th><th>优</th></tr>
<tr><td rowspan="14">生态要素</td><td rowspan="4">水</td><td colspan="2">年径流总量控制率</td><td><60%</td><td>60%~75%</td><td>75%~85%</td><td>>85%</td></tr>
<tr><td colspan="2">雨水利用率</td><td><5%</td><td>5%~10%</td><td>10%~20%</td><td>>20%</td></tr>
<tr><td colspan="2">地表水环境质量等级</td><td><IV类</td><td><IV类</td><td>III类~IV类</td><td>>III类</td></tr>
<tr><td colspan="2">自然岸线率</td><td><60%</td><td>70%~75%</td><td>75%~90%</td><td>>90%</td></tr>
<tr><td>土</td><td colspan="2">土壤肥力</td><td>4级</td><td>4级</td><td>3级</td><td>2级</td></tr>
<tr><td rowspan="5">林/草</td><td colspan="2">森林覆盖率</td><td><30%</td><td>30%~60%</td><td>60%~85%</td><td>>85%</td></tr>
<tr><td colspan="2">入侵植物控制率</td><td><80%</td><td><80%</td><td>80%~100%</td><td>100%</td></tr>
<tr><td colspan="2">乡土植物比例</td><td><50%</td><td>50%~75%</td><td>75%~90%</td><td>>90%</td></tr>
<tr><td colspan="2">古树名木（或原生植被）保护度</td><td>≤150株/hm^2</td><td>150~200株/hm^2</td><td>200~260株/hm^2</td><td>≥260株/hm^2</td></tr>
<tr><td colspan="2">植物自然种植方式比例</td><td><50%</td><td>50%~70%</td><td>70%~90%</td><td>>90%</td></tr>
<tr><td rowspan="2">山</td><td colspan="2">山体保护率</td><td><70%</td><td>70%~85%</td><td>85%~95%</td><td>>95%</td></tr>
<tr><td colspan="2">山体利用率</td><td><10%</td><td>10%~15%</td><td>15%~30%</td><td>>30%</td></tr>
<tr><td rowspan="2">田</td><td colspan="2">土体和耕作层厚度</td><td><30cm</td><td><30cm</td><td>30~40cm</td><td>>40cm</td></tr>
<tr><td colspan="2">土壤含水量</td><td><12%</td><td>19%~25%</td><td>16%~18%</td><td>12%~15%</td></tr>
<tr><td rowspan="7">生态结构</td><td>水平结构</td><td colspan="2">植被郁闭度</td><td><0.3</td><td>0.3~0.5</td><td>0.5~0.7</td><td>>0.7</td></tr>
<tr><td>垂直结构</td><td colspan="2">植被垂直层次数量</td><td>1层</td><td>2层</td><td>3层</td><td>>3层</td></tr>
<tr><td rowspan="5">生物多样性</td><td>植物种类与数量</td><td>高等维管植物种类与数量</td><td><200种</td><td>200~300种</td><td>300~400种</td><td>>400种</td></tr>
<tr><td rowspan="3">动物种类与数量</td><td>鸟类种类及数量</td><td>—</td><td>—</td><td>—</td><td>—</td></tr>
<tr><td>鱼类种类及数量</td><td>—</td><td>—</td><td>—</td><td>—</td></tr>
<tr><td>哺乳动物种类及数量</td><td>—</td><td>—</td><td>—</td><td>—</td></tr>
<tr><td colspan="2">生境类型数量</td><td>1种</td><td>2种</td><td>3~4种</td><td>>5种</td></tr>
</table>

续表

一级指标	二级指标	三级指标		价值评价等级			
				低	中	高	优
生态功能	调节服务产品	环境空气质量	污染物浓度	>200	151~200	101~150	<101
			空气湿度	<二级	二级	二级	一级
			负离子数量	<800单位	800~2000单位	2000~5000单位	>5000单位
		水源涵养量		<2000t/(a·hm^2)	2000~2500t/(a·hm^2)	2500~2700t/(a·hm^2)	>2700t/(a·hm^2)
		土壤保持量		—	—	—	—
		防风固沙量		—	—	—	—
		水质净化量	净化COD量	—	—	—	—
			净化总氮量	—	—	—	—
			净化总磷量	—	—	—	—
		固碳释氧量	固碳量	<2.18t/(a·hm^2)	2.18~3.64t/(a·hm^2)	3.64~4.49t/(a·hm^2)	>4.49t/(a·hm^2)
			释氧量	<237.2t/(a·hm^2)	237.2~266.4t/(a·hm^2)	266.4~281.1t/(a·hm^2)	>281.1t/(a·hm^2)
	物质产品	农业产品量		—	—	—	—
		林业产品量		—	—	—	—
		畜牧业产品量		—	—	—	—
		渔业产品量		—	—	—	—
	文化服务产品	休闲旅游	游憩安全	不安全	安全	较安全	非常安全
			知识获取	差	一般	较好	非常好
		生态美学	画面感	差	一般	美好	唯美
			意境感	差	一般	美好	唯美
生态效益	社会效益和环境效益	环境明显改善程度		不明显	一般	较明显	明显
	经济效益	生态系统生产总值(GEP)		—	—	—	—
		带动周边经济效益		—	—	—	—

（1）生态要素指标

生态要素中“山、水、林、田、湖、草、土”7个二级指标可分解为14个三级指标，包含四个核心指标、10个一般指标。

1）年径流总量控制率

广阳岛年径流总量控制率是基于岛内14个汇水分区，分别在汇水分区雨水排放口、关键管网节点安装观测计量装置及雨量监测装置，连续进行监测，结合降雨数据进行分析计算，最终验证岛内年径流总量控制率可达88%。

2）雨水利用率

广阳岛雨水利用率是通过在岛内建立分布式雨水资源利用系统，做足雨水文章，变雨洪为资源，将收集雨水优先用于绿化浇洒、农业灌溉、景观补水。修复后，岛内雨水利用率达到20%。

3）地表水环境质量等级

广阳岛地表水环境质量是通过在九湖十八溪水系中分别设置水质监测点，分别在雨季与旱季采样，利用水质检测分析仪器分析水质情况，修复后，岛内地表水环境质量等级达到II类标准。

4）自然岸线率

广阳岛生态修复过程中坚持“自然、生态和柔性”原则，根据现场调查及航拍结果，经过统计广阳岛自然岸线率达到90%。

5）土壤肥力

广阳岛土壤肥力是通过改良土壤，将原有荒废耕地改造成为丰产的高标准农田，修复后，岛内农田亩产近500kg，土壤中有机质含量实测全部在20g/kg以上，达到三级标准。

6）森林覆盖率

广阳岛森林覆盖率是通过施工过程中所采用的苗木种类、规格、数量以及种植位置进行现场核实，统计郁闭度0.2以上的乔木林地面积和竹林地面积，核算后广阳岛森林覆盖率远期可达85%以上。

7）入侵植物控制率

广阳岛入侵植物控制率通过典型取样的方法，选择有代表性的群落进行调查，对样方内的入侵植物依次进行统计，经分析修复后广阳岛入侵植物控制率达到90%。

8）乡土植物比例

广阳岛乡土植物比例通过典型取样的方法，选择有代表性的乡土植物进行调查，对样方内的乔木依次进行统计，经分析修复后广阳岛乡土植物比例达到90%。

9）古树名木（或原生植被）保护度

广阳岛古树名木保护度经过现场调研核实现有古树名木养护及管理情况，经过调查广阳岛古树名木保护度达到260株/hm^2。

10）植被自然种植方式控制

广阳岛植被自然种植方式控制评估通过对种植区进行现场调查，结合航拍影像评估，经统计分析广阳岛自然种植方式控制度达到90%。

11）山体保护率

广阳岛山体保护率通过现场调研与航拍影像结合，统计山体保护区域面积占整体山体面积的比值，经调查分析修复后广阳岛山体保护率为95%。

12）山体利用率

广阳岛山体利用率通过现场调研与航拍结合，统计山体中既有建筑、既有道路、游览区域等的利用数量或面积，占全部数量或面积的比例。经调查修复后广阳岛山体利用率达到30%。

13）土体和耕作层厚度

广阳岛土体和耕作层厚度通过对各采样点取土，测定各采样点耕作层厚度，精确到0.1cm，评价单元耕作层厚度取各采样点耕作层厚度测量值的平均值，经测量分析修复后广阳岛土体及耕作层厚度达到40cm。

14）土壤含水量

广阳岛土壤含水量测算方法采用烘干法，即从野外获取一定量的土壤，然后放到105℃的烘箱中，等待烘干。其中烘干的标准为前后两次称重恒定不变，烘干后失去的水分即土壤的水分含量。经计算修复后广阳岛土壤含水量为14%。

（2）生态结构指标

生态结构中“水平结构、垂直结构、生物多样性”三个二级指标可分解为五个三级一般指标。

1）植被郁闭度

广阳岛植被郁闭度测量采用遥感影像判读法和样点法相结合，遥感影像判读法即在航空相片上通过树冠密度尺进行郁闭度判读；样点法即在矩形样地对角线或者圆形样地从磁北向开始过圆心相互夹角120°的三条线上，每隔2m设一个观测点，在观测点抬头仰望或者利用观测管观测是否有树冠遮蔽，如果有，则计一个郁闭点，然后用对角线或三线上累计的郁闭点数除以总观测点数得到郁闭度值。综合分析修复后广阳岛植被郁闭度为0.7。

2）植被垂直层次数量

广阳岛植被垂直层次数量评价通过目测法测定，经调查修复后广阳岛垂直层次包含乔木层、灌木层和草本层3个层次。

3）植物种类与数量

广阳岛生态修复后，通过引入乡土和野化苗木，植物多样性得到了极大提升，植物种类由修复前的383种，增加到594种。

4）动物种类与数量

广阳岛生态修复后，动物多样性得到了极大提升，动物种类由修复前的310种，增加到452种。

5）生境类型数量

广阳岛生境类型按照原林业部1995年制定的《全国陆生野生动物资源调查与监测技术规程》的8种类型，经现场调研，修复后广阳岛生境类型为森林、灌丛、农田、湿地4大类。

（3）生态功能指标

生态功能中“调节服务、物质服务、文化服务”三个二级指标可以分解为十二个三级一般指标。

1）环境空气质量

环境空气质量检测采用24小时连续采样—实验室剖析检测体系。以24小时恒温恒流大气连续采样器为例，采样气体经过接收瓶，流过恒流限流孔，得出瞬时流量，之后再依据采集到的计前温度及大气压，换算成标况流量，并依据采样时光主动累加标况体积。经检测，修复后广阳岛环境空气质量各指标为污染物浓度小于101，空气湿度为一级，负离子浓度大于5000单位。

2）水源涵养量

广阳岛水源涵养量的计算采用水量平衡法。即将森林生态系统视为一个“黑箱”，以水量的输入和输出为着眼点，从水量平衡的角度，降水量与森林蒸发量以及其他消耗的差即为水源涵养量。经过计算，修复后广阳岛水源涵养量达到2700t/s×h。

3）土壤保持量

广阳岛土壤保持量计算采用RUSLE水土流失模型评估，利用修复前、后的当年降雨侵蚀力因子、土壤可蚀性因子、坡长坡度因子、植被覆盖和管理因子、水土保持措施因子，来模拟修复前后的土壤侵蚀量（修复前即不改现状情况下的未来恒定侵蚀量，即场地潜在侵蚀量）。其公式为：

$$Ac=Ap-Ar=R\times K\times L\times S\times(1-C\times P)$$

其中，Ac为减少的土壤流失量（土壤保持量），Ap为潜在的土壤侵蚀量，Ar为实际土壤侵蚀量，R为降雨侵蚀因子，K为土壤可侵蚀性因子，L为坡长因子，S为坡度因子，C为植被覆盖与管理因子，P为水土保持措施因子。经过计算，修复后广阳岛土壤保持量为2542吨。

4）防风固沙量

广阳岛防风固沙量计算采用修正风力侵蚀模型（RWEQ）进行计算，计算潜在风力侵蚀量和时间风力侵蚀量，其差值为防风固沙量，具体方法见《全国生态状况调查评估技术规范——项目尺度生态影响评估》（HJ 1175—2021）。经计算修复后广阳岛防风固沙量为50.6吨。

5）水质净化量

广阳岛水质净化量通过在湿地进水和出水端，测量水流时长、流量等数据，经统计修复后广阳岛水质净化量为15450kg。

6）固碳释氧量

广阳岛固碳释氧量计算以净初级生产力（NPP）为基础，每生产1kg干物质能固定1.63kg二氧化碳和释放1.2kg氧气。经计算修复后广阳岛固碳量为

4.49t/（a·hm），释氧量为281.1t/（a·hm^2）。

7）农业产品量

广阳岛农业产品量测算采用田间取点测产方法，以测产面积定取样点，每个取样点取1m^{2}作物（按以垄或一行延长米取）。按照标准定点取样后，脱粒晾晒至标注水分，去除杂物后称重，然后换算成亩产量。经计算修复后广阳岛农业产品量为84.4t。

8）林业产品量

广阳岛林业生产量计算采用生产法，根据生产过程中的增加值进行计算，即林业总产出减去林业生产消耗便是林业增加值。经计算修复后广阳岛林业产品量为9.9t。

9）畜牧业产品量

广阳岛畜牧业产品量的计算方法是所有畜牧业产品的产量总和。经计算修复后广阳岛畜牧业总产值为9.4万元。

10）渔业产品量

广阳岛渔业产品量的计算方法是所有渔业产品的产量总和。经计算修复后广阳岛渔业总产值为3.6万元。

11）休闲旅游

广阳岛开放后，服务上岛市民超过30万人次，举行生态研学、现场教学120余次，接待政商团体超过800次。

12）生态美学

场地景观形态符合美学比例要求，审美画面协调度高，岛内景观的主题和主旨立意表达明确，生态美学价值较高。

（4）生态效益指标

生态效益中“环境效益、经济效益、社会效益”三个二级指标可以分解为三个三级一般指标。

1）环境改善明显程度

广阳岛内水体水质、空气环境质量、土壤等环境要素质量得到了极大提升，环境改善明显。

2）生态系统生产总值（GEP）

广阳岛生态系统生产总值核算参考《生态系统生产总值（GEP）核算技术规范》（DB 3410/T 12-2021），经过核算修复后广阳岛生态系统生产总值为1.59亿元。

3）带动周边经济效益

经核算广阳岛周边产业经济生产总值为7.35亿元，对周边经济带动效益明显。

5.3 生态价值核算指标体系

广阳岛最优价值生命共同体的生态价值核算是围绕生物多样性需求和人民美好生活需要两个核心价值需求，以广阳岛生态修复前的生态价值为对比，在全岛范围内，核算未来一定时期内岛内生态系统为人类提供的生态调节、生态产品和生态服务的功能量及其经济价值总和，检验广阳岛生命共同体是否处于高价值生态区间和全局最优价值点。

5.3.1 生态价值核算流程

广阳岛最优价值生命共同体的生态价值核算通过“确定核算范围、构建核算体系、收集核算资料、开展功能量核算、开展价值量核算和核算生态价值总值”六个步骤，全角度、多维度、高精度地衡量了广阳岛命共同体的价值总和。

（1）确定核算范围

广阳岛最优价值生命共同体的生态价值核算空间范围为枯水期广阳岛10km^{2}内的功能相对完整的复合生态系统，包含岛内山地、平坝、消落带三大分区的山、水、林、田、湖、草等各类生态要素。

（2）构建核算体系

广阳岛最优价值生命共同体的生态价值核算体系分三级、共21个具体指标体系对广阳岛生态系统的生态调节、生态产品和生态服务的功能量及其经济价值进行核算。

生态调节包括系统调节和服务调节两个二级指标。其中系统调节包括水土保持、土壤改良、水源涵养、洪水调蓄、水质净化和病虫害控制六个三级指标，强调生态系统对改善生态环境的正向调节作用。服务调节包括“氧气调节、空气净化、温湿度调节和负氧离子”四个三级指标，强调生态系统对提升人类生存空间舒适度的正向调节功能。

生态产品主要指物质产品的二级指标。其中物质产品包括“农产品、林产品、畜牧产品、渔产品、淡水资源、碳汇”六个三级指标，强调生态系统为人类社会提供物质和能源等生产生活资料的价值。

生态服务包括“游憩服务和文化服务”两个二级指标。其中游憩服务包括“游憩与生态旅游、审美体验和精神愉悦”三个三级指标，文化服务包括“教育科普和文化遗产”两个三级指标，强调生态系统为人类活动提供精神、空间和衍生经济的价值。

广阳岛最优价值生命共同体生态价值核算体系

序号	一级指标	二级指标	三级指标
1	生态调节	系统调节	水土保持
2			土壤改良
3			水源涵养
4			洪水调蓄
5			水质净化
6			病虫害控制
7		服务调节	氧气提供
8			空气净化
9			温湿度调节
10			负氧离子
11	生态产品	物质产品	农产品
12			林产品
13			畜牧产品
14			渔产品
15			淡水资源
16			碳汇
17	生态服务	游憩服务	游憩与生态旅游
18			审美体验
19			精神愉悦
20		文化服务	教育科普
21			文化遗产

（3）收集核算资料

广阳岛最优价值生命共同体的生态价值核算数据资料主要围绕生态调节、生态产品和生态服务三大方面，涉及水文、环境、气象、森林、草地、湿地监测等跟功能量核算和价值量核算的相关数据。功能量核算的相关数据资料获取主要包括“政府各职能部门、相关文献、实地走访和实测”四种方法，价值量核算的定价数据主要通过政府相关职能部门发布的预算依据或公开发表的参考文献，并根据价格指数折算得到核算年份的价格。

水土保持指标中降雨侵蚀力因子R、土壤可蚀性因子K、坡长坡度因子L、S的算法以及覆盖和管理因子C以及水土保持措施因子P来自实测数据或者相关文献。

水源涵养指标中产流降雨量、地表径流量、蒸散发量等数据通过气象部门、相关文献和实测中获取，用水量、区域出入境水量等数据通过统计、水利部门获取。水库单位库容的工程造价及维护成本等数据来自发改委、水利等部门发布的工程预算依据，或公开发表的参考文献，并根据价格指数折算得到核算年份的价格。

洪水调蓄指标中岛内湖塘进出水量由人工设置的监测点获取，暴雨降雨量来源于重庆气象部门，暴雨径流量、湖塘蓄水深度、土壤饱和含水率及蓄水深度等参考相关研究文献和实测校核。运用替代成本法（即水库的建设成本）核算生态系统的洪水调蓄价值。

水质净化指标中生态系统对污染物的单位面积净化量来源于参考文献或实地监测。COD、氨氮水质污染物的治理成本来自《排污费征收标准及计算方法》收费标准及相关的参考文献。

病虫害控制指标中森林病虫害自愈面积、草地病虫害发生面积来自于监测调查数据。单位面积森林病虫害防治费用、单位面积草地病虫害防治费用等数据来自价格部门、调查监测数据或者参考文献。

氧气提供指标中生态系统释氧量来自NPP 与NEP 转换系数、生物量-碳转换系数、森林及灌丛固碳速率、森林及灌丛土壤固碳系数、草地土壤固碳速率、湿地固碳速率等，采用市场价值法（即医疗制氧价格）核算生态系统提供氧气的价值。

空气净化指标中生态系统对污染物的单位面积净化量来源于参考文献或实地监测，单位治理成本来自物价部门。

温湿度调节指标中水面蒸发量、植被蒸散发量、生态系统面积、单位面积蒸腾耗热量、空气的比热容、一年内日最高温超过 26℃的总天数等数据来自气象、国土、林业等相关部门和文献资料；生态系统内外实测温差来自于实地测量数据。运用替代成本法（即人工调节温度和湿度所需要的耗电量）来核算生态系统蒸腾调节温湿度价值和水面蒸发调节温湿度价值，电价从物价部门或供电部门获取。

负氧离子指标中负氧离子个数通过实地测量获取，采用市场价值法（即市场制负氧离子价格）核算生态系统提供负氧离子的价值。

农产品、林产品、畜牧产品、渔产品、淡水资源等物质产品根据相关统计部门及实地调研获取，产品价格可从林业、农业、渔业及统计部门获得或根据市场定价获得。

碳汇指标中净初级生产力、土壤呼吸消耗碳量、生物量数据、各类陆地生态系统面积、化学氮肥、复合肥施用量、作物在当年的产量、下水径流模数等数据来自自然资源、林业、农业、水利和统计等部门的遥感数据、统计数据、实地调查或相关文献数据；NPP与NEP 转换系数、生物量-碳转换系数、森林及灌丛固碳速率、森林及灌丛土壤固碳系数、草地土壤固碳速率、湿地固碳速率、农田秸秆还田推广施行率、各省土壤容重、无化学肥料和有机肥料施用的情况下我国农田土壤有机碳的变化、土壤厚度各省土壤容重、作物的草谷比来自于实测数据或者参考文献。采用碳市场交易价格进行定价。

游憩与生态旅游指标中的旅游人数采用实际统计获取，通过问卷调查获取入岛游客的社会经济特征、旅行费用情况等。

审美体验、精神愉悦、教育科普、文化遗产等通过调查受益人群获取相关数据及价格。

（4）开展功能量核算

广阳岛最优价值生命共同体的功能量核算包括生态调节功能量、生态产品功能量和生态服务功能量三大类。生态调节中水源涵养量采用水量平衡法、水土保持采用修正通用水土流失方程（RUSLE）、洪水调蓄采用水量平衡法和调蓄模型、空气净化和水质净化采用污染物净化模型、碳汇采用固碳机理模型、氧气提供采用释氧机理模型、气候调节采用蒸散模型、病虫害防治采用统计调查方法核算；生态产品中农产品、林产品、畜牧产品、渔产品、淡水资源等主要通过统计调查方法核算；生态服务中游憩与生态旅游、审美体验、精神愉悦、文化服务包括教育科普和文化遗产采用统计调查方法核算。

（5）开展价值量核算

广阳岛最优价值生命共同体的价值量核算包括“生态调节价值量、生态产品价值量和生态服务价值量”三大类。生态调节中水源涵养、水土保持、洪水调蓄、空气净化、水质净化、碳汇、氧气提供、气候调节、病虫害防治等采用替代成本法进行核算；生态产品中农产品、林产品、畜牧产品、渔产品、淡水资源等主要通过市场价值方法进行核算；生态服务中游憩与生态旅游、审美体验、精神愉悦、文化服务包括教育科普和文化遗产采用旅行费用法或享乐价格法进行核算。

（6）核算生态价值总值

广阳岛最优价值生命共同体的生态价值总值是将生态调节、生态产品和生态服务三类指标核算所得的价值量相加，得到修复后广阳岛陆桥岛屿生态系统的生产总值。

5.3.2 生态价值核算指标

基于核算范围、核算体系、资料收集、功能量和价值量核算方法的基础上，核算全岛生态系统的生产总值，具体指标核算公式如下：

（1）水土保持

1）功能量

水土保持量：

$$Q_S = R \times K \times L \times S \times (1 - C \times P)$$

其中，Q_S为水土保持量（t/a），R为降雨侵蚀力因子，K为土壤可蚀性因子，L为坡长因子，S为坡度因子，C为植被覆盖和管理因子，P为水土保持措施因子。

2）价值量

减少泥沙淤积价值：

$$V_s = \lambda \times (Q_s / \rho) \times c$$

减少面源污染价值：

$$V_d = \sum_{i=1}^{n} \lambda Q_s \times C_i \times P_i$$

其中，V_S为生态系统减少泥沙淤积价值（元/a），V_d为生态系统减少泥沙淤积价值（元/a），λ为淤积系数，Qs为水土保持量（t/a），ρ为土壤容重（t/m³），c为单位水库清淤工程费用（元/m³），i为土壤中氮、磷等营养物质数量，C_i为土壤中氮、磷等营养物质的纯含量（%），P_i为处理成本（元）。

（2）土壤改良

1）功能量

土壤改良量：$Q_d = \sum_{i=1}^{n} C_i$

其中，Q_d为土壤改良量（t/a），C_i修复为第i类土壤的体积（m³），i为土壤质量等级数量。

2）价值量

土壤改良价值：$R_d = \sum_{i=1}^{n} (C_i \times U_i)$

其中，R_d为土壤改良价值（元/a），C_i修复为第i类土壤的体积（m³），U_i为修复为i类土壤的单价（元/m³）。

（3）水源涵养

1）功能量

水源涵养量：

$$W_r = \sum_{i=1}^{n} A_i (P_i - R_i - ET_i) \times 10^{-3}$$

其中，W_r为水源涵养量(m³/a)，P_i为产流降雨量(mm/a)，R_i为地表径流量(mm/a)，ET_i为蒸散发量(mm/a)，A_i为i类生态系统的面积(m²)，i为生态系统类型，n为生态系统类型总数。

2）价值量

水源涵养价值：$V_r = W_r \times C_w$

其中，V_r为水源涵养价值（元/a），W_r为核算区内总的水源涵养量（m³/a），Cw水库单位库容的工程造价及维护成本（元/m³）。

（4）洪水调蓄

1）功能量

植被调蓄水量：

$$C_r = \sum_{i=1}^{n} (P_h - R_f) \times S_i \times 10^{-3}$$

库塘洪水调蓄量：

$$C_v = 0.35 \times C_o$$

其中，C_r植被调蓄水量（m³/a），P_h大暴雨产流降雨量（mm），R_f为第i种生态系统产生的地表径流量（mm），S_i为第i种自然植被生态系统的面积(km²)，i为自然植被生态系统类型，n为自然植被生态系统类型数量，C_v为库塘防洪库容(m³/a)，C_o为库塘总库容(m³)。

2）价值量

洪水调蓄价值：$V_f = (C_r + C_v) \times S_e$

其中，Vf为生态系统洪水调蓄价值（元/a），$Cr+Cv$为生态系统洪水调蓄量(m³/a)，Se为水库单位库容的工程造价及维护成本（元/m³）。

（5）水质净化

1）功能量

净化COD、总氮、总磷量：

$$Q_P = \sum_{i=1}^{m} \sum_{j=1}^{n} P_{ij} \times A_i$$

其中，Q_p为污染物净化总量(kg)，P_{ij}为某种生态系统单位面积污染物净化量（kg/km^2），A_i为生态系统面积（km^2），m为生态系统类型的数量，j为污染物类别，n为水体污染物类别的数量。

2）价值量

净化COD、总氮、总磷量价值:

$$V_P = \sum_{i=1}^{n} Q_{Pi} \times C_i$$

其中，V_p为生态系统水质净化的价值（元/a），Q_{pi}为第i类水污染物的净化量(t/a)，C_i为第i类水污染物的单位治理成本(元/t)，i为研究区第i类水体污染物类别，n为研究区水体污染物类别的数量。

（6）病虫害控制

1）功能量

病虫害控制面积：$C_f = C_w + C_m$

其中，C_f为病虫害控制面积（km^2），C_w为森林病虫害自愈的面积（km^2），C_m为草地病虫害自愈的面积（km^2）。

2）价值量

病虫害控制价值：$V_f = C_w \times P + C_m \times M$

其中，V_f为病虫害控制价值（元/a），P为单位面积森林病虫害防治费用（元/km^2），M为单位面积草地病虫害防治费用（元/km^2）。

（7）氧气提供

1）功能量

释氧量：$Q_P = M_{O_2}/M_{CO_2} \times Q_{CO_2}$

其中，Q_p为生态系统释氧量(t/a)，Mo_2/Mco_2为CO_2转化为O_2的系数(32/44)，Qco_2为生态系统固碳量(tC/a)。

2）价值量

释养价值：$V_r = Q_P \times C_O$

其中，V_r为生态系统释氧价值（元/a），Q_p为生态系统氧气释放量(t/a)，C_o为工业制氧价格（元/t）。

（8）空气净化

1）功能量

净化二氧化硫、氮氧化物、颗粒物量：

$$Q_a = \sum_{i=1}^{m} \sum_{j=1}^{n} Q_{ij} \times A_i$$

其中，Q_a为污染物净化总量(kg/a)，Q_{ij}为第i种生态系统第j种大气污染物的单位面积净化量（$kg/km^2 \cdot a$），i为生态系统类型，j为大气污染物类别，A_i为第i类生态系统面积（km^2），m为生态系统类型的数量，n为大气污染物类别的数量。

2）价值量

净化二氧化硫、氮氧化物、颗粒物价值：

$$V_a = \sum_{i=1}^{n} Q_{ai} \times C_i$$

其中，Va为生态系统大气环境净化的价值（元/a），Q_{ai}为第i类大气污染物的净化量(t/a)，C_i为第i类大气污染物的单位治理成本(元/t)，j为大气污染物类别。

（9）温湿度调节

1）功能量

植被蒸腾消耗能量：

$$E_a = \sum_{i=1}^{3} P_i \times S_i \times \mathrm{D} \times 10^6/(3600 \times \mathrm{r})$$

水面蒸发消耗能量：

$$E_b = E_w \times q \times 10^3/(3600) + E_w \times y$$

其中，E_a为生态系统植被蒸腾消耗的能量（kW·h/a），E_b为湿地生态系统蒸发消耗的能量（kW·h/a），P_i为i类生态系统单位面积蒸腾消耗热量（$kJ \cdot m^{-2} d^{-1}$），

Si为i类生态系统面积(km^2)，D为日最高气温大于26℃天数，r为空调能效比：3.0，i为生态系统类型（森林、灌丛、草地），E_w为蒸发量(m^3)，q为挥发潜热，即蒸发1克水所需要的热量(J/g)，y为加湿器将1m^{3}水转化为蒸汽的耗电量(kW·h)，仅计算湿度小于45%时的增湿功能。

2）价值量

植被蒸腾、水面蒸发调节温湿度价值：

$$V_a = (E_a + E_b) \times P$$

其中，V_a为生态系统温湿度调节的价值（元/a），(E_a+E_b)为生态系统调节温度和湿度消耗的总能量（kWh/a），p为当地电价（元/kW·h）。

（10）负氧离子

1）功能量

负氧离子产量：

$$G = 5.256 \times 10^3 \times Q \times A \times H \times F/L$$

其中，G为生态系统负氧离子产量（个/a）,Q为实测负氧离子浓度（个/cm^3），A为林分面积（km^2），H为实测植被高度（m），F为修正系数，L为负氧离子寿命（min）。

2）价值量

负氧离子价值：$U=G \times P$

其中，U为负氧离子价值（元/a），G为负氧离子产量（个/a），P为单位负氧离子生产费用（元/个）。

（11）农产品

1）功能量

农业产品产量： $E_a = \sum_{i=1}^{n} E_i$

其中，E_a为农业产品产量，E_i为第i种农业产品的产量，i为核算区农业产品种类。

2）价值量

农业产品产值： $V_a = \sum_{i=1}^{n} E_i \times A_i$

其中，V_a为农业产品产值，E_i为第i种农业产品的产量，A_i为第i类农业产品的单位价格。

（12）林产品

1）功能量

林业产品产量： $E_b = \sum_{i=1}^{n} R_i$

其中，E_b为林业产品产量，R_i为第i种林业产品的产量，i为核算区林业产品种类。

2）价值量

林业产品产值： $V_b = \sum_{i=1}^{n} R_i \times B_i$

其中，V_b为林业产品产值，R_i为第i种林业产品的产量，B_i为第i类林业产品的单位价格。

（13）畜牧产品

1）功能量

畜牧业产品产量： $E_c = \sum_{i=1}^{n} T_i$

其中，E_c为畜牧业产品产量，T_i为第i种畜牧业产品的产量，i为核算区畜牧业产品种类。

2）价值量

畜牧业产品产值： $V_C = \sum_{i=1}^{n} T_i \times C_i$

其中，V_c为畜牧业产品产值，T_i为第i种畜牧业产品的产量，C_i为第i类畜牧业产品的单位价格。

（14）渔产品

1）功能量

渔业产品产量： $E_d = \sum_{i=1}^{n} Y_i$

其中，E_d为渔业产品产量，Y_i为第i种渔业产品的产量，i为核算区渔业产品种类。

2）价值量

渔业产品产值：$V_d = \sum_{i=1}^{n} Y_i \times D_i$

其中，V_d为渔业产品产值，Y_i为第i种渔业产品的产量，D_i为第i类渔业产品的单位价格。

（15）淡水资源

1）功能量

淡水资源利用量：$E_e = \sum_{i=1}^{n} U_i$

其中，E_e为淡水资源产量，U_i为第i种淡水资源的利用量，i为核算区淡水资源水质等级。

2）价值量

淡水资源利用价值：$V_e = \sum_{i=1}^{n} U_i \times E_i$

其中，V_e为淡水资源利用价值，U_i为第i种淡水资源的利用量，E_i为第i种水质等级淡水资源的单位价格。

（16）碳汇

1）功能量

森林、草地和湿地固碳量：

$Q_{tco_2} = M_{co_2}/M_c \times \text{NEP}$

$\text{NEP} = \alpha \times \text{NPP} \times (72/162)$

土壤固碳量：

$$Q_{sco_2} = \sum_{i}^{n} A_i \times S_i$$

其中，Q_{tco_2}为森林、草地和湿地固碳量(t/a)，M_{co_2}/M_C为土壤固碳量(t·C/a)，为44/12，NEP为净生态系统生产力(t·C/a)，a为NEP和NPP的转换系数，NPP为净初级生产力（t·干物质/a），72/162为干物质转化为C的系数。A_i为不同生态系统的土壤面积（hm^2），S_i为不同生态系统实测土壤固碳量($\text{t}/\text{hm}^2\cdot\text{a}^{-1}$)。

2）价值量

固碳价值：

$V_t =$ （$Q_{tco_2} + Q_{sco_2}$） $\times C_c$

其中，V_t为生态系统固碳价值（元/a），Q_{tco_2}+Q_{tco_2}为生态系统固碳总量，C_c为碳交易价格。

（17）游憩与生态旅游

1）功能量

游憩总人数：$N_t = \sum_{i=1}^{n} N_i$

其中，N_t为游憩总人数，N_i为第i个区域的游憩人数。

2）价值量

休闲旅游价值：$V_t = \sum_{j=1}^{n} N_j \times C_j$

其中，V_t表示被核算地点的休闲旅游价值（元/a），N_j表示j地到核算地区旅游的总人数（人/a），C_j表示来自j地的游客的平均旅行成本（元/人）。

（18）审美体验

1）功能量

审美体验人数：$U_t = \sum_{i=1}^{n} U_i$

其中，U_t为审美体验人数（个），U_i为第i个区域参与审美体验的人数（个）。

2）价值量

审美体验价值：$O_t = U_t \times P$

其中，O_t表示审美体验价值（元/a），U_t为审美体验人数（个），P表示审美体验人员愿意支付的费用（元/a）。

（19）精神愉悦

1）功能量

精神愉悦受益人数： $Y_t = \sum_{i=1}^{n} Y_i$

其中，Y_t为精神愉悦受益人数（个），Y_i为第i个区域精神愉悦受益人数（个）。

2）价值量

精神愉悦价值： $T_t = Y_t \times P$

其中，T_t表示精神愉悦价值（元/a），Y_t为精神愉悦受益人数（个），P表示参加精神愉悦受益人员愿意支付的费用（元/a）。

（20）教育科普

1）功能量

科普教育总人数： $H_t = \sum_{i=1}^{n} H_i$

其中，为科普教育总人数（个），为第i个区域参与科普教育的人数（个）。

2）价值量

科普教育价值： $X_t = H_t \times P$

其中，X_t表示科普教育价值（元/a），H_t为科普教育总人数（个），P表示参加科普教育人员愿意支付的费用（元/a）。

（21）文化遗产

1）功能量

文化遗产体验人数： $D_t = \sum_{i=1}^{n} D_i$

其中，D_t为文化遗产体验人数（个），D_i为第i个区域参与科普教育的人数（个）。

2）价值量

文化遗产价值： $G_t = D_t \times P$

其中，G_t表示文化遗产价值（元/a），D_t为文化遗产体验人数（个），P表示参加文化遗产体验人员愿意支付的费用（元/a）。

5.3.3 生态价值核算成果

基于选取生态价值核算指标、获取和预处理数据、确定生态功能量和价值量核算方法等步骤，可最终得到生态价值核算成果。广阳岛最优价值生命共同体生态系统的生态价值总值计算公式为：

GEP=ERV+EPV+ESV

式中：

GEP——生态价值核算总量，单位：元/a；

ERV——生态调节价值总量，单位：元/a；

EPV——生态产品价值总量，单位：元/a；

ESV——生态服务价值总量，单位：元/a。

广阳岛最优价值生命共同体生态价值核算分为生态修复前、生态修复后及远期预测三种情况。生态修复前生态价值核算采用2017年现状数据，生态价值核算总量为5331.8万元；生态修复后生态价值核算采用2022年实测数据，生态价值核算总量为16166.3万元；远期预测生态价值核算以2050年为准，并适度考虑货币价值升降，生态价值核算总量为153773.5万元。核算结果如下表：

广阳岛最优价值生命共同体生态价值核算表

核算指标		价值（万元/a）			单位备注
		2017年	2022年	2050年	
生态调节价值	水土保持	10.3	68.5	243.1	m^3
	土壤改良	7.5	225.0	754.0	m^2
	水源涵养	37.6	148.4	5799.7	m^3
	病虫害防治	0.0	70.0	283.9	m^2
	洪水调蓄	1074.2	4539.2	26310.2	m^3
	水质净化	0.0	0.0	0.0	m^3
	氧气提供	3620.8	8886.7	88604.2	t
	空气净化	21.8	145.6	1520.4	m^3
	温湿度调节	125.8	288.8	1813.1	m^3
	负氧离子	273.4	1191.9	22555.3	m^3
生态产品价值	农产品	0.0	245.1	2081.4	kg
	林产品	0.0	3.5	29.9	kg
	畜牧产品	0.0	0.0	0.0	kg
	渔产品	0.0	3.6	49.3	kg
	淡水资源	0.0	0.0	0.0	
	碳汇	107.8	229.9	2338.4	t
生态服务价值	游憩与文化旅游	52.6	120.0	1390.9	人
总计		5331.8	16166.3	153773.5	万元

5.4 本章小结

广阳岛最优价值生命共同体通过建设管控指标体系、建成评价指标体系、生态价值核算指标体系对广阳岛生命共同体进行全生命周期的效益与价值评估，验证生命共同体是否处于高生态价值区间以满足生物多样性需求、处于全局最优价值点以满足人民美好生活需要。

建设管控指标体系通过生态要素、生态结构和生态功能三个层面、46项具体指标有效保障了广阳岛生命共同体规划、设计、建设全过程的合理性，并促进其生命共同体不断向高价值生命共同体跃升，同时持续稳定地发挥生态效益，实现综合价值。

建成评价指标体系通过生态要素、生态结构、生态功能和生态效益四个层面、34项具体指标对修后的陆桥岛屿生态系统的原真性、完整性、健康性以及生态功能、生态效益等方面进行综合评价，验证修复后生命共同体的价值。

生态价值核算指标体系通过生态调节、生态产品和生态服务三个层面、21项具体指标核算未来一定时期内岛内生态系统为人类提供的价值总和，检验广阳岛生命共同体是否处于高价值生态区间和全局最优价值点。

GREEN ECOLOGICAL
CONSTRUCTION
GUIDELINES

绿色生态
建设指引

第六章

广阳岛最优价值生命共同体场景呈现

广阳岛生态修复按照地形地貌特征分为山地森林区、平坝农业区和坡岸湿地区，其中平坝农业区又包含上坝森林区、高峰农业区和胜利林草区，通过“四划协同”绿色生态规划逻辑创新，“三阶十步”绿色生态设计方法创新以及“二三四八”绿色生态建设工法创新，广阳岛呈现出生态的风景、风景的生态，人与自然和谐共生的巴渝乡村田园风景画面。

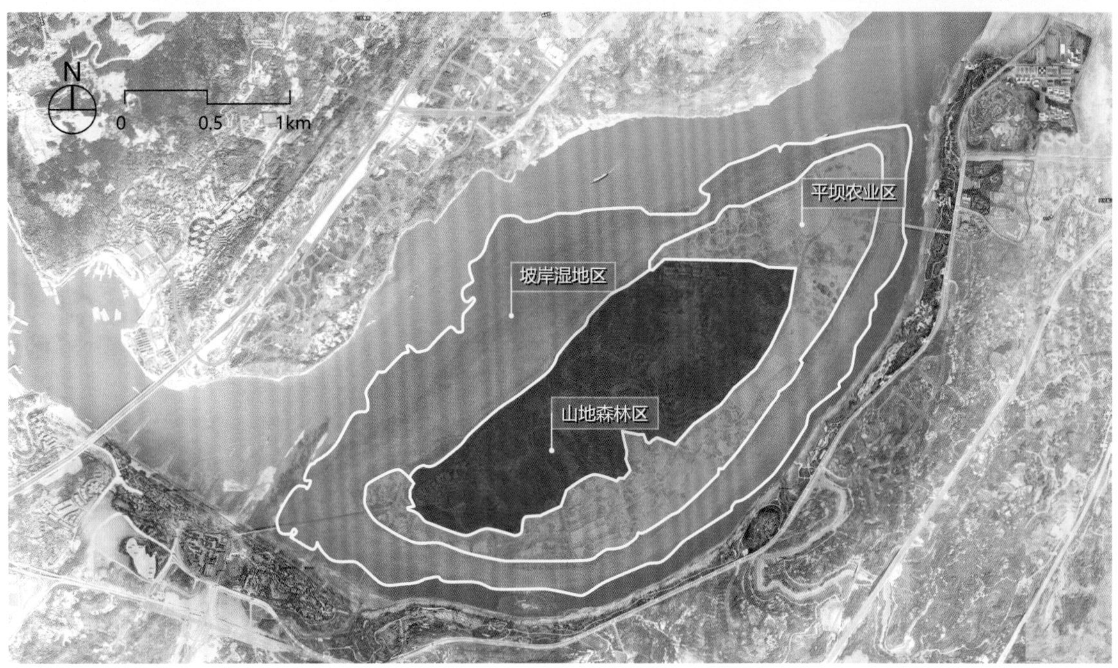

广阳岛生态修复分区

6.1 山地森林区

山地森林区位于广阳岛的西北侧，面积约4125亩，以高峰山占地范围为主。历史上该区域茂林修竹、良田沃土。大开发时期，原住居民全部迁出，农宅拆除、田地荒芜，留下25处高切坡、2处采石尾矿坑，湖塘淤积、水系断流，构树、刺桐等次生林无序生长。

生态修复以自然恢复为主，运用“护山、理水、营林、润土”策略，突出“山地森林风景、巴渝原乡风貌”特色，探索山地理水营林轻梳理浅介入的生态修复示范。远身区域通过划定范围、限制人员进入，整体保育山林；近身尺度按照轻梳理、浅介入的方式开展生态修复，分级、分片、分层逐年改造林相，提升林貌；山谷周边按照“寻源、探路、扶野、丰物、点景、宜人”的山地理水技术，引表蓄流、疏通溪沟、恢复湖塘，整理田地、修复田坎，修理院坝、修复步道、点缀老物件，帮扶野生优势物种，重点梳理山茶溪、芭蕉溪、芦竹溪、广柑溪，恢复“九咀十八溪”自然水脉；修补修复高切坡及裸露崖壁，在尾矿坑区域，利用现状深坑建设国际会议中心和长江书院，借建设修补山体，重塑山形、山势。山地森林区修复后形成山茶溪、芭蕉溪、芦竹溪、广柑溪、山顶人家、高峰果园、小微湿地、戴胜湖、广阳阁、广阳台等特色场景。

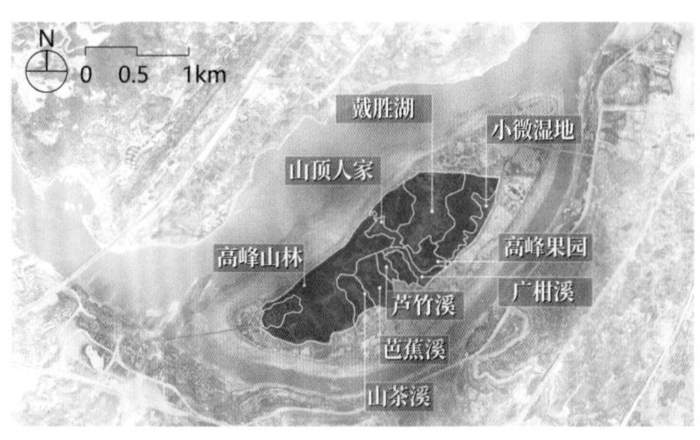

山地森林区修复分区

6.1.1 山茶溪——山地农耕、溪村茶香

山茶溪位于山地森林区中部，南接山茶花田水脉，面积约177亩。

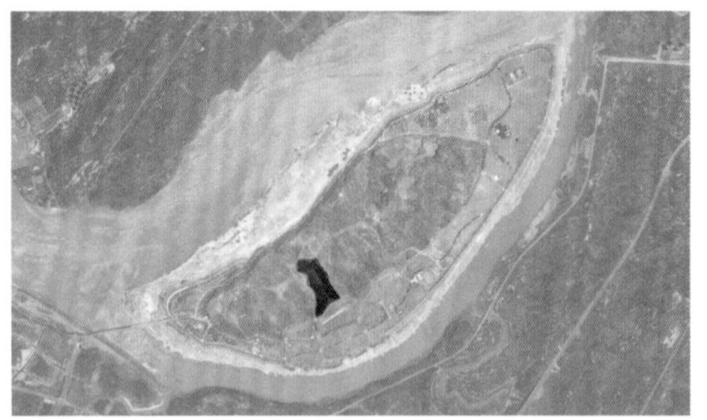

山茶溪区位图

历史上该区域山林茂盛、土地肥沃。大开发时期，原住居民全部迁出，农宅废弃、田地荒芜、湖塘淤积、水系断流，构树丛生、葛藤密布。

生态修复以自然恢复为主，运用“寻源、探路、扶野、丰物、点景、宜人”的山地理水策略，恢复溪流生境，突出“山茶”特色。

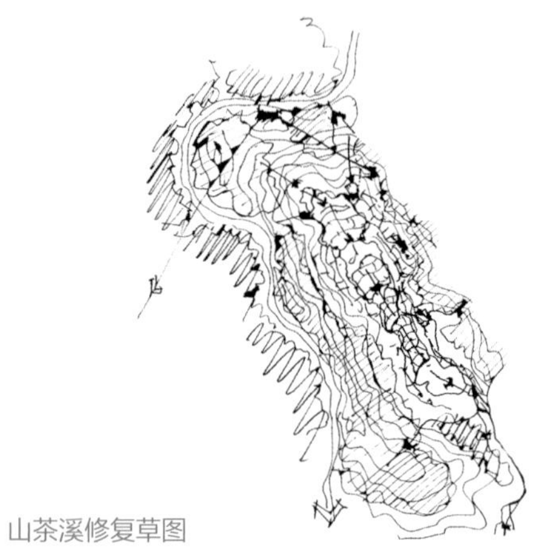

山茶溪修复草图

寻源，利用GIS技术模拟地表径流，寻找溪流源头，再现自然水文过程。梳理溪流脉络，疏浚溪沟，恢复梯田、水田、林田，修复溪、田结构，疏通近600m溪沟水脉，恢复近1500m^{2}荷花塘。

探路，用脚步探索林间小道、田坎步道，依山就势、就地取材恢复泥结路、石板路共计近4000m，最小干扰山体和林地。

扶野、丰物，保护原生山林及湖塘、农田周边野生植被，帮扶现有野生植物，补种火棘、蕨类、苔草等10余种野生植物和茉莉花、栀子花等10余种芳香植物，溪边、路旁点缀4大色系4个品种近800余株山茶，优化食物链和栖息地，还原山地生态系统的原真性和完整性。

点景、宜人，修整原场地的瓦罐、石磨等老物件，并与矮墙、院坝结合，再现原乡风貌。在原有农房基址上利用既有青石、木料、土坯，搭建茅亭、马厩，栽植三角梅、南瓜等，恢复“草庐”院坝2处，恢复“水井”1处，搭配座椅、解说牌，院坝周边种植南瓜、辣椒、红薯等近10种瓜果蔬菜和柚子、广柑等近10种果树，还原巴渝乡村田园生活场景。

山茶溪生态修复处处体现乡村气息，丰富乡愁体验，探索山地理水、山地农耕以自然恢复为主，还原巴渝原乡的生态修复示范。

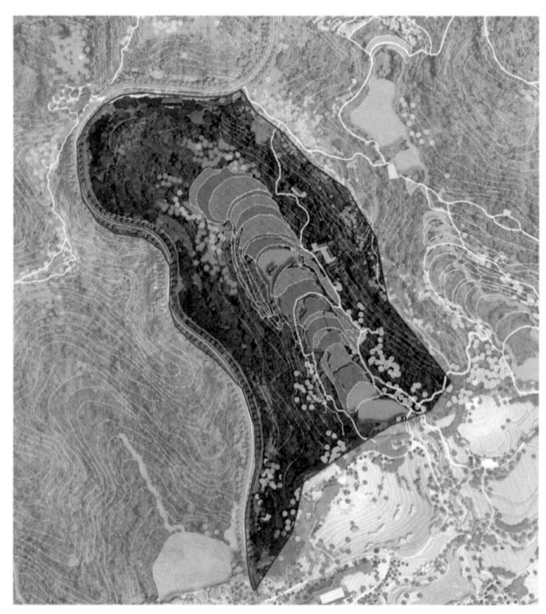

山茶溪修复后平面图

山茶溪修复前航拍 ▶
山茶溪修复后效果
▼

◀ 山茶溪院坝修复前现状
山茶溪院坝修复后效果
▼

山茶溪登山步道修复前现状 ▶
山茶溪登山步道修复后效果
▼

6.1.2 芭蕉溪——山村生活、雨夜芭蕉

芭蕉溪位于山地森林区中部，南接山茶花田水脉，面积约291亩。

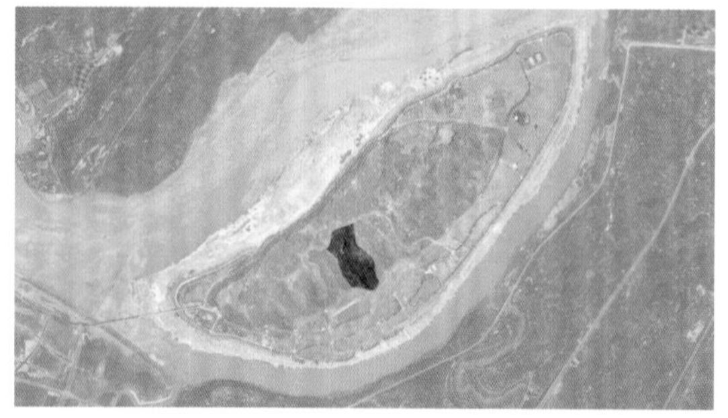

芭蕉溪区位图

历史上该区域绿树成荫、瓜田李下。大开发时期，原住居民全部迁出，农宅废弃、田地荒芜、湖塘淤积、水系断流，留下多处长势良好的芭蕉，具有浓浓的乡愁印记。

芭蕉溪修复前现状

生态修复以自然恢复为主，运用“寻源、探路、扶野、丰物、点景、宜人”的山地理水策略，恢复溪流生境，突出“芭蕉”特色。

芭蕉溪修复草图

寻源，利用GIS技术模拟地表径流，寻找溪流源头，再现自然水文过程。修缮近300m废弃水渠，疏通近660m溪沟水脉，恢复近1500m^{2}荷花塘和近6000m^{2}鱼塘。

探路，用脚步探寻原田埂路、登山路，就地取材恢复田埂路、泥结路、石板路共计近6000m，最小干扰山体和林地。

扶野、丰物，保护原生山林及湖塘、农田周边野生植被，帮扶现有野生植物，补种火棘、蕨类、苔草等10余种野生植物和茉莉花、栀子花等10余种芳香植物，沿步道及水岸补植芭蕉500余株，优化食物链和栖息地，还原山地生态系统的原真性和完整性。

点景、宜人，修整原场地的瓦罐、石磨等老物件，并与矮墙、院坝结合，再现原乡风貌。在原有农房基址上利用场地内的青石、木料、土坯，搭建茅亭、马厩，恢复巴渝原乡院坝4处，重新归置现状瓦罐、石磨、铁犁、猪槽等老物件，搭配座椅、解说牌，院坝周边种植南瓜、红薯、茭白等近10种瓜果蔬菜和柚子、广柑等近10种果树，还原巴渝乡村田园生活场景。

芭蕉溪生态修复后，溪边可闻清香，雨夜能听芭蕉，探索山地理水、山地农耕以自然恢复为主、还原巴渝原乡的生态修复示范。

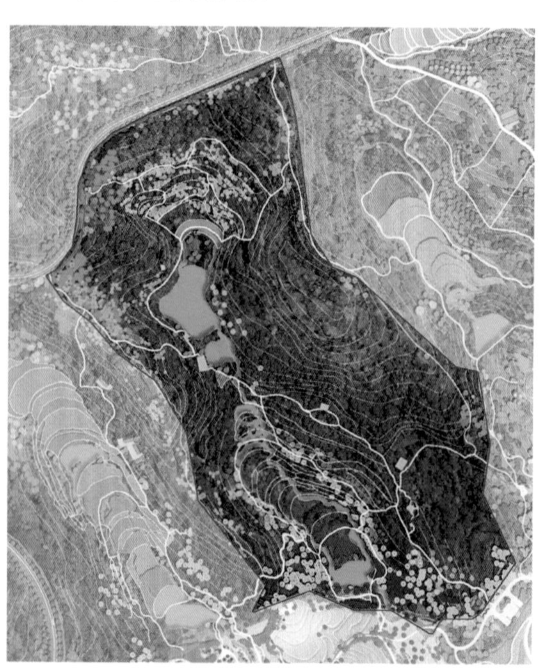

芭蕉溪修复后平面图

芭蕉溪修复前航拍 ▶
芭蕉溪修复后效果
▼

◀ 芭蕉溪院坝修复前现状

芭蕉溪院坝修复后效果

▼

芭蕉溪登山步道修复前现状 ▶
芭蕉溪登山步道修复后效果

6.1.3 芦竹溪
——风声卷芦竹，沙寒欧自眠

芦竹溪位于山地森林区中部，南接高峰梯田水脉，面积约77亩。

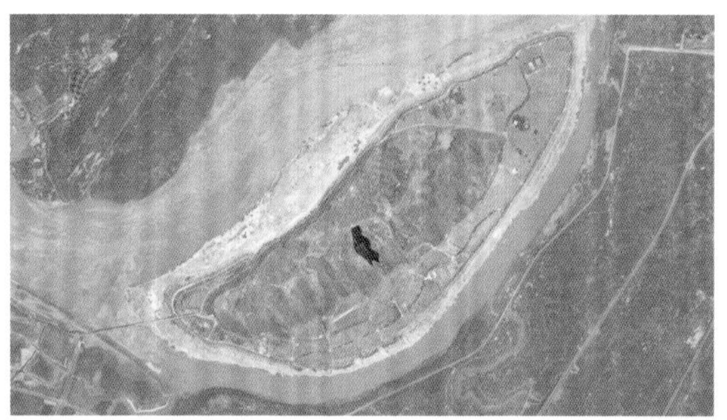
芦竹溪区位图

历史上该区域良田沃土、山溪流畅。大开发时期，原住居民全部迁出，农宅废弃、田地荒芜、湖塘淤积、水系断流，留下多处长势良好的芦竹，具有典型的区域特点。

芦竹溪修复前现状

生态修复以自然恢复为主，运用“寻源、探路、扶野、丰物、点景、宜人”的山地理水策略，恢复溪流生境，突出“芦竹”特色。

芦竹溪修复草图

寻源，利用GIS技术模拟地表径流，寻找溪流源头，再现自然水文过程。疏通近940m溪沟水脉，恢复近1200m^{2}表流湿地。

探路，用脚步探寻原田埂路、登山路，就地取材恢复田埂路、泥结路、石板路共计近2800m，最小干扰山体和林地。

扶野、丰物，保护原生山林及湖塘、农田周边野生植被，帮扶现有野生植物，补种巴茅、鸢尾、狼尾草等10余种野生植物，种植迷迭香、金丝皇菊、藏红花及连翘等10余种重庆本地草药，沿溪流补植芦竹100余株，优化食物链和栖息地，还原山地生态系统的原真性和完整性。

点景、宜人，利用现状秋枫林及点景树，因地制宜设置草亭、院坝等休憩场地，搭配坐凳、指示牌、解说牌等功能设施，形成生态药谷的意境，探索山地理水、山地农耕以自然恢复为主、还原巴渝原乡的生态修复示范。

芦竹溪修复后平面图

芦竹溪修复前现状 ▶
芦竹溪修复后效果
▼

6.1.4 广柑溪
——玉花寒霜动，金衣逐吹翻

广柑溪位于山地森林区中部，南接喜鹊湖水脉，面积约128亩。

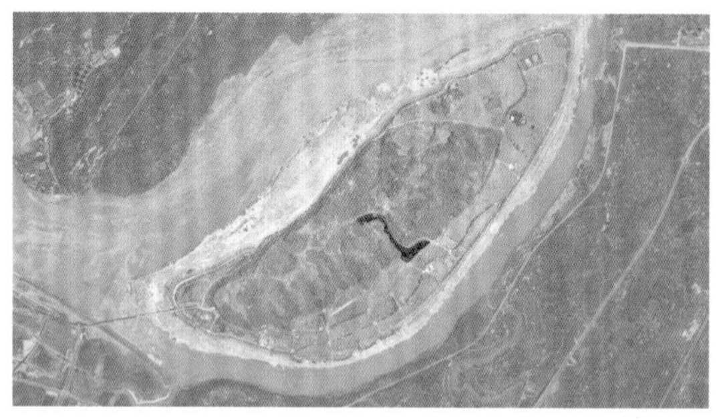

广柑溪区位图

历史上该区域良田沃土、山溪流畅，溪流两侧为历史悠久的原广阳坝园艺场的山地果园，主要栽植品种为广柑。大开发时期，因修高峰路，原有水脉和果园都遭到不同程度的破坏，周边植被退化，林质低下。

广柑溪修复前现状

生态修复以自然恢复为主，运用“寻源、探路、扶野、丰物、点景、宜人”的山地理水策略，恢复溪流生境，突出“广柑”特色。

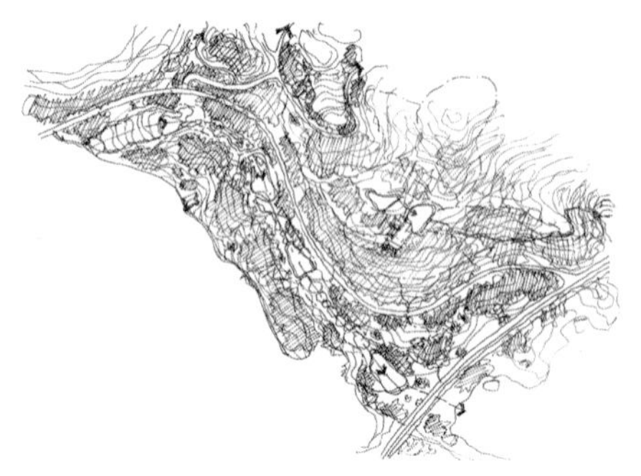

广柑溪修复草图

寻源，利用GIS技术模拟地表径流，寻找溪流源头，再现自然水文过程。利用GIS技术模拟地表径流，疏通近2000m溪沟水脉，恢复近5000m^{2}原有湖塘。

探路，用脚步探寻原田埂路、登山路，就地取材恢复田埂路、泥结路、石板路共计近3600m，最小干扰山体和林地。

扶野、丰物，保护原生山林及湖塘、农田周边野生植被，帮扶现有野生植物，补种巴茅、蕨类、苔草等10余种野生植物，田中种植藏红花、茉莉、佛手等10余种重庆本地草药，沿路补植广柑、柚子、桃树100余株，优化食物链和栖息地，还原山地生态系统的原真性和完整性。

点景、宜人，在原有农房基址上利用场地内的青石、木料、土坯，还原粉黛坡院坝1处，重新归置现状瓦罐、石磨等老物件，搭配座椅、解说牌，补种腊梅、三角梅等乡土花灌木，整体营造乡村气息，丰富乡愁体验，探索山地理水、山地农耕以自然恢复为主，还原巴渝原乡的生态修复示范。

广柑溪修复后平面图

广柑溪修复前现状 ▶
广柑溪修复后效果
▼

6.1.5 山顶人家——高峰秘境、竹林人家

山顶人家位于高峰山山顶，总面积约164亩。

山顶人家区位图

历史上这里曾有几户人家，山林茂盛、视野开阔，是看江、山、峡、岛、湾、滩最好的场所之一。大开发后，原住居民搬出，农田荒芜、湖塘干枯、杂草丛生。

山顶人家修复前现状

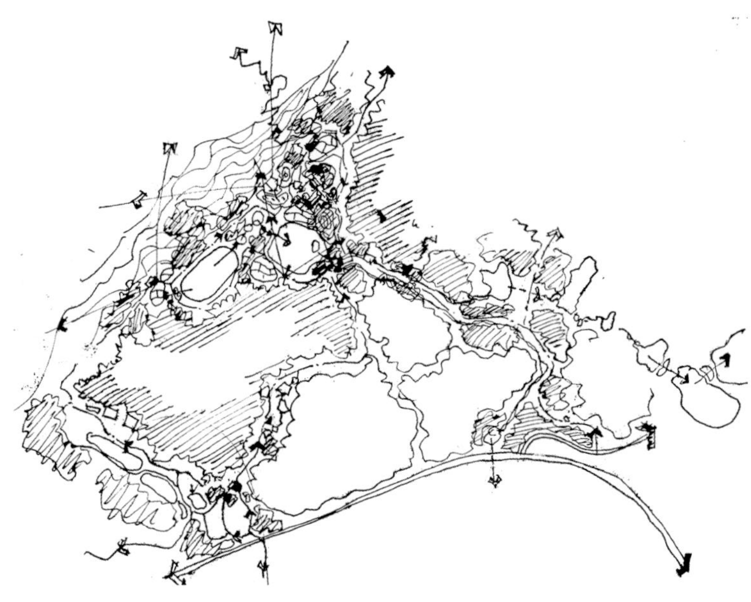

山顶人家修复草图

生态修复充分尊重现状地形地貌，运用“理水、营林、疏田、清湖”策略，按照“曲径通幽、山重水复、犹抱琵琶、柳暗花明、豁然开朗”的空间组织，再现“高峰秘境览胜景，竹林深处有人家”的田园意境。

引表蓄流，修复原有方形蓄水塘和圆形鱼塘近6亩，收集雨水，灌溉田地；修复场地水田、菜地近2亩，种植水稻、蔬菜；保护原有山林约35亩，补种慈竹近360丛、柿树近30株、柚子树2株；修复院坝，再现原乡风貌；在观江视线最佳处，设置观景台、观景亭、观景廊，可从不同角度、不同场景下观览铜锣山、铜锣峡、扬子江、兔儿坪、高峰山，形成不同的风景画面和景观意境。修复后的山顶人家，不仅延续了巴渝原乡风貌、还原了乡村田园风景，同时再现了院坝乡土生活气息、丰富了乡愁体验，是巴渝院坝田园风貌修复的典型示范。

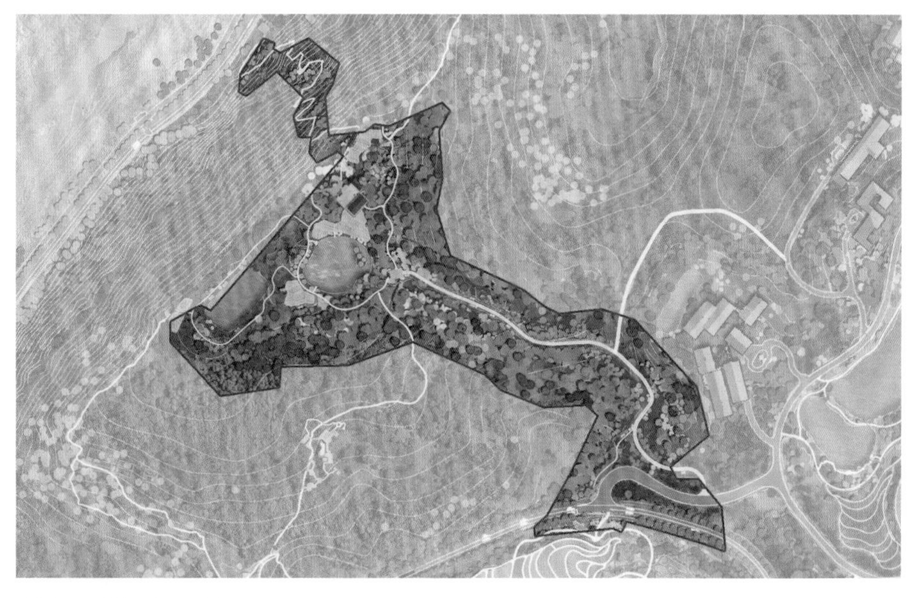

山顶人家修复后平面图

◀ 山顶人家修复前航拍
山顶人家修复后效果

◀ 山顶人家鱼塘修复前现状
山顶人家鱼塘修复后效果

山顶人家院坝修复前现状 ▶
山顶人家院坝修复后效果
▼

◀ 山顶人家道路修复前现状
山顶人家道路修复后效果
▼

6.1.6 戴胜湖
——戴胜山间飞，鱼群水中游

戴胜湖位于广阳岛国际会议中心后山谷地，是广阳岛最大的湖面，面积约255亩。

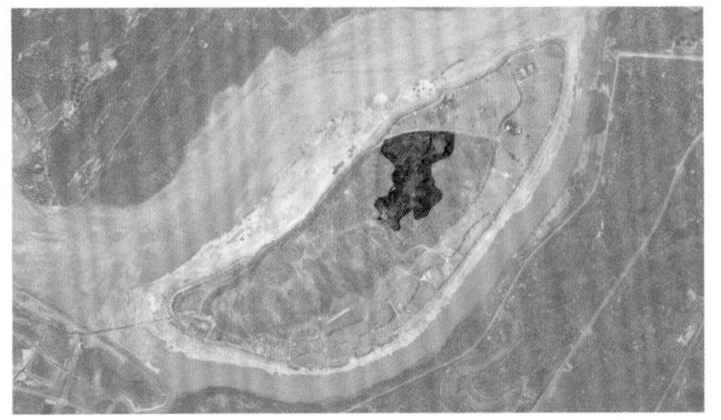

戴胜湖区位图

这里曾是多级鱼塘，四周山体环绕，绿树成荫、鸟语花香、风景秀丽。大开发时期，原住居民迁出，鱼塘和周边林木缺乏管理，鱼塘水质退化、周边林木逐渐被构树、刺桐演替，生态品质下降。

戴胜湖修复前现状

生态修复围绕“国际交往后花园、生态风景休闲地”的定位，突出“戴胜山间飞，鱼群水中游”的广阳山水特色，运用“理水、营林、清湖”策略，引表蓄流，固坝存水，增加调蓄容积、丰富水生植物、构建水下森林，修复周边沟塘约80亩，形成林泽湿地、草泽湿地，净化水质，还原湖面清水绿岸、鱼翔浅底、湖水净美的优美山水画卷。戴胜湖周边片植香樟、乌桕、水杉、桑树、慈竹、桃树等乡土植物1000余株，雷竹、慈竹等竹林18余亩，沿湖依山就势修复生态风景道近2200m和多处休闲观景台，与片林、草坡、谷地、湿地、水岸空间若即若离、相得益彰，形成曲径通幽、峰回路转、步移景异的体验，是山地湖塘高品质生态修复的典型示范。

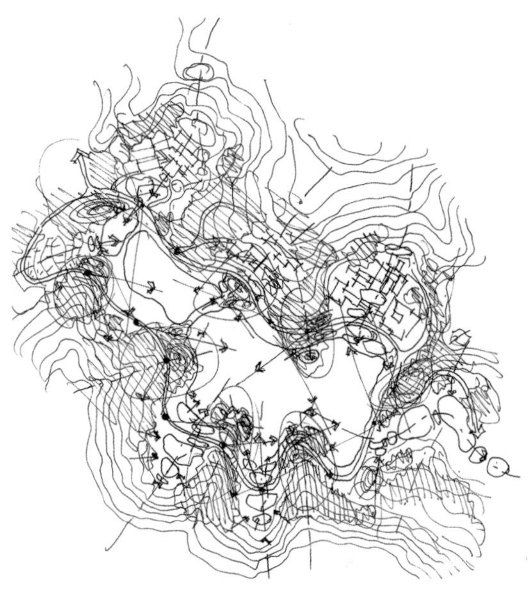

戴胜湖修复草图

戴胜湖修复后平面图

戴胜湖修复前现状
戴胜湖修复后效果

6.1.7 高峰山林——山林野境、层林叠翠

高峰山林西部位于原广阳岛上坝村所在地，面积约合957亩，山谷山脊关系明显。

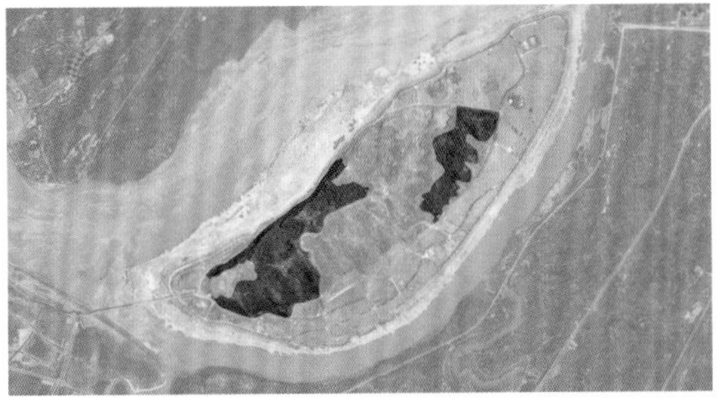

高峰山林区位图

大开发后，山体部分区域因采石取土、道路开挖，造成多处崖壁裸露，原有村落院坝遗址破败不堪，灌溉水塘废弃、水脉不通，山体植被结构退化，形成以构树、刺桐及杂灌丛为主的次生林貌，原有农田藤蔓覆盖，山脊土层贫瘠，呈现白茅、芦竹野生草本群落。

生态修复通过以营林为主的生态修复策略，区域内保育山林500余亩、修补山体40余亩、修复湖塘10余亩，补植21种乡土乔木、28种地被野花。以桢楠、女贞、水杉、天竺桂等常绿针阔混交叶林为主基调，搭配乌桕、无患子、栎树、红枫等彩叶树种，突出层次结构和季相变化，同时补植食源植物桑树、柿树、马桑等，搭建昆虫旅馆，形成茂林修竹、层林叠翠的上坝生态风景林。

高峰山林修复前现状

高峰山林修复后平面图

◀ 高峰山林退化林草地修复前现状
高峰山林退化林草地修复后效果
▼

高峰山林院坝修复前现状 ▶
高峰山林院坝修复后效果
▼

◀ 高峰山林登山步道修复前现状
高峰山林登山步道修复后效果
▼

6.1.8 高峰果园——传统果园、广阳味道

高峰果园位于山地森林区中部，高峰路东段的东西两侧，面积约260亩。

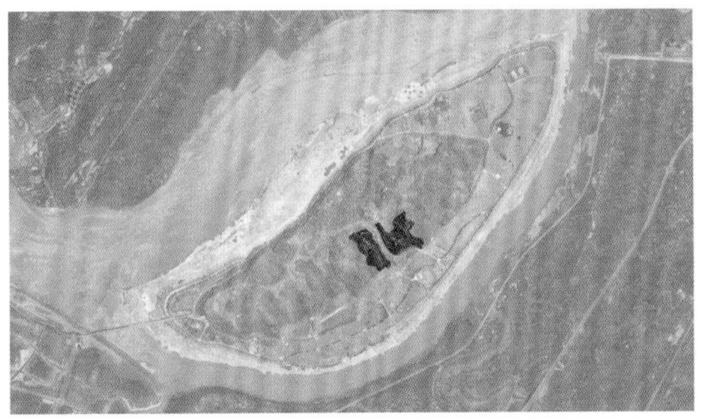

高峰果园区位图

历史上该处是原广阳坝园艺场的果园区。大开发时期，因开山修路，果园被分为东、西两部分，后因缺乏科学管护，果树病虫害严重，果园逐渐退化，面积逐渐缩减，仅留存柑橘3303株，其中脐橙（罗脐、华脐）3017棵、甜橙（哈姆林、锦橙20号、锦橙26号）146棵，柚子（梁平柚）124棵，蜜橘16棵。

高峰果园修复前现状

生态修复突出“传统果园，广阳味道”特色，运用“治病修枝、松土施肥、移栽补种、挖塘修路、围栏修房”等措施，修理病树病枝，嫁接老树老桩，延续品种资源，传承广阳味道，空缺处补种柑橘3153棵（西侧果园1600棵，东侧果园1553棵）,路旁栽植山桃、杨梅、柿子、柚子、石榴5种食用果树。修复原机耕道，并在原农场宿舍区的基址上，修复建筑、恢复院坝，优化功能，形成一处集观光采摘、生态养生、科普教育为一体的山地休闲区域，探索老果园老味道、新功能新体验的生态修复示范。

高峰果园修复后平面图

高峰果园退化果树修复前现状
高峰果园退化果树修复后效果

高峰果园废弃院坝修复前现状 ▶
高峰果园废弃院坝修复后效果
▼

高峰果园登山步道修复前现状
高峰果园登山步道修复后效果

6.1.9 小微湿地——小其形、微其状、湿其土、境其地

小微湿地位于山地区东南谷地，面积约164亩。

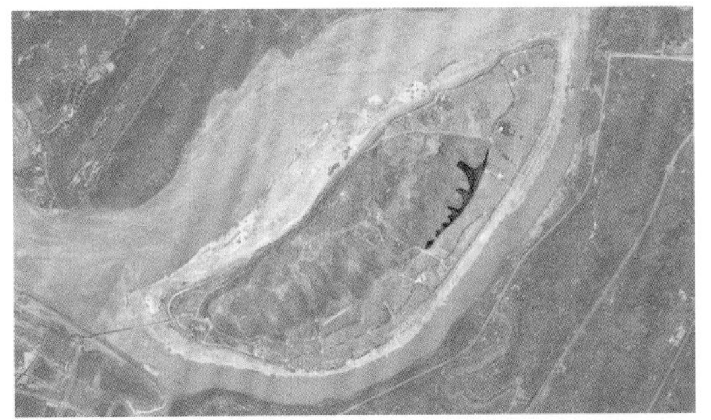

小微湿地区位图

历史上该处是溪沟汇集的低洼地，不仅湿地资源丰富，具有溪、塘、沟、堰、井、泉、田、沼、洼地等多样水体形态，文化资源分布也较多，具有抗战时期遗留下来的六处油库（已列为市级文物保护单位）、一处防空洞、两处古井，以及原中坝小学。大开发时期该处破坏较少，地形地貌保存良好。

小微湿地修复前现状

生态修复以自然恢复为主，运用“理水、丰草”策略，采用韧性材料、韧性技术、韧性施工和韧性管理，疏通溪沟、汇集雨水、连通湖塘，再现多塘湿地、坡面漫流湿地、崖壁垂直湿地、梯级草丘湿地等10余种小微湿地风景。

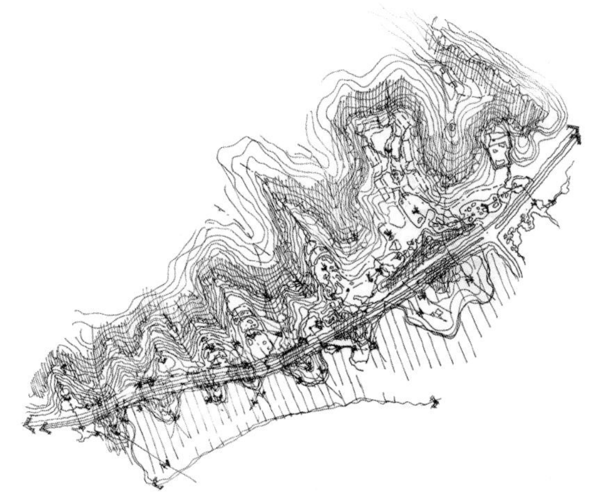

小微湿地修复草图

形成近1600m^{2}的多级湖塘水体，补植灯芯草、苔草、泽泻、千屈菜等10余种湿生植物，还原多类型湿地草甸生态系统原真性和完整性。利用原有路基恢复砂土路、石板路约2150m，沿路少而精布置观景平台、坐凳、指示牌、解说牌等功能设施，补植石榴、柚子、杨梅等果树，增加小微湿地科普性和体验感，探索乡村小微湿地“小其形、微其状、湿其土、境其地”的轻梳理、浅介入生态修复示范。

小微湿地修复后平面图

◀ 小微湿地修复前鸟瞰

小微湿地修复后效果

小微湿地退化草甸修复前现状 ▶

小微湿地退化草甸修复后效果

▼

6.2 平坝农业区

平坝农业区位于广阳岛南侧和东侧的平坝区域，是广阳岛原上坝村、高峰村和胜利村主要所在地，面积约3555亩。历史上这里曾有古代先民的农耕渔猎、机场抗战的浴血同盟、物产丰美的国营农场、体育训练的国家基地。大开发时期，曾规划了300万m^2（4500亩）房地产，留下市政路、行道树、高切坡、土堆等诸多开发痕迹，千百年来形成的良田沃土和自然水系已不复存在，生态系统遭到严重破坏。

生态修复以系统修复为主，综合运用“护山、理水、营林、疏田、清湖、丰草、润土”策略，突出“传承农场基因，还原田园风貌”特色，用农林牧副渔的生态方法，探索巴渝现代山地农业绿色循环发展示范。修整边坡、改良土壤，疏通水脉、利用低洼地收集净化雨水，补充乡土林团、局部调理行道树布局，生态化改造原有市政路，因地制宜修复田地和田园步道，整体还原湖塘、溪沟、湿地、林木、果园、农田、草场等多元生态系统，形成705亩上坝森林区、1470亩高峰农业区和1380亩胜利林草区，建设上坝森林、特色林、果树林、山茶花田、高峰梯田、油菜花田、粉黛草田、胜利草场、广阳营、东岛头等乡村田园和历史人文场景。

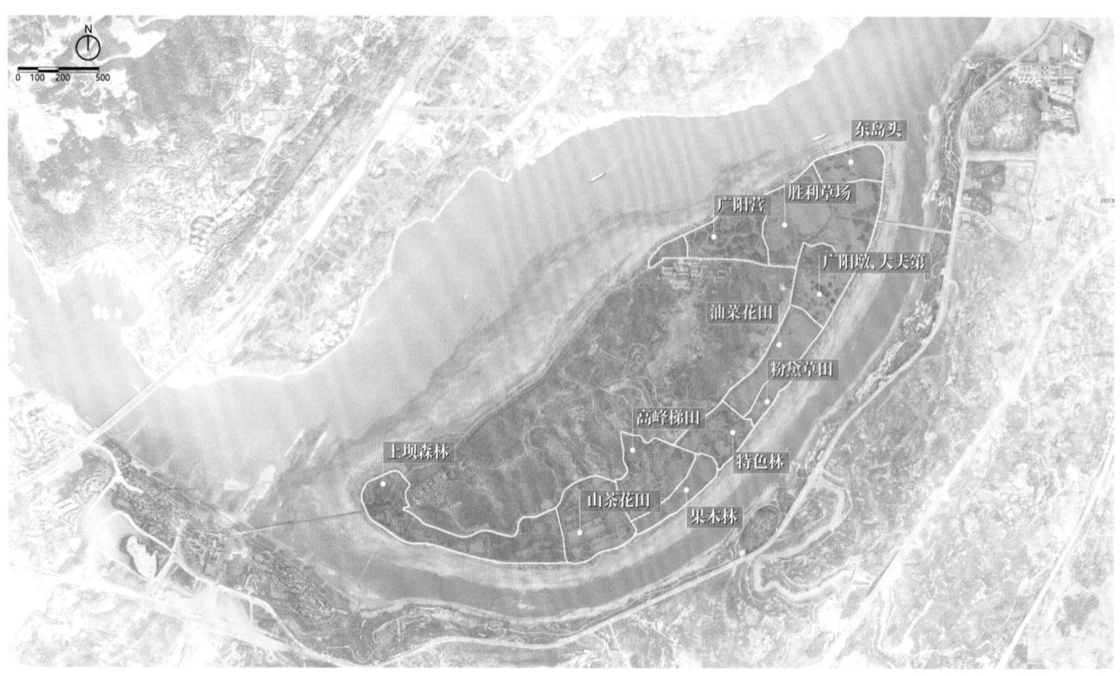

平坝农业区修复分区

6.2.1 上坝森林——茂林修竹、林木葱茏

上坝森林位于西岛头上坝森林区，是原上坝村所在地，面积约705亩。

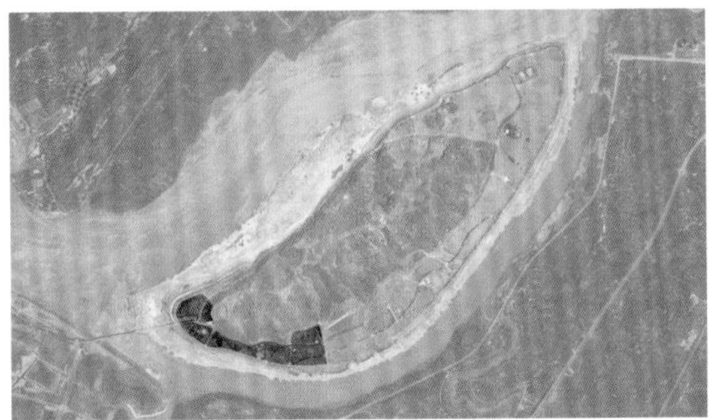

上坝森林区位图

历史上这里林木葱茏、鸟语花香。大开发时期，原住居民迁出，随着广阳岛大桥和环岛路的修建，该处的地形地貌遭到较大破坏，场地上堆满了卵石砂料，林木被毁、湖塘干枯、杂草丛生，沿大桥两侧修复了市政园林，生态品质不高。

上坝森林修复前现状

生态修复突出“茂林修竹、林木葱茏”的特色，运用“护山、理水、营林、清湖、丰草”策略，修补破损的山体，恢复山势，改良土壤，引表蓄流，疏通溪沟，通过生态草沟、雨水花园收集山体、山坡的汇水，形成紫薇溪、香樟溪、桂花溪、栀子溪四条水系，利用低洼地设计前置塘、蓄水塘，修复自然岸线，形成枕羽湖、斑鸠湖两处森林湖塘。

上坝森林修复草图

种植黄葛、慈竹、香樟、桂花等乡土树种2500余株，点缀紫薇、红枫、鸡爪槭等开花、色叶植物300余株，慈竹500余株，林下撒播黄秋英、金盏菊等开花地被，保育白茅、巴茅等原生草甸，种植花生、红薯、南瓜、栀子等食源蜜源植物，形成复层混交的乡土林、花木林、彩叶林、百竹林，恢复空军招待所、布置观景亭、设置林中步道，重现山地林木葱茏、鸟语花香的原乡森林风貌，在入岛处和视线开阔处布置休息景亭，形成茂林修竹、绿意葱茏的巴渝森林生态效果，探索巴渝林团近自然复层混交的生态修复模式。

上坝森林修复后平面图

◀ 上坝森林修复前鸟瞰
上坝森林修复后效果

上坝森林退化林地修复前现状 ▶
上坝森林退化林地修复后效果
▼

◀ 上坝森林迹地修复前现状
上坝森林迹地修复后效果
▼

6.2.2 特色林——珍木林团、粮油作坊

特色林位于高峰农业区中段，东临油菜花田、西靠高峰梯田、南连消落带内湾段、北接高峰路东入口，面积约223亩。

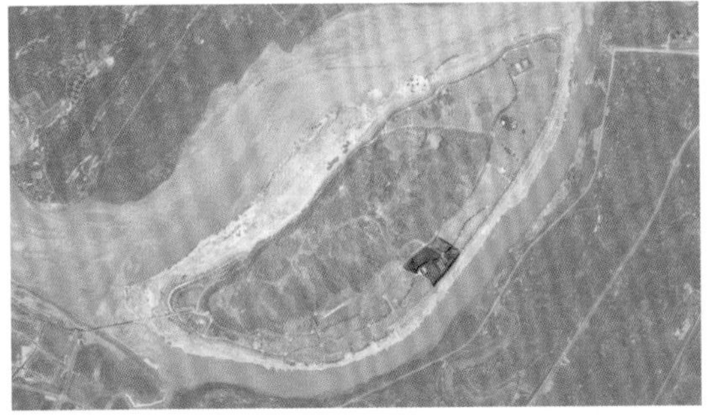

特色林区位图

历史上这里山林相依、湖塘傍田，林团丘陵遍布、村落零星散布，生态系统完整。大开发时期，场地被市政路切割成南北向两个地块，北向地块种植土破坏严重，石滩裸露、深坑残存，南向地块建设为运动场地。

特色林修复前现状

生态修复以恢复地形还原“珍木林团、粮油作坊”为特色，运用“护山、理水、营林、清湖、丰草、润土”策略，延续山势，修复丘陵微地形，顺应地势，引表蓄流，修复石榴溪，修补深坑和低洼地，修复自然岸线，形成近15亩的喜鹊湖。

修复乡野林团，种植南川木菠萝、北碚榕、红豆杉等特色乔木930余株，点缀巴茅、细叶芒等野花野草20余种，形成巴渝特色林团。建设粮油、手工作坊，还原农业生产生活场景；保留现有球场，丰富萌宠乐园寓教于乐，还原农耕时期岛民生活场景，探索农业产品就地生产储存、加工销售的绿色发展示范。

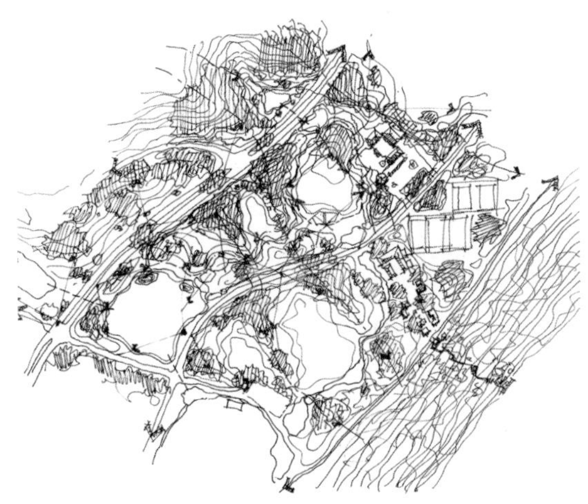

特色林修复草图

特色林修复后平面图

◀ 特色林修复前现状
特色林修复后效果
▼

6.2.3 果木林——宝贝果园、重庆味道

果木林位于高峰农业区中段南侧，东临喜鹊湖、西靠山茶花田、南连消落带内湾段、北接高峰梯田，面积约139亩。

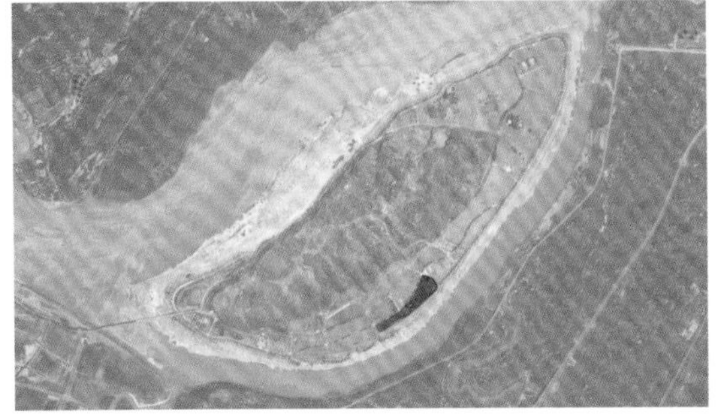

果木林区位图

历史上这里是高峰村的农田和果林区域，土壤肥沃，植被丰富。大开发时期，场地被市政路分隔成东西两片开发地块，地表石滩裸露，种植土破坏严重，生态品质低下。

果木林修复前现状

生态修复突出“宝贝果园、重庆味道”特色，运用“理水、疏田”两大策略，引表蓄流，收集雨水，修复溪沟，整理地形，改良土壤，从西向东种植柠檬、荔枝、龙眼、巫山脆李四种被称为“重庆宝贝”的果树3143株，果园周边种植南瓜、黄花菜、黄豆、向日葵等农作物，形成具有广阳岛特色的果园风光。设立水肥一体间，应用滴灌水肥一体化、生物物理病虫防治等多项技术，构建完整的果园生态系统。果林间新建小满驿站，院坝错落果香环绕，重现巴渝风物。探索生态果园科普、观光、生产、销售为一体的现代果园绿色发展示范。

果木林修复后平面图

◀ 果木林修复前现状
果木林修复后效果
▼

6.2.4 山茶花田——“山”地特色、“茶”类荟萃、“花”开四季、“田”园风光

山茶花田位于高峰农业区西段，东临高峰梯田，西靠上坝森林，南连消落带内湾段，北接山茶溪、芭蕉溪，面积约376亩。

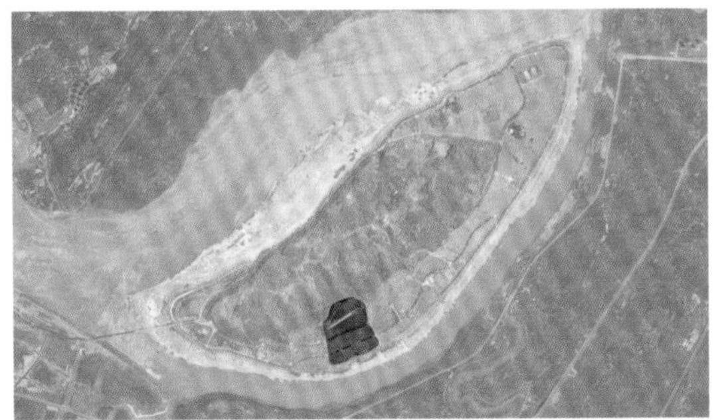

山茶花田区位图

历史上这里是高峰村，有千百年来形成的小尺度梯田，土壤肥沃，植被丰富。大开发时期，原住居民迁出，平场修路，场地被切分为三个南北向开发地块，原有梯田、土壤及自然水系遭到严重破坏。

山茶花田修复前现状

生态修复突出重庆市花“山茶”特色，运用“护山、理水、营林、疏田、润土”策略，修补山体，延续山形，修补被破坏的高峰山体约30亩，顺势护山形成茶花山、山茶花坡等特色场景；引表蓄流，还原山茶溪、芭蕉溪两条水系，利用低洼地设计蓄水塘，修复自然岸线，形成云雀湖和花田溪涧场景，增补黄葛、桂花等乡土乔木330株，利用缓坡地形，修复梯田135亩，建设山茶花科研生产温室，从北向南三个地块分别种植共6大色系、1000多个品种的山茶、月季和绣球，形成“山”地特色、“茶”类荟萃、“花”开四季、“田”园风光的重庆市花集中展示地，探索荒滩变花田的生态修复和山地田园园艺集科研、生产、销售为一体的绿色发展示范。

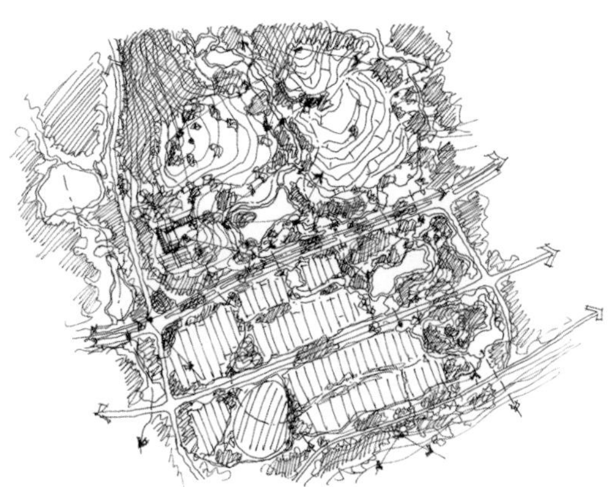

山茶花田修复草图

山茶花田修复后平面图

山茶花田修复前现状
山茶花田修复后效果

6.2.5 高峰梯田——巴渝原乡、田园风貌

高峰梯田位于广阳岛高峰农业区中段，东临特色林、西靠山茶花田、南连果木林、北接芦竹溪，面积约375亩。

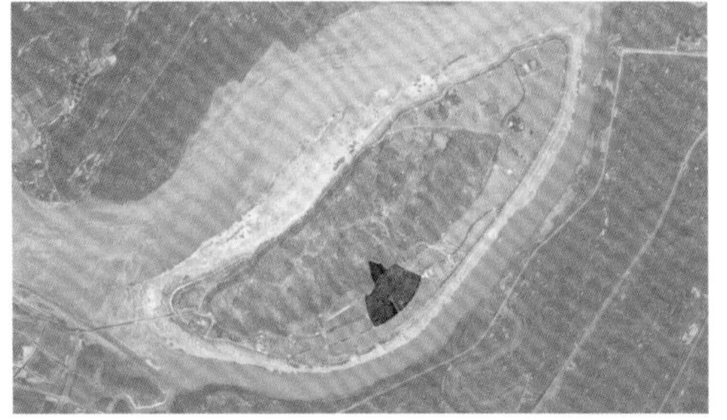

高峰梯田区位图

历史上这里是高峰村，有千百年来形成的小尺度梯田，土壤肥沃，植被丰富。大开发时期，原住居民迁出，平场修路，场地山形水势、林廊林斑、梯田水田、湖塘水系、土壤地被遭到很大破坏，山体边坡裸露、水系表流无序、湖塘蓄水不足、水质不佳，土壤贫瘠、石滩林立，植被稀疏、杂草丛生，生态品质低下。

高峰梯田修复前现状

生态修复突出“巴渝原乡、田园风貌”特色，综合运用“护山、理水、营林、疏田、清湖、丰草”及“润土、弹路、丰富生物多样性”策略，顺应山势、修补边坡，修复山体约54亩；疏通水脉、疏浚湖塘，修复芦竹溪水系约26亩，修复岸线形成鸳鸯湖26亩；育原有山林，补种香樟、天竺桂、慈竹、枇杷等乡土乔木3600余株、野花野草20余种。

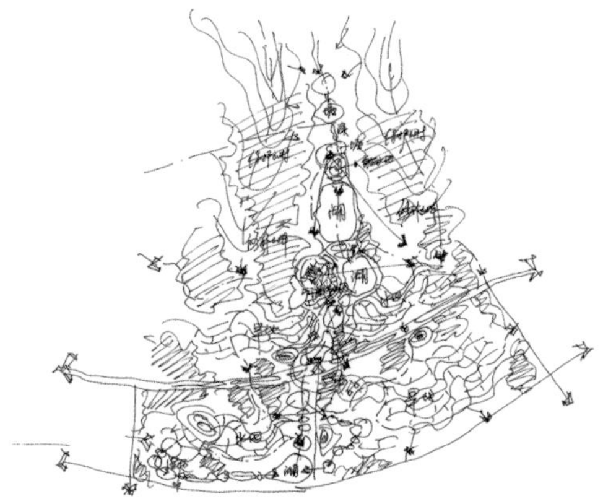

高峰梯田修复草图

保利用现状石滩就地取材，因地制宜、顺应地形做成垒石田埂，恢复自然水田、海绵水田、重力流水田、旱田约110亩，其中，海绵水田采用“上田下库+智慧灌溉”高科技技术，精选优质农作物品种，分季节轮作瓜果蔬菜50余种；修复泥结路、透水路、石板路，小码头、生态驿站和观景休息平台，还原乡村形态、增加乡村气息、复原乡村生活、丰富乡愁体验，形成“巴渝原乡、田园风貌”的风景画面。高峰梯田是山水林田湖草系统治理和石滩变良田的生态修复典型示范，也是用农林牧副渔的生态方法，探索山地现代农业小规模、多品种、高品质、好价钱绿色循环发展的综合示范。

高峰梯田修复后平面图

◀ 高峰梯田修复前鸟瞰
高峰梯田修复后效果
▼

高峰梯田退化农田修复前现状 ▶
高峰梯田退化农田修复后效果
▼

◀ 高峰梯田水系修复前现状
高峰梯田水系修复后效果

6.2.6 油菜花田——好大一块田、艺术自然

油菜花田位于高峰农业区东段北侧，面积约256亩，是重庆市主城区单块面积最大的农田。

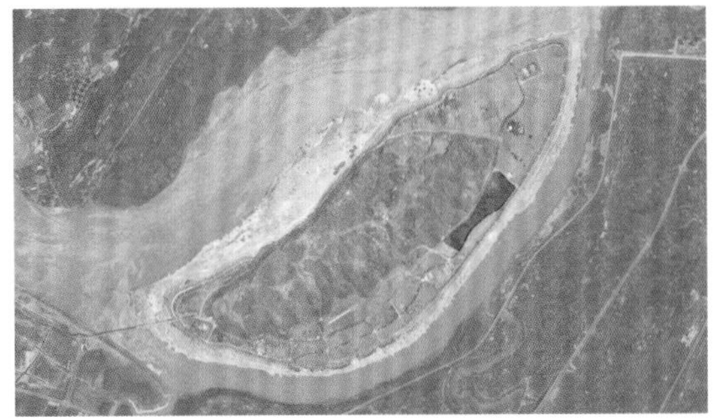

油菜花田区位图

历史上这里丘陵起伏、梯田遍布、土壤肥沃、山林茂盛。大开发时期场地被市政道路围合成一个东西向细长形大开发地块，地表石滩裸露，种植土遭到严重破坏。

生态修复以“好大一块田、艺术自然”为特色，运用“理水、疏田”两大策略，开挖边沟、引表蓄流，在低洼处修复南北向高粱溪；开厢起垄，利用物理、化学、生物方法改良土壤，修复大田约200亩，应用现代化农业技术对田地进行宜机化改造，结合精准灌溉追肥技术，两季机械化轮作油菜、高粱，形成整齐大气的现代化都市农业效果，是重庆市主城区单块面积最大的现代化都市农田。在现状石滩高处建设田间驿站、观景平台、田园步道，还原田间乡土院坝、回归乡村生活场景。连绵起伏的大田是广阳岛探索巴渝大田集生产、观赏、体验为一体的现代化都市农业绿色循环示范。

油菜花田修复前现状

油菜花田修复草图

油菜花田修复后平面图

油菜花田修复前现状
油菜花田修复后效果

6.2.7 粉黛草田——粉黛梦境、浪漫田园

粉黛草田位于高峰农业区东段南侧，北接油菜花田、南接消落带内湾段，面积约180亩。

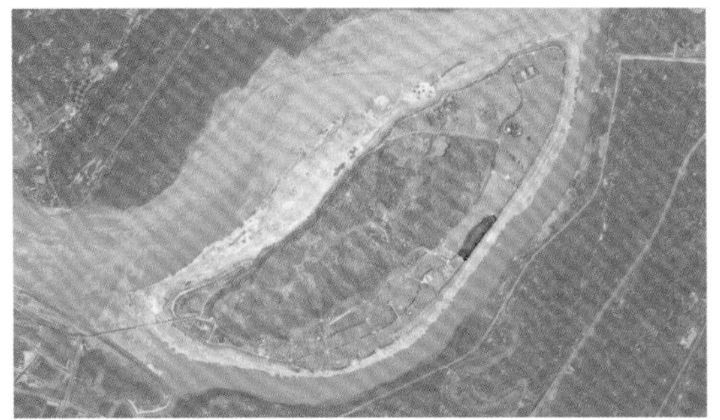

粉黛草田区位图

历史上这里曾经是美好的江畔田园，水土丰美，生态系统完整。大开发时期场地被市政路围合，形成东西向长条状地块，种植土遭到严重破坏，土壤贫瘠、杂草丛生、径流无序。

生态修复突出“粉黛梦境、浪漫田园”特色，运用“理水、丰草、润土”策略，引表蓄流，梳理生态草沟、雨水花园，汇聚湖塘水系近3亩；整理微地形、改良土壤，为粉黛乱子草营造适宜的生长环境，大面积种植粉黛乱子草，帮扶巴茅、白茅、狼尾草等乡土植物，点缀桂花、红枫、蓝花楹等色香植物共150余株，修复沙子路、建设石拱桥、竹凉亭、观景平台，呈现粉黛梦幻、百草丰美、乡村野趣的生态花田场景，探索巴渝农田艺术化种植，在绿色生产、生活、生态空间发展上作出示范。

粉黛草田修复前现状

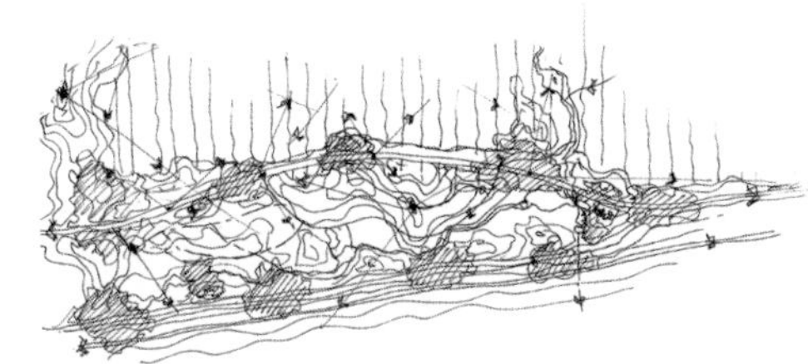

粉黛草田修复草图

粉黛草田修复后平面图

◀ 粉黛草田荒废草地修复前现状
粉黛草田荒废草地修复后效果

粉黛草田废弃迹地修复前现状 ▶
粉黛草田废弃迹地修复后效果
▼

◀ 粉黛草田退化草地修复前现状
粉黛草田退化草地修复后效果

6.2.8 广阳墩、大夫第——大河土韵层林尽染

广阳墩、大夫第位于胜利林草区南部，面积约294亩。

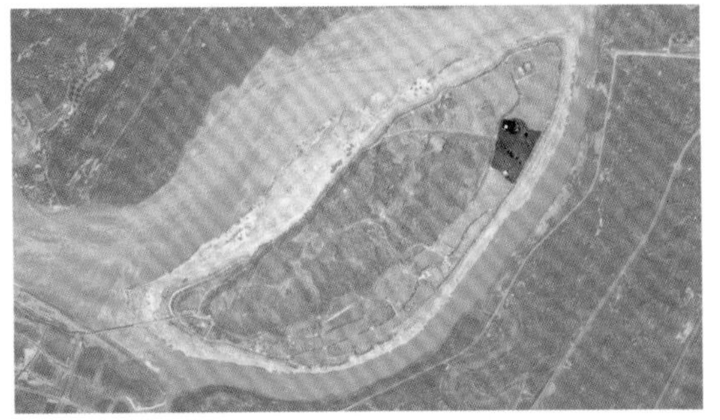

广阳墩、大夫第区位图

历史上这里是胜利村，山林相依、湖塘傍田，土壤肥沃、植被丰富。大开发时期，原住居民迁出，在原大夫第区域修建大开发管委会，因平场修路，场地地形地貌、土壤植被遭到很大破坏，场地中留下七个土墩、一处机修库和一处碉堡。

生态修复突出“大河土韵，层林尽染”特色，运用“护山、理水、营林、丰草、润土”策略，整理地形，修复土墩边坡13亩，依山就势嵌入大河文明馆覆土建筑；梳理溪沟，顺势汇聚成桃花溪、巴茅溪两条水系；保留现状管委会建筑组群，保留现状大树，林下按照庭院耐荫花境的方式修复场地，形成广阳岛生态修复的花园式生态办公区，修复机修库，建设半覆土生态停车场；种植乌桕色叶林团，补种黄葛、小叶榕常绿林团，点缀果树等乔木共计520余株，撒播开花地被植物20余种。广阳墩、大夫第生态修复探索绿色建筑与生态风景相融合的生态修复示范。

广阳墩、大夫第修复前现状

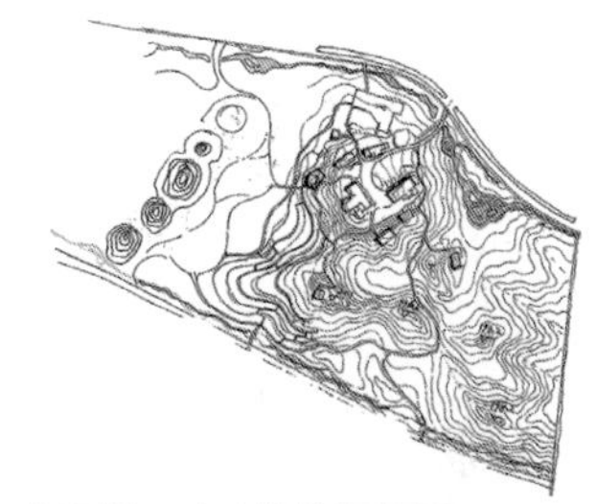

广阳墩、大夫第修复草图

广阳墩、大夫第修复后平面图

◀ 广阳墩、大夫第修复前现状
广阳墩、大夫第修复后效果
▼

6.2.9 胜利草场——草场风光、机场遗存、农场乡愁

胜利草场位于胜利林草区的核心区，原广阳坝农场主要区域，面积约677亩。

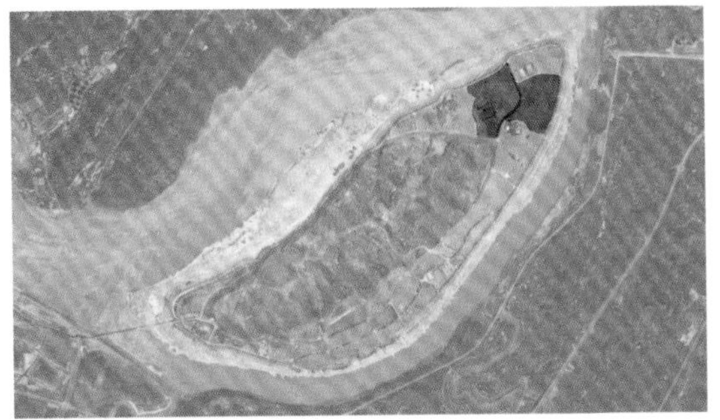

胜利草场区位图

历史上这里曾有古代先民的农耕渔猎、机场抗战的浴血同盟、物产丰美的国营农场、体育训练的国家基地。大开发时期，平场修路破坏了地理历史遗存，留下的坑塘、土堆、荒地等开发痕迹导致生态系统脆弱。

胜利草场修复前现状

生态修复延续农场基因，突出“草场风光、机场遗存、农场乡愁”特色，运用“理水、营林、清湖、丰草、润土”策略，顺山就势、引表蓄流，疏通巴茅溪、黄葛溪两条水系，利用低洼地，收集雨水，清理池底、修复岸线，结合沉水、浮水、挺水、湿生、岸生乡土植物，形成45亩白鹭湖和30亩雁鸭湖；点缀黄葛树、香樟、乌桕、水杉、红梅等乡土植物，形成独树成景、片林成景、片色成景；采用物理、化学、生物方法改良土壤，种植细叶结缕草、麦冬等耐践踏

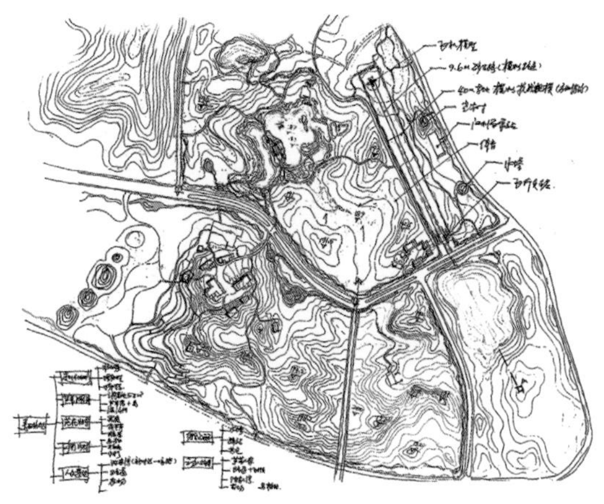

胜利草场修复草图

草坪以及金牧粮草、黑麦草、白三叶等多类牧草，修复羊圈、牛棚、马厩等农场畜牧设施，养殖黑山羊、果下马、黄牛等中国本土畜种，还原广阳坝草场风光；建设考古陈列室展示农耕渔猎文化，修复440m广阳坝机场跑道，修复机修库、碉堡等抗战遗址，改造原国家体育训练基地水塔，将生态与人文有机融合，形成巴渝地区集生产、放牧、观赏、体验为一体的现代生态农业草场修复示范。

胜利草场修复后平面图

◀ 胜利草场退化草地修复前现状
胜利草场退化草地修复后效果

胜利草场荒废机场修复前现状 ▶
胜利草场荒废机场修复后效果
▼

◀ 胜利草场生境修复前现状
胜利草场生境修复后效果

6.2.10 东岛头——平野天境、疏林落影

东岛头生态修复区位于胜利林草区的最东侧，原广阳坝机场所在地，面积约300亩。

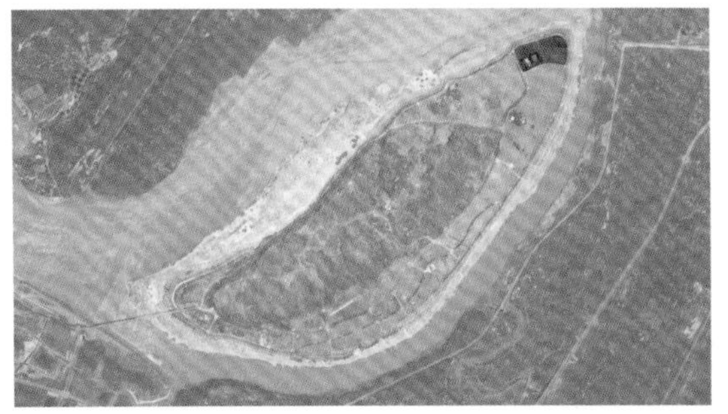

东岛头区位图

大开发后，原生植被被破坏，现状植被以黄葛树、银杏、香樟、桂花、紫叶李等市政绿化为主，地块内密植红叶石楠小苗，林貌单调且长势较差，场地地形平坦土壤板结、平地排水难、低洼地蓄水难，入侵草种葎草较多、杂草丛生、生境单一。

东岛头修复前现状

生态修复延续机场空间意境，突出“平野天境、疏林落影”的特色，运用“理水、营林、清湖、丰草”四大策略，整理低洼地形成蓄水湖面约40亩，调整场地高程，形成缓坡微地形、生态草沟和雨水花园，去除入侵杂草，混播狗牙根和黑麦草等耐践踏的草种并补种乡土乔木，恢复草坪约180亩，种植约500余株乡土乔木、10余种水生植物，形成独木成景、片林成景、片色成景的疏林草地场景与清水绿岸、鱼翔浅底的湖景画面，实现“荒地变草场”的修复目标，探索巴渝地区微地形平坝覆草的生态修复示范。

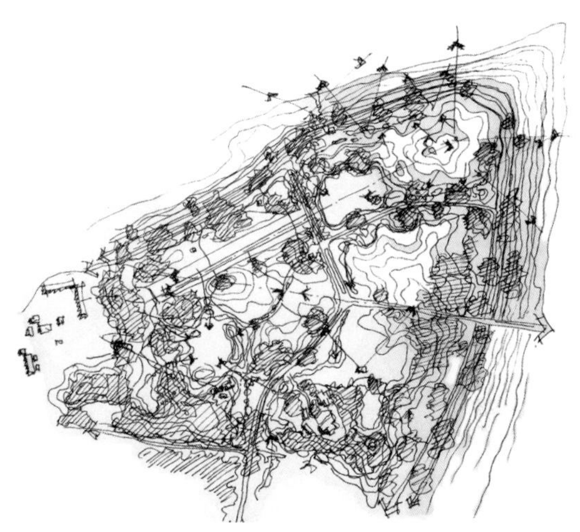

东岛头修复草图

东岛头修复后平面图

东岛头废弃迹地修复前现状
东岛头废弃迹地修复后效果

东岛头退化草地修复前现状 ▶
东岛头退化草地修复后效果
▼

◀ 东岛头废弃洼地修复前现状

东岛头废弃洼地修复后效果 ▼

6.2.11 广阳营——忆峥嵘岁月，赏寒梅暗香

广阳营位于胜利林草区的西侧，原广阳坝机场抗战遗址所在地，面积约345亩。

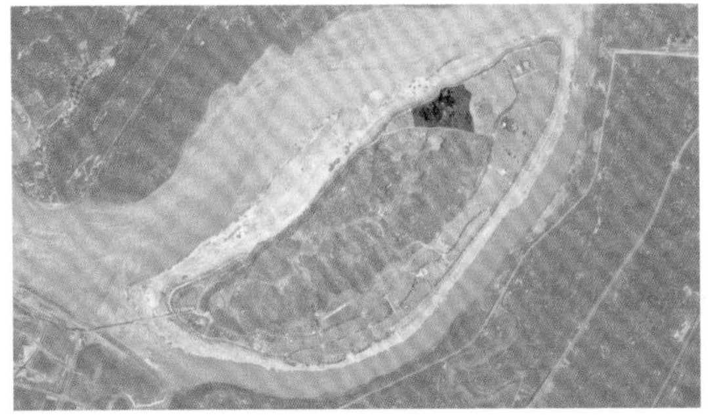

广阳营区位图

大开发时期的营房破烂不堪，场地野草丛生，雨水无序排放，边缘市政绿化建设破坏了遗存的背景环境氛围，并遮挡了观江视线，生境单一，风貌单调。

广阳营修复前现状

生态修复突出“峥嵘岁月、寒梅暗香”的特色，运用“理水、营林、清湖、丰草”四大策略，模拟地表径流方式疏通生态草沟，整理低洼地，修复湖塘水系；整理微地形，去除入侵杂草，显露古树，补种细叶芒、狼尾草等野草；片植红梅、朱砂梅、美人梅等梅花，以“寒梅暗香”表达抗日将士浴血奋战的不屈精神，以生态手法描绘对奋战英烈的崇敬情怀，呈现历史文化与生态文化相互融合的人文意境，实现“荒地变梅园”的修复目标。

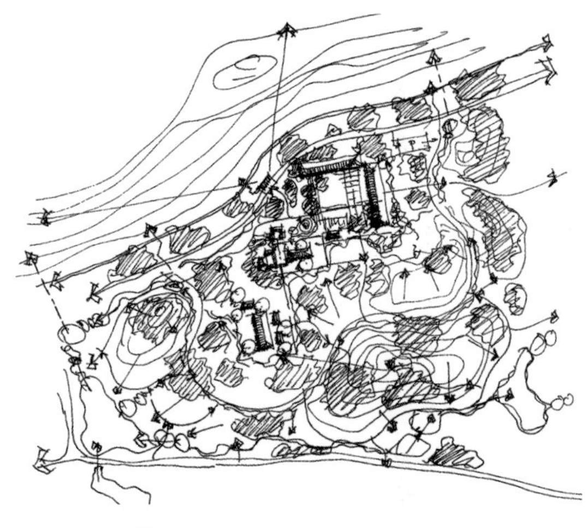

广阳营修复草图

广阳营修复后平面图

广阳营修复前鸟瞰
广阳营修复后效果

广阳营受损历史建筑修复前现状 ▶
广阳营受损历史建筑修复后效果
▼

6.3 坡岸湿地区

坡岸湿地区是指环岛190m黄海高程之下的坡地和消落带区域，面积约7350亩。历史上这里是丘陵连绵、溪沟蜿蜒、林木茂盛，生态系统完整。大开发时期，沿岸修复了堤防工程，进行了市政绿化，并在183m高程沿线建设了花岗岩巡防道，消落带生态系统受到扰动。

生态修复以自然恢复为主，运用“营林、丰草”策略和“固土、扶野、搭窝”措施，突出“生态带、科普带、风景带、游憩带”特色，探索以消落带为着力点的山水林田湖草系统修复治理示范。整体保护石梁、湿地、滩涂等自然湿地资源，以轻梳理、浅介入的方式，修复芦苇、牛鞭草、巴茅、白茅等优势物种，形成鱼类、两栖类、鸟类的栖息地，最大限度还原不同类型消落带生态系统的原真性和完整性。借用虫子的数量来判断选择透气透水、保水保湿、生态友好的砂基面层材料修复183生态步道，沿线增加观景平台、码头渡口、亲水栈道、竖向梯道，以及生态驿站，垃圾箱，座椅，指示牌，生态展示牌等设施，为游客提供服务的时候起到科普作用，被跑圈誉为最美生态步道。

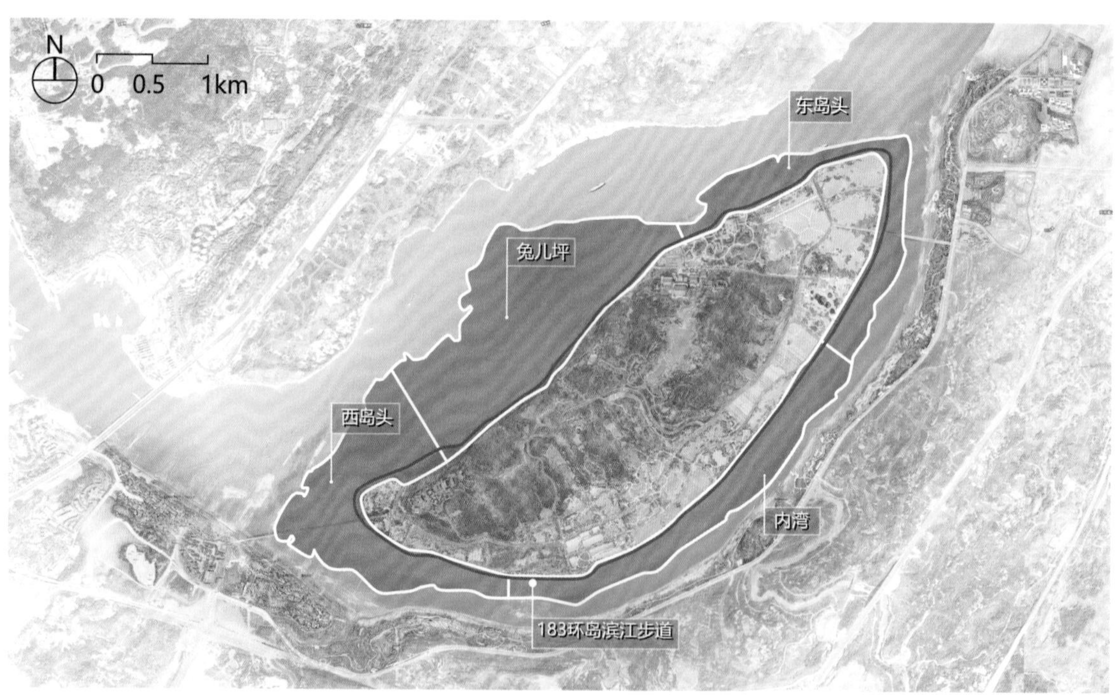

坡岸湿地区修复分区

6.3.1 西岛头——迎水面段

西岛头段位于广阳岛西岛头的迎水面段，面积约2250亩。

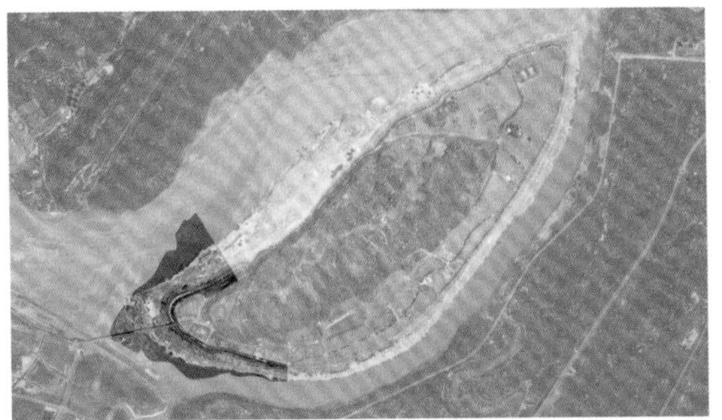

西岛头迎水面区位图

历史上这里地形地貌复杂，江中延绵许多南北向石梁，是长江天然的鱼类产卵地，石梁与西岛头之间淤积的泥沙，成为天然的滩涂湿地。大开发期间，坡岸的护堤和183m高程的大面积硬质铺砖，使消落带生态系统受到扰动。

生态修复突出“石梁滩涂型消落带”特征，以自然恢复为主，最大限度保护天然石梁与滩涂湿地，采用分段、分层、分时的修复策略，通过固土、扶野等具体措施，修复水中芦苇、牛鞭草、香根草群落，与天然石梁、沟浩共同构成鱼类的多样化生境；修复岸边2600余丛巴茅、22000多平方米白茅、4300多平方米细叶芒，与800余株中山杉、30余株枫杨、20丛慈竹，共同构成白鹭、苍鹭等鸟类的栖息地。形成“望江峡相拥、观浪抚石梁、听鹰唳长空、看草长莺飞”的石梁湿地峡谷景观，探索江河岛屿消落带迎水面的生态保护修复示范。

西岛头迎水面修复前现状

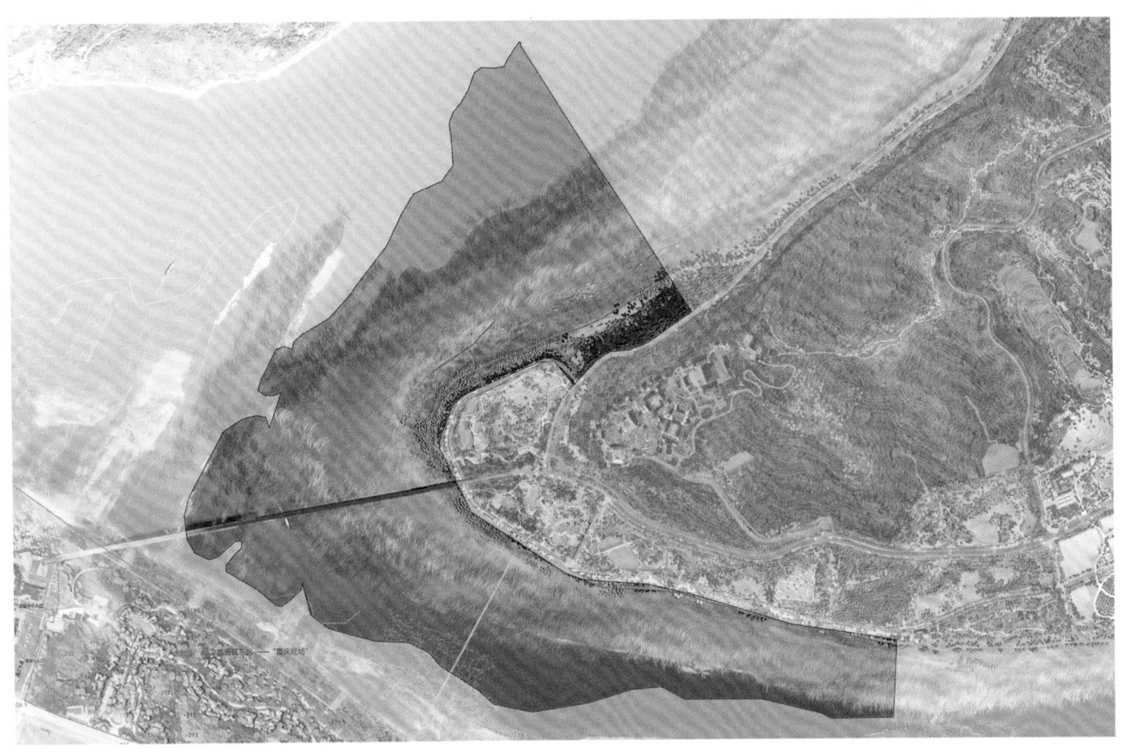

西岛头迎水面修复后平面图

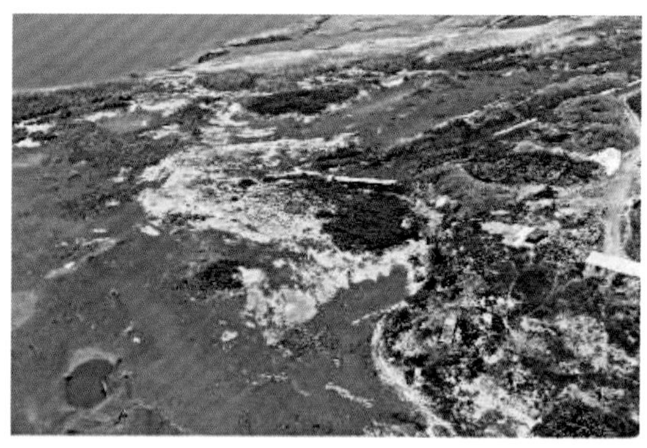

◀ 西岛头迎水面修复前鸟瞰

西岛头迎水面修复后效果

▼

西岛头迎水面滩涂湿地修复前现状 ▶
西岛头迎水面滩涂湿地修复后效果
▼

◀ 西岛头迎水面消落带退化生境修复前现状
西岛头迎水面消落带退化生境修复后效果
▼

6.3.2 兔儿坪——过水面段

兔儿坪段位于广阳岛北侧的过水面，面积约2670亩。

兔儿坪过水面区位图

历史上这里是自然沉淀的沙洲，取名兔儿坪，广阳岛原住居民在此农耕渔猎，三峡库区蓄水后，成为消落区，白鹭等鸟类在此栖息。大开发期间，因修护堤和环岛路，消落带受到不同程度影响，驳岸常年遭受水流冲刷侵蚀，局部生境退化严重。

生态修复突出“湿洲草泽型消落带”特色，以自然恢复为主，保护兔儿坪天然湿洲、草泽湿地，运用“营林、丰草”策略，通过“固土、扶野、搭窝”等具体措施，分层、分段、分时修复水中芦苇、雀稗、牛鞭草、卡开芦等群落，补植芦苇72000m^2、雀稗40000m^2、牛鞭草7500m^2，与草泽、沟浩共同构成条鳅类、沙鳅类等鱼类和黑鹳、斑头雁等水鸟的多样化生境；修复坡岸的慈竹、巴茅、白茅群落，种植慈竹160余丛、巴茅400余丛、白茅22000m^2，形成鹭鸟等鸟类的栖息地；形成“赏修竹青翠，望蒹葭苍苍，观潮涨潮落，看鹭舞芳洲”的峡湾平湖草海景观，探索江河岛屿消落带过水面和湿洲草泽消落带的保护修复示范。

兔儿坪过水面修复前现状

兔儿坪过水面修复后平面图

◀ 兔儿坪过水面修复前鸟瞰
兔儿坪过水面修复后效果 ▼

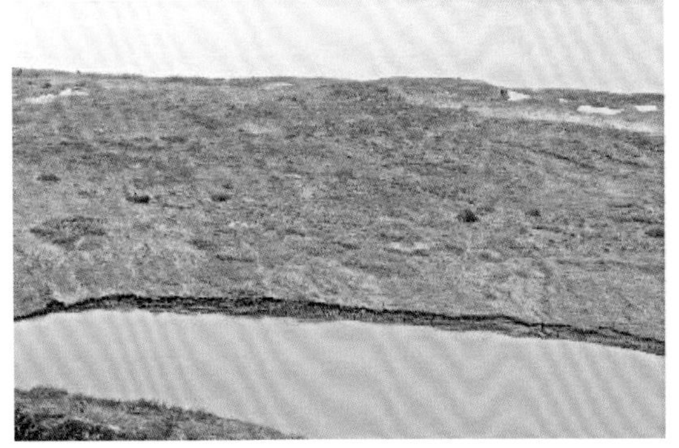

兔儿坪过水面草泽湿地修复前现状 ▶

兔儿坪过水面草泽湿地修复后效果 ▼

◀ 兔儿坪过水面消落带退化生境修复前现状
兔儿坪过水面消落带退化生境修复后效果
▼

6.3.3 东岛头——背水面段

东岛头段位于广阳岛东侧背水面，面积约1155亩。

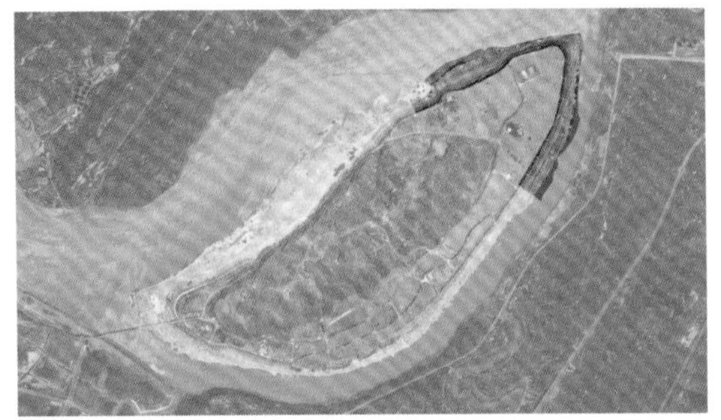

东岛头背水面区位图

历史上这里是长江在广阳岛区域的回水区。大开发期间，虽然做了护堤，但由于长期受回水侵蚀，岸线逐渐变陡，生境相对单一。

生态修复突出“侵蚀滩涂型消落带”特征，以自然恢复为主，保护天然砾石滩涂，运用“营林、丰草”两大策略，通过“固土、扶野、再野化”等具体措施，分层、分段、分时修复河滩上的巴茅、荻、芦苇群落，种植巴茅820余丛、荻1600m²、芦苇24400多平方米，形成小䴙䴘等水鸟的栖息地；修复坡岸上的黄葛树、乌桕、狗牙根群落，种植黄葛树20余株、乌桕90株，为椋鸟等林鸟及各类昆虫提供栖息地；用老石板爬坡上坎修复老码头，采用抛石、散铺卵石等透气透水的护岸做法，降低水流冲刷、淘蚀对码头的破坏，稳固植物生长的环境；形成“坐茵茵草坡，听鸟啼虫鸣，看大江东去，见野渡舟横”平野入荒流的江峡景观，探索江河岛屿消落带背水面的生态保护修复示范。

东岛头背水面修复前现状

东岛头背水面修复后平面图

东岛头背水面修复前鸟瞰
东岛头背水面修复后效果

东岛头背水面岸线修复前现状 ▶
东岛头背水面岸线修复后效果
▼

◀ 东岛头背水面老码头修复前现状

东岛头背水面老码头修复后效果 ▼

6.3.4 内湾——过水面段

内湾段位于广阳岛南侧过水面，面积约1275亩。

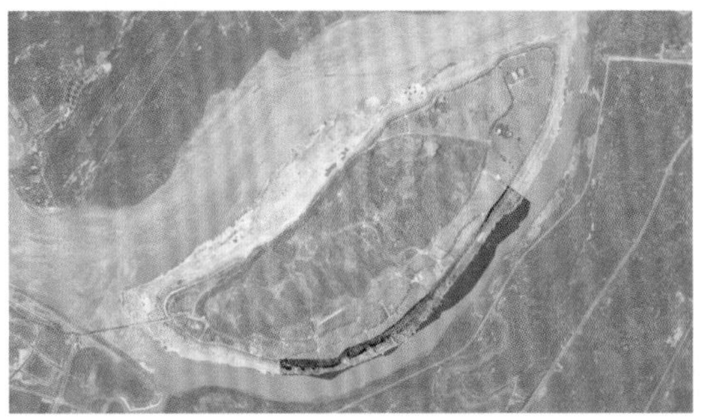

内湾过水面区位图

历史上这里是天然的淤泥沉积区。大开发期间，坡岸的护堤改变了原有地貌，使消落带生态系统受到扰动。

生态修复突出“淤积滩涂型消落带”特征，以自然恢复为主，保护天然河湾湿地和洋灰桥湿地，运用“营林、丰草”策略，通过“固土、扶野、搭窝、再野化”等措施，分层、分段、分时修复水中的甜根子草、芦苇、千屈菜等水生植物群落，种植甜根子草11300多平方米、芦苇10000多平方米、千屈菜1300多平方米，与基塘湿地共同形成鱼类与两栖类栖息地；修复坡上的乌桕、慈竹、巴茅、白茅群落，种植乌桕70余株、黄竹190余丛、巴茅560余丛、白茅24200多平方米，形成雉鸡的栖息地；修复坡顶的柠檬、沙田柚、水蜜桃、小米椒、南瓜等果蔬群落，种植柠檬40株、沙田柚39株、水蜜桃59株，小米椒200余株、南瓜120余株，构建昆虫和乌鸫等林鸟的栖息地；形成“穿花田果林，登梯坎院坝，听蛙鸣阵阵，见雉鸡惊飞”生机盎然的湾畔湿地景观，探索江河岛屿消落带过水面的生态保护修复示范。

内湾过水面修复前现状

内湾过水面修复后平面图

◀ 内湾过水面修复前现状

内湾过水面修复后效果 ▼

内湾过水面生境修复前现状 ▶
内湾过水面生境修复后效果
▼

◀ 内湾过水面渡口修复前现状
内湾过水面渡口修复后效果
▼

6.3.5 183环岛滨江步道
——生态道、风景道、科普道、健身道

183环岛滨江步道，是建在广阳岛十年一遇洪水位183m黄海高程标高上的环岛滨江步道，长约11km，宽3m，局部2m。是在生态修复中，对原有城市型滨江步道改造提升而成。

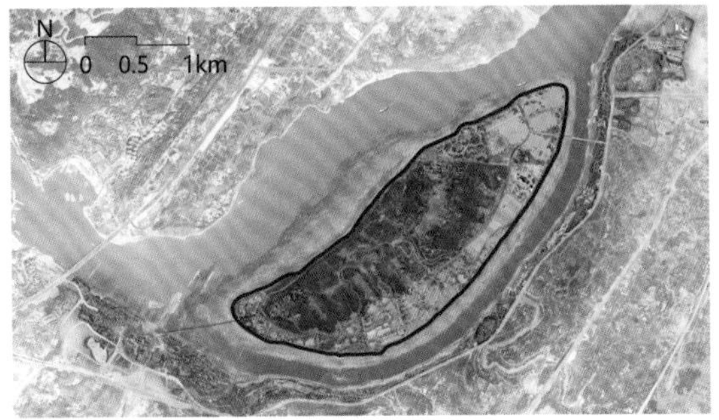

183环岛滨江步道区位图

183环岛滨江步道修复前现状

一是进行了全线贯通，保持平顺，便于跑步健身；

二是对道路垫层进行了透水性改造，去除原有花岗石、混凝土路面，改为具有透气透水保湿功能的砂基路面，不妨碍昆虫动物的迁徙，强调了步道本身的了生态性，对行人来说，也不伤脚不伤鞋，还略有弹性；

三是对道路沿线的坡岸消落带区域进行了生态修复，突出以自然恢复为主，综合考虑鱼类、鸟类栖息地保护建设，以及消落带湿地植物群落保育演替，近身尺度精心打理，点缀花草树木，既有生态也有风景；

四是沿线建造观景平台28个，码头渡口3处，亲水栈道1处，连接183生态步道和环岛路的竖向梯道16处，鱼鸟观测站1处，生态驿站1个（秋分驿站），利用原有建筑改造卫生间3处，建造深入西岛头滩涂的石板路1处，并放置垃圾箱、座椅、指示牌、生态展示牌等设施，为游客提供服务的时候起到科普作用。

广阳岛183生态步道，集生态道、风景道、科普道、健身道于一体，被跑圈誉为最美生态步道，是广阳岛以消落带为着力点的山水林田湖草系统修复治理的典型示范，是还岛于民，为群众办实事的精品工程。

183环岛滨江步道修复平面布局

◀ 183环岛滨江步道路面修复前现状
183环岛滨江步道路面修复后效果
▼

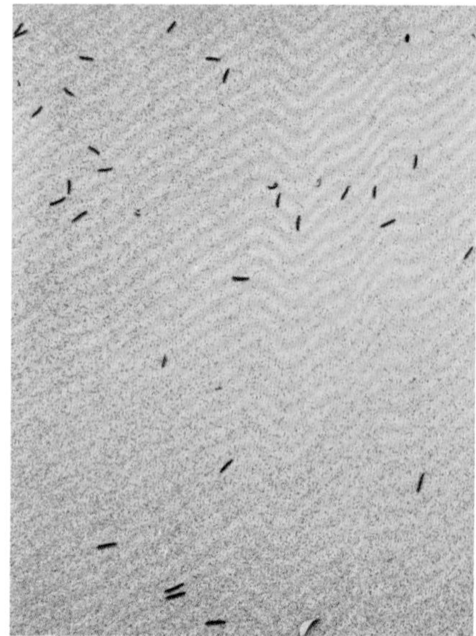

183环岛滨江步道修复前现状 ▶
183环岛滨江步道修复后效果
▼

6.4 生物多样性

广阳岛生态修复后植物由原来的383种恢复到594余种，植被覆盖率达90%以上；动物种类从310种增加到目前452种，经专家梳理统计，目前鱼类已由原来的82种增至154种，鸟类已由原来的124种增至191种（含中华秋沙鸭、黑鹳、乌雕等国家一级保护野生动物），生物多样性得到了极大提升，呈现林泽闻莺、草坡观雀、湖畔听蛙、花海寻蝶、西堤望鹭五大生物多样性展示场景。

6.4.1 林泽闻莺

广阳岛生态修复通过疏伐构树、清理入侵种等措施，为本地乡土植物留出生存空间。修复后该生境的优势树种为黄葛树、香樟、刺桐等，草本为柳叶马鞭草、草木樨等。植被覆盖度高，可以为小型动物提供隐蔽筑巢地；此外补种植被多为食源植物，可以为云雀、灰鹡鸰、东方大尾莺、棕头鸦雀等鸟类，及松鼠等小型动物提供觅食场所，形成林密草丰、莺歌虫鸣的巴渝森林景观。

林泽闻莺实景

6.4.2 草坡观雀

广阳岛生态修复通过疏伐构树、小蓬草等入侵种，同时补植食源植物，避免清理导致的食源不足。修复后该生境的优势树种为黄葛树、蓝花楹、蜡梅、桂花等观赏食源树种，草本为狗尾草、马鞭草等。开花落果植物多，为喜好灌丛的小型鸟类，如环颈雉、燕雀、金翅雀等植食及杂食性鸟类提供理想觅食场所，形成草美雀跃的巴渝疏林景观。

草坡观雀实景

6.4.3 湖畔听蛙

广阳岛生态修复通过重点修复水体，为两栖爬行类提供栖息环境；同时引入适宜场地的鱼类、两栖类物种，增加物种丰富度，抑制昆虫数量，提升食物链稳定性。修复后该生境以耐湿草本为主，如甜根子草、醉鱼草、南荻，以及桑树、水麻等耐湿乔灌木，为两栖爬行类营造适宜栖息地，形成湖清蛙鸣的巴渝滨水景观。

湖畔听蛙实景

6.4.4 花海寻蝶

广阳岛生态修复通过定期清除杂草，同时考虑引入食虫鸟等害虫天敌，降低虫害风险。修复后该生境以油菜花、水稻等农作物为主。由于食源丰富，是多种食虫鸟、食谷鸟及杂食性鸟类的理想觅食地，同时也是草兔、黑线姬鼠等小型食草动物的适宜栖息地，形成田美水净、蜂飞蝶舞的巴渝丰产景观。

花海寻蝶实景

6.4.5 西堤望鹭

广阳岛生态修复通过清理入侵草本，增加本地食源植物；同时结合微地形改造，增加坑塘、内湾、出露小岛等方式，改善鱼、蛙产卵地质量，增加鸟类觅食区域，营造健康的生境基底。修复后该生境以水生、湿生草本为主，包括巴茅、芦苇、狗尾草、草木樨等。丰富的坑塘内湾及出露小岛为鱼、蛙提供了理想的产卵地，同时也为鹭类等鸟类提供了充足的觅食场所，形成鱼翔浅底、鹭鸟低飞的长江滩地景观。

西堤望鹭实景

6.5 碳中和

广阳岛围绕“碳达峰、碳中和”目标，践行绿色发展理念，修复后的广阳岛植物种类达594余种，植被覆盖率达90%以上，植物主要由常绿阔叶林、落叶阔叶林和针阔混交林组成。综合众多学者关于植物生长周期中林龄和冠幅之间的关系，得出乔木从种植到冠幅长势稳定全过程中固碳量的变化曲线，参考不同林地、农作物、典型灌木草本的草本固碳效益，预测出广阳岛生态修复前年固碳量约为2028t，生态修复后2022年固碳量约为4838t，2030年固碳量约为7066t，2050年固碳量约为14080t，呈现稳定增长趋势。

岛内通过乔木植被产生的碳汇量抵消了岛内所产生的温室气体排放量，加上绿色能源和绿色建筑技术的应用，岛内自身实现了碳中和，为广阳岛智创生态城实现“碳达峰、碳中和”和建设“中国碳谷”作出了良好示范。

结 语

广阳岛最优价值生命共同体建设
整体系统性
生态系统
陆桥岛生态系统
生态要素
生命共同体：山水林田湖草沙+动物+微生物
生态结构
垂直结构：山地-平坝-坡岸-滩涂-湿地-水体
水平结构：基质-斑块-廊道
区域条件性
自然条件
属于湿润区，以林为主
空间类型
属于生态空间
场地现状
完整的自然生态本底
悠久的历史人文本底
市政化的发展建设本底
价值性
4km²消落带区
高价值生命共同体
6km²陆地区
中价值生命共同体
有限容量性
森林覆盖率区间
65%~73%
年径流总量控制区间
87%~90%
迁移性
4km²消落带区
高→最优
6km²陆地区
中→高→最优
可持续性
低成本保护修复
自然恢复为主+六野
可持续运营维护
取之有度
扰之有节
高水平管理
保护生态
尊重自然
顺应自然
保护自然
以自然恢复为主
满足
生物多样性需求
四划协同
生物多样性
动物多样性
植动物物多样性
微生物多样性
生态系统多样性
遗传基因多样性
修复生态
天人合一
道法自然
大巧不工
留水固土+营林
满足
生物多样性需求
四划协同
四大态度：
轻梳理
浅介入
微创修复
系统修复
建设生态
知行合一
节约优先
保护优先
生态为魂
风景为象
满足
人民美好生活需要
整体保护
生态要素
原真性修复
生态过程
完整性修复
生态结构
系统性修复
建设生态设施
建设绿色建筑
生产优质生态产品
呈现优质生态环境
六个
实践方法体系
“四划协同”绿色生态规划体系
“三阶十步”绿色生态设计体系
“二三四八”绿色生态建设体系
“四五六五”绿色建设管理体系
“四四一零”绿色生态养运体系
“四绿融合”绿色生态转化体系
全过程
九类
技术集成体系
护山：一体化植被再造护山技术集成
理水：全过程生态海绵理水技术集成
营林：近自然复合营林技术集成
疏田：智能化循环疏田技术集成
清湖：联控式动态清湖技术集成
丰草：家族式扶野丰草技术集成
润土：有机化就地润土技术集成
弹路：低干扰原乡弹路技术集成
生物多样性：网络化荒野生境营造技术集成
全要素
三种
指标评价体系
46项
建设指标
4个核心指标
18个引导指标
24个一般指标
34项
评价指标
4个核心指标
30个一般指标
21项
GEP核算指标
全周期
生态系统
原真性
完整性
稳定性
持续性
系统性
综合性
生态的风景
风景的生态
碳中和

经过近四年的自然恢复和生态修复，广阳岛已经实现还岛于民，变身为城市功能新名片，成为重庆共抓大保护、不搞大开发的典型案例，生态优先、绿色发展的样板标杆，筑牢长江上游重要生态屏障的窗口缩影，在长江经济带绿色发展中发挥示范作用的引领之地，践行习近平生态文明思想的集中体现，落实总书记对重庆殷殷嘱托重要的承载地、展示地、体验地。入选全国18个生态修复典型案例，2023年2月15日登上《人民日报》头版头条，截至2023年2月共15次走进《新闻联播》，修复效果受到广泛认可。

（一）生态要素逐渐修复。通过自然恢复和生态修复，原被破坏的尾矿坑、边坡、湖塘、梯田、林地、廊道等逐步得到修补修复，生态系统的完整性已初步形成，生态系统的原真性正在逐渐呈现。

（二）生物多样性日趋丰富。全岛自然恢复面积达67%，植物恢复到500余种，覆盖率90%以上，丰富的食物链、多样的栖息地，吸引了300余种动物，新发现国家一级重点保护动物中华秋沙鸭、黑鹳、乌雕、黄胸鹀等。

（三）两山转化成效明显。通过“生态+教育、文化、旅游、农业、健康、智慧”，广阳岛的绿水青山正在片区内外转化为由大生态、大数据、大健康、大文旅、新经济等“生态产业群”构成的“金山银山”，广阳岛从大开发向大保护的大转变，在片区内实现资金大平衡，换来绿水青山大生态，助推区域经济实现大发展，形成了绿色发展新机制。

（四）生态的风景和风景的生态已遍布全岛。广阳岛生态修复在习近平生态文明思想指导下，以生态学、景感生态学、风景园林学、系统学等学科为支撑，按照山、水、林、田、湖、草是生命共同体、人与自然是生命共同体、基于自然和人文的解决方案的理念，遵照生命共同体的整体系统性、区域条件性、有限容量性、迁移性、可持续性、价值性六大特性，遵循陆桥岛生态系统的内在机理和演替规律，坚持节约优先、保护优先、自然恢复为主的方针，聚焦“生态”和“风景”，抓住“水和土”两个生态本底要素，“林和草”两个生态核心要素，以“留水一固土”和“营林一丰草”为两大工作切入点，按照“四划协同”绿色规划方法、“三阶十步”绿色设计方法、“二三四八”绿色建设方法、“四五六五”绿色管理方法、“四四一零”绿色养运方法、“四绿融合”两山转化方法六大实践方法体系，综合运用“护山、理水、营林、疏田、清湖、丰草、润土、弹路、丰富生物多样性”九大策略及其九大技术集成体系、三大指标评价体系（建设管控指标、建成评价指标、生态价值核算指标），按照“维护区间、促进迁移、谋求最优”三步走，系统开展自然恢复、生态修复，丰富生物多样性，集成创新生态领域成熟、成套、低成本的技术、产品、材料、工法，融合生态设施、绿色建筑，用生态产业化、产业生态化路径破解绿水青山就是“金山银山”的高级多元方程式，在高价值生态区间内，发挥设计对美学意境和科学技术的正向作用，优化生态资源配置，谋求满足生物多样性需求和人民美好生活需要的最优状态，建设以生态为魂、以风景为象，人与自然和谐共生的现代化最优价值生命共同体。修复后的广阳岛生态的风景和风景的生态已遍布全岛，人民群众将拥有更多的获得感、幸福感和安全感。

附 录

广阳岛乡土植物普查表

编号	植物物种	拉丁名	科	属	生活型	珍稀保护植物	乡土植物	速生树种	长寿树种	观赏特性	岛上位置
1	苏铁	*Cycas revoluta*	苏铁科	苏铁属	常绿木本	√			√	观叶	消落带区
2	罗汉松	*Podocarpus macrophyllus*	罗汉松科	罗汉松属	常绿乔木		√		√		环山带区、消落带区
3	马尾松	*Pinus massoniana*	松科	松属	常绿乔木		√	√	√		环山带区
4	柏木	*Cupressus funebris*	柏科	柏木属	常绿乔木		√		√		山地区
5	侧柏	*Platycladus orientalis*	柏科	侧柏属	常绿乔木		√		√		山地区、环山带区
6	刺柏	*Juniperus formosana*	柏科	刺柏属	常绿乔木				√		山地区
7	柳杉	*Cryptomeria japonica var. sinensis*	杉科	柳杉属	常绿乔木		√	√	√		山地区、消落带区
8	杉木	*Cunninghamia lanceolata*	柏科	杉属	常绿乔木		√	√	√		山地区、环山带区
9	水杉	*Metasequoia glyptostroboides*	杉科	水杉属	落叶乔木	√	√	√	√		消落带区
10	银杏	*Ginkgo biloba*	银杏科	银杏属	落叶乔木	√			√		消落带区、环山带区
11	乌桕	*Triadica sebifera*	大戟科	乌桕属	落叶乔木		√	√			山地区、环山带区
12	毛桐	*Mallotus barbatus*	大戟科	野桐属	落叶乔木		√				山地区
13	野桐	*Mallotus tenuifolius*	大戟科	野桐属	落叶小乔		√			观叶观花	山地区
14	油桐	*Vernicia fordii*	大戟科	油桐属	落叶乔木		√	√		观花	山地区、环山带区
15	朴树	*Celtis sinensis*	大麻科	朴属	落叶乔木		√		√	观花观果	山地区
16	刺槐	*Robinia pseudoacacia*	豆科	刺槐属	落叶乔木					观花观果	山地区
17	刺桐	*Erythrina variegata*	豆科	刺桐属	落叶乔木			√		观花观果	山地区、环山带区、消落带区
18	白花合欢	*Albizia crassiramea*	豆科	合欢属	落叶乔木		√	√		观花观果	山地区、环山带区
19	合欢	*Albizia julibrissin*	豆科	合欢属	落叶乔木		√	√		观花观果	环山带区、消落带区
20	羊蹄甲	*Bauhinia purpurea*	豆科	羊蹄甲属	常绿乔木		√			观叶观果	山地区

续表

编号	植物物种	拉丁名	科	属	生活型	珍稀保护植物	乡土植物	速生树种	长寿树种	观赏特性	岛上位置
21	皂荚	*Gleditsia sinensis*	豆科	皂荚属	落叶乔木		√		√	观花观果	山地区、环山带区
22	杜英	*Elaeocarpus decipiens*	杜英科	杜英属	常绿乔木		√	√		观花观叶	山地区、消落带区
23	枫杨	*Pterocarya stenoptera*	胡桃科	枫杨属	落叶乔木		√	√		观形观叶观花	消落带区、环山带区
24	白栎	*Quercus fabri*	壳斗科	栎属	落叶乔木或灌木状			√		观叶	山地区
25	麻栎	*Quercus acutissima*	壳斗科	栎属	落叶乔木			√		观形观花观果	山地区
26	青冈	*Cyclobalanopsis glauca*	壳斗科	青冈属	常绿乔木				√	观花观果	山地区、环山带区
27	喜树	*Camptotheca acuminata*	蓝果树科	喜树属	落叶乔木	√	√	√		观形观花观果	山地区、环山带区
28	楝	*Melia azedarach*	楝科	楝属	落叶乔木		√	√		观花	山地区、环山带区
29	荷花玉兰	*Magnolia grandiflora*	木兰科	北美木兰属	常绿乔木			√		观花观果	消落带区
30	白兰	*Michelia × alba*	木兰科	含笑属	常绿乔木		√	√		观形观花观果	消落带区
31	玉兰	*Yulania denudata*	木兰科	玉兰属	落叶乔木		√	√		观花	山地区、消落带区
32	桂花（木犀）	*Osmanthus fragrans*	木犀科	木犀属	常绿乔木或灌木		√		√	观花	消落带区
33	女贞	*Ligustrum lucidum*	木犀科	女贞属	常绿乔木或灌木		√		√	观形观花观果	山地区、消落带区
34	长叶女贞	*Ligustrum compactum*	木犀科	女贞属	半常绿小乔		√	√		观叶观花观果	环山带区、山地区
35	白花泡桐	*Paulownia fortunei*	泡桐科	泡桐属	落叶乔木		√	√		观花	消落带区、山地区
36	黄栌	*Cotinus coggygria*	漆树科	黄栌属	落叶乔木		√	√		观花观叶	山地区、环山带区
37	漆	*Toxicodendron vernicifluum*	漆树科	漆树属	落叶乔木		√	√		观形观叶	山地区
38	盐肤木	*Rhus chinensis*	漆树科	盐肤木属	落叶小乔		√	√		观叶观果	山地区、环山带区
39	麻梨	*Pyrus serrulata*	蔷薇科	梨属	落叶乔木		√			观花观果	山地区
40	李	*Prunus salicina*	蔷薇科	李属	落叶乔木		√			观花观果	山地区

续表

编号	植物物种	拉丁名	科	属	生活型	珍稀保护植物	乡土植物	速生树种	长寿树种	观赏特性	岛上位置
41	紫叶李	*Prunus cerasifera f. atropurpurea*	蔷薇科	李属	落叶小乔					观叶观花观果	消落带区
42	枇杷	*Eriobotrya japonica*	蔷薇科	枇杷属	常绿小乔		√	√		观果观花	山地区
43	海棠花	*Malus spectabilis*	蔷薇科	苹果属	落叶乔木		√		√	观花观果	山地区、消落带区
44	石楠	*Photinia serratifolia*	蔷薇科	石楠属	常绿乔木			√		观形观叶观果	山地区、环山带区
45	桃	*Amygdalus persica*	蔷薇科	桃属	落叶乔木		√			观花观果	山地区
46	碧桃	*Amygdalus persica 'Duplex'*	蔷薇科	桃属	落叶小乔			√		观形观花观果	消落带区
47	山桃	*Amygdalus davidiana*	蔷薇科	桃属	落叶乔木		√		√	观形观花观果	山地区、环山带区
48	山樱花	*Cerasus serrulata*	蔷薇科	樱属	落叶乔木		√		√	观花观果	消落带区
49	日本晚樱	*Cerasus serrulata var. lannesiana*	蔷薇科	樱属	落叶乔木					观花观叶	消落带区
50	构树	*Broussonetia papyrifera*	桑科	构属	落叶乔木			√		观花观果	山地区、环山带区、消落带区
51	榕树	*Ficus microcarpa*	桑科	榕属	常绿乔木			√	√	观形	消落带区
52	小叶榕（雅榕）	*Ficus concinna*	桑科	榕属	常绿乔木			√		观形	消落带区
53	垂叶榕	*Ficus benjamina*	桑科	榕属	常绿乔木		√	√		观形	消落带区
54	绿黄葛树	*Ficus virens*	桑科	榕属	落叶乔木		√	√		观果	消落带区
55	桑	*Morus alba*	桑科	桑属	落叶乔木		√	√	√	观果	山地区、环山带区
56	八角枫	*Alangium chinense*	山茱萸科	八角枫属	落叶乔木		√			观花观叶	山地区、环山带区
57	枣	*Ziziphus jujuba*	鼠李科	枣属	落叶小乔					观花观果	山地区
58	桉	*Eucalyptus robusta*	桃金娘科	桉属	常绿乔木			√		观形	山地区
59	蒲桃	*Syzygium jambos*	桃金娘科	蒲桃属	常绿乔木		√	√		观花观果	山地区
60	复羽叶栾树	*Koelreuteria bipinnata*	无患子科	栾属	落叶乔木		√	√		观花观果	山地区、消落带区
61	栾树	*Koelreuteria paniculata*	无患子科	栾属	落叶乔木		√	√		观花观果	消落带区、山地区
62	鸡爪槭	*Acer palmatum*	无患子科	槭属	落叶乔木				√	观形观叶	消落带区
63	五角枫（色木槭）	*Acer mono*	无患子科	槭属	落叶乔木		√		√	观叶观花观果	山地区、消落带区

续表

编号	植物物种	拉丁名	科	属	生活型	珍稀保护植物	乡土植物	速生树种	长寿树种	观赏特性	岛上位置
64	无患子	*Sapindus saponaria*	无患子科	无患子属	落叶乔木		√	√		观花观果	消落带区、山地区
65	梧桐	*Firmiana simplex*	锦葵科	梧桐属	落叶乔木		√	√		观花	消落带区、山地区
66	二球悬铃木	*Platanus acerifolia*	悬铃木科	悬铃木属	落叶乔木			√		观形观叶	消落带区、环山带区
67	垂柳	*Salix babylonica*	杨柳科	柳属	落叶乔木		√	√	√	观形	消落带区
68	金枝垂柳	*Salix × aureo-pendula*	杨柳科	柳属	落叶乔木			√		观形	消落带区
69	旱柳	*Salix matsudana*	杨柳科	柳属	落叶乔木			√		观花	消落带区
70	绦柳	*Salix matsudana* 'Pendula'	杨柳科	柳属	落叶乔木			√	√	观形	消落带区
71	南川柳	*Salix rosthornii*	杨柳科	柳属	落叶乔木		√			观花	消落带区
72	腺柳	*Salix chaenomeloides*	杨柳科	柳属	落叶小乔			√		观花	消落带区
73	秋枫	*Bischofia javanica*	叶下珠科	秋枫属	常绿或半常绿乔木			√	√	观叶	山地区、环山带区
74	重阳木	*Bischofia polycarpa*	叶下珠科	秋枫属	落叶乔木			√		观果	山地区、环山带区
75	柑橘	*Citrus reticulata*	芸香科	柑橘属	常绿小乔		√		√	观花观果	山地区
76	甜橙	*Citrus sinensis*	芸香科	柑橘属	常绿乔木		√		√	观花观果	山地区
77	柚	*Citrus maxima*	芸香科	柑橘属	常绿乔木		√			观花观果	山地区
78	枳	*Citrus trifoliata*	芸香科	柑橘属	落叶小乔		√			观花观果	山地区
79	竹叶花椒	*Zanthoxylum armatum*	芸香科	花椒属	落叶小乔		√			观花观果	山地区、环山带区
80	润楠	*Machilus nanmu*	樟科	润楠属	常绿乔木	√	√	√		观花观果	山地区、消落带区
81	天竺桂	*Cinnamomum japonicum*	樟科	樟属	常绿乔木	√		√		观花观果	山地区、消落带区、环山带区
82	樟	*Cinnamomum camphora*	樟科	樟属	常绿乔木	√	√	√	√	观花观果	山地区、消落带区、环山带区
83	蒲葵	*Livistona chinensis*	棕榈科	蒲葵属	常绿乔木		√	√		观叶观果	消落带区
84	董棕	*Caryota obtusa*	棕榈科	鱼尾葵属	常绿乔木	√				观叶	环山带区
85	鱼尾葵	*Caryota maxima*	棕榈科	鱼尾葵属	常绿乔木		√		√	观花	消落带区
86	棕榈	*Trachycarpus fortunei*	棕榈科	棕榈属	常绿乔木		√		√	观形观花观果	环山带区

续表

编号	植物物种	拉丁名	科	属	生活型	珍稀保护植物	乡土植物	速生树种	长寿树种	观赏特性	岛上位置
87	红背桂	*Excoecaria cochinchinensis*	大戟科	海漆属	常绿灌木					观形观叶	消落带区
88	钝叶黑面神	*Breynia retusa*	叶下珠科	黑面神属	灌木		√			观叶	山地区
89	杭子梢	*Campylotropis macrocarpa*	豆科	杭子梢属	落叶灌木		√			观花观果	消落带区
90	胡枝子	*Lespedeza bicolor*	豆科	胡枝子属	落叶灌木		√			观花	山地区
91	黄花槐	*Sophora xanthoantha*	豆科	苦参属	灌木		√			观花	山地区、环山带区
92	杜鹃	*Rhododendron simsii*	杜鹃花科	杜鹃花属	落叶灌木		√			观花	消落带区
93	钝叶杜鹃	*Rhododendron obtusum*	杜鹃花科	杜鹃花属	灌木					观花	山地区
94	海桐	*Pittosporum tobira*	海桐科	海桐属	常绿灌木		√	√		观花观果	消落带区
95	木果海桐	*Pittosporum xylocarpum*	海桐科	海桐属	常绿灌木		√			观形观花	山地区
96	雀舌黄杨	*Buxus bodinieri*	黄杨科	黄杨属	常绿灌木		√			观叶	消落带区
97	红花檵木	*Loropetalum chinense var. rubrum*	金缕梅科	檵木属	常绿灌木		√			观花	消落带区、环山带区
98	中华蚊母树	*Distylium chinense*	金缕梅科	蚊母树属	常绿灌木		√			观花	消落带区
99	木茼蒿	*Argyranthemum frutescens*	菊科	木茼蒿属	落叶灌木					观花	山地区、消落带区
100	蜡梅	*Chimonanthus praecox*	蜡梅科	蜡梅属	落叶灌木		√			观花	消落带区
101	黄荆	*Vitex negundo*	唇形科	牡荆属	落叶灌木		√	√		观花	山地区
102	荆条	*Vitex negundo var. heterophylla*	唇形科	牡荆属	落叶灌木		√	√		观花	山地区
103	牡荆	*Vitex negundo var. cannabifolia*	唇形科	牡荆属	落叶灌木		√			观花	消落带区
104	马桑	*Coriaria nepalensis*	马桑科	马桑属	落叶灌木		√	√		观果	消落带区
105	毛丁香	*Syringa tomentella*	木犀科	丁香属	落叶灌木		√			观花	山地区
106	金钟花	*Forsythia viridissima*	木犀科	连翘属	落叶灌木		√			观花	消落带区
107	连翘	*Forsythia suspensa*	木犀科	连翘属	落叶灌木		√	√		观花	消落带区
108	金叶女贞	*Ligustrum × vicaryi*	木犀科	女贞属	落叶灌木			√		观叶	消落带区
109	小叶女贞	*Ligustrum quihoui*	木犀科	女贞属	半常绿灌木		√	√		观花	消落带区
110	迎春花	*Jasminum nudiflorum*	木犀科	素馨属	落叶灌木		√			观花	消落带区
111	萼距花	*Cuphea hookeriana*	千屈菜科	萼距花属	常绿灌木		√			观花	消落带区

续表

编号	植物物种	拉丁名	科	属	生活型	珍稀保护植物	乡土植物	速生树种	长寿树种	观赏特性	岛上位置
112	细叶萼距花	*Cuphea hyssopifolia*	千屈菜科	萼距花属	常绿灌木		√			观花	消落带区
113	紫薇	*Lagerstroemia indica*	千屈菜科	紫薇属	落叶灌木		√	√	√	观花	消落带区
114	六月雪	*Serissa japonica*	茜草科	白马骨属	常绿灌木		√	√		观花	消落带区
115	栀子	*Gardenia jasminoides*	茜草科	栀子属	常绿灌木		√	√		观花	山地区、环山带区
116	贴梗海棠	*Chaenomeles speciosa*	蔷薇科	木瓜属	落叶灌木		√			观花	消落带区
117	月季花	*Rosa chinensis*	蔷薇科	蔷薇属	常绿灌木		√			观花	消落带区、山地区
118	红叶石楠	*Photinia × fraseri*	蔷薇科	石楠属	常绿灌木			√		观叶	消落带区
119	插田泡	*Rubus coreanus*	蔷薇科	悬钩子属	落叶灌木		√			观花	山地区、环山带区
120	茅莓	*Rubus parvifolius*	蔷薇科	悬钩子属	落叶灌木		√			观花观果	山地区
121	山莓	*Rubus corchorifolius*	蔷薇科	悬钩子属	落叶灌木		√			观花观果	山地区
122	西南悬钩子	*Rubus assamensis*	蔷薇科	悬钩子属	攀援灌木		√			观果	山地区、消落带区
123	鸳鸯茉莉	*Brunfelsia acuminata*	茄科	鸳鸯茉莉属	常绿灌木		√			观花	消落带区
124	山茶	*Camellia japonica*	山茶科	山茶属	常绿灌木		√			观花	消落带区
125	雀梅藤	*Sageretia thea*	鼠李科	雀梅藤属	直立灌木		√			观花观果	山地区
126	四季桂	*Osmanthus fragrans var. semperflorens*	木犀科	木犀属	常绿灌木		√		√	观形观花观果	湖塘区、环山带区
127	梅	*Armeniaca mume*	蔷薇科	杏属	落叶小乔木		√	√		观花	山地区、环山带区
128	含笑花	*Michelia figo*	木兰科	含笑属	常绿灌木					观花	山地区
129	火棘	*Pyracantha fortuneana*	蔷薇科	火棘属	常绿灌木		√			观花观果	山地区
130	秋华柳	*Salix variegata*	杨柳科	柳属	落叶灌木		√			观叶	湖塘区
131	巴西野牡丹	*Tibouchina semidecandra*	野牡丹科	蒂牡花属	常绿灌木					观花	山地区、环山带区
132	棕竹	*Rhapis excelsa*	棕榈科	棕竹属	丛生灌木					观叶	山地区、环山带区
133	紫云英	*Astragalus sinicus*	豆科	黄芪属	草本		√			观花	山地区、环山带区
134	紫苜蓿	*Medicago sativa*	豆科	苜蓿属	草本		√			观花	环山带区
135	水稻	*Oryza sativa*	禾本科	稻属	草本		√			观果	山地区

续表

编号	植物物种	拉丁名	科	属	生活型	珍稀保护植物	乡土植物	速生树种	长寿树种	观赏特性	岛上位置
136	黄茅	*Heteropogon contortus*	禾本科	黄茅属	草本		√			观叶观穗	山地区
137	银边芒	*Miscanthus sinensis var. variegatus*	禾本科	芒属	草本					观叶	山地区
138	牛鞭草	*Hemarthria compressa*	禾本科	牛鞭草属	草本		√			观叶	山地区、环山带区
139	燕麦	*Avena sativa*	禾本科	燕麦属	草本		√			观果	山地区、环山带区
140	秋华柳	*Salix variegata*	杨柳科	柳属	落叶灌木		√			观叶	湖塘区
141	石竹	*Dianthus chinensis*	石竹科	石竹属	草本		√			观花	山地区、环山带区
142	麦冬	*Ophiopogon japonicus*	天门冬科	沿阶草属	草本					观叶	山地区、环山带区
143	赤楠	*Syzygium buxifolium*	桃金娘科	蒲桃属	常绿灌木		√			观花观果	消落带区
144	大叶黄杨	*Euonymus japonicus*	卫矛科	卫矛属	常绿灌木		√			观叶	消落带区
145	金边黄杨	*Euonymus japonicus var. aurea-marginatus*	卫矛科	卫矛属	常绿灌木		√			观叶	消落带区
146	荚蒾	*Viburnum dilatatum*	忍冬科	荚蒾属	落叶灌木		√			观花观果	环山带区
147	金佛山荚蒾	*Viburnum chinshanense*	忍冬科	荚蒾属	落叶灌木		√			观花观果	山地区、环山带区
148	珊瑚树	*Viburnum odoratissimum*	忍冬科	荚迷属	常绿灌木			√		观花观果	消落带区
149	接骨木	*Sambucus williamsii*	忍冬科	接骨木属	落叶灌木		√			观花观果	山地区
150	八角金盘	*Fatsia japonica*	五加科	八角金盘属	常绿灌木		√			观叶	消落带区
151	风轮菜	*Clinopodium chinense*	唇形科	风轮菜属	草本		√			观花	山地区、环山带区
152	细风轮菜	*Clinopodium gracile*	唇形科	风轮菜属	草本		√			观花	山地区、环山带区
153	牛至	*Origanum vulgare*	唇形科	牛至属	草本		√			观花	山地区
154	石荠苎	*Mosla scabra*	唇形科	石荠苎属	草本		√			观花	山地区
155	荔枝草	*Salvia plebeia*	唇形科	鼠尾草属	草本		√			观花	山地区、消落带区
156	夏至草	*Lagopsis supina*	唇形科	夏至草属	草本		√			观花	山地区、环山带区
157	益母草	*Leonuru japonicus*	唇形科	益母草属	草本		√			观花	山地区、环山带区
158	紫苏	*Perilla frutescens*	唇形科	紫苏属	草本		√			观花	环山带区
159	飞扬草	*Euphorbia hirta*	大戟科	大戟属	草本		√			药用	山地区、环山带区
160	铁苋菜	*Acalypha australis*	大戟科	铁苋菜属	草本		√			药用	环山带区、山地区

续表

编号	植物物种	拉丁名	科	属	生活型	珍稀保护植物	乡土植物	速生树种	长寿树种	观赏特性	岛上位置
161	葎草	*Humulus scandens*	桑科	葎草属	草本		√			观花	山地区、环山带区、消落带区
162	木犀	*Osmanthus fragrans*	木犀科	木犀属	草本		√			观花	环山带区、消落带区、消落带区
163	大豆	*Glycine max*	豆科	大豆属	草本		√			观花	山地区、环山带区
164	野大豆	*Glycine soja*	豆科	大豆属	草本		√			观花	山地区、环山带区、消落带区
165	鸡眼草	*Kummerowia striata*	豆科	鸡眼草属	草本		√			观花	环山带区、消落带区
166	决明	*Senna tora*	豆科	决明属	草本		√			观花观果	山地区、环山带区
167	野苜蓿	*Medicago falcata*	豆科	苜蓿属	草本		√			观花	山地区、环山带区、消落带区
168	宽卵叶长柄山蚂蝗	*Hylodesmum podocarpum subsp. fallax*	豆科	长柄山蚂蝗属	草本		√			观花	山地区、环山带区
169	湖北凤仙花	*Impatiens pritzelii*	凤仙花科	凤仙花属	草本		√			观花	山地区、环山带区
170	海金沙	*Lygodium japonicum*	海金沙科	海金沙属	草本		√			观叶	山地区、环山带区
171	白茅	*Imperata cylindrica*	禾本科	白茅属	草本		√			观花	山地区、环山带区、消落带区
172	大白茅	*Imperata cylindrica var. major*	禾本科	白茅属	草本		√			观花	消落带区、坡岸区
173	西来稗	*Echinochloa crus-galli var. zelayensis*	禾本科	稗属	草本		√			观叶	消落带区、消落带区
174	棒头草	*Polypogon fugax*	禾本科	棒头草属	草本		√			观叶	山地区、环山带区、消落带区
175	臭草	*Melica scabrosa*	禾本科	臭草属	草本		√			观花	山地区、环山带区
176	拂子茅	*Calamagrostis epigeios*	禾本科	拂子茅属	草本		√			观花	消落带区、环山带区、山地区
177	斑茅	*Saccharum arundinaceum*	禾本科	甘蔗属	草本		√			观花观果	环山带区
178	甜根子草	*Saccharum spontaneum*	禾本科	甘蔗属	草本		√			观花	环山带区、消落带区
179	大狗尾草	*Setaria faberi*	禾本科	狗尾草属	草本		√			观叶	山地区、环山带区
180	狗尾草	*Setaria viridis*	禾本科	狗尾草属	草本		√			观叶	山地区、环山带区、消落带区
181	金色狗尾草	*Setaria pumila*	禾本科	狗尾草属	草本		√			观花	环山带区、山地区、消落带区

续表

编号	植物物种	拉丁名	科	属	生活型	珍稀保护植物	乡土植物	速生树种	长寿树种	观赏特性	岛上位置
182	狗牙根	*Cynodon dactylon*	禾本科	狗牙根属	草本		√			观叶观花	环山带区、消落带区、湖塘区
183	画眉草	*Eragrostis pilosa*	禾本科	画眉草属	草本		√			观叶	山地区、环山带区、消落带区
184	京芒草	*Achnatherum pekinense*	禾本科	芨芨草属	草本		√			观叶观花	消落带区
185	菅	*Themeda villosa*	禾本科	菅属	草本		√			观叶	山地区、环山带区
186	结缕草	*Zoysia japonica*	禾本科	结缕草属	草本		√			观叶	环山带区、消落带区
187	细叶结缕草	*Zoysia pacifica*	禾本科	结缕草属	草本		√			观叶	环山带区、消落带区
188	金发草	*Pogonatherum paniceum*	禾本科	金发草属	草本		√			观叶观花	山地区、环山带区
189	金丝草	*Pogonatherum crinitum*	禾本科	金发草属	草本		√			观花	消落带区、坡岸区
190	狼尾草	*Pennisetum alopecuroides*	禾本科	狼尾草属	草本		√			观叶观花	山地区、环山带区
191	卡开芦	*Phragmites karka*	禾本科	芦苇属	草本					观叶	消落带区、坡岸区
192	芦竹	*Arundo donax*	禾本科	芦竹属	草本		√			观叶观花	消落带区、湖塘区
193	马唐	*Digitaria sanguinalis*	禾本科	马唐属	草本		√			观果	山地区、环山带区
194	升马唐	*Digitaria ciliaris*	禾本科	马唐属	草本		√			观叶观果穗	环山带区、消落带区
195	十字马唐	*Digitaria cruciata*	禾本科	马唐属	草本		√			观果穗	山地区、环山带区
196	紫马唐	*Digitaria violascens*	禾本科	马唐属	草本		√			观果穗	山地区、环山带区、消落带区
197	芒	*Miscanthus sinensis*	禾本科	芒属	草本		√			观叶观花果穗	消落带区
198	南荻	*Miscanthus lutarioriparius*	禾本科	芒属	草本		√			观花序	消落带区
199	五节芒	*Miscanthus floridulus*	禾本科	芒属	草本		√			观花果穗	消落带区
200	扁穗牛鞭草	*Hemarthria compressa*	禾本科	牛鞭草属	草本		√			观叶	消落带区
201	柯孟披碱草	*Elymus kamoji*	禾本科	披碱草属	草本		√			观叶观花序	山地区、环山带区、消落带区
202	蒲苇	*Cortaderia selloana*	禾本科	蒲苇属	草本		√			观花序	消落带区
203	求米草	*Oplismenus undulatifolius*	禾本科	求米草属	草本		√			观披针形叶	山地区、环山带区、消落带区

续表

编号	植物物种	拉丁名	科	属	生活型	珍稀保护植物	乡土植物	速生树种	长寿树种	观赏特性	岛上位置
204	竹叶草	*Oplismenus compositus*	禾本科	求米草属	草本		√			观叶观花	山地区、消落带区
205	雀稗	*Paspalum thunbergii*	禾本科	雀稗属	草本		√			观绿色线形叶	环山带区、消落带区
206	双穗雀稗	*Paspalum distichum*	禾本科	雀稗属	草本		√			观绿色线形叶	环山带区、消落带区
207	雀麦	*Bromus japonicus*	禾本科	雀麦属	草本		√			观叶观果穗	消落带区
208	疏花雀麦	*Bromus remotiflorus*	禾本科	雀麦属	草本		√			观叶	消落带区
209	牛筋草	*Eleusine indica*	禾本科	䅟属	草本		√			观叶观果穗	山地区、环山带区
210	鼠尾粟	*Sporobolus fertilis*	禾本科	鼠尾粟属	草本		√			观叶观果穗	山地区
211	粟草	*Milium effusum*	禾本科	粟草属	草本		√			观叶观果穗	山地区、消落带区
212	细柄草	*Capillipedium parviflorum*	禾本科	细柄草属	草本		√			观叶观果穗	山地区、消落带区
213	细穗草	*Lepturus repens*	禾本科	细穗草属	草本		√			观叶观果穗	消落带区
214	毛秆野古草	*Arundinella hirta*	禾本科	野古草属	草本		√			观叶观果穗	山地区、环山带区
215	薏苡	*Coix lacryma-jobi*	禾本科	薏苡属	草本		√			观叶观果穗	环山带区、山地区、消落带区
216	柔枝莠竹	*Microstegium vimineum*	禾本科	莠竹属	草本		√			观叶	山地区
217	竹叶茅	*Microstegium nudum*	禾本科	莠竹属	草本		√			观叶	山地区、消落带区
218	玉米（玉蜀黍）	*Zea mays*	禾本科	玉蜀黍属	草本		√			观果穗	环山带区、山地区
219	南瓜	*Cucurbita moschata*	葫芦科	南瓜属	草本		√			观花观果	环山带区、山地区
220	花叶艳山姜	*Alpinia zerumbet var. variegata*	姜科	山姜属	草本		√			观叶	消落带区
221	地桃花	*Urena lobate*	锦葵科	梵天花属	草本		√			观花	山地区
222	黄花棯	*Sida acuta*	锦葵科	黄花棯属	草本		√			观花	山地区
223	芭蕉	*Musa basjoo*	芭蕉科	芭蕉属	草本		√			观叶	环山带区、消落带区

续表

编号	植物物种	拉丁名	科	属	生活型	珍稀保护植物	乡土植物	速生树种	长寿树种	观赏特性	岛上位置
224	冬葵	*Malva verticillata var. crispa*	锦葵科	锦葵属	草本		√			观花	山地区
225	蜀葵	*Althaea rosea*	锦葵科	蜀葵属	草本		√			观花	山地区、消落带区
226	苍耳	*Xanthium strumarium*	菊科	苍耳属	草本		√			观倒卵形瘦果	山地区、环山带区
227	飞蓬	*Erigeron acris*	菊科	飞蓬属	草本		√			观花	山地区、环山带区、消落带区
228	香丝草	*Erigeron bonariensis*	菊科	飞蓬属	草本		√			观花	环山带区
229	鬼针草	*Bidens pilosa*	菊科	鬼针草属	草本		√			观花	山地区、环山带区、消落带区
230	婆婆针	*Bidens bipinnata*	菊科	鬼针草属	草本		√			观花	山地区、环山带区、消落带区
231	艾蒿（艾）	*Artemisia argyi*	菊科	蒿属	草本		√			观花	山地区、环山带区
232	臭蒿	*Artemisia hedinii*	菊科	蒿属	草本		√			观花	山地区、环山带区
233	黄花蒿	*Artemisia annua*	菊科	蒿属	草本		√			观花	山地区、环山带区、消落带区
234	青蒿	*Artemisia caruifolia*	菊科	蒿属	草本		√			观花	山地区、环山带区、消落带区
235	沙蒿	*Artemisia desertorum*	菊科	蒿属	草本		√			观叶	山地区、环山带区、消落带区
236	水蒿（蒌蒿）	*Artemisia selengensis*	菊科	蒿属	草本		√			观花	山地区、环山带区、消落带区
237	五月艾	*Artemisia indica*	菊科	蒿属	草本		√			观花	山地区、消落带区
238	木耳菜	*Gynura cusimbua*	菊科	菊三七属	草本		√			观花	山地区、环山带区
239	野菊	*Chrysanthemum indicum*	菊科	菊属	草本		√			观花	山地区、环山带区、消落带区
240	假还阳参	*Crepidiastrum lanceolatum*	菊科	假还阳参属	半灌木		√			观花	山地区、环山带区、消落带区
241	苦苣菜	*Sonchus oleraceus*	菊科	苦苣菜属	草本		√			观花	山地区、环山带区
242	鳢肠	*Eclipta prostrata*	菊科	鳢肠属	草本		√			观花	山地区、消落带区
243	拟鼠麴草	*Pseudognaphalium affine*	菊科	拟鼠麴草属	草本		√			观花	山地区、消落带区

续表

编号	植物物种	拉丁名	科	属	生活型	珍稀保护植物	乡土植物	速生树种	长寿树种	观赏特性	岛上位置
244	天名精	*Carpesium abrotanoides*	菊科	天名精属	草本		√			观叶	山地区、消落带区
245	烟管头草	*Carpesium cernuum*	菊科	天名精属	草本		√			观花	山地区
246	野莴苣	*Lactuca seriola*	菊科	莴苣属	草本		√			观花	山地区、消落带区
247	一点红	*Emilia sonchifolia*	菊科	一点红属	草本		√			观花	山地区
248	马兰	*Aster indicus*	菊科	紫菀属	草本		√			观花	山地区、消落带区
249	秋分草	*Aster verticillatus*	菊科	紫菀属	草本		√			观花	山地区、环山带区、消落带区
250	三脉紫菀	*Aster trinervius subsp. ageratoide*	菊科	紫菀属	草本		√			观花	山地区、环山带区、消落带区
251	紫菀	*Aster tataricus*	菊科	紫菀属	草本		√			观花	山地区、消落带区
252	钻叶紫菀	*Aster subulatus*	菊科	紫菀属	草本		√			观花	山地区
253	爵床	*Justicia procumbens*	爵床科	爵床属	草本		√			观花	山地区
254	苦苣苔	*Conandron ramondioides*	苦苣苔科	苦苣苔属	草本		√			观花	山地区、环山带区
255	春蓼	*Polygonum persicaria*	蓼科	萹蓄属	草本		√			观花	山地区、环山带区、消落带区
256	伏毛蓼	*Polygonum pubescens*	蓼科	萹蓄属	草本		√			观花	消落带区
257	水蓼	*Polygonum hydropiper*	蓼科	萹蓄属	草本		√			观花	消落带区、环山带区
258	红蓼	*Polygonum orientale*	蓼科	萹蓄属	草本		√			观花	山地区、环山带区、消落带区
259	火炭母	*Polygonum chinense*	蓼科	萹蓄属	草本		√			观花	山地区、环山带区、消落带区
260	杠板归	*Polygonum perfoliatum*	蓼科	萹蓄属	草本		√			观花观果	山地区、环山带区
261	虎杖	*Reynoutria japonica*	蓼科	虎杖属	草本		√			观花	山地区
262	酸模	*Rumex acetosa*	蓼科	酸模属	草本		√			观花观果	山地区、消落带区
263	柳叶菜	*Epilobium hirsutum*	柳叶菜科	柳叶菜属	草本		√			观花观果	消落带区
264	柳叶马鞭草	*Verbena bonariensis*	马鞭草科	马鞭草属	草本		√			观花	环山带区、消落带区
265	美人蕉	*Canna indica*	美人蕉科	美人蕉属	草本		√			观花	消落带区
266	千屈菜	*Lythrum salicaria*	千屈菜科	千屈菜属	草本		√			观花	消落带区

续表

编号	植物物种	拉丁名	科	属	生活型	珍稀保护植物	乡土植物	速生树种	长寿树种	观赏特性	岛上位置
267	车轴草	*Galium odoratum*	茜草科	拉拉藤属	草本		√			观花	环山带区、消落带区
268	蓬子菜	*Galium verum*	茜草科	拉拉藤属	草本		√			观花	山地区、环山带区
269	四叶葎	*Galium bungei*	茜草科	拉拉藤属	草本		√			观花	山地区、环山带区、消落带区
270	草莓	*Fragaria× ananassa*	茜草科	草莓属	草本		√			观花观果	环山带区
271	龙牙草	*Agrimonia pilosa*	蔷薇科	龙牙草属	草本		√			观花	山地区、环山带区
272	龙葵	*Solanum nigrum*	茄科	茄属	草本		√			观花观果	山地区、环山带区
273	野胡萝卜	*Daucus carota*	伞形科	胡萝卜属	草本		√			观花	环山带区、山地区
274	窃衣	*Torilis scabra*	伞形科	窃衣属	草本		√			观花	环山带区、消落带区
275	两歧飘拂草	*Fimbristylis dichotoma*	莎草科	飘拂草属	草本		√			观叶	消落带区
276	水虱草	*Fimbristylis littoralis*	莎草科	飘拂草属	草本		√			观叶	消落带区
277	风车草	*Cyperus involucratus*	莎草科	莎草属	草本		√			观叶	消落带区
278	野生风车草	*Cyperus alternifolius*	莎草科	莎草属	草本		√			观叶	消落带区
279	香附子	*Cyperus rotundus*	莎草科	莎草属	草本		√			观花	消落带区
280	三棱水葱	*Schoenoplectus triqueter*	莎草科	水葱属	草本		√			观花	消落带区、环山带区
281	褐果薹草	*Carex brunnea*	莎草科	薹草属	草本		√			观花	山地区、消落带区
282	浆果薹草	*Carex baccans*	莎草科	薹草属	草本		√			观果	环山带区、消落带区
283	砖子苗	*Mariscus umbellatus var. umbellatus*	莎草科	砖子苗属	草本		√			观花	山地区、消落带区
284	垂序商陆	*Phytolacca americana*	商陆科	商陆属	草本		√			观花	山地区、环山带区、消落带区
285	商陆	*Phytolacca acinosa*	商陆科	商陆属	草本		√			观花	山地区、环山带区、消落带区
286	蔊菜	*Rorippa indica*	十字花科	蔊菜属	草本		√			观花	环山带区、消落带区
287	甘蓝	*Brassica oleracea var. capitata*	十字花科	芸薹属	草本		√			观叶	环山带区
288	欧洲油菜	*Brassica napus*	十字花科	芸薹属	草本		√			观花	环山带区
289	葱莲	*Zephyranthes candida*	石蒜科	葱莲属	草本		√			观花	山地区
290	韭莲	*Zephyranthes carinata*	石蒜科	葱莲属	草本					观花	山地区

续表

编号	植物物种	拉丁名	科	属	生活型	珍稀保护植物	乡土植物	速生树种	长寿树种	观赏特性	岛上位置
291	萱草	*Hemerocallis fulva*	阿福花科	萱草属	草本		√			观花	消落带区
292	海芋	*Alocasia odora*	天南星科	海芋属	草本					观叶	山地区、消落带区
293	春羽	*Philodenron selloum*	天南星科	喜林芋属	草本		√			观叶	消落带区
294	芋	*Colocasia esculenta*	天南星科	芋属	草本		√			观叶	环山带区
295	通泉草	*Mazus pumilus*	通泉草科	通泉草属	草本		√			观花	环山带区
296	接骨草	*Sambucus javanica*	五福花科	接骨木属	草本		√			观花观果	环山带区、消落带区
297	红马蹄草	*Hydrocotyle nepalens*	五加科	天胡荽属	草本		√			观花观果	山地区、消落带区
298	天胡荽	*Hydrocotyle sibthorpioide*	五加科	天胡荽属	草本		√			观花	环山带区、消落带区
299	疏花仙茅	*Curculigo gracilis*	仙茅科	仙茅属	草本		√			观花	山地区
300	牛膝	*Achyranthes bidentata*	苋科	牛膝属	草本		√			观叶	山地区
301	马蹄金	*Dichondra micrantha*	旋花科	马蹄金属	草本		√			观叶	消落带区
302	赤车	*Pellionia radicans*	荨麻科	赤车属	草本		√			观叶观花	环山带区、消落带区
303	冷水花	*Pilea notata*	荨麻科	荨麻科	草本		√			观花	环山带区、消落带区
304	鸭跖草	*Commelina communis*	鸭跖草科	鸭跖草属	草本		√			观花	消落带区
305	叶下珠	*Phyllanthus urinaria*	叶下珠科	叶下珠属	草本		√			观花	山地区、环山带区
306	斑种草	*Bothriospermum chinense*	紫草科	斑种草属	草本		√			观花	山地区、环山带区
307	黄花酢浆草	*Oxalis pes-caprae*	酢浆草科	酢浆草属	草本					观花	山地区、环山带区
308	凤尾蕨	*Pteris cretica var. nervosa*	凤尾蕨科	凤尾蕨属	草本		√			观叶	山地区、环山带区、消落带区
309	蜈蚣草	*Eremochloa ciliaris*	凤尾蕨科	凤尾蕨属	草本		√			观叶	山地区、环山带区、消落带区
310	渐尖毛蕨	*Cyclosorus acuminatus*	金星蕨科	毛蕨属	草本		√			观叶	山地区
311	笔管草	*Equisetumr amosissimum subsp. debile*	木贼科	木贼属	草本					观叶	消落带区
312	问荆	*Equisetum arvense*	木贼科	木贼属	草本					观叶	消落带区
313	肾蕨	*Nephrolepis cordifolia*	肾蕨科	肾蕨属	草本		√			观叶	环山带区、消落带区
314	蕨	*Pteridium aquilinum var. latiusculum*	碗蕨科	蕨属	草本		√			观叶	山地区、环山带区

续表

编号	植物物种	拉丁名	科	属	生活型	珍稀保护植物	乡土植物	速生树种	长寿树种	观赏特性	岛上位置
315	菝葜	*Smilax china*	菝葜科	菝契属	常绿灌木		√			观花观果	山地区
316	常春油麻藤	*Mucuna sempervirens*	豆科	油麻藤属	木质藤本		√			观花观果	山地区
317	牛奶菜	*Marsdenia sinensis*	夹竹桃科	牛奶菜属	木质藤本		√			观花	山地区
318	三叶木通	*Akebia trifoliata*	木通科	木通属	木质藤本		√			观花观果	山地区
319	地锦	*Parthenocissus tricuspidata*	葡萄科	地锦属	木质藤本		√			观叶	消落带区、山地区、环山带区
320	蓝果蛇葡萄	*Ampelopsis bodinieri*	葡萄科	蛇葡萄属	木质藤本		√			观果	山地区
321	三裂蛇葡萄	*Ampelopsis delavayana*	葡萄科	蛇葡萄属	木质藤本		√			观果	山地区、环山带区
322	小果蔷薇	*Rosa cymosa*	蔷薇科	蔷薇属	落叶灌木		√			观花观果	消落带区
323	单瓣白木香	*Rosa banksiae var. normalis*	蔷薇科	蔷薇属	落叶灌木		√			观花	消落带区
324	锈毛莓	*Rubus reflexus*	蔷薇科	悬钩子属	落叶灌木		√			观花观果	山地区、环山带区
325	清风藤	*Sabia japonica*	清风藤科	清风藤属	木质藤本					观花观果	山地区
326	柘藤	*Maclura fruticosa*	桑科	橙桑属	木质藤本					观叶	山地区
327	地果	*Ficus tikoua*	桑科	榕属	木质藤本		√			观叶观果	山地区、环山带区
328	藤构	*Broussonetia kaempferi var. australis*	桑科	构属	常绿灌木		√			观叶观果	山地区
329	勾儿茶	*Berchemia sinica*	鼠李科	勾儿茶属	常绿灌木		√			观花观果	抗战文化区
330	扶芳藤	*Euonymus fortunei*	卫矛科	卫矛属	常绿灌木		√			观叶观花观果	林荫山地区、抗战文化区
331	常春藤	*Hedera nepalensis var. sinensis*	五加科	常春藤属	常绿灌木		√			观花观果	山地区
332	葛	*Pueraria montana*	豆科	葛属	草质藤本		√			观花	山地区、消落带区
333	大苞赤瓟	*Thladiantha cordifolia*	葫芦科	赤瓟属	草质藤本		√			观花	山地区、消落带区
334	乌蔹莓	*Cayratia japonica*	葡萄科	乌蔹莓属	草质藤本		√			观果	山地区
335	牛皮消	*Cynanchum auriculatum*	夹竹桃科	鹅绒藤属	草质藤本		√			观花	环山带区、消落带区
336	白英	*Solanum lyratum*	茄科	茄属	草质藤本		√			观花观果	山地区、环山带区、消落带区
337	地瓜（番薯）	*Ipomoea batatas*	旋花科	虎掌藤属	草质藤本		√			观叶观花	环山带区
338	东京银背藤	*Argyreia pierreana*	旋花科	银背藤属	木质藤本		√			观花	山地区、环山带区

续表

编号	植物物种	拉丁名	科	属	生活型	珍稀保护植物	乡土植物	速生树种	长寿树种	观赏特性	岛上位置
339	淡竹叶	*Lophatherum gracile*	禾本科	淡竹叶属	竹类		√			观叶	山地区
340	斑竹	*Phyllostachys bambusoides f. lacrima-deae*	禾本科	刚竹属	竹类		√	√		观叶	山地区
341	刚竹	*Phyllostachys sulphurea var. viridis*	禾本科	刚竹属	竹类		√	√		观叶	山地区
342	毛竹	*Phyllostachys edulis*	禾本科	刚竹属	竹类		√	√		观叶	山地区、环山带区
343	水竹	*Phyllostachys heteroclada*	禾本科	刚竹属	竹类		√	√		观叶	山地区
344	冬竹	*Fargesia hsuehiana*	禾本科	箭竹属	竹类					观叶	山地区
345	苦竹	*Pleioblastus amarus*	禾本科	苦竹属	竹类		√	√		观叶	山地区
346	硬头黄竹	*Bambusa rigida*	禾本科	簕竹属	竹类		√	√		观叶	山地区、环山带区
347	车筒竹	*Bambusa sinospinosa*	禾本科	簕竹属	竹类		√			观叶	山地区
348	慈竹	*Bambusa emeiensis*	禾本科	簕竹属	竹类		√	√		观叶	山地区、环山带区
349	料慈竹	*Bambusa distegia*	禾本科	簕竹属	竹类		√	√		观叶	山地区
350	孝顺竹	*Bambusa multiplex*	禾本科	簕竹属	竹类		√	√		观叶	山地区
351	鹅掌柴	*Schefflera heptapphylla*	五加科	鹅掌柴属	常绿灌木			√		观叶观果	山地区、消落带区
352	通脱木	*Tetrapanax papyrifer*	五加科	通脱木属	常绿灌木		√	√		观叶观果	环山带区、消落带区
353	南天竹	*Nandina domestica*	小檗科	南天竹属	常绿灌木		√			观叶观果	消落带区
354	阔叶十大功劳	*Mahonia bealei*	小檗科	十大功劳属	常绿灌木		√			观花观果	消落带区
355	十大功劳	*Mahonia fortunei*	小檗科	十大功劳属	常绿灌木		√			观花观果	消落带区
356	紫叶小檗	*Berberis thunbergii var. atropurpurea*	小檗科	小檗属	落叶灌木		√			观叶观果	消落带区
357	白背枫	*Buddleja asiatica*	玄参科	醉鱼草属	落叶小乔木	√	√	√	√	观花	环山带区
358	大叶醉鱼草	*Buddleja davidii*	玄参科	醉鱼草属	落叶灌木		√	√		观花	山地区、环山带区
359	醉鱼草	*Buddleja lindleyana*	玄参科	醉鱼草属	落叶灌木		√			观花	消落带区
360	水麻	*Debregeasia orientalis*	荨麻科	水麻属	常绿灌木		√			观果	环山带区、消落带区

续表

编号	植物物种	拉丁名	科	属	生活型	珍稀保护植物	乡土植物	速生树种	长寿树种	观赏特性	岛上位置
361	长叶水麻	*Debregeasia longifolia*	荨麻科	水麻属	常绿灌木		√			观果	环山带区、消落带区
362	束序苎麻	*Boehmeria siamensis*	荨麻科	苎麻属	落叶灌木		√			观花	山地区、环山带区
363	苎麻	*Boehmeria nivea*	荨麻科	苎麻属	常绿灌木		√			观花	山地区
364	落萼叶下珠	*Phyllanthus flexuosus*	大戟科	叶下珠属	落叶灌木		√			观果	环山带区
365	平车前	*Plantago depressa*	车前科	车前属	草本		√			观花	山地区、环山带区、消落带区
366	糙苏	*Phlomis umbrosa*	唇形科	糙苏属	草本		√			观花	山地区、环山带区
367	灯笼草	*Clinopodium polycephalum*	唇形科	风轮菜属	草本		√			观花	山地区、环山带区
368	凤尾竹	*Bambusa multiplex f. fernleaf*	禾本科	簕竹属	竹类		√	√		观叶	山地区
369	小琴丝竹	*Bambusa multiplex f. stripestem-fernleaf*	禾本科	簕竹属	竹类		√			观叶	山地区
370	柳叶箬	*Isachne globosa*	禾本科	柳叶箬属	竹类			√		观叶	山地区
371	麻竹	*Dendrocalamus latiflorus*	禾本科	牡竹属	竹类		√	√		观叶	山地区
372	箬竹	*Indocalamus tessellatus*	禾本科	箬竹属	竹类			√		观叶	山地区
373	菖蒲	*Acorus calamus*	菖蒲科	菖蒲属	水生植物		√			观叶	坡岸区
374	浮萍	*Lemna minor*	天南星科	浮萍属	水生植物		√			观叶	湖塘区
375	茭白（菰）	*Zizania latifolia*	禾本科	菰属	水生植物					观叶	湖塘区
376	芦苇	*Phragmites australis*	禾本科	芦苇属	水生植物		√			观叶	坡岸区、消落带区
377	荷花（莲）	*Nelumbo nucifera*	莲科	莲属	水生植物		√			观叶	湖塘区
378	水鳖	*Hydrocharis dubia*	水鳖科	水鳖属	水生植物					观叶观花	湖塘区
379	水烛	*Typha angustifolia*	香蒲科	香蒲属	水生植物					观花	湖塘区、坡岸区、消落带区
380	香蒲	*Typha orientalis*	香蒲科	香蒲属	水生植物		√			观叶观花	湖塘区、坡岸区、消落带区
381	雨久花	*Monochoria korsakowii*	雨久花科	雨久花属	水生植物					观花	湖塘区
382	慈姑	*Sagittaria trifolia var. sinensis*	泽泻科	慈姑属	水生植物		√			观花	湖塘区
383	再力花	*Thalia dealbata*	竹芋科	水竹芋属	水生植物					观花	湖塘区、坡岸区

广阳岛引种植物汇总表

编号	植物物种	拉丁名	科	属	生活型	珍稀保护植物	乡土植物	速生树种	长寿树种	观赏特性	岛上位置
1	池杉	*Taxodium distichum var. imbricatum*	柏科	落羽杉属	落叶乔木		√	√		观叶	水岸
2	落羽杉	*Taxodium distichum*	柏科	落羽杉属	落叶乔木			√	√	观叶	水岸
3	金叶水杉	*Metasequoia glyptostroboides 'GoldRush'*	杉科	水杉属	落叶乔木	√		√	√	观叶	水岸
4	黄连木	*Pistacia chinensis*	漆树科	黄连木属	落叶乔木	√	√	√	√	观叶	山地
5	垂丝海棠	*Malus halliana*	蔷薇科	苹果属	落叶乔木		√			观花	平地、阳坡
6	三角槭	*Acer buergerianum*	无患子科	槭属	落叶乔木		√			观叶	水岸、山地
7	蓝花楹	*Jacaranda mimosifolia*	紫葳科	蓝花楹属	落叶乔木			√		观花	平地
8	二乔玉兰	*Yulania × soulangeana*	木兰科	玉兰属	落叶小乔木			√		观花	平地
9	龙眼	*Dimocarpus longan*	无患子科	龙眼属	常绿乔木			√		观果	疏林
10	美人梅	*Prunus × blireana*	蔷薇科	李属	落叶乔木					观花	平地、山地
11	杏梅	*Armeniaca mume var. bungo Makino*	蔷薇科	杏属	落叶小乔木					观花	平地、山地
12	现代海棠	*Malus micromalus 'American'*	蔷薇科	苹果属	落叶乔木				√	观花	平地、山地
13	照手桃	*Amygdalus persica 'Terutemomo'*	蔷薇科	李属	落叶小乔木					观花	平地、山地
14	全缘叶栾树	*Koelreuteria bipinnata 'Integrifoliola'*	无患子科	栾属	落叶乔木		√	√		观叶	平地、山地
15	龙牙花	*Erythrina corallodendron*	豆科	刺桐属	落叶乔木			√		观花	山地、消落带
16	紫玉兰	*Magnolia liliflora*	木兰科	玉兰属	落叶小乔木			√		观花	平地、阳坡
17	金桂	*Osmanthus fragrans var.thunbergii.*	木犀科	木犀属	常绿乔木				√	观花	平地、阴坡
18	丹桂	*Osmanthus fragrans var. aurantiacus.*	木犀科	木犀属	常绿乔木				√	观花	平地、阴坡
19	小蜡	*Ligustrum sinense*	木犀科	女贞属	常绿灌木						山谷、阳坡、林下
20	金合欢	*Acacia farnesiana*	豆科	相思树属	半落叶乔木			√		观花	阳坡
21	榔榆	*Ulmus parvifolia*	榆科	榆属	落叶乔木			√			平地
22	杨梅	*Myrica rubra*	杨梅科	香杨梅属	常绿乔木					观果	山地
23	石榴	*Punica granatum*	千屈菜科	石榴属	乔木				√	观花	平地、阳坡

续表

编号	植物物种	拉丁名	科	属	生活型	珍稀保护植物	乡土植物	速生树种	长寿树种	观赏特性	岛上位置
24	绣球	*Hydrangea macrophylla*	绣球花科	绣球属	灌木					观花	林缘
25	木芙蓉	*Hibiscus mutabilis*	锦葵科	木槿属	乔木		√			观花	平地、阳坡
26	大吴风草	*Farfugium japonicum*	菊科	大吴风草属	草本					观花	山谷、林下
27	波斯菊（秋英）	*Cosmos bipinnatus*	菊科	秋英属	草本					观花	水岸、阳坡
28	大滨菊	*Leucanthemum maximum*	菊科	滨菊属	草本					观花	阴坡
29	大花金鸡菊	*Coreopsis grandiflora*	菊科	金鸡菊属	草本					观花	路缘
30	蛇鞭菊	*Liatris spicata*	菊科	蛇鞭菊属	草本					观花	水岸
31	落新妇	*Astilbe chinensis*	虎耳草科	落新妇属	草本					观花	路缘、林下
32	紫娇花	*Tulbaghia violacea*	石蒜科	紫娇花属	草本					观花	平地、阳坡
33	佛甲草	*Sedum lineare*	景天科	景天属	草本					观叶	路缘
34	马蔺	*Iris lactea*	鸢尾科	鸢尾属	草本					观花	路缘、山地
35	大苞萱草	*Hemerocallis middendorffii*	阿福花科	萱草属	草本					观花	阴坡
36	细叶芒	*Miscanthus sinensis'Gracillimus'*	禾本科	芒属	草本					观叶	路缘、水岸、林下
37	花叶芦竹	*Arundo donax var. versicolor*	禾本科	芦竹属	草本					观叶	水岸
38	花叶蒲苇	*Cortaderia selloana'Silver Comet'*	禾本科	蒲苇属	草本					观叶	水岸
39	吉祥草	*Reineckea carnea*	天门冬科	吉祥草属	草本		√			观花	阴坡、山谷、林下
40	天门冬	*Asparagus cochinchinensis*	天门冬科	天门冬属	草本		√			观果	山谷、林下
41	狐尾藻	*Myriophyllum verticillatum*	小二仙草科	狐尾藻属	水生植物					观叶	水下
42	梭鱼草	*Pontederia cordata*	雨久花科	梭鱼草属	水生植物					观叶	水下
43	水葱	*Schoenoplectus tabernaemontani*	莎草科	水葱属	水生植物					观叶	水中
44	睡莲	*Nymphaea tetragona*	睡莲科	睡莲属	水生植物					观花	水中
45	金鱼藻	*Ceratophyllum demersum*	金鱼藻科	金鱼藻属	水生植物						水下
46	眼子菜	*Potamogeton distinctus*	眼子菜科	眼子菜属	水生植物						水下
47	黄菖蒲	*Iris pseudacorus*	鸢尾科	鸢尾属	草本					观花	水岸

续表

编号	植物物种	拉丁名	科	属	生活型	珍稀保护植物	乡土植物	速生树种	长寿树种	观赏特性	岛上位置
48	南洋杉	*Araucaria cunninghamii*	南洋杉科	苏铁属	常绿乔木					观形	山地、疏林下
49	金钱松	*Pseudolarix amabilis*	松科	金钱松属	落叶乔木		√		√	观形观叶	山地、疏林下
50	湿地松	*Pinus elliottii*	松科	松属	常绿乔木			√		观形观叶	水岸
51	雪松	*Cedrus deodara*	松科	雪松属	常绿乔木				√	观形观叶	阳坡、疏林下
52	羽脉山黄麻	*Trema levigata*	大麻科	山黄麻属	常绿灌木		√			观形观叶	山地
53	洋紫荆	*Bauhinia variegata*	豆科	羊蹄甲属	落叶乔木		√			观花	山地
54	紫荆	*Cercis chinensis*	豆科	紫荆属	落叶灌木		√			观花	山地、阳坡
55	杜仲	*Eucommia ulmoides*	杜仲科	杜仲属	落叶乔木	√	√		√	观形	山地
56	桤木	*Alnus cremastogyne*	桦木科	桤木属	落叶乔木		√	√		观形观果	山地、水岸
57	香椿	*Toona sinensis*	楝科	香椿属	落叶乔木		√	√	√	观叶观果	山地、平地
58	黄兰含笑	*Michelia champaca*	木兰科	含笑属	常绿乔木					观形观花	山地、谷地
59	乐昌含笑	*Michelia chapensis*	木兰科	含笑属	常绿乔木	√				观花	山地、谷地
60	望春玉兰	*Yulania biondii*	木兰科	玉兰属	落叶乔木		√			观花	山地、平地
61	染井吉野樱	*Rosaceae Cerasus × yedoensis 'Somei-yoshino'*	蔷薇科	樱属	落叶乔木					观花	山地、平地
62	灯台树	*Cornus controversa*	山茱萸科	山茱萸属	落叶乔木		√			观形观花	水岸、平地
63	光皮树（光皮梾木）	*Cornus wilsoniana*	山茱萸科	山茱萸属	落叶乔木		√	√		观形	山地、水岸
64	黄金串钱柳	*Melaleuca bracteata*	桃金娘科	白千层属	常绿乔木			√		观叶观花	阳坡、水岸
65	荔枝	*Litchi chinensis*	无患子科	荔枝属	常绿乔木		√	√		观果	山地、阳坡
66	枫香	*Liquidambar formosana*	蕈树科	枫香树属	落叶乔木		√			观形观叶	山地
67	余甘子	*Phyllanthus emblica*	叶下珠科	叶下珠属	落叶灌木		√			观形观果	山地
68	楠木	*Phoebe zhennan*	樟科	楠属	常绿乔木	√	√			观形观叶	山地
69	香叶树	*Lindera communis*	樟科	山胡椒属	常绿乔木					观花观果	山地、疏林下
70	阴香	*Cinnamomum burmannii*	樟科	樟属	常绿乔木		√	√		观花观果	山地、疏林下
71	朱砂根	*Ardisia crenata*	报春花科	紫金牛属	常绿灌木		√			观花观果	疏林下
72	紫金牛	*Ardisia japonica*	报春花科	紫金牛属	常绿灌木		√			观花观果	林下

续表

编号	植物物种	拉丁名	科	属	生活型	珍稀保护植物	乡土植物	速生树种	长寿树种	观赏特性	岛上位置
73	变叶木	*Codiaeum variegatum*	大戟科	变叶木属	常绿灌木					观叶	林下
74	山麻杆	*Alchornea davidii*	大戟科	山麻杆属	常绿灌木		√			观叶	林下、山地
75	石岩枫	*Mallotus repandus*	大戟科	野桐属	常绿灌木					观花观果	疏林下、林缘
76	双荚决明	*Senna bicapsularis*	豆科	决明属	常绿灌木					观叶观花	水岸、林下
77	马棘（河北木蓝）	*Indigofera bungeana*	豆科	木蓝属	落叶灌木		√			观花观果	山地
78	白花杜鹃	*Rhododendron mucronatum*	杜鹃花科	杜鹃花属	半常绿灌木		√			观叶观花	山地、疏林下
79	锦绣杜鹃	*Rhododendron × pulchrum*	杜鹃花科	杜鹃花属	半常绿灌木					观花	水岸、林缘
80	胡颓子	*Elaeagnus pungens*	胡颓子科	胡颓子属	常绿灌木		√			观花观果	山地、林下
81	牛奶子	*Elaeagnus umbellata*	胡颓子科	胡颓子属	落叶灌木					观花观果	山地、林下
82	檵木	*Loropetalum chinense*	金缕梅科	檵木属	常绿灌木			√		观叶观花	山地、林下
83	金丝桃	*Hypericum monogynum*	金丝桃科	金丝桃属	半常绿灌木		√			观花	山地、林下
84	木槿	*Hibiscus syriacus*	锦葵科	木槿属	落叶灌木		√			观花	平地、疏林下
85	缫丝花	*Rosa roxburghii*	蔷薇科	蔷薇属	常绿灌木		√			观花观果	林下、阴坡
86	枸杞	*Lycium chinense*	茄科	枸杞属	落叶灌木		√			观花观果	平地、阳坡
87	茶梅	*Camellia sasanqua*	山茶科	山茶属	常绿灌木					观花	阴坡、山地
88	小株木	*Cornus paucinervis*	山茱萸科	山茱萸属	落叶乔木		√			观花观果	水岸边、林缘
89	花叶青木	*Aucuba japonica var. variegata*	丝缨花科	桃叶珊瑚属	常绿灌木		√			观叶观果	阳坡、林下
90	桃叶珊瑚	*Aucuba chinensis*	丝缨花科	桃叶珊瑚属	常绿灌木					观果	林下、疏林下
91	红千层	*Callistemon rigidus*	桃金娘科	红千层属	常绿灌木			√		观花	阳坡、林缘
92	欧洲荚蒾	*Viburnum opulus*	五福花科	荚蒾属	常绿灌木					观花观果	林下、疏林下
93	紫麻	*Oreocnide frutescens*	荨麻科	紫麻属	常绿灌木		√			观花观果	林缘、林下
94	瘦瘠野古草	*Arundinella hirta var. depauperata*	禾本科	野古草属	草本		√			观叶	山地
95	糙野青茅	*Deyeuxia scabrescens*	禾本科	野青茅属	草本		√			观叶	林下、疏林下

续表

编号	植物物种	拉丁名	科	属	生活型	珍稀保护植物	乡土植物	速生树种	长寿树种	观赏特性	岛上位置
96	野青茅	*Deyeuxia pyramidalis*	禾本科	野青茅属	草本		√			观叶	山地
97	郁金	*Curcuma aromatica*	姜科	姜黄属	草本		√			观花	谷地
98	白酒草	*Eschenbachia japonica*	菊科	白酒草属	草本		√			观花	林缘、林下
99	银叶菊	*Senecio cineraria*	菊科	千里光属	草本					观叶观花	阳坡
100	翠芦莉（蓝花草）	*Ruellia simplex*	爵床科	芦莉草属	草本					观花	阳坡、林下
101	四季海棠	*Begonia cucullata var. hookeri*	秋海棠科	秋海棠属	草本					观花	阴坡、林下
102	诸葛菜	*Orychophragmus violaceus*	十字花科	诸葛菜属	草本		√			观花	阳坡
103	水鬼蕉	*Hymenocallis littoralis*	石蒜科	水鬼蕉属	草本					观叶观花	阳坡
104	蜘蛛抱蛋	*Aspidistra elatior*	天门冬科	蜘蛛抱蛋属	草本		√			观叶	林下、阴坡
105	大叶仙茅	*Curculigo capitulata*	仙茅科	仙茅属	草本		√			观叶	林下、阴坡
106	花叶冷水花	*Pilea cadierei*	荨麻科	冷水花属	草本		√			观叶	林下、阴坡
107	扁竹兰	*Iris confusa*	鸢尾科	鸢尾属	草本		√			观花	山地
108	香花鸡血藤	*Callerya dielsiana*	豆科	鸡血藤属	常绿藤本		√			观花	山地、阴坡
109	紫藤	*Wisteria sinensis*	豆科	紫藤属	常绿藤本					观花	山地、阴坡
110	中华猕猴桃	*Actinidia chinensis*	猕猴桃科	猕猴桃属	落叶藤本		√			观花观果	山地
111	野蔷薇	*Rosa multiflora*	蔷薇科	蔷薇属	落叶灌木		√			观花观果	疏林下、林缘
112	鸡矢藤	*Paederia foetida*	茜草科	鸡矢藤属	藤状灌木		√			观花	山地、阴坡
113	薜荔	*Ficus pumila*	桑科	榕属	草本		√			观叶观果	山地、林下
114	龟背竹	*Monstera deliciosa*	天南星科	龟背竹属	攀援灌木					观叶	水岸边
115	菱（欧菱）	*Trapa natans*	千屈菜科	菱属	草本					观花	水下
116	芡实	*Euryale ferox*	睡莲科	芡属	草本		√			观花观叶	水下
117	荇菜	*Nymphoides peltata*	睡菜科	荇菜属	草本					观花	水下

参考文献

[1] 秦升益．沙漠硅砂生态透水与防水材料研制及城市与农村雨洪利用成套技术[Z].

[2] 尹澄清．内陆水–陆地交错带的生态功能及其保护与开发前景[J]．生态学报，1995（3）：331–335.

[3] 张维平．生物多样性面临的威胁及其原因[J]．环境科学进展，1999（5）：123–131.

[4] 刘彦随．区域土地利用系统优化调控的机理与模式[J]．资源科学，1999（4）：60–65.

[5] 余楚修．巴渝文化刍议[J]．重庆师院学报（哲学社会科学版），2000（2）：3–12.

[6] 赵万民，韦小军，王萍，等．龚滩古镇的保护与发展——山地人居环境建设研究之一[J]．华中建筑，2001（2）：87–91.

[7] 陈树勋．分系统最优化与总系统最优化的关系探讨[J]．系统工程理论与实践，1996（2）：1–10.

[8] 赵万民．关于山地人居环境研究的理论思考[J]．规划师，2003（6）：60–62.

[9] 许慎．说文解字[M]．北京：中国书店，1989.

[10] 奥德姆．生态学基础[M]．孙儒泳，等，译．北京：人民教育出版社，1981.

[11] 冷平生．园林生态学[M]．北京：中国农业出版社，2003.

[12] Descroix L，Viramontes D，Vauclin M，et al．Influence of soil surface features and vegetation on runoff and erosion in the Western Sierra Madre（Durango，Northwest Mexico）[J]．CATENA，2001（No．2）：115–135.

[13] 黄川，谢红勇，龙良碧．三峡湖岸消落带生态系统重建模式的研究[J]．重庆教育学院学报，2003（3）：63–66.

[14] 蔡锡安，夏汉平．森林生态系统中草层植物的生态功能[J]．热带亚热带植物学报，2003（1）：67–74.

[15] 赵晨洋．生态主义影响下的现代景观设计[D]．南京：南京林业大学，2005.

[16] 俞可平．科学发展观与生态文明[J]．马克思主义与现实，2005（4）：4–5.

[17] 杜春兰．山地城市景观学研究[D]．重庆：重庆大学，2005.

[18] Hitchmough J，de la Fleur M．Establishing North American prairie vegetation in urban parks in northern England：Effect of management and soil type on long–term community development[J]．Landscape and Urban Planning，2005，78（4）.

[19] 吴波，朱春全，李迪强，等．长江上游森林生态区生物多样性保护优先区确定——基于生态区保护方法[J]．生物多样性，2006（2）：87–97.

[20] 燕乃玲，虞孝感．生态系统完整性研究进展[J]．地理科学进展，2007（1）：17–25.

[21] 王海锋，曾波，乔普，等．长期水淹条件下香根草（Vetiveria zizanioides）、菖蒲（Acorus calamus）和空心莲子草（Alternanthera philoxeroides）的存活及生长响应[J]．生态学报，2008（6）：2571–2580.

[22] 王海锋，曾波，李娅，等．长期完全水淹对4种三峡库区岸生植物存活及恢复生长的影响[J]．植物生态学报，2008（5）：977–984.

[23] 刘新卫. 日本表土剥离的利用和完善措施[J]. 国土资源，2008（9）：52-55.

[24] 黄磊昌. 岛屿生态系统中强干扰廊道建设的生态控制理论与方法[D]. 上海：复旦大学，2008.

[25] 郝云龙，王林和，张国盛. 生态系统概念探讨[J]. 中国农学通报，2008（2）：353-357.

[26] 谭淑端，朱明勇，党海山，等. 三峡库区狗牙根对深淹胁迫的生理响应[J]. 生态学报，2009（7）：3685-3691.

[27] 谭淑端，张守君，张克荣，等. 长期深淹对三峡库区三种草本植物的恢复生长及光合特性的影响[J]. 武汉植物学研究，2009（4）：391-396.

[28] 熊森，李波，肖红艳，等. 三峡水库消落带生态友好型利用途径探索——以基塘工程为例[J]. 重庆师范大学学报（自然科学版），2010（6）：23-26.

[29] 魏晓芳，赵万民，王正. 重构失落的空间：松溉古镇山地人居环境保护与发展探索[J]. 规划师，2010（1）：26-31.

[30] 袁金凤. 边缘效应对千岛湖陆桥岛屿植物群落结构的影响[D]. 杭州：浙江大学，2011.

[31] 殷利华，万敏，姚忠勇. 道路生态学研究及其对我国道路生态景观建设的思考[J]. 中国园林，2011（9）：56-59.

[32] 张秦英，詹姆斯·希契莫夫. 生态与自然之美——草甸型地被的应用[J]. 中国园林，2012，28（9）：117-120.

[33] 王业春，雷波，张晟. 三峡库区消落带不同水位高程植被和土壤特征差异[J]. 湖泊科学，2012（2）：206-212.

[34] 杨盛婷，黄琳凯，张新全，等. 干旱胁迫对扁穗牛鞭草叶片抗氧化系统及膜脂过氧化的影响[J]. 热带作物学报，2013，34（11）：2083-2089.

[35] 习近平. 关于《中共中央关于全面深化改革若干重大问题的决定》的说明[J]. 前线，2013（12）：20-27.

[36] 谭永忠，韩春丽，吴次芳，等. 国外剥离表土种植利用模式及对中国的启示[J]. 农业工程学报，2013，29（23）：194-201.

[37] 潘景璐. 基于生境压力的发展对秦岭生物多样性保护影响研究[D]. 北京：北京林业大学，2013.

[38] 赵万民. 山地人居环境科学研究引论[J]. 西部人居环境学刊，2013（3）：10-19.

[39] 龙宏. 山地人居环境空间艺术的基本构成[J]. 西部人居环境学刊，2013（5）：23-28.

[40] 刘送平，李秋华，支崇远，等. 四种水库消落带植物对水淹环境的适应性研究[J]. 生态科学，2013，32（4）：462-468.

[41] 李兆佳，熊高明，邓龙强，等. 狗牙根与牛鞭草在三峡库区消落带水淹结束后的抗氧化酶活力[J]. 生态学报，2013，33（11）：3362-3369.

[42] 李秋静，许祝萸，薛立，等. 全球气候变化对园林植物的影响[J]. 湖南林业科技，2013，40（6）：50-52.

[43] 国务院学位委员会第六届学科评议组编. 学位授予和人才培养一级学科简介[M]. 北京：高等教育出版社，2013.

[44] 陈瑶红. 城市生态节约型园林景观设计探究[J]. 中华民居（下旬刊），2013（2）：44-45.

[45] 曹华英，朱兆华，徐国钢，等. 城市高陡岩石边坡V型槽生态修复的施工技术探索[J]. 江西农业学报，2013（6）：129-131，139.

[46] 吴良镛. 山地人居环境浅议[J]. 西部人居环境学刊，2014（4）：1-3.

[47] 刘泽彬，程瑞梅，肖文发，等. 模拟水淹对中华蚊母树生长及光合特性的影响[J]. 林业科学，2014，50（9）：73-81.

[48] 陈霜，刘威. 乡土植物对重庆地域性园林景观构建的探讨[J]. 绿色科技，2014（9）：159-160.

[49] 吴红敏，杨清培，曾娇，等. 不同生草间作处理对柑橘园温度及产量的影响[J]. 江西农业大学学报，2015，37（2）：239-248.

[50] 任全进，季茂晴，于金平. 小微湿地的作用及营造方法[J]. 现代农业科技，2015（13）：225，230.

[51] 吕明权，吴胜军，陈春娣，等. 三峡消落带生态系统研究文献计量分析[J]. 生态学报，2015（11）：3504-3518.

[52] 刘宏达. 中国草地生态系统碳循环研究进展[J]. 北京农业，2015（35）：84.

[53] 房味味，任鸿雁，凌隽，等. 北方草甸群落结构和组成分析及野花组合模拟构建[J]. 植物资源与环境学报，2015，24（2）：97-103.

[54] 丁洪建，贺剑. 国家登山健身步道线路规划研究：以顺义五彩浅山国家登山健身步道规划为例[J]. 城市发展研究，2015（1）：45-50.

[55] 安红倩. 北方园林中草本花卉的应用[J]. 现代园艺，2015（10）：121.

[56] Köppler M，Hitchmough J D. Ecology good，aut-ecology better；improving the sustainability of designed plantings[J]. Journal of Landscape Architecture，2015，10（2）.

[57] 张绍良，杨永均，侯湖平. 新型生态系统理论及其争议综述[J]. 生态学报，2016（17）：5307-5314.

[58] 王祝根，李晓蕾，黄蕊，等. 海绵城市背景下的潜在蓄水空间开发策略[J]. 现代城市研究，2016（7）：23-28.

[59] 彭世瑾，罗刚，杨衡，等. 海绵城市建设技术——新型浅草沟及渗滤暗沟在道路绿色化建设中的运用[J]. 工程质量，2016，34（9）：48-51.

[60] 韩文娇，白林利，李昌晓，等. 前期水淹对牛鞭草后期干旱胁迫光合生理响应的影响[J]. 生态学报，2016，36（18）：5712-5724.

[61] 郭昌勋，谢宗周，潘志勇，等. 生草栽培对橘园土壤肥力和红肉脐橙果实品质的影响[J]. 华中农业大学学报，2016，35（4）：25-28.

[62] Zhao，Liu，Dong，et al. Landsenses ecology and ecological planning toward sustainable

development[J]. International Journal of Sustainable Development & World Ecology，2016，23（4）.

[63] Dong，Liu，Liu，et al. Landsenses ecological planning for the Xianghe Segment of China's Grand Canal[J]. International Journal of Sustainable Development & World Ecology，2016，23（4）.

[64] 赵洋，饶良懿，徐子棋，等. 水淹对三峡库区消落带中山杉生长的影响[J]. 环境科学与技术，2017，40（2）：19-25.

[65] 张越. 海绵流域内涵解析与模拟评价方法研究[D]. 北京：中国水利水电科学研究院，2017.

[66] 习近平. 决胜全面建成小康社会 夺取新时代中国特色社会主义伟大胜利——在中国共产党第十九次全国代表大会上的报告[J]. 党建，2017（11）：15-34.

[67] 王晞月，王向荣. 风景园林视野下的城市中的荒野[J]. 中国园林，2017，33（8）：40-47.

[68] 郭舒临. 水下生态系统构建在平原河网地区农村河道治理上的应用研究[D]. 杭州：浙江大学，2019.

[69] 孙玉芳，李想，张宏斌，等. 农业景观生物多样性功能和保护对策[J]. 中国生态农业学报,2017,25（7）：993-1001.

[70] 陶佳丽，徐萌，黄生平，等. 三峡库区香溪河消落带土壤磷时间动态研究[J]. 人民长江，2017（15）：10-16.

[71] 宫兆宁，李洪，阿多，等. 官厅水库消落带土壤有机质空间分布特征[J]. 生态学报，2017，37（24）：8336-8347.

[72] 王兴超. 地下水库在海绵城市建设中的应用[J]. 水利水电科技进展，2018，38（1）：83-87.

[73] 沈彦，杜林峰，丁亚东. 边坡生态修复常见质量通病探讨[J]. 亚热带水土保持，2018，30（1）：62-63.

[74] 孟庆玖，秦升益，俞峰，等. 不同防渗处理对水稻根系生长的影响[J]. 安徽农业科学，2018，46（25）：179-181.

[75] 刘金朋，孙晓琳. 基于"原乡规划"理念下的美丽乡村规划实践[J]. 住宅与房地产，2018（22）：198.

[76] 胡娜胥，徐瑞琦，黄伟彬. 海岛植被生态系统特征概述[J]. 智库时代，2018（24）：278-279.

[77] 耿步健，仇竹妮. 习近平生命共同体思想的科学内涵及现实意义[J]. 财经问题研究，2018（7）：23-29.

[78] 周静远. 人工湿地组合系统在水生态治理中的作用[J]. 城乡建设，2019（19）：42-44.

[79] 殷云龙，於朝广，华建峰. "中山杉"的选育和利用及相关研究进展[J]. 植物资源与环境学报，2019，28（4）：99-106.

[80] 杨锐，曹越. "再野化"：山水林田湖草生态保护修复的新思路[J]. 生态学报，2019，39（23）：8763-8770.

[81] 习近平. 推动我国生态文明建设迈上新台阶[J]. 奋斗，2019（3）：1-16.

[82] 吴钢，赵萌，王辰星. 山水林田湖草生态保护修复的理论支撑体系研究[J]. 生态学报，2019（23）：8685-8691.

[83] 王军，钟莉娜. 生态系统服务理论与山水林田湖草生态保护修复的应用[J]. 生态学报，2019（23）：

8702-8708.

[84] 彭建，吕丹娜，张甜，等．山水林田湖草生态保护修复的系统性认知[J]．生态学报，2019（23）：8755-8762.

[85] 刘磊，刘丽云．新型有机肥蚯蚓粪的性质及应用简介[J]．农家参谋，2019（14）：71.

[86] 康斌，刘强，郭俊楠．关于高边坡生态修复施工技术的探讨[J]．陕西水利，2019（10）：143-145.

[87] 华烨，许明峰．浅谈食藻虫在泰康浜水生态修复工程中的应用[J]．水资源开发与管理，2019（10）：5-10.

[88] 耿步健，葛琰芸．习近平关于生命共同体重要论述的逻辑理路、内涵及意义[J]．河海大学学报（哲学社会科学版），2019（5）：22-27.

[89] 范建红，刘雅熙，朱雪梅．欧洲荒野景观再野化的发展与启示[J]．中国园林，2019，35（12）：106-110.

[90] 丁灿，周其胤，贺振洲，等．食藻虫联合高效菌剂处理富营养化水体[J]．环境工程，2019，37（12）：109-112.

[91] 成金华，尤喆．“山水林田湖草是生命共同体”原则的科学内涵与实践路径[J]．中国人口·资源与环境，2019（2）：1-6.

[92] 陈艳洁．果园生草技术概述[J]．现代农业，2019（4）：38-39.

[93] 曹越，万斯·马丁，杨锐．城市野境：城市区域中野性自然的保护与营造[J]．风景园林，2019，26（8）：20-24.

[94] 支超红．城市河道水环境污染治理对策研究[J]．资源节约与环保，2020（9）：105-106.

[95] 张巍巍．城市河道水环境生态综合治理探究[J]．科技风，2020（8）：155.

[96] 张安珂．生态视野下的大地艺术研究[D]．南京：南京大学，2020.

[97] 许多，王昊，王培京，等．水下生态系统构建技术研究进展及应用现状[J]．环境科学与技术，2020，43（S1）：37-43.

[98] 徐兵兵．食藻虫引导水生态修复技术在城市湖泊治理过程中的优势及其应用[J]．化工设计通讯，2020，46（6）：255-269.

[99] 习近平．《习近平谈治国理政》（第三卷）[J]．国企，2020（20）：88.

[100] 魏广龙，王亚妤，孙明玉．海绵城市背景下城市地下空间复合开发蓄水化研究[J]．建筑节能，2020，48（4）：126-130.

[101] 王嘉伟．水生植物在水环境生态修复中的净化作用与配置原则[J]．绿色科技，2020（10）：28-32.

[102] 王会．海绵城市建设过程中水生态系统构建研究[J]．水资源开发与管理，2020（2）：47-51.

[103] 孙金龙．中华民族永续发展的千年大计[J]．人民周刊，2020（13）：68-70.

[104] 秦升益，龙御云，苏雨明．水性环氧树脂制备及其砂基透水材料应用[J]．热固性树脂，2020，35（3）：1-5.

[105] 莫年发，谢锡锋，梁红．基于云计算的农田规划区域信息采集系统设计[J]．农机化研究，2020，42（5）：

201-205.

[106] 刘蒙胜，田宗伟. 广阳岛：长江风景眼重庆生态岛[J]. 中国三峡，2020（6）：24-27.

[107] 刘莉苹. 机械深耕深松技术在农业生产中的重要意义[J]. 种子科技，2020，38（16）：48-49.

[108] 代欣召，萧敬豪，孟德昊. 河心岛生态修复模式构建——以佛山市担担沙岛为例[J]. 上海城市管理，2020（1）：75-82.

[109] 陈新芳，冯慕华，关保华，等. 微地形对小微湿地保护恢复影响研究进展[J]. 湿地科学与管理，2020，16（4）：62-65，70.

[110] 陈维灯，王渝凤. "水下森林"净化绿色家园[J]. 当代党员，2020（8）：28.

[111] 曹越，侯姝彧，曾子轩，等. 基于"三类分区框架"的黄河流域生物多样性保护策略[J]. 生物多样性，2020，28（12）：1447-1458.

[112] 郑志伟，黄文珊. 论中国古典私家园林中的理水手法与特点[J]. 艺术与设计，2021，2（22）：60-62.

[113] 赵星雨，王轲，孙响铃，等. 沉水植物在水生态系统恢复中的作用及局限性[J]. 江西水产科技，2021（5）：46-47.

[114] 赵文斌，贺敏，李小白. 轻浅野境——重庆广阳岛生态修复创新思考[J]. 景观设计，2021（3）：44-51.

[115] 赵文斌. 重庆长江广阳岛生态修复设计与实践探索[J]. 三峡生态环境监测，2021（1）：53-62.

[116] 赵文斌. 最优价值生命共同体建设路径探索——以重庆广阳岛为例[J]. 风景园林，2021（12）：29-36.

[117] 张雄，黄文兵，张恒. 超疏水型生态修复材料的制备及性能影响规律[J]. 同济大学学报（自然科学版），2021，49（9）：1318-1324.

[118] 张心宇. 城市滨水公园水环境治理技术的探索与实践[J]. 上海建设科技，2021（4）：116-119.

[119] 张萧汉，刘文龙，刘琳，等. 河道底泥处理的研究[J]. 辽宁化工，2021，50（10）：1511-1514.

[120] 张超. 基于海绵城市理论的城市湿地公园设计探讨[J]. 智能建筑与智慧城市，2021（5）：140-141.

[121] 袁殷，王开成，俞少君. 生态文明环境下的经济型景观设计研究[J]. 中国林业经济，2021（4）：109-111.

[122] 袁嘉，游奉溢，侯春丽，等. 基于植被再野化的城市荒野生境重建——以野花草甸为例[J]. 景观设计学，2021，9（1）：26-39.

[123] 夏咛，刘斌，陈信旺，等. 国家森林步道相关概念探析[J]. 林业勘察设计，2021（3）：85-87.

[124] 吴国华. 浅谈住宅小区驳岸溪石与植物营造及施工要点[J]. 建筑技术开发，2021，48（20）：65-66.

[125] 王永生. 生物防治技术的意义与应用[J]. 农业工程技术，2021，41（14）：49-50.

[126] 王随继，程维明，师庆三. 流域尺度上山水林田湖草生命共同体内在机制分析[J]. 新疆大学学报（自然科学版），2021，38（3）：313-320.

[127] 王青. 新时代人与自然和谐共生观的哲学意蕴[J]. 山东社会科学，2021（1）：103-110.

[128] 王梦迪，徐得潜，陈国炜. 控制径流污染雨水调蓄池优化设计研究[J]. 工业用水与废水，2021，52（6）：33-37，78.

[129] 王江．湖库内源污染成因及常用治理技术[J]．黑龙江环境通报，2021，34（3）：22-23.
[130] 王建忠，陈涛．河道治理中护壁桩施工技术探讨[J]．科学技术创新，2021（33）：153-155.
[131] 谭诗梦．基于道路生态学理论的山地公园步道建设策略研究[J]．现代园艺，2021（3）：169-171.
[132] 谭骏，黄河，汤薇，等．蚯蚓粪有机肥对土壤微生物群落的影响[J]．江苏农业科学，2021，49（20）：228-233.
[133] 宋厚燃，黄劲松，顾宽海．基于生态系统构建技术的城市水环境治理机制与工程实践研究[J]．广东化工，2021，48（23）：147-149.
[134] 刘云佳．新时代营城之“城市泛景观”思维——访中国建筑设计研究院有限公司副总工程师，生态景观建设研究院院长赵文斌[J]．城市住宅，2021（8）：15-19.
[135] 刘红霞．农业面源污染规模化防控政策机制研究关键要点[J]．农业开发与装备，2021（12）：161-162.
[136] 刘凤茹，雒翠，张扬，等．沉水植物水生态修复作用及应用边界条件[J]．安徽农业科学，2021，49（9）：66-69.
[137] 李燕彬．城市小微湿地景观植物配置技术初探——以北京市北辰中心花园小微湿地为例[J]．现代园艺，2021，44（15）：26-31.
[138] 李淑娟，郑鑫，隋玉正．国内外生态修复效果评价研究进展[J]．生态学报，2021，41（10）：4240-4249.
[139] 李欢．传统风水理论与园林设计理念的关系探讨[J]．园艺与种苗，2021，41（6）：27-28，46.
[140] 江苏省河道管理局，河海大学．生态沟渠——仿生增氧湿地生物生态耦合技术在农业园区面源污染控制中的应用[J]．江苏水利，2021（A2）：17.
[141] 胡晓勇，蒋尊芳，苏士安，等．黑臭水体治理技术分析[J]．资源节约与环保，2021（6）：102-103.
[142] 郝双龙，郭晨阳，李泽源，等．重金属污染河道底泥修复技术研究进展[J]．山东化工，2021，50（22）：75-76.
[143] 郭陶然，山冰沁．城市荒野景观营造：以上海乡土生态科普示范基地为例[J]．景观设计学，2021，9（1）：120-131.
[144] 高叶松，王海海，吴迪．应用于水环境治理的微生物原位修复技术[J]．能源与环境，2021（6）：61-63.
[145] 杜春兰，郑曦．一级学科背景下的中国风景园林教育发展回顾与展望[J]．中国园林，2021（1）：26-32.
[146] 董彭新，刘琳．黑臭河涌原位修复中好氧—富氧曝气生物处理的应用[J]．皮革制作与环保科技，2021（19）：101-102.
[147] 陈芃序，张德顺，孙烨．中西方古典园林中理水方式的比较[J]．城市建筑，2021，18（31）：179-181.
[148] 朱超萍．中国古典园林理水方法对海绵城市水系空间构建的启示[J]．华中建筑，2022，40（1）：146-148.
[149] 赵娟娟，奚冉．基于资源化利用的河湖淤泥生态治理技术[J]．山东水利，2022（4）：77-78.
[150] 张耀方，常国梁，黄炳彬，等．基于SWAT模型以北运河上游流域氮负荷削减为重点的山水林田湖草修复

措施配置研究[J]. 环境科学学报，2022，42（2）：13-22.

[151] 叶胜兰，舒晓晓. 富营养化景观水体中氮素的迁移转化研究进展[J]. 农业与技术，2022，42（1）：90-93.

[152] 肖涛，石强胜，闻熠，等. 湿地生态系统服务研究进展[J]. 生态学杂志，2022，41（6）：1205-1212.

[153] 王俊力，刘福兴，乔红霞，等. 滤解带构建对硬质驳岸水体微生物功能多样性的影响[J]. 生态与农村环境学报，2022，38（3）：343-349.

[154] 阮宇，胡景涛，肖国生，等. 中山杉功能性状适应三峡库区消落带研究[J]. 生态学报，2022，42（7）：2921-2930.

[155] 林煜. 农业面源污染防治的法制对策[J]. 云南农业，2022（1）：89-92.

[156] 李晓鹏，张思凝，冯黎，等. 成都城区河流廊道自生植物的生境及物种多样性[J]. 风景园林，2022，29（1）：64-70.

后 记

2018年初春，我在集团文兵董事长和樊金龙副总裁等领导的安排下，带领设计师团队参与重庆广阳岛策划规划竞赛，从此与广阳岛结下了不解之缘。在随后的近5年时间里，我们吃住在岛上，以岛为家，全身心投入到广阳岛生态修复的规划、设计、建设管理与总结研究工作中。在广阳岛上，我们亲身经历了一个满是伤痕的开发岛蝶变为一个人与自然和谐共生的生态岛的全过程。在这个过程中，我们对绿色生态建设有了更全面、更深入的认知，工作思维也发生了巨大的转变，同时积累了大量的经验与教训。

2019年12月底，广阳岛生态修复一期工程正在如火如荼地开展，然而，由于缺少生态修复标准导则的指引，为了抢工期，工地上到处都是推土机、挖掘机，传统工程性施工方式随处可见。很多白茅斑块、蕨类斑块、野花野草斑块、自然矮灌木斑块等原本特别自然、特别生态的场景，一不留神就会被推土机无情地推成人工地形，生态修复俨然变成了工程建设。就在这紧要关头，每周上岛办公的重庆市主管领导见状后，大发雷霆，立刻叫停所有施工，责成我们立刻整改，并要求全员开展思想革命。我被要求必须多用自然的方法、少用人工的方法，多用生态的方法、少用工程的方法，多用柔性的方法、少用硬性的方法，必须深度践行推土机推不出生态的施工理念，否则只能出岛。面对突如其来的巨大压力，我如实向文兵董事长汇报。文董事长没有责怪我，而是和我一起分析研究，寻找办法和途径。此时正值年关，又面临突如其来的新冠疫情。文董事长每天和我保持至少3次电话，每3天至少要开一次视频讨论会。2020年初，设计团队每天都要研究讨论16个小时以上，终于在2020年3月，我们完成了“探索建设广阳岛最优价值生命共同体”的研究报告。文兵董事长和樊金龙副总裁带领我向相关领导及业主汇报，报告内容得到极大肯定，同时也收到了很多好的修改建议。得到肯定后，我们信心倍增，开始一边修改完善研究报告，一边准备全面复工复产。

在研究报告中，在文兵董事长的带领、督促下，我们团队一边深入学习习近平生态文明思想，一边结合广阳岛实践困境进行深入总结。我们总结出：生命共同体理念是指导生态文明建设的基础性理念；生命共同体具有“整体系统性、区域条件性、有限容量性、迁移性、可持续性和价值性”六个特性；“水”和“土”是决定生命共同体价值高低的本底条件，“林”或“草”是决定生命共同体价值高低的核心要素；“留水—固土”以及“营林或丰草”是高价值生命共同体建设的主要矛盾和矛盾的主要方面；评价一个生命共同体价值高低的两个核心指标是满足生物多样性需求和满足人民美好生活需要；“护山、理水、营林、疏田、清湖、丰草”及“润土、弹路、丰富生物多样性”等生态修复策略及技术支撑等。这些内容奠定了本书的核心观点和基本雏形。有了这些指引，广阳岛生态修复工作得到了快速有效的推进，技术体系得到了不断完善，施工工法也得到了大大提升。

2020年10月底，孙英总裁上广阳岛指导工作，我随行向她汇报了岛上的场景设计和背后的技术逻辑，孙总裁很满意，并要求我把这些研究及在岛上实施过程中的经验、教训总结成标准、标准图、导则、专利、专著等一系列成果，用于指导集团今后的生态文明建设，同时也可为行业作出贡献。孙总裁回京后立即安排集团科技质量部与我联系，要求我立即立项启动专著编写工作，并纳入集团“新时代高质量发展绿色城乡建设技术丛书”。我深感责任重大，一刻也不敢懈怠，赶紧开展工作。

从那一刻起，历时两年多，数易其稿。在这个过程中，要深深感谢重庆广阳岛绿色发展有限责任公司王岳书记每天的现场陪伴交流与总结指导；要深深感谢文兵董事长上百次的专题研究与不厌其烦的陪伴式指导帮助；要深深感谢孙英总裁的不断鼓励和帮助；要深深感谢崔愷院士、朱永官院士、李存东大师给予我研究方向上的把控和肯定；要深深感谢重庆大学袁兴中教授、北京林业大学赵鸣教授、上海交通大学蔡永立教授从开题到结题的大力指导和提出的很多建设性修改意见，使本书内容更加严谨和完善；要深深感谢重庆本地专家杜春兰教授、杨永川教授、况平教授、陶建平教授、陈槐教授、廖聪全教授、王海洋教授以及中国城市建设研究院王磐岩主任，北京建筑大学张清华主任，中国建筑设计研究院刘剑所长、赵昕总工程师、谷德庆副院长，北京市工程咨询有限公司龚雪琴教授级高级工程师，中国科学院城市环境所咨涛教授、唐丽娜教授等专家在课题研究中给予的评议和审核，使本书内容成果更准确。要深深感谢中国建筑设计研究院宋源董事长和马海总经理、集团科技质量部孙金颖主任、韩瑞高级主管的关心和推动，使本书编著如期完成。

要深深感谢与我一起在广阳岛并肩作战近5年的同事们。他们有从北京跟我一起去广阳岛驻场的同事，包括贺敏、朱燕辉、张景华、李秋晨、颜玉璞、王洪涛、任佰强、谭喆、李晓东、何显锋、苏文强、刘益良、何亮、路璐、贾瀛、冯凌志、齐石茗月、王梓桐、管婕娅、王龙、王振杰、冯晓硕、沈楠、万松、杨磊、王婧、徐树杰、陈素波、彭英豪、焦英哲、常广隶、颜铱涵、董荣进等，还有在重庆的饶自勇、向曼玉、崔剑飞、刘志浩等同事，是你们给了我强大的支持。要深深感谢重庆广阳岛绿色发展有限责任公司的李永文、周海军、范恒、强歆圣、罗德成、黄星月等提供的帮助和支持。要深深感谢群岛ARCHIPELAGO的辛梦瑶、师珺、洪蕴璐、宫庆、康博超、黄晓飞以及中国建筑工业出版社的徐冉、黄习习、何楠等为书籍出版排版、校审所做的辛勤付出。要感谢的人还有很多很多，挂一漏万，感谢所有研究的参与者、压力的分担者、家庭后方的保障者。

绿色生态建设之路还有很长，希望这本书的内容随着生态文明建设的进程持续完善和丰富下去，当更多的人关注和参与到生态文明建设当中，人与自然和谐共生的现代化必将实现。

赵文斌
2023年4月于北京

图书在版编目（CIP）数据

绿色生态建设指引．生态景观与风景园林专业．下册=GREEN ECOLOGICAL CONSTRUCTION GUIDELINES / 中国建设科技集团编著；赵文斌，贺敏主编．—北京：中国建筑工业出版社，2023.8

（新时代高质量发展绿色城乡建设技术丛书）

ISBN 978-7-112-28817-5

Ⅰ.①绿… Ⅱ.①中… ②赵… ③贺… Ⅲ.①生态建筑—建筑设计 Ⅳ.①TU2

中国国家版本馆CIP数据核字（2023）第103699号

责任编辑：何　楠　徐　冉　黄习习
责任校对：刘梦然
校对整理：张辰双
特邀编辑：群岛 ARCHIPELAGO/辛梦瑶
图解绘制：群岛 ARCHIPELAGO/师　珺　洪蕴璐　宫　庆　康博超
平面设计：黄晓飞

新时代高质量发展绿色城乡建设技术丛书
绿色生态建设指引
GREEN ECOLOGICAL CONSTRUCTION GUIDELINES
生态景观与风景园林专业
（下册）
中国建设科技集团　编　著
赵文斌　贺　敏　主　编

*

中国建筑工业出版社出版、发行（北京海淀三里河路9号）
各地新华书店、建筑书店经销
北京锋尚制版有限公司制版
天津图文方嘉印刷有限公司印刷

*

开本：787毫米×1092毫米　1/16　印张：21½　字数：612千字
2023年6月第一版　2023年6月第一次印刷
定价：**219.00**元
ISBN 978-7-112-28817-5
（41251）